JN428584

Probability and Statistics

확률과 통계

정 원 · 정영배 · 이한교 · 강창욱
박동준 · 이도경 · 신완선 공 저

교문사
청문각이 교문사로 새롭게 태어납니다.

머리말

이 책은 확률과 통계의 기초과정으로 공학, 전산학, 경영과학, 또는 자연과학을 공부하는 학생들이 확률과 통계의 기초적인 내용을 이해하는 데 도움을 주기 위해 저작되었다. 내용 중 많은 부분들이 대학의 학생들뿐 아니라 기업현장의 실무자를 훈련하는 데 사용된 것들이다. 전체 교재는 일주일에 3시간씩 강의하여 한 학기 동안 가르칠 수 있는 분량으로 이론과 응용을 강조할 수 있는 주제들을 선택하여 기초를 튼튼히 할 수 있도록 만들어졌다.

예제 문제는 과학적 탐구를 하는 데 있어 가능한 실제 응용통계의 예를 사용하려고 노력하였다. 사용된 데이터는 저자들이 산업현장의 통계 문제와 관련하여 실무자와의 토의나 컨설팅 활동에서 얻어진 것으로서, 실무활용도를 높이기 위해 'eZ SPC 소프트웨어' 또는 MINITAB을 사용하여 강의할 수 있도록 하였다. 데이터 중 일부 기업의 데이터는 변형하였으나 실험에서 수집된 데이터로부터 통계적 방법론을 합리적으로 일반화하는 데 필요한 형태는 유지하였다. 통계적 절차를 정확히 적용하고 일반적인 오류를 범하지 않도록 각 장별로 정의와 정리를 박스 안에 넣어 설명하였다.

책의 내용을 살펴보면, 1장은 데이터의 정리방법으로서 확률과 통계의 서론으로 시작하여 도형적 방법에 의한 데이터 분석을 강조하였다. 2장에서 8장까지는 응용통계 주제를 조사하여 여러 가지 중요한 이산형 및 연속형 분포(이항, 포아송, 정규, 지수, 로그정규, 그리고 와이블)의 특징과 응용에 초점을 맞추었다. 9장과 10장은 신뢰구간과 가설검정 절차를 소개하고 있으며, 11장과 12장은 회귀분석과 비모수적 추론을 알기 쉽게 설명하고 있다. 이 책을 공부하는 학생들에게 필요한 수학적 배경은 1년 정도의 미적분과정이며, 미적분은 6장의 연속확률분포에서의 기초분포이론을 취급하는 데 주로 필요하다.

이 책의 집필에서 출판까지 격려해 주신 은사, 선후배, 동료 교수들에게 심심한 사의를 표하고, 통계 분야의 지식과 경험을 제공하여 준 여러 기관들에 감사한다. 특히 품질교육과정에 참석한 산업체에서 온 엔지니어들로부터 문제해결을 위한 접근방법에 대하여 많은 도움을 얻었다. 끝으로, 이 책의 출판을 맡아주신 청문각출판사의 류원식 사장님, 그리고 어려운 편집을 맡아 준 편집부 직원들에게 깊은 감사의 뜻을 전하고자 한다.

2009년 2월

著者 識

차 례

제1장	데이터의 정리방법

1.1 통계학이란? ········· 3
1.2 모집단과 표본 ········· 5
1.3 데이터의 종류 ········· 6
1.4 통계적 측도 ········· 9
1.5 도표를 이용한 데이터의 정리도 ········· 23

제2장	확 률

2.1 표본공간과 사상 ········· 47
2.2 표본공간의 계산 ········· 52
2.3 사상의 확률 ········· 56
2.4 확률법칙 ········· 60
2.5 조건부 확률 ········· 62
2.6 베이즈 정리 ········· 67

제3장	확률변수

3.1 확률변수 ········· 81
3.2 이산형 분포 ········· 84
3.3 연속형 분포 ········· 89
3.4 확률변수의 기댓값과 분산 ········· 96

제4장	확률변수의 함수와 결합확률분포

4.1 확률변수의 함수 ········· 111
4.2 확률변수의 함수에 대한 기댓값 ········· 115
4.3 결합확률분포 ········· 119

제5장	이산확률분포

5.1 베르누이 분포 ······ 147
5.2 이항분포 ······ 150
5.3 기하분포 ······ 158
5.4 음이항분포 ······ 167
5.5 초기하분포 ······ 171
5.6 포아송 분포 ······ 174

제6장	연속확률분포

6.1 연속일양분포 ······ 191
6.2 지수분포 ······ 195
6.3 감마분포 ······ 204
6.4 베타분포 ······ 210
6.5 대수정규분포 ······ 211
6.6 와이블분포 ······ 212

제7장	정규분포

7.1 밀도함수 ······ 223
7.2 표준정규분포 ······ 229
7.3 정규분포 확률계산 ······ 231
7.4 정규확률변수의 선형결합 ······ 234
7.5 중심극한정리 ······ 239
7.6 이항분포의 정규근사분포 ······ 241
7.7 대수정규분포 ······ 244

제8장	표본과 표본분포

8.1 모집단과 표본 ······ 255
8.2 통계량 ······ 258
8.3 카이제곱분포 ······ 264
8.4 t 분포 ······ 267
8.5 F 분포 ······ 269
8.6 표본평균분포 ······ 272

8.7 표본분산의 분포 ······ 274

제9장 추 정

9.1 추정의 개념 ······ 283
9.2 모평균에 대한 추정 ······ 291
9.3 모평균 차에 대한 추정 ······ 297
9.4 모비율 및 모비율 차에 대한 추정 ······ 305
9.5 표본크기의 결정 ······ 310
9.6 모분산 및 모분산 비에 대한 추정 ······ 313

제10장 가설검정

10.1 검정의 개념 ······ 325
10.2 모평균에 관한 검정 ······ 335
10.3 두 집단의 모평균 차에 관한 검정 ······ 343
10.4 모비율 및 모비율 차의 검정 ······ 351
10.5 모분산 및 모분산 비의 검정 ······ 355

제11장 회귀분석

11.1 단순회귀모형 ······ 367
11.2 단순회귀분석과 최소제곱추정량 ······ 368
11.3 정규방정식 ······ 375
11.4 회귀계수 및 그와 관련된 함수들의 추정과 검정 ······ 376
11.5 중회귀모형 ······ 383
11.6 모형의 적합성 검정 ······ 388
11.7 상관성 ······ 390
11.8 상관계수와 회귀 ······ 395

제12장 적합도 검정과 비모수적 추론

12.1 적합도 검정 ······ 407
12.2 분할표 ······ 410
12.3 독립성과 동질성의 검정 ······ 412
12.4 부호검정 ······ 417

12.5 순위합검정 …… 420
12.6 우연성 검정 …… 426
12.7 콜모고로프-스미로노프와 앤더슨-달링 검정 …… 431

부 록

I. 확률(밀도)함수, 평균, 분산 및 적률생성함수 …… 442
II. 통계 분포표 …… 444
III. Review 연습문제(홀수) 정답 …… 476

찾아보기 …… 503

CHAPTER 1

데이터의 정리방법

CHAPTER OUTLINE

1.1 통계학이란? 3

1.2 모집단과 표본 5

1.3 데이터의 종류 6

1.4 통계적 측도 9

1.5 도표에 의한 데이터의 정리 23

연습문제 39

현대사회는 거의 모든 분야에서 필요한 목적에 따라 데이터를 적절하게 활용하고 있다. 그러나 이러한 데이터를 제대로 활용하기 위해서는 우리가 이용하는 데이터를 수집하는 목적이 분명해야 하고, 그 데이터를 이용하여 조사하려는 대상을 명확하게 파악해야 된다. 따라서 모든 데이터에 대하여 목적을 분명히 하고, 목적에 적합한 데이터를 수집하여 그것을 활용하려는 생각을 하는 것이 통계적 사고방법의 첫 단계라고 할 수 있다.

이러한 데이터는 통계적 방법 등에 의해 정리, 분석 및 처리되어 조사대상이 되는 집단에 대한 정보를 얻고, 이미 얻어진 정보와 함께 검토하여 의사결정을 하게 되는 것이다. 이와 같은 활동을 하기 위해서는 우선 사실을 객관적으로 나타내는 데이터를 합리적으로 수집하는 것이 중요하다. 데이터를 수집하는 것은 데이터에 의하여 조사대상이 되는 집단에 대해 적절한 조처나 행동을 취하려는 것이기 때문에 표본은 그 집단을 충실하게 대표할 수 있도록 랜덤하게 채취되어야 한다.

관심의 대상이 되는 집단에서 얻어진 데이터는 데이터의 수가 많거나 적거나 관계없이 데이터의 특징을 의도와 목적에 적합하게 파악하기 위해 정량적인 숫자로 요약하여야 한다. 데이터의 수가 많을 경우에는 데이터를 그룹화한 후, 도표 또는 그래프로 정리하여 데이터의 중심위치나 흩어짐 등 데이터의 전체 형태를 대략적으로 파악하거나 정량화하는 방법이 있다.

1.1 통계학이란?

현대사회에서 통계학은 인문, 사회, 자연과학 등 거의 모든 분야에서 데이터를 정리, 요약하고 정보를 생성하여 합리적이고 과학적인 의사결정을 하는 데 이용되고 있다. 이러한 모든 분야에서 통계학이 이용되고 강조되고 있는 이유는, 통계학에서는 막연한 추측이나 의사결정을 허용하지 않는다는 통계적 방법의 과학성에 있다고 할 수 있다. 즉, 과학적인 이론에 근거하여 관심을 갖고 있는 대상을 정확히 선정하고, 이러한 대상으로부터 조사목적에 필요한 데이터와 정보를 경제성과 정밀도를 고려한 최적의 방법으로 수집하며, 수집한 데이터는 과학적인 이론에 의해 정리, 분석하는 방법들을 제시하는 학문이 통계학(statistics)인 것이다. 예를 들어, 새로 개발된 두 종류의 품종을 비교할 때 각각의 품종에 대한 특정 조건에서의 실험 결과 데이터를 수집하고 분석하여 이 품종들을 비교하고자 할 때나, 어느 특정 집단의 의식구조에 대한 조사를 할 때 전체를 다 조사하기가 어려울 경우 이 집단 전체로부터 관심의 대상이 되는 일부를 조사하여 데이터를 수집한 후 관심의 대상이 되는 집단 전체에 대한 정보를 추측한다든가, 어느 회사에서 새로운 약을 개발했을 때 이 약의 효과를 알아보기 위해 이 약을 투약한 결과의 데이터를 수집하고 분석하는 등의 여러 가지 경우에 통계적 방법이 필요하게 된다.

통계학에서는 필요한 정보를 얻기 위해서 다음과 같이 공통적으로 적용되는 중요한 네 단계가 있다.

첫째, 조사의 목적을 명확히 정의한다.

둘째, 데이터의 수집대상과 수집방법에 대한 계획을 수립한다.

셋째, 데이터로부터 정보를 생성하는 적합한 통계적 방법을 결정한다.

넷째, 생성된 정보를 해석하여 의사결정을 한다.

통계학을 크게 두 분야로 분류하면 데이터를 정리·요약하여 데이터의 특징을 파악하는 분야인 기술통계학(descriptive statistics)과 데이터에 들어 있는 정보를 분석하여 관심의 대상이 되는 전체 집단의 특성에 대한 추측과 의사결정을 하는 분야인 추측통계학(inferential statistics)이 있다. 기술통계학에서는 데이터의 양이 많아 이 데이터의 전반적인 내용을 파악하기 어려울 때 이러한 방대한 자료의 특징을 쉽게 알아볼 수 있도록 데이터를 수집하고 정리하여 그림, 도표, 그래프를 만들거나 데이터를 요약하여 대표값, 산포, 분포의 형태 등을 구하는 방법을 다루고, 추측통계학에서는 데이터로부터 얻어지는 정보를 근거로 하여 관심의 대상이 되는 집단의 특성에 대한 추측과 이를 이용한 의사결정을 다룬다.

통계학적 용어로서 조사 및 관심의 대상이 되는 집단을 모집단(population)이라고 하는데, 데이터를 수집하는 방법에는 이러한 모집단 전체의 구성원소를 모두 조사해서 데이터를 얻는 방법과 모집단 전체를 조사하는 것이 불가능하거나 혹은 경제적·시간적으로 비효율적이어서 모집단의 일부분인 표본(sample)을 추출해서 조사하는 방법이 있다. 모집단 전체를 조사해서 얻은 통계 데이터를 모집단 데이터(population data)라고 하며, 모집단의 일부분인 표본으로부터 조사된 데이터를 표본 데이터(sample data)라고 한다.

기술통계학은 통계적 데이터가 모집단 데이터나 표본 데이터 어떤 것이든 간에 이러한 데이터를 의도와 목적에 적합하게 정리·요약하여 데이터의 특징이나 혹은 데이터 속에 내포되어 있는 특징을 파악하는 것을 연구하고, 추측통계학은 모집단의 일부분인 표본으로부터 얻어진 표본 데이터를 이용하여 모집단 전체에 대한 특성을 추측해 내고 모집단에 대한 일련의 의사결정방법을 연구한다. 일반적으로 통계학이라 하면 자료를 정리·요약하는 기술통계학이 주된 내용이라고 생각할 수 있으나, 20세기 초 통계적 추정 및 검정방법의 발달과 아울러 현대통계학의 주된 영역은 추측통계학 분야로 확장되고 있다.

이와 같이 통계학은 데이터를 정리·요약하고 정보를 생성하는 데 응용될 뿐만 아니라 합리적이고 과학적인 의사결정방법을 제공해 주는 학문이므로, 연구·조사 혹은 실험을 행하는 개인뿐만 아니라 데이터를 조사·수집하고 의사결정을 하는 조직체인 기업, 각종 단체, 정부의 여러 부처 등 거의 모든 분야에서 광범위하게 이용되고 있다. 특히 통계학은 응용성이 무척 강조되어 다른 학문 분야에서도 그 학문 분야에 맞게 응용·발전되어 왔으며, 생물학이나 의학 등에서는 생물통계학(biometrics), 경제학에서는 경제통계학 혹은 계량경제학(econometrics), 교육학 및 심리학에서는 심리통계학(psychometrics) 등 통계학의 응용범위는 실로 광범위하고 계속 증가되고 있는 추세이다.

1.2 모집단과 표본

통계학에서는 관심의 대상이 되는 집단에 대한 데이터를 얻기 위하여 실험이나 관측 혹은 조사를 하게 되지만, 이러한 데이터를 얻는 방법은 대상이 되는 집단의 전체 데이터를 얻는 방법과 그 대상 집단의 일부 데이터를 얻는 방법 두 가지가 있다. 예를 들어, 한국 성인남성의 체중을 연구하기 위해서는 한국 성인남성 전부의 체중을 측정하는 전수조사방법과 한국 성인남성 중 일부만을 추출하여 체중을 측정하는 표본조사방법이 있다. 여기서 관심의 대상이 되는 전체 집단을 모집단(population)이라 하고, 이러한 모집단에서 전체 집단의 수가 유한개이면 유한모집단(finite population), 무한개이면 무한모집단(infinite population)이라 부른다. 또한 모집단에서 추출한 모집단의 일부를 표본(sample)이라 한다.

[정의 1.1] 모집단과 표본

모집단(population) 통계적 조사의 대상이 되는 모든 관측값이나 측정값의 집합

표본(sample) 통계처리를 위해 모집단에서 추출한 관측값이나 측정값의 부분집합

그러나 현실적으로 조사의 대상이 되는 집단의 모든 데이터를 수집한다는 것은 실제로 불가능하거나 불합리한 경우가 많다. 다시 말하면 모집단의 특성을 연구할 때 모집단을 구성하고 있는 관측값이 유한개인 유한모집단에서는 전수조사가 가능하겠지만 조사시간이나 비용 등 경제적인 측면에서 이러한 방법은 불합리하기 때문에 전수조사방법보다는 표본을 추출하여 조사하는 표본조사가 바람직한 경우가 많고, 모집단을 구성하고

있는 관측값이 무한개인 무한모집단(infinite population)인 경우에는 전수조사 자체가 불가능하다. 예를 들면, 전 국민을 대상으로 여론조사를 한다거나, 모든 환자에게 임상실험을 한다거나, 생산된 모든 전구의 수명시험을 한다는 것은 불가능하거나 의미가 없는 일이다.

모집단으로부터 표본을 추출하는 방법에도 여러 가지 통계적 방법이 있지만, 가장 단순하고 일반적인 방법은 모집단으로부터 어떠한 인위적인 조작 없이 표본을 추출하는 방법이다. 이렇게 무작위로 추출하는 것을 랜덤(random)하게 추출한다 하며, 무작위로 추출된 표본을 랜덤표본(random sample) 혹은 확률표본이라고 한다.

관심의 대상인 집단에서 얻어진 데이터가 전수 데이터이거나 표본 데이터이거나 관계없이 데이터를 이용하여 우리가 필요로 하는 특징을 정량적인 숫자로 요약한다. 여기서 모집단에 대한 특징을 나타내는 요약된 숫자들을 모수(population parameter 또는 parameter), 표본에 대한 특징을 나타내는 요약된 숫자들을 통계량(statistic)이라 한다.

[정의 1.2] 모수와 통계량

모수(parameter) 모집단의 특성을 나타내는 수치적인 측도

통계량(statistic) 표본으로부터 얻어진 수치값

일반적으로 모수는 희랍어를, 통계량은 영어의 알파벳을 사용하여 표기한다. 예를 들면, 앞으로 다루게 될 측도(measure) 중에서 중심위치의 측도로서 모집단의 평균인 모평균(population mean)은 μ, 표본의 평균인 표본평균(sample mean)은 $\overline{x}$로 나타내고, 산포도의 측도로서 모집단의 분산인 모분산(population variance)은 σ^2, 표본의 분산인 표본분산(sample variance)은 s^2으로 나타낸다.

1.3 데이터의 종류

수집된 데이터의 분석방법들은 분석의 대상이 되는 데이터가 어떤 형태를 따르느냐에 따라 달라지므로 데이터의 형태를 구분하여 데이터의 종류를 파악해 두는 것이 중요하다.

데이터는 크게 나누어 질적 데이터(qualitative data)와 양적 데이터(quantitative data)로 나눌 수 있다.

1.3.1 질적 데이터

질적 데이터(qualitative data)는 원칙적으로 숫자로 표시될 수 없는 데이터를 말한다. 이를 다른 용어로는 범주형 데이터(categorical data)라고도 한다. 예를 들어, 성별, 학년 등이 질적 데이터에 해당된다. 이러한 질적 데이터는 필요에 따라 숫자화할 수 있지만 이때의 숫자는 그것이 지칭하는 데이터의 속성과는 전혀 무관하며, 단지 편의상 정한 약속에 불과하다. 예를 들어, 성별을 나타낼 때 여성을 0, 남성을 1로 나타낸다거나 학년을 1, 2, 3, 4학년과 같이 숫자화할 수 있지만 이러한 숫자는 약속에 불과하고 데이터의 속성과는 무관하다. 이와 같은 질적 데이터에서 성별의 숫자 0, 1과 같이 순위의 개념이 없는 데이터를 명목 데이터(nominal data)라 부르고, 이 명목 데이터는 어떤 대상에 숫자를 부여함으로써 범주나 종류를 분류하기 위해 사용하며, 각 범주에 부여하는 값이 계량적인 의미를 갖지 않는다. 학년을 나타내는 숫자 1, 2, 3, 4와 같이 순위의 개념을 갖는 데이터를 순서 데이터(ordinal data)라 부르며, 이 순서 데이터는 특정 성격을 갖고 있는 정도에 따라 서열화시켜 숫자를 부여하는 것이므로 이 숫자는 순서관계를 의미할 뿐 숫자간의 간격이 일정하거나 절대적인 양을 나타내지는 않는다. 예를 들면, 만족도 조사에서 항목별 특성에 선택범주를 주어 매우 불만족(1), 불만족(2), 보통(3), 만족(4), 매우 만족(5)으로 응답할 때나 상품의 품질 등급을 상(1), 중(2), 하(3)로 구분하는 것 등이 순서 데이터에 해당한다.

1.3.2 양적 데이터

양적 데이터(quantitative data)는 데이터 자체가 숫자로 표현되어 있으며, 이때의 숫자는 질적 데이터와는 달리 데이터 속성을 그대로 반영한다. 예를 들어, 키, 몸무게, 금속의 강도, 전구의 수명, 부적합품수, 사고건수 등에 관한 데이터가 양적 데이터에 해당된다. 이과 같은 양적 데이터에서 키, 몸무게, 부적합품수, 사고건수 등과 같이 측정단위(measurement unit)의 존재를 가정하여 관측 대상이 되는 각 개체에 측정단위를 이용한 측정값을 부여하여 얻어지는 데이터를 측정형 데이터(measurement data)라고도 부르며, 이 측정형 데이터는 키, 몸무게 등과 같이 연속적인 값을 갖는, 즉 소수값이 가능한 형태의 연속형 데이터(continuous data)와 부적합품수, 사고건수 등과 같이 이산적인 값을 갖는, 즉 소수값이 불가능한 형태의 이산형 데이터(discrete data)로 분류할 수 있다.

표 1.1은 통계학 과목을 수강하는 20명의 학생에 관한 데이터이다. 수집된 데이터의 분석방법들은 분석의 대상이 되는 데이터가 어떠한 형태를 따르느냐에 따라 달라지므로 데이터의 형태를 구분해 보기로 한다. 표 1.1에서 성별, 학년에 해당되는 자료들을 질적

데이터 또는 범주형 데이터라고 하며, 성별의 경우 분석을 위해 여자는 0, 남자는 1과 같이 숫자로 나타낼 수 있다. 그러나 이때의 숫자는 순위의 개념이 없으므로 이러한 데이터를 명목 데이터라고 한다. 이와는 달리, 학년의 경우처럼 순위의 개념을 갖는 데이터를 순서 데이터라고 한다. 성별, 학년들과는 달리 키, 몸무게 등의 예에서 볼 수 있듯이 데이터 자체가 숫자로 표현되어 있으며, 이때의 숫자가 질적 데이터와는 달리 데이터 속성을 그대로 반영하는 데이터의 형태를 양적 데이터라 한다. 이러한 데이터는 키와 몸무게의 측정단위를 cm와 kg으로 하여 관측 대상이 되는 각 개체에 측정단위를 이용한 측정값을 부여하여 얻어지는 데이터이므로 측정형 데이터라고도 부르며, 특히 소수값이 가능한 연속적인 값을 가지므로 연속형 데이터로 분류할 수 있다. 표 1.1의 통계학 수강학생에서 여학생 수와 남학생 수를 측정하면 여학생 11명, 남학생 9명으로 표현할 수 있으며, 이러한 데이터도 명이란 측정단위를 가지고 있으므로 측정형 데이터라고 할 수 있으나 데이터가 소수값이 불가능한 형태인 이산적인 값을 가지므로 이산형 데이터로 분류할 수 있다.

표 1.1 통계학 과목 수강학생에 대한 데이터

성별*	학년	키(cm)	몸무게(kg)
0	1	164.5	52.2
0	1	168.2	51.8
0	2	169.8	67.8
1	4	180.6	78.3
0	3	170.0	60.6
1	2	172.8	67.8
0	4	165.8	56.5
0	1	160.3	49.6
0	3	165.8	55.5
1	2	160.8	60.6
1	2	179.6	82.6
0	3	168.2	56.8
1	3	178.3	76.6
1	4	172.6	66.2
1	4	185.1	86.6
0	1	165.0	57.8
1	1	178.3	75.7
0	3	168.7	52.5
0	2	170.2	58.7
1	1	180.3	78.6

* 성별에서 0은 여자를, 1은 남자를 의미함.

1.4 통계적 측도

기술통계학에서는 데이터가 모집단 데이터나 표본 데이터 어떤 것이든 간에 이러한 데이터의 특징을 의도와 목적에 적합하게 요약하여 파악하는 것을 연구한다. 이러한 데이터의 특징을 나타내는 통계적인 측도를 기술측도(descriptive measure)라 부른다. 측정형 데이터의 경우에는 측정값들을 객관적으로 표현할 수 있는 기술측도들을 많이 사용한다. 이러한 측도에는 주로 데이터가 어떤 값을 중심으로 분포되어 있는가를 나타내는 위치의 측도(location measure)와 위치의 측도 주위에 데이터의 흩어짐의 정도를 나타내주는 산포의 측도(dispersion measure)가 많이 이용되고 있다.

1.4.1 중심위치의 측도

데이터를 요약하는 데 있어서 먼저 데이터의 특성을 하나의 숫자로 대표할 수 있는 값이 필요하게 되는데, 이러한 측도가 바로 데이터가 어떤 값을 중심으로 분포되어 있는가를 나타내는 중심위치의 측도(measure of central location)이다. 이와 같이 데이터 위치를 대표하는 특성값을 대표값이라 하고 이러한 대표값에는 평균(mean), 중앙값(median), 최빈값(mode) 등이 있다.

(1) 평균

평균(mean)은 가장 널리 사용되는 중심위치를 나타내는 측도로서 모집단의 평균을 나타내는 모평균과 표본의 평균을 나타내는 표본평균이 있다. 유한개로 구성된 유한모집단에서 N개의 측정값이 $x_1, x_2, \cdots, x_N$일 때 모집단의 평균인 모평균(population mean)과 모집단으로부터 n개의 데이터를 표본으로 추출하여 조사한 n개의 측정값이 $x_1, x_2, \cdots, x_n$ 일 때 표본의 평균인 표본평균(sample mean)은 다음과 같다. 여기서 평균을 구하는 식은 데이터 각각의 중요도가 모두 같다는 것을 전제로 하고 있어서 이러한 방법으로 구한 평균을 특히 산술평균(arithmetic mean)이라고도 한다.

[정의 1.3] 모평균(population mean)

$$\mu = \frac{1}{N}(x_1 + x_2 + \cdots + x_N) = \frac{1}{N}\sum_{i=1}^{N} x_i$$

> **[정의 1.4] 표본평균(sample mean)**
>
> $$\bar{x} = \frac{1}{n}(x_1 + x_2 + \cdots + x_n) = \frac{1}{n}\sum_{i=1}^{n} x_i$$

예제 1.1 20명의 학생이 수강하는 통계학 과목의 성적을 조사한 결과 전체 20명의 성적 데이터는 다음과 같다.

모집단 데이터: 90, 85, 88, 80, 80, 75, 76, 96, 77, 65, 90, 78, 80, 75, 85, 72, 88, 92, 83, 85

이 학급의 통계학 과목의 모평균 μ를 구하여라.

풀이 $\mu = \dfrac{90+85+\cdots+83+85}{20} = 82$

예제 1.2 20명의 학생이 통계학 과목을 수강하고 있다. 이 중에서 랜덤으로 추출한 5명의 통계학 과목의 성적 데이터는 다음과 같다.

표본 데이터: 90, 80, 85, 75, 90

이 학급의 통계학 과목의 표본평균 $\bar{x}$를 구하여라.

풀이 $\bar{x} = \dfrac{90+80+85+75+90}{5} = 84$

앞의 정의에서 알 수 있듯이 모평균과 표본평균의 차이는, 모평균은 모집단 전체의 평균을 의미하고 표본평균은 모집단에서 표본을 추출하여 얻은 표본자료의 평균을 의미한다는 것이다.

(2) 중앙값

평균은 데이터 각각의 값이 모두 반영되기 때문에 데이터의 분포가 이상값(outlier)이 없이 좌우대칭인 경우에는 대표값으로서 가장 많이 사용되고 그 정밀도도 좋은 측도이다. 그러나 평균은 데이터 각각의 크기가 모두 반영되기 때문에 데이터에 아주 큰 값이나 혹은 아주 작은 값들인 이상값들이 포함되어 있는 경우, 평균은 이러한 이상값들의 영향으로 대표값의 의미를 상실하는 경우도 있다. 이러한 단점을 보완하기 위해 대표값으로서 데이터를 크기의 순서로 배열하였을 때 가운데에 있는 값을 대표값으로 취하는 중앙값(median)이라는 측도가 있다. 데이터에 이상값이 없을 때는 중앙값에 비해 정밀도가 더 좋은 평균을 사용하나, 이상값이 있는 경우에는 평균에 비해 이상값의 영향을 덜 받는 중앙값을 사용하고 있다. 따라서 데이터에 이상점이 존재할 때 중앙값은 이상값에 민감하지 않으므로 중심위치의 측도로서 평균보다 더 큰 의미를 갖는다. 일반적으로 중앙값을 메디안 또는 $\tilde{x}$로 나타낸다.

[정의 1.5] 중앙값(median)

데이터를 크기순으로 배열하였을 경우 중앙에 위치한 관측값으로, 데이터의 수를 n이라 놓을 때

n이 홀수이면 $(n+1)/2$번째의 값

n이 짝수이면 $n/2$번째 값과 $n/2+1$번째 값의 평균

예제 1.3 데이터가 6, 9, 3, 7, 5일 때 중앙값 Me를 구하여라.

풀이 데이터를 크기순으로 나열한다.

3, 5, 6, 7, 9

데이터의 수가 홀수이므로 (5+1)/2=3번째의 값이 중앙값이다.

Me= 6

예제 1.4 데이터가 6, 9, 3, 7, 5, 12일 때 중앙값 Me를 구하여라.

풀이 데이터를 크기순으로 나열한다.

3, 5, 6, 7, 9, 12

데이터의 수가 짝수이므로 6/2=3번째의 값과 6/2+1=4번째 값의 평균을 구한다.

Me= (6+7)/2=6.5

예제 1.5 5명이 근무하는 소규모 회사에 연봉이 2000만 원인 4명의 젊은 엔지니어와 연봉이 8000만 원인 사장인 엔지니어 1명이 있다. 젊은 기술자들이 이 회사를 선택할 때 평균연봉으로서 설득력이 있는 값은 평균인가, 중앙값인가?

풀이 이 회사의 근무 인원 5명의 연봉을 평균한 값은 3200만 원이고, 5명의 연봉을 순서대로 나열하여 중앙값을 구하면 2000만 원이 된다. 따라서, 이 회사를 지원하려고 하는 젊은 기술자들에 말하는 평균연봉으로서 중앙값인 2000만 원이 더 설득력이 있다. 이와 같이 데이터에 이상값이 있는 경우, 평균은 이상값에 영향을 받아 대표값의 의미를 상실하게 되는 경우가 있다.

(3) 절사평균

중앙값과 같이 데이터의 대표값을 구할 때 이상값에 의한 영향을 배제하기 위해 데이터에서 일정 비율만큼 크거나 작은 관측값들을 포함시키지 않고 구한 평균을 절사평균(trimmed mean)이라고 한다.

> **[정의 1.6] 절사평균(trimmed mean)**
>
> 데이터를 크기순으로 나열했을 때 양쪽에서 작은 관측값과 큰 관측값을 일정 비율 α만큼 버린 나머지 관측값들로부터 구한 평균을 $100\alpha\%$ 절사평균이라고 한다. (단, $0 \le \alpha \le 0.5$)

절사평균의 계산 순서를 요약하면 다음과 같다.

순서 1 : n개의 관측값을 작은 수부터 큰 수의 순서대로 나열한다.

순서 2 : α를 결정한다.

순서 3 : $n\alpha$를 구해 정수가 아니면 $n\alpha$ 이하의 가장 큰 정수 $[n\alpha]$를 구한다.

순서 4 : 크기순으로 나열한 데이터 양쪽에서 데이터를 $[n\alpha]$개씩 버린 후 평균을 구한다.

$\alpha=0$일 때의 절사평균은 평균과 같으며, 절사평균은 이상값에 의해 크게 영향을 받지 않으므로 이상값이 있는 경우에 대표값으로 사용할 수 있다.

예제 1.6 어느 동네에서 15세대를 랜덤하게 추출하여 월간 도시가스 사용량을 조사한 결과 다음 데이터를 얻었다. 이 데이터로부터 10% 절사평균, 20% 절사평균을 구하여라.

데이터: 25, 332, 380, 40, 257, 289, 424, 330, 135, 189, 240, 314, 401, 998, 1579 (단위: m^3)

풀이 10% 절사평균: $n=15$, $\alpha=0.1$이므로 $n\alpha=15\times0.1=1.5$, $[1.5]=1$이다. 따라서 데이터를 순서대로 나열하여 양쪽 1개씩의 데이터를 버린 후 평균을 구한다.

25, 40, 135, 189, 240, 257, 289, 330, 314, 332, 380, 401, 424, 998, 1579

$$\bar{x}_{0.1}=\frac{40+135+\cdots+424+998}{13}=333$$

20% 절사평균: $n=15$, $\alpha=0.2$이므로 $n\alpha=15\times0.2=3$이다. 따라서 데이터를 순서대로 나열하여 양쪽 3개씩의 데이터를 버린 후 평균을 구한다.

25, 40, 135, 189, 240, 257, 289, 330, 314, 332, 380, 401, 424, 998, 1579

$$\bar{x}_{0.2}=\frac{189+240+\cdots+380+401}{9}=303.56$$

(4) 최빈값

평균이나 중앙값과 함께 데이터의 대표값으로 사용되는 최빈값(mode)이 있다. 최빈값은 질적 데이터나 양적 데이터 모두에 사용할 수 있으며, 데이터 중에서 가장 많이 나오는 값, 즉 데이터 중에서 출현빈도가 가장 많은 관측값을 말한다. 그러나 만약 데이터 중에서 관측값이 모두 다른 경우에는 개개의 관측값이 모두 한 번씩 출현하게 되므로 이러한 경우에는 최빈값이 존재하지 않게 되거나, 두 개 이상 존재하는 경우에는 어떠한 최빈값을 대표값으로 하느냐 하는 해석상의 어려움이 있고, 데이터의 수가 적은 경우에는 대표값의 의미가 제대로 반영되지 못한다는 단점이 있다. 따라서 최빈값은 대표값으로 많이 사용되지 않는다. 일반적으로 최빈값을 Mo로 나타낸다.

[정의 1.7] 최빈값(mode)

데이터 중에서 출현빈도가 가장 많은 관측값

예제 1.7 어떤 회사에서 10명의 사원을 표본으로 추출하여 회사에 대한 만족도를 아주 불만족(1), 불만족(2), 보통(3), 만족(4), 아주 만족(5)의 5단계로 조사한 결과 다음과 같은 질적 데이터를 얻었다.

데이터: 2, 1, 4, 3, 3, 3, 2, 2, 4, 1

이 데이터의 최빈값 Mo를 구하여라.

풀이 데이터 중에서 관측값 2와 3이 3회로 가장 많이 나타난다. 따라서 이 데이터의 최빈값은 2와 3으로 두 개가 존재하게 된다. Mo = 2, 3

예제 1.8 어떤 회사에서 10명의 사원을 표본으로 추출하여 월급을 조사한 결과 다음과 같은 양적 데이터를 얻었다.

데이터: 250, 220, 310, 170, 220, 290, 400, 450, 350, 360 (단위: 만 원)

풀이 데이터 중에서 관측값 220이 2회로 가장 많이 나타난다. 따라서 이 데이터의 최빈값은 220이다. Mo = 220

1.4.2 산포도의 측도

데이터를 숫자로 요약하는 첫 단계로서 대표값에 대하여 알아보았다. 그러나 대표값과 더불어 분포의 형태를 나타내는 중요한 측도로서 산포도를 생각해야 한다. 산포도는 데이터들의 흩어짐의 정도를 나타내는 측도로서, 서로 다른 두 집단의 데이터가 대표값은 같더라도 흩어짐의 정도는 다를 수 있다. "1920년대 중국은 내전으로 전운이 감돌고 있었다. 이때 병사들을 이끌고 적진을 향해 진격하려는 한 장수가 눈앞에 큰 강을 만나게 되었다. 평균수심이 얼마냐고 묻는 질문에 참모가 평균수심이 1 m 40 cm라고 하였다. 장수는 병사들의 평균키가 1 m 70 cm이므로 걸어서 행군이 가능하다고 판단하고 진격을 명하였다. 결론은 어떠했을까? 모든 병사들이 수장되었다." 이 사례는 데이터를 단지 대표값이라는 하나의 측도로만 나타낸다는 것이 얼마나 위험한 일인지를 보여주는 것이다. 따라서 통계적 분석에서 데이터가 평균과 같은 중심위치에서 얼마만큼 떨어져 있는가를 측정하는 측도가 필요하며, 이 측도를 산포도라고 한다.

(1) 분산과 표준편차

산포도를 나타내는 측도로서 가장 널리 쓰이는 것이 분산과 표준편차이다. 만약 n개의 데이터를 표본으로 추출하여 조사한 n개의 측정값 $x_1, x_2, \cdots, x_n$의 평균이 $\overline{x}$라면 측정값과 평균의 차 $x_1-\overline{x}, x_2-\overline{x}, \cdots, x_n-\overline{x}$를 (평균으로부터의)편차라 부른다. 이러한 편차들의 평균을 구해 데이터의 변동을 나타내는 측도로서 사용하면 좋겠지만 그렇게 할 수가 없다. 예를 들면, 데이터의 관측값이 10, 14, 8, 12, 16일 때 평균 $\overline{x}=12$이고, 이때의 편차는 $10-12$, $14-12$, $8-12$, $12-12$, $16-12$로 -2, 2, -4, 0, 4가 되어 모든 편차의 합은 $-2+2-4+0+4$이므로 0이 되어 버린다. 이를 일반적으로 설명하면 $\sum_{i=1}^{n}(x_i-\overline{x})=0$이기 때문에 편차의 평균은 항상 0이 되어, 이를 해결하기 위한 대안으로

편차들의 제곱을 활용하는 접근방법을 택한다. 따라서 편차들의 제곱을 평균해서 데이터의 변동을 나타내는 측도로서 사용하고, 이렇게 구한 측도를 분산(variance)이라고 한다. 유한개로 구성된 유한모집단에서 N개의 측정값이 $x_1, x_2, \cdots, x_N$일 때 모집단의 평균인 모평균(population mean)으로부터의 편차를 이용한 분산을 모분산(population variance), 모집단으로부터 n개의 데이터를 표본으로 추출하여 조사한 n개의 측정값이 $x_1, x_2, \cdots, x_n$일 때 표본의 평균인 표본평균(sample mean)으로부터의 편차를 이용한 분산을 표본분산(sample variance)이라고 한다.

모분산과 표본분산을 계산하는 데 있어서 차이점은, 모분산은 개개의 관측값들과 모평균의 차이인 편차 $(x_i - \mu)$를 제곱하여 모두 더한 후 관측값들의 수인 N으로 나누어 계산되지만, 표본분산의 경우에는 개개의 관측값과 표본평균의 차이인 편차 $(x_i - \bar{x})$를 제곱하여 모두 더한 후 관측값들의 수인 n으로 나누지 않고 $(n-1)$로 나누어 계산한다는 점이다.

[정의 1.8] 모분산(population variance)

$$\sigma^2 = \frac{\sum_{i=1}^{N}(x_i - \mu)^2}{N}$$

[정의 1.9] 표본분산(sample variance)

$$s^2 = \frac{\sum_{i=1}^{n}(x_i - \bar{x})^2}{n-1}$$

모분산이나 표본분산은 관측값들의 편차를 제곱하여 계산되기 때문에 모분산이나 표본분산의 단위는 관측값들의 측정단위와 일치하지 않게 된다. 따라서 관측값의 측정단위와 같은 단위를 갖는 산포도로서 분산의 양의 제곱근을 사용하는데, 이를 표준편차(standard deviation)라고 한다.

[정의 1.10] 모표준편차(population standard deviation)

$$\sigma = \sqrt{\frac{\sum_{i=1}^{N}(x_i - \mu)^2}{N}}$$

[정의 1.11] 표본표준편차(sample standard deviation)

$$s = \sqrt{\frac{\sum_{i=1}^{n}(x_i - \bar{x})^2}{n-1}}$$

예제 1.9 20명의 학생이 수강하는 통계학 과목의 성적을 조사한 결과 전체 20명의 성적 데이터는 다음과 같다.

모집단 데이터: 90, 85, 88, 80, 80, 75, 76, 96, 77, 65, 90, 78, 80, 75, 85, 72, 88, 92, 83, 85

이 학급의 통계학 과목의 모분산 σ^2과 모표준편차 σ를 구하여라.

풀이 $\mu = \dfrac{90+85+\cdots+83+85}{20} = 82$

$\sum_{i=1}^{N}(x_i - \mu)^2$을 구하기 위해 다음 표를 작성한다.

x_i	$x_i - \mu$	$(x_i - \mu)^2$
90	8	64
85	3	9
88	6	36
80	−2	4
80	−2	4
75	−7	49
76	−6	36
96	14	196
77	−5	25
65	−17	289
90	8	64
78	−4	16
80	−2	4
75	−7	49
85	3	9
72	−10	100
88	6	36
92	10	100
83	1	1
85	3	9
		1100

$$\sigma^2 = \frac{\sum_{i=1}^{N}(x_i - \mu)^2}{N} = \frac{1100}{20} = 55$$

$$\sigma = \sqrt{55} = 7.42$$

예제 1.10 20명의 학생이 통계학 과목을 수강하고 있다. 이 중에서 랜덤으로 추출한 5명의 통계학 과목의 성적 데이터는 다음과 같다.

표본 데이터: 90, 80, 85, 75, 90

이 학급의 통계학 과목의 표본분산 s^2과 표본표준편차 s를 구하여라.

풀이 $\bar{x} = \frac{90+80+85+75+90}{5} = 84$

$\sum_{i=1}^{n}(x_i - \bar{x})^2$을 구하기 위해 다음 표를 작성한다.

x_i	$x_i - \bar{x}$	$(x_i - \bar{x})^2$
90	6	36
80	−4	16
85	1	1
75	−9	81
90	6	36
		170

$$s^2 = \frac{\sum_{i=1}^{n}(x_i - \bar{x})^2}{n-1} = \frac{170}{4} = 42.5$$

$$s = \sqrt{42.5} = 6.52$$

표본분산 s^2을 계산할 때 다음과 같은 간편 계산법을 이용할 수도 있다.

$$\sum_{i=1}^{n}\left(x_i - \bar{x}\right)^2 = \sum_{i=1}^{n}\left(x_i^2 - 2\bar{x}x_i + \bar{x}^2\right) = \sum_{i=1}^{n} x_i^2 - 2\bar{x}\sum_{i=1}^{n} x_i + n\bar{x}^2$$

$$= \sum_{i=1}^{n} x_i^2 - n\bar{x}^2 = \sum_{i=1}^{n} x_i^2 - \frac{\left(\sum_{i=1}^{n} x_i\right)^2}{n}$$

[정리 1.1] 표본분산의 간편 계산법

$$s^2 = \frac{\sum_{i=1}^{n}(x_i - \overline{x})^2}{n-1} = \frac{\sum_{i=1}^{n} x_i^2 - n\overline{x}^2}{n-1} = \frac{\sum_{i=1}^{n} x_i^2 - \frac{\left(\sum_{i=1}^{n} x_i\right)^2}{n}}{n-1}$$

예제 1.11 어느 공장에서 생산되는 볼트를 8개 추출하여 지름을 측정한 결과 다음과 같은 데이터를 얻었다.

데이터: 2.5, 2.8, 2.9, 2.4, 2.8, 2.7, 2.5, 2.2 (단위: mm)

표본분산 s^2과 표본표준편차 s를 구하여라.

풀이 $\sum_{i=1}^{8} x_i = 2.5 + 2.8 + \cdots + 2.2 = 20.8$

$\sum_{i=1}^{8} x_i^2 = 54.48$ 이므로

$$s^2 = \frac{54.48 - 20.8^2/8}{7} = \frac{3.2}{56} = 0.057$$

$$s = \sqrt{0.057} = 0.239$$

(2) 변동계수

데이터의 측정단위가 다르거나 단위는 같지만 평균의 차이가 클 때 두 집단의 산포를 비교시 유용하게 쓰이는 상대적인 산포도의 측도로서 변동계수(coefficient of variation)가 있다. 변동계수는 표준편차를 평균으로 나눈 개념으로 상대적인 산포도의 측도로서 이용되며, 일반적으로 변동계수를 CV로 나타낸다.

[정의 1.12] 변동계수(coefficient of variation)

$$\mathrm{CV} = \frac{s}{\overline{x}} \times 100(\%)$$

예제 1.12 어느 공장에서 생산되는 볼트로부터 표본을 추출하여 지름과 무게를 측정한 결과 다음과 같이 볼트의 지름과 무게의 각각에 대한 평균과 표준편차를 얻었다.

지름: $\bar{x}= 3.98$ mm, $s = 0.015$ mm

무게: $\bar{x}= 1.56$ g, $s = 0.008$ g

각각의 변동계수를 구하고 산포도를 비교해 보라.

풀이 지름의 변동계수는 $\text{CV} = \dfrac{0.015}{3.98} \times 100 = 0.38\%$

무게의 변동계수는 $\text{CV} = \dfrac{0.008}{1.56} \times 100 = 0.51\%$

이다. 지름의 산포가 무게의 산포보다 더 적어 볼트의 지름을 더 정밀하게 생산한다고 할 수 있다. 표준편차만을 비교하면 지름이 0.015, 무게가 0.008로서 무게의 산포가 적어 무게를 더 정밀하게 생산한다고 잘못 판단할 수 있다.

1.4.3 사분위수와 백분위수

앞에서 다룬 중심위치나 산포의 측도만으로는 어떤 특정한 관측값이 전체 데이터의 어떤 위치에 해당하는지 알 수가 없다. 이러한 경우 그 특정한 관측값이 전체 데이터의 어떤 위치에 있는지 알 수 있게 하는 상대적 위치측도(measure of relative standing)가 주어진다면 매우 편리할 것이다. 이러한 상대적 위치의 측도가 사분위수, 백분위수이다.

중앙값은 데이터를 크기순으로 나열하여 중앙에 위치한 값을 찾는 측도이기 때문에, 이는 데이터의 군을 이등분하는 점을 찾는 개념과 같다. 이러한 개념을 확장하여 데이터의 군을 이등분만이 아닌 여러 등분으로 나누는 점들을 생각해 볼 수가 있다. 크기 순서대로 나열한 데이터의 군을 사등분하는 수값을 사분위수(quartile)라 부르고, 이러한 개념을 확대하여 크기 순서대로 나열한 데이터의 군을 백등분하는 수값을 백분위수(percentile)라 부른다. 제1사분위수는 Q_1이라 표시하고 이 수값보다 작거나 같은 데이터가 1/4, 즉 25%가 되는 값을 말하며, 제25백분위수 $P_{0.25}$에 해당된다. 중앙값은 제50백분위수 $P_{0.50}$에 해당된다. 백분위수는 데이터의 크기가 대략 30보다 큰 경우에 사용된다.

제50백분위수인 중앙값의 경우 데이터의 수가 홀수일 때와 짝수일 때로 나누어서 정의하듯이 백분위수에서도 한 가지로 정의할 수가 없다. 백분위수의 정의를 만족하는 두 개의 인접한 값이 없다면 백분위수로서 하나의 관측값을 선택하고, 그렇지 않은 경우에는 이 두 개의 인접한 값을 평균한다. 이 경우는 데이터의 수가 짝수일 때 중앙값을 구하는 절차와 같다.(대부분의 컴퓨터 프로그램은 이 두 개의 인접한 값 사이에서 선형보간법을 사용하여 백분위수를 구하고 있다. 그러나 표본의 크기가 크면 이 두 개의 인접한 값 사이에서 어떤 값을 해당 백분위수로 선택하는 방법들은 중요하지 않다.)

[정의 1.13] 제100p 백분위수

데이터를 크기 순서대로 나열했을 때 적어도 100p%의 관측값이 그 값보다 작거나 같고, 또한 적어도 100$(1-p)$%의 관측값이 그 값보다 크거나 같게 되는 값을 말한다(단, $0 < p < 1$).

$$제1사분위수\ Q_1 = 제25백분위수\ P_{0.25}$$
$$제2사분위수\ Q_2 = 제50백분위수\ P_{0.50}$$
$$제3사분위수\ Q_3 = 제75백분위수\ P_{0.75}$$

백분위수 계산 순서는 다음과 같이 정리할 수 있다.

순서 1: n개의 관측값을 작은 수부터 큰 수의 순서대로 나열한다.

순서 2: np를 결정한다.

만약 np가 정수가 아니면 np보다 큰 다음 정수를 선택하여 해당 순서의 관측값을 찾고, np가 정수 k이면 k번째와 $(k+1)$번째 관측값의 평균을 계산한다.

예제 1.13 통계학을 수강하고 있는 학생 40명의 시험성적을 크기 순서에 따라 정리하면 다음과 같다. 사분위수 Q_1, Q_2, Q_3 및 백분위수 $P_{0.92}$를 구하여라.

통계학 기말시험 성적

35	40	45	50	52	55	60	60	62	65
65	68	70	70	72	72	75	76	76	77
80	80	82	85	85	85	87	87	88	89
90	90	90	92	93	94	96	96	98	99

풀이 $np = 40\left(\frac{1}{4}\right) = 10$은 정수이므로 10번째와 11번째 값의 평균을 구한다.

$$Q_1 = \frac{65+65}{2} = 65$$

$np = 40\left(\frac{1}{2}\right) = 20$은 정수이므로 20번째와 21번째 값의 평균을 구한다.

$$Q_2 = \frac{77+80}{2} = 78.5$$

$np = 40\left(\frac{3}{4}\right) = 30$은 정수이므로 30번째와 31번째 값의 평균을 구한다.

$$Q_3 = \frac{89+90}{2} = 89.5$$

$np = 40 \times 0.92 = 36.8$은 정수가 아니므로 이보다 큰 다음 정수 37번째의 값을 찾는다.

$$P_{0.92} = 96$$

또한 산포도를 나타내는 다른 측도로서 데이터의 최대값과 최소값의 차로 정의되는 범위(range)와 제3사분위수와 제1사분위수의 차로 정의되는 사분위범위(inter-quartile range)가 있다. 앞에서 언급한 분산은 데이터에 이상값들이 포함되어 있는 경우 이러한 이상값들도 모두 포함하여 분산이 계산되므로 몇 개의 이상값들 때문에 분산이 아주 크게 나타나는 결함이 있게 된다. 따라서 이상값들의 영향을 받지 않는 대표값을 구하는데 중앙값을 사용한다든가, 데이터에서 큰 값들과 작은 값들의 일정 비율을 제거하고 평균을 구하는 절사평균의 방법을 사용하듯이, 산포도를 구할 때도 큰 값과 작은 값의 일정 비율을 제거하고 산포도를 구하는 사분위범위가 있다. 범위는 R로 나타내고, 사분위범위는 IQR로 표기한다.

[정의 1.14] 범위와 사분위범위

범위(range) $R =$ 최대값 $-$ 최소값

사분위범위(inter-quartile range) $IQR = Q_3 - Q_1$

예제 1.14 같은 종류의 제품을 만드는 A, B 두 회사의 제품을 9개씩 추출하여 수명시험을 한 데이터가 각각 다음과 같다. 두 회사 A, B의 사분위범위 IQR을 각각 구하여라.

A 회사: 7, 25, 35, 48, 56, 78, 90, 100, 150

B 회사: 7, 45, 56, 60, 65, 68, 75, 78, 150

풀이 $Q_1 =$ 제25백분위수$= 9 \times 0.25 = 2.25$는 정수가 아니므로 3번째 관측값

$Q_3 =$ 제75백분위수$= 9 \times 0.75 = 6.75$는 정수가 아니므로 7번째 관측값

A회사: $Q_1 = 35$, $Q_3 = 90$이므로 $IQR = 90 - 35 = 55$
B회사: $Q_1 = 56$, $Q_3 = 75$이므로 $IQR = 75 - 56 = 19$

두 회사의 범위는 $R = 150 - 7 = 143$으로 동일한 데 비해 사분위범위는 B회사가 A회사에 비해 매우 작음을 볼 수 있다. 이는 B회사가 A회사보다 데이터의 중심 부분에 더 집중되어 있음을 알 수 있다.

연습문제 1-4

1. 어느 회사에서 만든 금속강판의 두께를 측정한 결과가 다음과 같다.

데이터: 7.2, 6.7, 7.0, 7.3, 7.1, 7.3, 6.9, 7.1, 7.0, 7.1 (단위: mm)

(1) 금속강판 두께의 평균값을 구하여라.
(2) 금속강판 두께의 중앙값을 구하여라.
(3) 금속강판 두께의 최빈값을 구하여라.
(4) 금속강판 두께의 10% 절사평균을 구하여라.

2. 어떤 제약회사의 진통제의 진통 효과를 알아보기 위해 진통제 투약 후 진통시간을 측정한 결과 다음 데이터를 얻었다.

데이터: 28, 27, 20, 33, 32, 40, 36, 59, 30, 36, 65, 28 (단위: 분)

(1) 진통시간의 평균값을 구하여라.
(2) 진통시간의 분산과 표준편차를 구하여라.
(3) 진통시간의 사분위범위를 구하여라.

3. 다음은 S, K 두 회사에서 생산된 철강의 인장강도를 측정한 데이터이다. S, K 각 회사의 철강의 변동계수를 구하고 산포도를 설명하여라.

S 회사: 19.2, 18.1, 19.0, 19.0, 17.8, 19.4, 18.4, 18.9, 18.2, 19.3
K 회사: 58.0, 58.7, 57.9, 56.6, 58.4, 57.1, 58.5, 59.1, 58.8, 57.0
(단위 : kg/cm^2)

4. 어떤 표본에 대하여 $\sum x_i = 82.7$, $\sum {x_i}^2 = 1321.23$, $\bar{x} = 16.54$, $n = 10$일 때 분산과 표준편차를 구하여라.

5. 어떤 공장에서 제품을 조사한 결과 평균무게는 52 g이고 이 제품의 표준편차는 6 g 일 때, 변동계수 CV를 구하여라.

1.5 도표를 이용한 데이터의 정리

1.5.1 도수분포표

도수분포표는 데이터들을 몇 개의 그룹으로 나누어 각 그룹에 속하는 데이터의 개수인 도수(frequency)를 정리하여 표로 만들어 놓은 것이다. 따라서 도수분포표를 만들기 위해서는 데이터들을 몇 개의 그룹으로 나누어야 한다. 이러한 그룹을 도수분포표에서는 계급(class)이라 부른다.

도수분포표에서 사용할 수 있는 데이터는 부적합품수나 사고건수 등과 같은 이산형 데이터와 키, 무게, 인장강도 등과 같은 연속형 데이터 모두 가능하다. 다만 이산형 데이터의 경우는 관측값 그 자체나 몇 개의 관측값을 그룹 지어 계급으로 사용하고 각 계급에 포함되는 데이터의 도수를 기입하나, 연속형 데이터의 경우는 관측값 자체를 바로 계급으로 사용할 수 없고 어떤 일정한 기준에 의하여 전체 데이터의 범위를 몇 개의 계급으로 나눈 후, 각 계급에 포함되는 데이터의 도수를 기입하여야 한다.

예를 들어, 30개 주요 교차로의 5월의 사고건수를 조사한 결과 다음 데이터를 얻었다면 이 경우는 이산형 데이터의 경우로 각 관측값을 계급으로 사용하여 도수분포표를 표 1.2와 같이 작성할 수 있다.

데이터: 0, 2, 2, 3, 0, 1, 4, 3, 1, 0, 2, 3, 1, 4, 5, 3, 2, 3, 3, 5, 1, 2, 2, 3, 5, 1, 2, 4, 3, 5

표 1.2 교차로의 사고건수에 대한 도수분포표

계급(사고건수)	도수
0	3
1	5
2	7
3	8
4	3
5	4
합계	30

또다른 예를 들면, 어느 학급의 학생 30명의 체중을 조사한 결과 다음 데이터를 얻었다면 이는 연속형 데이터의 경우로 각 관측값 자체를 계급으로 사용할 수는 없고 전체 데이터의 범위를 몇 개의 계급으로 분할하여 도수분포표를 표 1.3과 같이 작성한다.

데이터: 82, 54, 52, 65, 48, 55, 67, 58, 67, 76, 69, 70, 67, 65, 58, 60, 67, 69, 68, 71, 72, 65, 60, 62, 61, 59, 69, 70, 63, 70

표 1.3 학급의 학생 체중에 대한 도수분포표

계급	도수
47.5 ~ 54.5	3
54.5 ~ 61.5	7
61.5 ~ 68.5	10
68.5 ~ 75.5	8
75.5 ~ 82.5	2
합계	30

연속형 데이터의 경우 전체 데이터의 범위를 몇 개의 계급으로 분할해야 하므로 연속형 데이터의 도수분포표에서는 계급의 수를 정하는 것이 매우 중요하다. 계급의 수가 너무 적으면 각 계급에 속하는 도수가 서로 비슷하게 나타나 분포상의 특징을 파악할 수 없고, 계급의 수가 너무 많으면 한 계급에 포함되는 데이터의 수가 너무 적거나 하나도 없는 경우가 발생할 수 있어 전반적인 형태를 파악하기 어렵게 된다. 따라서 연속형 데이터의 경우 도수분포표는 다음 순서에 따라 작성하는 것이 바람직하다. 일반적으로 계급의 수는 5~20개 정도가 적절하고 이는 작성자와 작성목적에 따라 달라질 수 있으나 다음 표 1.4와 같은 기준에 의해 계급의 수를 정하면 된다.

표 1.4 계급의 수 결정

데이터의 수	계급의 수
50 이하	5 ~ 7
50 ~ 100	6 ~ 10
100 ~ 250	7 ~ 12
250 이상	10 ~ 20

도수분포표를 작성하는 순서는 다음과 같이 정리할 수 있다.

순서 1: 데이터의 수에 따라 적절한 계급의 수 k를 정한다.

순서 2: 데이터의 범위 R=최대값−최소값을 구한다.

순서 3: 계급의 폭 $c = R/k$을 구한다.

계급의 폭 c는 데이터의 최소단위 u의 정수배가 되도록 한다.

순서 4: 계급의 경계값을 구한다.

$$\text{첫 번째 계급의 아래쪽 경계값} = \text{최소값} - \frac{1}{2}u$$

순서 5: 각 계급의 중앙값을 구한다.

$$\text{계급의 중앙값} = \frac{\text{계급의 아래쪽 경계값} + \text{계급의 위쪽 경계값}}{2}$$

순서 6: 각 계급에 속하는 관측값의 수를 세어 도수를 구한다.

상대도수는 퍼센트(%)로 나타내기도 하는데, 이로써 각 구간의 데이터 수가 전체의 몇 퍼센트를 차지하고 있는지를 파악할 수 있다. 누적도수는 첫 구간부터 해당 구간까지의 데이터 수가 얼마인지를 알 수 있으며, 이를 상대도수 형태로 나타낸 것이 누적상대도수로서 해당 기간 이하의 데이터 수가 전체의 몇 퍼센트를 차지하는지를 용이하게 알 수 있게 해 준다.

[정의 1.15] 상대도수, 누적도수, 누적상대도수

$$\text{상대도수} = \frac{\text{도수}}{\text{데이터 수}}$$

$$\text{누적도수} = \text{첫 구간부터 해당 구간까지의 도수의 합}$$

$$\text{누적상대도수} = \frac{\text{누적도수}}{\text{데이터 수}}$$

데이터의 수가 많을 경우에는 데이터를 그룹화한 도수분포표를 이용해 도표가 주는 시각적인 효과에 의해 데이터의 중심위치나 흩어짐 등 데이터의 전체 형태를 대략적으로 파악할 수 있고, 또한 이렇게 그룹화된 데이터에서도 중심위치나 산포도를 나타내는 척도를 구할 수 있다. 다만 이렇게 구한 대표값과 산포도는 데이터의 개개의 값을 가지고 구한 것이 아니라 그룹화된 데이터의 각 그룹의 중앙값을 이용하기 때문에 개개의 데이터의 특성이 무시되므로 정확한 값이라고 할 수 없다.

그룹화된 데이터에서의 평균과 분산을 구하는 방법은 다음과 같다.

[정의 1.16] 그룹화된 데이터의 평균과 분산

$$\bar{x} = \frac{\sum_{i=1}^{k} x_i f_i}{n}$$

$$s^2 = \frac{\sum_{i=1}^{k} x_i^2 f_i - \frac{\left(\sum_{i=1}^{k} x_i f_i\right)^2}{n}}{n-1} = \frac{n\sum_{i=1}^{k} x_i^2 f_i - \left(\sum_{i=1}^{k} x_i f_i\right)^2}{n(n-1)}$$

단, k: 계급의 번호

x_i: i번째 계급의 중앙값

f_i: i번째 계급의 도수

예제 1.15 어느 회사의 금속판 80매에 대해 인장강도를 측정하여 다음 데이터를 얻었다. 도수분포표를 작성하고, 도수분포표에서 평균과 분산을 구하여라.

표 1.5 인장강도 데이터

65.3	61.0	63.6	55.3	63.8	67.4	65.0	64.0
66.2	62.7	64.2	63.6	54.5	61.6	63.7	62.2
62.6	61.6	54.1	65.7	71.2	62.0	72.6	64.6
65.1	67.5	58.7	52.0	52.1	61.0	59.1	56.8
66.0	65.9	66.1	61.6	60.9	68.9	58.8	53.2
55.1	65.6	64.3	68.5	56.9	61.9	65.9	67.8
60.0	65.1	63.9	62.3	62.5	59.6	69.3	51.2
53.6	64.4	59.6	59.3	63.5	57.3	67.8	65.4
63.9	66.7	66.8	54.6	69.3	61.2	74.9	60.1
63.6	73.8	67.9	63.1	56.8	71.4	54.8	64.4

풀이 도수분포표의 작성순서에 따라 도수분포표를 작성한다.

순서 1: 데이터의 수가 80개이므로 계급의 수 $k=8$을 정한다.

순서 2: 데이터의 범위 $R=74.9-51.2=23.7$을 구한다.

순서 3: 계급의 폭 $c = 23.7/8 = 2.96 \fallingdotseq 3.0$

계급의 폭 c는 데이터의 최소단위 $u = 0.1$의 정수배가 되도록 한다.

순서 4: 첫 번째 계급의 아래쪽 경계값=최소값$-\frac{1}{2}u = 51.2 - \frac{1}{2} \times 0.1 = 51.15$

순서 5: 첫 번째 계급의 중앙값 $= \frac{51.15 + 54.15}{2} = 52.65$

순서 6: 각 계급에 속하는 관측값의 수를 세어 도수를 구한다.

계급 번호	계급	중앙값	도수
1	51.15 ~ 54.15	52.65	5
2	54.15 ~ 57.15	55.65	8
3	57.15 ~ 60.15	58.65	9
4	60.15 ~ 63.15	61.65	16
5	63.15 ~ 66.15	64.75	25
6	66.15 ~ 69.15	67.65	10
7	69.15 ~ 72.15	70.65	4
8	72.15 ~ 75.15	73.65	3
			80

도수분포표에서 평균과 분산을 구한다.

x_i	f_i	$x_i f_i$	$x_i^2 f_i$
52.65	5	263.25	13860.1125
55.65	8	442.00	24775.3800
58.65	9	469.20	30958.4025
61.65	16	986.40	60811.5600
64.75	25	1618.75	104814.0625
67.65	10	676.50	45765.2250
70.65	4	282.60	19965.6900
73.65	3	220.95	16272.9675
	80	4959.65	317223.4000

$$\bar{x} = \frac{4959.65}{80} = 61.996$$

$$s^2 = \frac{80 \times (317223.4000) - (4959.65)^2}{80 \times 79} = 123.377$$

$$s = \sqrt{123.377} = 11.1075$$

상대도수, 누적도수, 상대누적도수는 다음과 같다.

계급	중앙값	도수	상대도수	누적도수	상대누적도수
51.15 ~ 54.15	52.65	5	0.0625	5	0.0625
54.15 ~ 57.15	55.65	8	0.1000	13	0.1625
57.15 ~ 60.15	58.65	9	0.1125	22	0.2750
60.15 ~ 63.15	61.65	16	0.2000	38	0.4750
63.15 ~ 66.15	64.75	25	0.3125	63	0.7875
66.15 ~ 69.15	67.65	10	0.1250	73	0.9125
69.15 ~ 72.15	70.65	4	0.0500	77	0.9625
72.15 ~ 75.15	73.65	3	0.0375	80	1.0000
		80	1.0000		

1.5.2 히스토그램

히스토그램(histogram)은 연속형 데이터의 도수분포표에서 각 계급별 도수를 막대 형태로 표현한 그래프로서, 막대그래프와는 달리 막대들이 계급의 경계값에서 서로 연결되어 있다. 히스토그램을 그리면 도수분포표와는 달리 시각적으로 분포상태를 보면서 중심위치, 산포도, 치우침의 정도, 나아가서는 이상데이터의 존재 유무 등을 파악할 수 있다.

앞의 예제 1.15의 금속판의 인장강도 데이터의 도수분포표를 히스토그램으로 나타내면 그림 1.1과 같다.

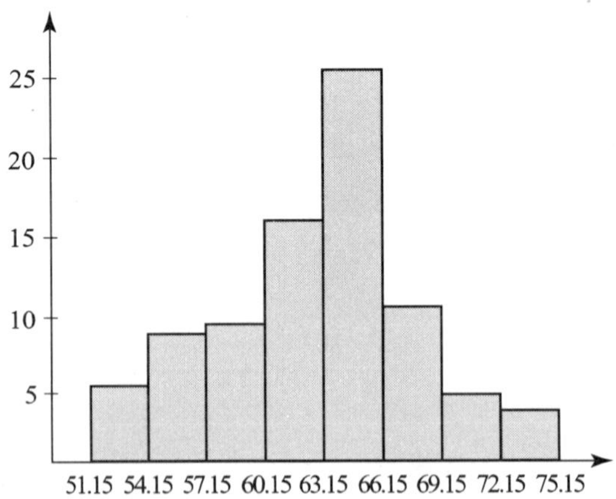

그림 1.1 금속판의 인장강도 데이터의 히스토그램

그림 1.2에 여러 형태의 히스토그램을 나타내었다. 여기서 (a)는 일반적인 정규분포 형태를 나타내고, (b)는 데이터의 평균이 왼쪽으로 치우쳐 있는 분포의 형태를 나타낸다. 한편 (c)는 이상값이 존재하는 경우를 나타내고, (d)는 데이터에 대한 인위적인 처리(이 경우는 어떤 값 이하의 데이터를 삭제)가 있었음을 나타내며, (e)는 두 종류의 성질이 다른 데이터가 혼재함을 나타내고 있다.

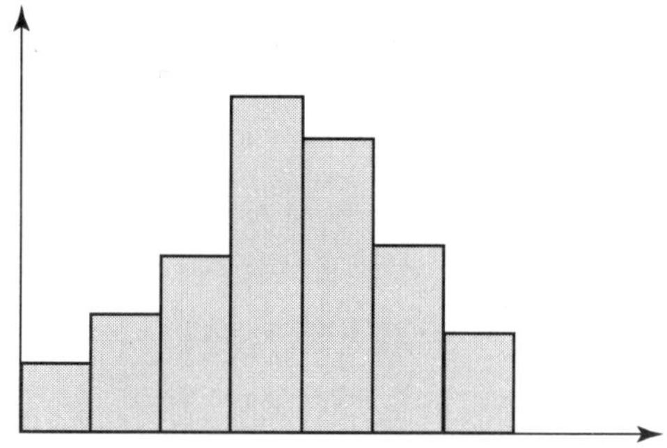

(a) 정규분포 형태

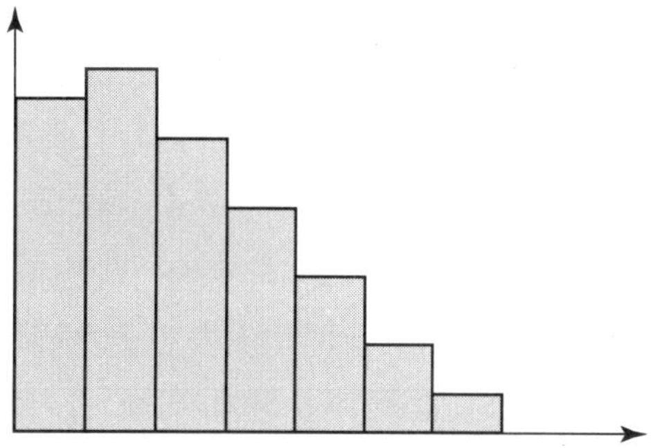

(b) 치우친 분포 형태

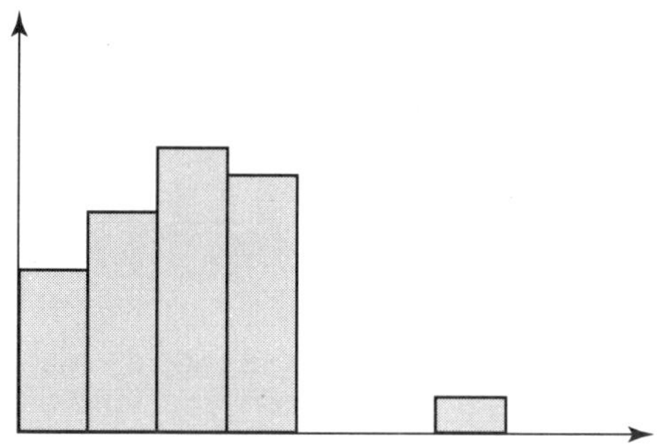

(c) 이상치의 존재

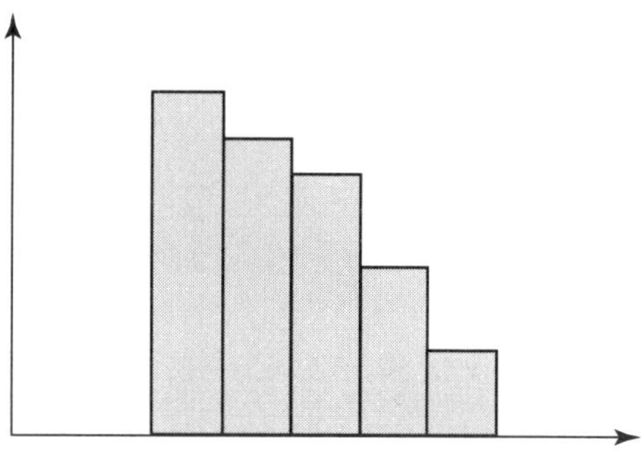

(d) 데이터에 대한 인위적 처리 존재

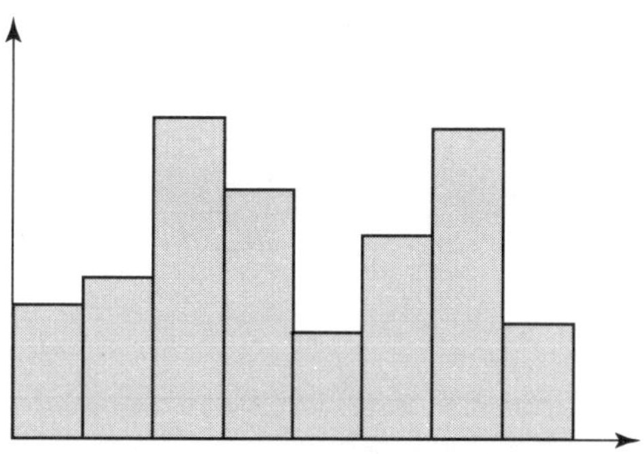

(e) 성질이 다른 데이터의 혼재

그림 1.2 여러 가지 형태의 히스토그램

1.5.3 줄기-잎 그림

도수분포표나 히스토그램 등에서는 데이터를 몇 개의 계급으로 분할하여 각 계급에서의 도수나 상대도수를 정리하고 이를 그래프로 나타내기 때문에, 자료 하나하나의 관측값들은 나타나지 않는 단점이 있다. 그러나 줄기-잎 그림(stem and leaf display)은 도수분포표나 히스토그램과 같은 성격을 가지면서도 각 관측값들도 나타낼 수 있는 정리방법이다. 따라서 줄기-잎 그림은 데이터를 요약하여 분포에 대한 정보를 주는 한편, 이 그림으로부터 원래의 데이터를 그대로 복구할 수도 있다. 즉, 줄기-잎 그림은 데이터가 가진 정보를 보존하면서도 데이터의 분포를 보여줄 수 있는 장점을 가지고 있다.

줄기-잎 그림은 데이터의 관측값들 중 큰 단위에 해당하는 값을 줄기로 하고 작은 단위로 나타나는 값을 잎으로 하여 먼저 줄기값을 크기순으로 세로로 나열한 뒤, 각 줄기에 해당하는 각 데이터의 잎의 값을 해당 줄기값의 오른쪽에 가로로 적는다. 마지막으로 줄기값과 잎의 값을 구분하기 위해 줄기와 잎 사이에 수직선을 그어준다. 줄기-잎 그림은 관측값들의 수가 비교적 많은 자료에서 유용하게 사용될 수 있다.

예를 들어, 이전의 도수분포표에서의 예와 같이 어느 학급의 학생 30명의 체중을 조사한 결과의 데이터를 이용하여 기존의 도수분포표와 같이 데이터를 정리하여 나타내면, 히스토그램과 같은 데이터 전체의 형태를 알 수는 있지만 원래 데이터의 정보의 손실은 감수해야 한다. 그러나 줄기-잎 그림은 원래 데이터의 정보를 보존하면서 데이터의 분포도 보여준다.

데이터: 82, 54, 52, 65, 48, 55, 67, 58, 67, 76, 69, 70, 67, 65, 58, 60, 67, 69, 68, 71, 72, 65, 60, 62, 61, 59, 69, 70, 63, 70

체중의 구분	마크	도수
40~49	/	1
50~59	~~////~~ /	6
60~69	~~////~~ ~~////~~ ~~////~~ /	16
70~79	~~////~~ /	6
80~89	/	1

정보의 손실을 방지하려면 해당 체중의 구분의 마크한 부분에 해당 데이터의 끝자리 숫자를 대신 기록하는 방법을 다음과 같이 택할 수 있다.

40 ~ 49	8
50 ~ 59	4 2 5 8 8 9
60 ~ 69	5 7 7 9 7 5 0 7 9 8 5 0 2 1 9 3
70 ~ 79	6 0 1 2 0 0
80 ~ 89	2

데이터의 첫 번째 관측값 82를 8과 2로 분할하여 8을 줄기로 하면 2는 8이라는 줄기에 속한 잎이 된다. 다른 데이터도 이와 같이 줄기와 잎으로 분할하여 줄기값을 크기순으로 세로로 나열한 뒤 각 데이터의 잎의 값을 해당 줄기값의 가로로 적은 다음, 줄기값과 잎의 값을 구분하기 위해 줄기와 잎 사이에 수직선을 그어주면 그림 1.3과 같은 줄기-잎 그림이 작성된다.

4	8
5	4 2 5 8 8 9
6	5 7 7 9 7 5 0 7 9 8 5 0 2 1 9 3
7	6 0 1 2 0 0
8	2

그림 1.3 어느 학급의 학생 체중에 대한 줄기-잎 그림

도수분포표에서 계급의 수를 정하는 것이 중요하듯이 줄기-잎 그림에서도 줄기의 개수를 몇 개로 하느냐에 따라 여러 가지 형태의 줄기-잎 그림이 나올 수 있다. 따라서 적절한 크기의 줄기의 개수를 정하는 것이 중요한 문제가 된다. 가장 적절한 줄기의 개수는 상황에 따라 다르기 때문에 일률적으로 정할 수는 없으며, 이러한 점이 줄기-잎 그림의 단점 중 하나이다. 그러나 줄기-잎 그림은 앞에서 다룬 히스토그램과는 달리 우리가 원하기만 하면 언제든지 원래의 데이터를 줄기-잎 그림으로부터 얻을 수 있고, 데이터의 값을 크기순으로 나열하는 것이 용이하여 중앙값과 같은 어떤 특정 위치에 있는 데이터를 쉽게 구할 수 있다는 장점도 있다. 위의 예에서 줄기의 개수를 늘리기 위해 잎의 값이 0, 1, 2, 3, 4일 경우와 5, 6, 7, 8, 9일 경우의 두 개의 줄기로 나누어서 그림 1.4와 같이 작성할 수 있다.

```
4 | 8
5 | 4 2
5 | 5 8 8 9
6 | 0 0 2 1 3
6 | 5 7 7 9 7 5 7 9 8 5 9
7 | 0 1 2 0 0
7 | 6
8 | 2
```

그림 1.4 줄기의 수를 늘린 줄기-잎 그림

또한 그림 1.3의 줄기-잎 그림에서 잎에 해당하는 데이터 값을 크기순으로 나열하면 그림 1.5와 같으며, 여기에서 특정 위치의 데이터 값을 쉽게 구할 수 있다.

```
4 | 8
5 | 2 4 5 8 8 9
6 | 0 0 1 2 3 5 5 5 7 7 7 7 8 9 9 9
7 | 0 0 0 1 2 6
8 | 2
```

그림 1.5 크기 순서대로 나열한 줄기-잎 그림

그림 1.5에서 중앙값을 구하면, 데이터 수가 짝수이므로 데이터를 순서대로 나열하여 15번째와 16번째의 데이터의 평균을 구하면 $(65+67)/2=66$이 된다.

따라서 단순히 데이터를 보관하거나 정리하는 목적 이외에 줄기-잎 그림에 의하여 데이터의 특징까지 파악하고자 할 때에는 데이터의 특징이 잘 반영될 수 있도록 줄기의 개수를 늘리거나 줄이면서 줄기-잎 그림을 작성할 필요가 있다. 줄기의 개수를 늘리면 그에 따른 데이터의 다른 상태를 알아볼 수도 있으나 줄기의 개수를 늘리는 것이 좋을 수만은 없다. 왜냐하면 줄기의 개수가 너무 많아지면 줄기 하나에 데이터가 한두 개 밖에 존재하지 않아 데이터의 분포상태를 파악할 수가 없게 되기 때문이다.

따라서 줄기-잎 그림에서도 히스토그램과 마찬가지로 계급의 수를 몇 개로 하느냐가 중요하지만 일반적으로 5~20개 정도의 줄기의 개수를 선택하는 것이 좋다.

1.5.4 상자그림

상자그림(box plot)은 앞에서 다룬 줄기-잎 그림을 보완하여 데이터의 도수분포표의 분포 특성을 요약하는 데 사용된다. 줄기-잎 그림이 도수분포표의 중심부분을 잘 설명해 주는 반면에 상자그림은 특히 꼬리부분의 설명에 중점을 두고 있다. 데이터에는 너무 크거나 너무 작아서 대부분의 관측값들과는 다른 성격을 갖는다고 의심되는 관측값들이 포함되어 있을 수 있다. 이러한 관측값들을 이상값(outlier)이라고 부르는데, 상자그림에서는 데이터의 꼬리부분에 해당하는 어떠한 관측값들을 이상값으로 분류해야 하는지 쉽게 판단할 수 있다.

즉, 주어진 데이터의 특성을 잘 나타내기 위해서는 앞에서 배운 측도 중에서 우리가 쉽게 이해할 수 있는 다섯 개의 측도인 최대값, 최소값, 중앙값, 제1사분위수, 제3사분위수를 이용하여, 이를 그림으로 나타내서 데이터의 특성을 한눈에 알아볼 수 있도록 하며, 이와 같은 그림을 상자그림이라고 한다.

그림 1.6은 상자그림의 예를 나타낸 것으로, 상자의 아래쪽과 위쪽에 각각 제1사분위수(Q_1)와 제3사분위수(Q_3)를 나타내고, 중간에 위치한 수직선은 중앙값을 나타낸다. 사분위범위를 벗어난 최대 및 최소 데이터값까지 수염(whisker)이라 불리는 수평선을 점선으로 긋는다. 따라서 전체 데이터의 25%씩이 최소값~제1사분위수, 제1사분위수~중앙값, 중앙값~제3사분위수, 제3사분위수~최대값의 4개의 구간에 위치하고 있음을 보여준다. 이 그림을 통하여 데이터가 각 구간에 어떻게 분포되어 있는가를 알 수 있으며, 데이터 분포의 대칭성, 치우침 등을 파악할 수 있다.

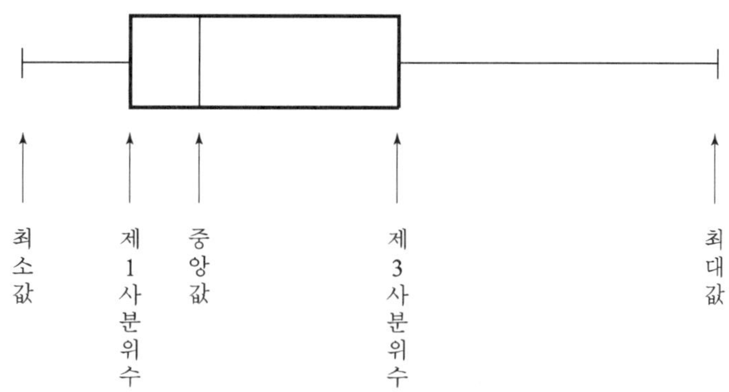

그림 1.6 상자그림

그림 1.6의 상자그림에서 중앙값이 상자의 아래쪽에 가까이 위치해 있고, 위쪽 수염의 길이가 아래쪽 수염의 길이에 비해 길게 나타나 있으므로 전체적으로 데이터가 우측으로 꼬리 부분이 길게 나타나는 비대칭의 형태로 분포하고 있다.

이러한 상자그림을 수정·보완하면 데이터 분포의 대칭성, 치우침뿐만 아니라 사분위범위를 이용하여 데이터들 중에서 이상값들을 쉽게 파악할 수 있다.

상자그림에서 이상치의 존재를 파악하기 위해서는 사분위범위(IQR)를 이용하여 다음과 같은 내부 울타리(inner fence)와 외부 울타리(outer fence)의 정의가 필요하다.

> **[정의 1.17] 사분위범위, 내부 울타리, 외부 울타리**
>
> 사분위범위(inter-quartile range) $IQR = Q_3 - Q_1$
>
> 아래쪽 내부 울타리(lower inner fence) $Q_1 - 1.5 \times IQR$
>
> 위 쪽 내부 울타리(upper inner fence) $Q_3 + 1.5 \times IQR$
>
> 아래쪽 외부 울타리(lower outer fence) $Q_1 - 3 \times IQR$
>
> 위 쪽 외부 울타리(upper outer fence) $Q_3 + 3 \times IQR$

각 꼬리에서 내부 울타리 내에 있으면서 내부 울타리에 가장 가까운 값을 인접값(adjacent value)이라 한다. 그리고 상자끝에서 인접값까지 선으로 연결하게 되는데, 이를 수염이라 부른다. 아래쪽 내부 울타리와 위쪽 내부 울타리 값을 각각 f_1과 f_2로 표기하고 아래쪽 외부 울타리 값과 위쪽 외부 울타리 값을 F_1, F_2로 표기하면, 다음 그림 1.7과 같이 이상값들을 판단할 수 있다. 여기서 위・아래 내・외부 울타리를 벗어난 값을 이상값이라고 판단하는데, 특히 내부 울타리와 외부 울타리 사이에 있는 관측값은 보통 이상값(mild outlier), 외부 울타리를 벗어나는 관측값은 극단 이상값(extreme outlier)이라고 판단한다. 이러한 보통과 극단 이상값들의 표기는 일반적으로 서로 다르게 표시함으로써 구분하고 있다.

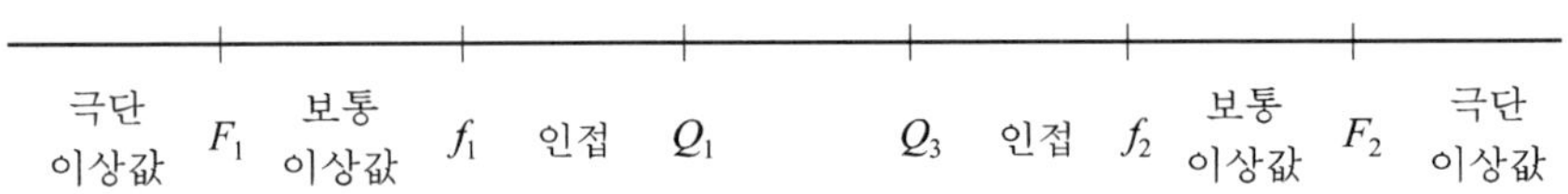

그림 1.7 상자그림에서의 명칭

이상값들이 표시되는 수정 상자그림은 다음 순서에 따라 작성한다.

순서 1: 사분위수 Q_1과 Q_3를 연결하여 상자를 그리고 상자 속에 중앙값의 위치를 수직선으로 표시한다.

순서 2: 양쪽의 인접값으로부터 상자의 중앙부분을 직선으로 연결한다.

순서 3: 보통 이상값들이나 극단 이상값들에 해당하는 관측값들은 특별한 기호로 표시하여, 이에 해당하는 관측값들이 이상값들임을 나타낸다(예를 들어, 보통 이상값은 ○표, 극단 이상값은 X표로 표시한다).

예제 1.16 이전의 도수분포표 f_1에서의 예와 같이 어느 학급의 학생 30명의 체중을 조사한 결과 데이터를 이용하여 상자그림을 그려보아라.

데이터: 82, 54, 52, 65, 48, 55, 67, 58, 67, 76, 69, 70, 67, 65, 58, 60, 67, 69, 68, 71, 72, 65, 60, 62, 61, 59, 69, 70, 63, 70

풀이 제1사분위수(Q_1), 중앙값(Q_2), 제3사분위수(Q_3), 사분위범위(IQR)를 구한다.

Q_1=제25백분위수=30×0.25=7.5 정수가 아니므로 8번째 관측값= 60

Q_2=제50백분위수=30×0.50=15 정수이므로 15번째와 16번째값의 평균
= (65+67)/2= 66

Q_3=제75백분위수=30×0.75=22.5 정수가 아니므로 23번째 관측값= 69

$IQR = Q_3 - Q_1 = 69 - 60 = 9$

아래쪽 내부 울타리 $f_1 = Q_1 - 1.5 \times IQR = 60 - 1.5 \times 9 = 46.5$
위 쪽 내부 울타리 $f_2 = Q_3 + 1.5 \times IQR = 69 + 1.5 \times 9 = 82.5$
아래쪽 외부 울타리 $F_1 = Q_1 - 3 \times IQR = 60 - 3 \times 9 = 33$
위 쪽 외부 울타리 $F_2 = Q_3 + 3 \times IQR = 69 + 3 \times 9 = 96$

여기서 f_1보다 크면서 f_1에 가장 가까운 관측값인 48과, f_2보다는 작으면서 가장 가까운 관측값인 82가 인접값이 된다. Q_1과 Q_3를 연결하여 상자를 그리고 상자 안에 중앙값의 위치를 수직선으로 표시한 후 인접값 48과 82를 상자 가운데서 연결하면, 그림 1.8과 같이 나타낼 수 있으며 이 학급의 체중 데이터에는 이상값이 없다고 볼 수 있다.

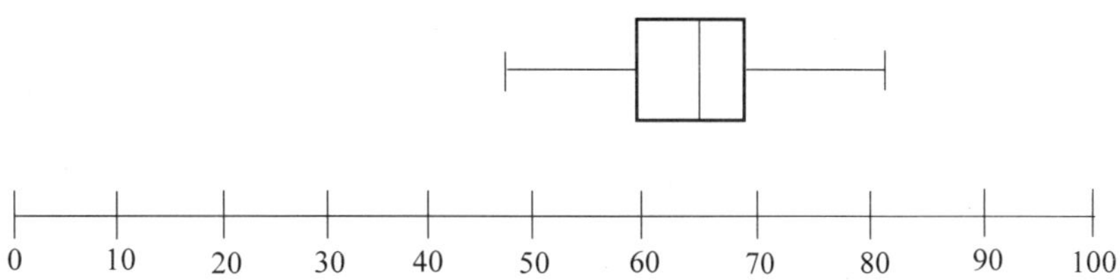

그림 1.8 학급의 학생 체중에 대한 상자그림

여기서 상자그림을 통하여 데이터의 특징을 파악하는 방법을 생각해 보기로 하자. 상자그림에서 상자의 길이는 사분위범위에 해당한다. 따라서 상자그림에서 상자의 길이는 사분위범위로 측정한 자료의 산포도를 의미하게 된다. 분포의 중심은 상자 안의 중앙값의 위치로 표시된다. 따라서 상자 속의 중앙값의 위치에 따라 분포의 대칭성을 파악할 수 있게 해 준다. 만약 중앙값이 상자 속에서 중심부에 위치하면 자료는 대략적으로

중심부분에서 좌우대칭의 성격을 갖는 대칭분포를 하게 되고, 중심부에 위치하지 않고 어느 한쪽으로 치우쳐 있으면 비대칭분포를 하게 된다. 상자와 인접값을 연결하는 직선이 우측으로 길게 나타나는 경우 자료의 분포는 우측으로 꼬리 부분이 길게 나타나는 비대칭분포를 하게 된다. 또한 상자그림을 통하여 우리는 데이터 속에 포함되어 있는 이상값들의 개수 및 크기를 쉽게 파악할 수 있다.

따라서 그림 1.8의 상자그림으로부터 이 학급의 체중의 분포는 중심부분에 약간 우측으로 기울어졌지만 대체적으로 좌우대칭인 분포를 하고 있으며 이상값으로 볼 수 있는 데이터는 나타나지 않고 있다.

예제 1.17 어느 동네에서 15세대를 랜덤하게 추출하여 월간 도시가스 사용량을 조사한 결과 다음 데이터를 얻었다. 이 데이터를 크기순으로 나열한 다음 데이터를 이용하여 상자그림을 그려보아라.

데이터: 25, 40, 135, 189, 240, 257, 289, 330, 314, 332, 380, 401, 424, 998, 1579 (단위: m^3)

풀이 제1사분위수(Q_1), 중앙값(Q_2), 제3사분위수(Q_3), 사분위범위(IQR)를 구한다.

Q_1=제25백분위수=15×0.25=3.75 정수가 아니므로 4번째 관측값=189

Q_2=제50백분위수=15×0.50=7.5 정수가 아니므로 8번째의 관측값=330

Q_3=제75백분위수=15×0.75=11.25 정수가 아니므로 12번째 관측값=401

$IQR = Q_3 - Q_1 = 401 - 189 = 212$

아래쪽 내부 울타리 $f_1 = Q_1 - 1.5 \times IQR = 189 - 1.5 \times 212 = -129$

위 쪽 내부 울타리 $f_2 = Q_3 + 1.5 \times IQR = 401 + 1.5 \times 212 = 719$

아래쪽 외부 울타리 $F_1 = Q_1 - 3 \times IQR = 189 - 3 \times 212 = -447$

위 쪽 외부 울타리 $F_2 = Q_3 + 3 \times IQR = 401 + 3 \times 212 = 1037$

여기서 f_1보다 크면서 f_1에 가장 가까운 관측값인 25와, f_2보다는 작으면서 가장 가까운 관측값인 424가 인접값이 된다. Q_1과 Q_3를 연결하여 상자를 그리고 상자 안에 중앙값의 위치를 수직선으로 표시한 후 인접값 25와 424를 상자 가운데서 연결한다. 그리고 보통 이상값은 ○표로, 극단 이상값은 ×표로 표시하여 상자그림을 그리면 그림 1.9와 같이 된다.

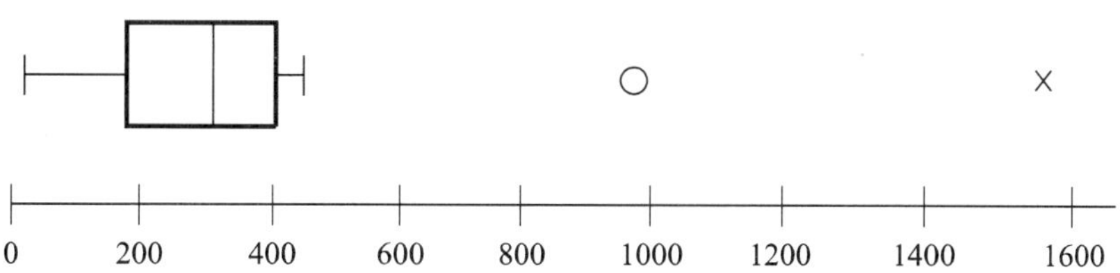

그림 1.9 도시가스 사용량에 대한 상자그림

이 도시의 월간 도시가스 사용량은 중심부분에서 좌측으로 기울어진 비대칭분포를 하고 있으며, 전반적으로 자료의 분포는 좌측으로 길게 늘어지는 분포 형태임을 알 수 있다. 그리고 이상값은 큰 값 쪽으로 2개가 나타나고 있다.

연습문제 1-5

1. 도수분포를 만드는 목적을 써라.

2. 어떤 회사에서 생산하고 있는 제품 중 50개의 표본을 추출하여 길이를 측정한 결과 다음 데이터를 얻었다.

데이터:									
14.50	14.14	18.75	13.73	11.50	11.93	11.93	11.78	13.63	12.65
13.86	12.98	13.70	12.35	17.94	13.96	14.30	13.95	13.63	13.85
13.36	12.65	14.80	12.35	16.94	12.96	15.30	13.95	13.33	13.43
14.74	12.12	14.52	13.53	19.99	13.48	12.60	13.22	16.27	14.16
19.26	14.26	13.83	12.52	13.90	12.70	13.41	12.00	14.87	12.30

(단위: mm)

(1) 도수분포표를 작성하여라(계급의 수=5).

(2) 히스토그램을 그려보아라.

3. 문제 2에서 작성한 도수분포표를 이용하여 평균과 표준편차를 구하여라.

4. 문제 2의 제품의 길이 데이터를 이용하여 다음 물음에 답하여라.

(1) 잎을 두 자리로 하여 줄기-잎 그림을 그려보아라.

(2) 제1사분위수, 중앙값, 제3사분위수를 구하여라.

5. 어느 동네에서 15세대를 랜덤하게 추출하여 월간 전력사용량을 조사한 데이터를 크기순으로 나열한 다음, 데이터를 이용하여 상자그림을 그리고 해석하여라.

데이터: 125, 140, 235, 289, 240, 257, 289, 350, 364, 372, 380, 431, 434, 598, 680

1. 다음 데이터들에서 데이터의 평균, 중앙값, 최빈값, 분산, 표준편차, 범위를 구하여라.

(1) 3, 7, 5, 2, 8

(2) 15, 16, 11, 15, 18, 15

(3) 2, 2, 3, 3, 1

(4) 6, 1, −4, −3, 0, −6

2. 어느 회사에서 일년 동안 매월 발생하는 클레임 건수를 조사한 결과 다음 데이터를 얻었다.

데이터: 7, 7, 0, 8, 0, 8, 3, 4, 1, 8, 5, 6

(1) 이 데이터의 평균을 구하여라.

(2) 이 데이터의 중앙값과 최빈값을 구하여라.

3. 다음 데이터로부터 산술평균, 중앙값, 최빈값을 구하여라.

데이터: 5.2, 5.3, 5.4, 5.7, 5.9, 6.0, 5.8

4. 다음 데이터에 대하여 범위, 편차제곱합, 표본분산, 표본표준편차, 변동계수를 구하여라.

데이터: 35.4, 32.3, 45.5, 35.6, 43.5, 48.5, 43.6, 50.8, 33.3, 46.8

5. 어떤 제약회사의 진통제의 진통 효과를 알아보기 위해 진통제 투약 후 진통시간을 측정한 결과 다음 데이터를 얻었다.

데이터: 25, 24, 20, 30, 38, 40, 37, 58, 20, 36 (단위: 분)

(1) 이 데이터의 평균을 구하여라.

(2) 이 데이터의 표준편차와 분산을 구하여라.

(3) 이 데이터의 사분위범위를 구하여라.

6. 어느 지역에서 15세대를 랜덤하게 추출하여 세대당 전력소비량(kWh)을 조사한 데이터는 다음과 같다.

데이터: 345, 389, 85, 145, 149, 234, 256, 298, 365, 267, 372, 278, 567, 345, 824

(1) 평균, 중앙값, 10% 절사평균을 구하여라.
(2) 범위, 분산, 표준편차를 구하여라.
(3) 제1사분위수, 제3사분위수, 사분위범위를 구하여라.

7. 다음 데이터는 주성분이 과즙인 음료수를 생산하고 있는 A 회사의 과즙농도와 볼트를 생산하고 있는 B 회사의 볼트의 무게를 측정한 데이터이다.

A 회사: 9.2, 8.1, 9.0, 9.0, 7.8, 9.4, 8.4, 8.9, 8.2, 9.3 (단위: %)
B 회사: 18.0, 18.7, 17.9, 16.6, 18.4, 17.1, 18.5, 19.1, 18.8, 17.0, 19.8 (단위: g)

(1) A, B 각 회사의 표본평균, 표본분산, 표본표준편차를 구하여라.
(2) A, B 각 회사의 변동계수를 구하고 산포도를 설명하여라.

8. 중소기업인 A 회사와 대기업인 B 회사의 지난 7년간의 당기순이익을 조사한 결과 다음 데이터를 얻었다.

A 회사: 2.1, 3.1, 2.6, 3.8, 4.8, 2.4, 4.4
B 회사: 58.0, 78.7, 60.9, 43.6, 36.4, 50.5, 67.5
(단위: 억 원)

(1) A, B 각 회사의 표본평균, 표본분산, 표본표준편차를 구하여라.
(2) A, B 각 회사의 변동계수를 구하고 산포도를 설명하여라.

9. 다음은 통계학 수강자 중에서 랜덤하게 추출한 40명의 중간고사 시험성적이다.

데이터:									
56	95	76	90	50	85	60	70	80	72
91	82	63	48	86	80	83	52	95	84
64	86	67	88	82	91	55	80	91	82
88	78	89	90	86	81	76	70	78	88

(1) 평균, 중앙값, 10% 절사평균을 구하여라.
(2) 범위, 사분위범위, 분산, 표준편차를 구하여라.

10. 문제 9의 통계학 수강자의 중간시험 성적 데이터를 이용하여 다음 물음에 답하여라.

(1) 도수분포표를 작성하여라(계급의 수=5).

(2) 도수분포표를 이용하여 평균, 표준편차를 구하여라.

(3) 히스토그램을 그려보아라.

11. 문제 9의 통계학 수상자의 중간시험 성적 데이터를 이용하여 다음 물음에 답하여라.

(1) 줄기의 단위를 10으로 하여 줄기-잎 그림을 그려보아라.

(2) 상자그림을 그리고 데이터의 특징을 설명하여라.

12. 다음 도수분포표를 이용하여 물음에 답하여라.

계급	도수
5.5 ~ 10.5	4
10.5 ~ 15.5	5
15.5 ~ 20.5	9
20.5 ~ 25.5	20
25.5 ~ 30.5	21
30.5 ~ 35.5	13
35.5 ~ 40.5	5
40.5 ~ 45.5	3
	80

(1) 표본평균과 표본표준편차를 구하여라.

(2) 각 계급의 상대도수, 누적도수, 누적상대도수를 구하여라.

(3) 제1사분위수, 중앙값, 제3사분위수를 구하여라.

13. 다음 데이터는 어떤 유정에서의 매일매일의 기름 생산량을 조사한 것이다.

데이터: 203, 214, 225, 197, 243, 221, 206, 203, 208, 201, 208, 215, 220, 206, 211, 208

19, 20, …, 24의 줄기를 가진 줄기-잎 그림을 그려보아라.

14. 다음 줄기-잎 그림을 보고 각각의 줄기-잎 그림의 원 데이터를 기록하여라.

(1) 1	2 3 0 5 1 8 7
(2) 25	5 0 1 6 0
(3) 4	34 57 26 03
(4) 3.2	1 8 4 3 3

15. 다음 데이터는 초등학교 학생 20명의 IQ를 측정한 결과이다.

데이터: 109, 111, 128, 106, 98, 128, 99, 115, 110, 112, 104, 128, 124, 108, 112, 120, 130, 127, 119, 124

(1) 줄기의 단위를 10으로 하여 줄기-잎 그림을 그려보아라.

(2) (1)의 줄기-잎 그림에서 줄기를 두 배로 증가시켜 새로운 줄기-잎 그림을 그려보아라.

(3) 위의 두 개의 줄기-잎 그림을 비교하여 어느 그림이 이 데이터의 특징을 잘 나타내 주고 있는지 설명하여라.

16. 어떤 회사에서 생산하고 있는 볼트 50개의 무게를 측정하여 다음 데이터를 얻었다.

데이터:										
	3.86	2.98	3.70	2.35	7.94	3.96	4.30	3.95	3.63	3.85
	9.26	4.26	3.83	2.52	3.90	2.70	3.41	2.00	4.87	2.30
	4.50	4.14	8.75	3.73	1.50	1.93	1.93	1.78	3.63	2.65
	4.74	2.12	4.52	3.53	9.99	3.48	2.60	3.22	6.27	4.16
	3.36	2.65	4.80	2.35	6.94	2.96	5.30	3.95	3.33	3.43

(1) 잎을 두 자리로 하여 줄기-잎 그림을 그려보아라.

(2) 제1사분위수, 중앙값, 제3사분위수를 구하여라.

17. 문제 16의 볼트의 무게 데이터를 이용하여 다음 물음에 답하여라.

(1) 도수분포표를 작성하여라(계급의 수=7).

(2) 히스토그램을 그려보아라.

18. 문제 16의 볼트의 무게 데이터를 이용하여 상자그림을 작성하고 이 데이터의 특징을 설명하여라.

19. 다음은 기계별로 생산된 제품의 강도를 측정한 데이터이다. 기계별로 상자그림을 그려보아라.

기계 1	7 4 1 2 4 6 4 3 2 5 3 2 4 5 6 5 6 4 3 5
기계 2	3 7 4 6 5 3 5 4 6 8 7 5 7 4 3 6 4 3 5 6
기계 3	4 7 3 2 6 8 5 4 8 4 8 4 5 3 6 9 5 7 4 7

20. 농촌지도소에서는 지구별 농가의 평균 생산량이 아래 표와 같이 조사되었다.

지구	농가호수	평균 생산량	편차제곱합
A	10	10	20
B	14	8	26.2
C	12	10	22.4
D	14	12	18

(1) 4지구 전체의 평균을 구하여라.

(2) 4지구 전체의 편차의 제곱합을 구하여라.

(3) 4지구 전체의 분산을 구하여라.

CHAPTER 2

확 률

CHAPTER OUTLINE

2.1 표본공간과 사상 *47*

2.2 표본공간의 계산 *52*

2.3 사상의 확률 *56*

2.4 확률법칙 *60*

2.5 조건부 확률 *62*

2.6 베이즈 정리 *67*

연습문제 *73*

앞 장에서 우리는 자료를 정리하고 요약하는 방법에 대해 알아보았다. 이제 본 장에서는 확률에 대해서 알아보고자 한다. 확률은 일상생활에서 많이 듣고 사용하고 있으며, 이러한 확률은 불확실한 상황에서 어떤 일이 일어날 가능성이 어느 정도인가를 측정하는 것이다.

통계적 조사에서 조사대상의 일부만을 관측하고도 조사대상 전체에 대한 결론을 낼 수 있는 논리적 근거를 제시해 주는 것이 바로 확률의 개념이다. 실제 대부분의 경우 확률을 구하기 위해서는 관련되는 사상의 확률을 구한 후 이를 합하거나 곱하는 등의 확률의 법칙을 이용하여 적절히 활용하고 있는 것이다. 확률은 앞으로 다루게 될 통계적 추정이나 검정이론의 기초가 될 뿐만 아니라 통계학 전반에 걸쳐 기본이론이 되는 중요한 개념이다.

2.1 표본공간과 사상

우리는 일상생활에서 확률이라는 말을 많이 듣고 사용하고 있다. 예를 들면, 내일 비가 올 확률이나 월드컵에서 우리 팀이 8강에 진출할 확률, 복권에 당첨될 확률이 얼마라고 말하는 것 등이다. 이러한 확률은 불확실한 상황에서 어떤 일이 일어날 가능성이 어느 정도인가를 측정하는 것이다. 즉, 확률은 실험이나 관측의 대상에서 우리가 관심을 갖고 있는 결과가 나올 가능성이 어느 정도인가를 알아내는 것이다. 따라서 확률을 정의하기 위해서는 먼저 표본공간과 사상의 개념에 대한 이해가 필요하다.

[정의 2.1] 표본공간(Sample Space)

확률실험의 모든 가능한 결과의 집합으로, 영어의 대문자 S로 표기한다.

여기서 말하는 확률실험(random experiment)은 다음의 두 조건을 만족하는 실험이어야 한다. 첫째는 실험의 결과를 확신을 가지고 예측할 수는 없지만 모든 가능한 결과의 집합은 알고 있어야 하고, 둘째는 실험이 동일한 조건하에서 이루어져야 한다는 것이다. 이러한 확률실험을 시행(trial)이라고도 부른다. 확률실험에 대한 표본공간의 예를 들어보자.

예제 2.1 한 개의 동전을 던지는 시행에서 앞면을 H, 그리고 뒷면을 T로 표시하면, 표본공간 S는 다음과 같다.

$$S = \{H,\ T\}$$

예제 2.2 하나의 주사위를 던지는 시행에서 윗면에 나오는 눈의 수를 관측할 때 가능한 결과를 표시하면, 표본공간 S는 다음과 같다.

$$S = \{1,\ 2,\ 3,\ 4,\ 5,\ 6\}$$

예제 2.3 두 개의 주사위를 던지는 시행에서 나오는 각 주사위에서 눈의 수를 관측할 때 가능한 결과를 표시하면, 표본공간 S는 다음과 같다.

$$S = \{(1, 1),\ (1, 2),\ (1, 3),\ \cdots,\ (2, 1),\ (2, 2),\ \cdots,\ (6, 4),\ (6, 5),\ (6, 6)\}$$

예제 2.4 한 국가에서 아들이 100명 태어날 때까지의 출생아 수를 관측할 때 가능한 결과를 표시하면, 표본공간 S는 다음과 같다.

$$S = \{100,\ 101,\ 102,\ \cdots\}$$

예제 2.5 한 회사의 전구의 수명시간을 측정하는 실험에서 전구의 수명시간은 실수값 0에서 ∞까지 가질 수 있으므로 표본공간 S는 다음과 같다.

$$S = \{t \mid 0 \leq t < \infty\}$$

위의 예제들 중 예제 2.1, 2.2, 2.3과 같이 표본공간에서 원소의 수가 유한한 경우가 있고, 예제 2.4, 2.5와 같이 원소의 수가 무한인 경우가 있다. 일반적으로 원소의 수가 유한이든 무한이든 예제 2.1, 2.2, 2.3, 2.4와 같이 원소를 하나씩 세어 나갈 수 있는 경우의 표본공간을 이산표본공간(discrete sample space)이라 하고, 예제 2.5와 같이 원소를 하나씩 세어 나갈 수 없는 경우의 표본공간을 연속표본공간(continuous sample space)이라 한다.

표본공간이 정의되고 나면 이 표본공간 내에서 어떤 조건을 만족하는 결과들의 부분집합에 관심을 갖게 되고, 이러한 관심이 있는 결과 중의 하나를 관측하게 되면 관심이 있는 사상이 발생했다고 한다. 예를 들어, 하나의 주사위를 던지는 시행에서 윗면에 나오는 눈의 수를 관측할 때 가능한 결과의 집합인 표본공간 $S=\{1, 2, 3, 4, 5, 6\}$에서, 홀수인 경우를 A라 하면 $A=\{1, 3, 5\}$가 되고 이를 사상(event) A라 부르며, 짝수인 경우를 B라 하면 $B=\{2, 4, 6\}$이 되고 이를 사상 B라 부른다. 이 사상 A의 한 원소를 관측하면 사상 A가 발생했다고 하고, 사상 B의 한 원소를 관측하면 사상 B가 발생했다고 한다. 특히 이러한 사상 중에서 $C=\{5\}$와 같이 한 개의 원소로 이루어진 사상을 근원사상(elementary event) 또는 단순사상(simple event)이라 한다. 사상 A, 사상 B와 같이 서로 공통인 원소가 없는 사상들을 상호배반사상(mutually exclusive events)이라 부르고, 이는 두 사상 A, B가 동시에 일어날 수 없음을 뜻한다. 표본공간 S의 부분집합들이 사상이므로 공집합 $\varnothing$과 표본공간 자체도 S의 부분집합이 된다. 따라서 $\varnothing$과 S도 사상이 될 수 있다.

[정의 2.2] 사상(event)

표본공간에서 관심이 있는 실험결과들의 집합으로, 표본공간의 부분집합이다.

예제 2.6 한 개의 동전을 던지는 시행에서 앞면을 H, 그리고 뒷면을 T로 표시했을 때 표본공간 S와 사상을 모두 열거하여라.

풀이 표본공간 $S=\{H, T\}$이고, 표본공간 S의 부분집합인 사상들을 열거하면 $\{H\}$, $\{T\}$, $\{H, T\}$, $\varnothing$이 있다.

대부분의 확률 문제는 이러한 두 개 이상 여러 사상들을 합집합, 곱집합, 여집합 등의 형태로 표현한 사상들에 대해 관심이 있다. 따라서 여러 사상을 다룰 때에는 집합연산의 기호를 사용한다. 표본공간 S에 A, B 두 개의 사상이 있다고 할 때 $A \cup B$는 합사상(union event)이라 부르고 A이거나 B인 S의 모든 원소의 집합을 의미하며, $A \cap B$는 곱사상(intersection event)이라 부르고 A이고 B인 S의 모든 원소의 집합을 의미한다. $\overline{A}$(또는 A^c)는 A의 여사상(complementary event)이라 부르고 A가 아닌 S의 모든 원소의 집합을 의미한다. 이러한 표본공간, 사상, 여사상, 합사상, 곱사상들을 벤다이어그램으로 나타내면 그림 2.1과 같다.

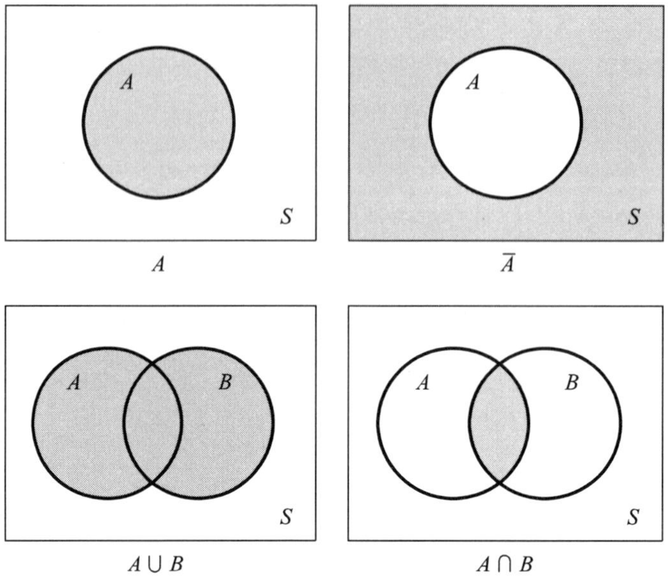

그림 2.1 표본공간, 사상, 여사상, 합사상, 곱사상의 벤다이어그램

예제 2.7 정부에서는 두 개의 환경연구소가 건설될 도시를 선정해야 한다. 여기서 우리의 관심사항은 서울과 부산 두 도시에 몇 개의 환경연구소가 건설될 것인가 하는 문제이다. 서울에서 건설될 연구소 개수와 부산에서 건설될 연구소 개수를 각각 좌표로 삼아 기하학적으로 표현하면 다음 그림 2.2와 같다.

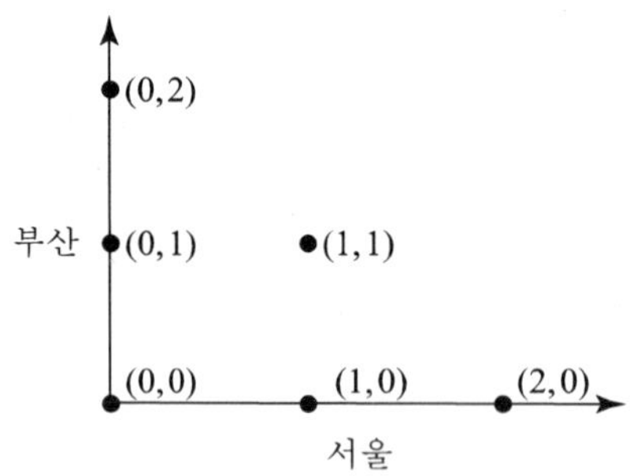

그림 2.2 서울과 부산에 건설될 환경연구소 개수의 표본공간

이 예제에서 표본공간 $S=\{(0, 0), (1, 0), (0, 1), (2, 0), (1, 1), (0, 2)\}$이다.

사상 A: 서울과 부산 중에서 두 개의 환경연구소 중 한 개만 건설될 사상
사상 B: 서울에는 두 개의 환경연구소 중 한 개도 건설되지 않을 사상

사상 C: 서울과 부산에 같은 개수의 환경연구소가 건설될 사상

이라고 할 때 다음 물음에 답하여라.

(1) $A \cup C$

(2) $A \cap B$

(3) $\overline{B}$

풀이 각 사상들은 다음과 같다.

$$A = \{(1, 0),\ (0, 1)\}$$
$$B = \{(0, 0),\ (0, 1),\ (0, 2)\}$$
$$C = \{(0, 0),\ (1, 1)\}$$

(1) A와 C의 합사상은 $A \cup C = \{(1, 0),\ (0, 1),\ (0, 0),\ (1, 1)\}$

(2) A와 B의 곱사상은 $A \cap B = \{(0, 1)\}$

(3) B의 여사상은 $\overline{B} = \{(1, 0),\ (1, 1),\ (2, 0)\}$

연습문제 2-1

1. 확률실험이 되는 두 가지 조건을 써라.

2. 두 개의 주사위를 던지는 시행에서 나오는 윗면의 수를 관측한다고 하자.

(1) 표본공간 S를 정의하여라.

(2) 두 주사위의 눈금의 합이 7 이상일 사상을 모두 열거하여라.

3. 상자에 검은 구슬과 흰 구슬이 각각 7개와 3개, 모두 10개가 들어 있다. 이 주머니에서 비복원추출로 3개를 뽑았을 때 다음 물음에 답하여라.

(1) 표본공간 S를 정의하여라.

(2) 뽑힌 3개의 공이 모두 같은 색일 사상을 써라.

4. 다음 사상을 벤다이어그램으로 나타내어라.

(1) $\overline{A} \cap \overline{B}$

(2) $\overline{(A \cap B)} \cup C$

5. 표본공간 $S = \{1, 2, 3, 4, 5, 6, 7, 8, 9\}$에서 사상 $A = \{1, 2, 3, 4, 5\}$, $B = \{1, 3, 7\}$일 때, 다음 사상을 구하여라.

(1) $A \cup B$

(2) $A \cap \overline{B}$

(3) $\overline{B}$

2.2 표본공간의 계산

앞에서 설명한 바와 같이 확률실험에서 모든 가능한 결과의 집합을 표본공간이라 했는데, 이러한 표본공간 내의 모든 가능한 결과들을 모두 열거해야 하거나 이러한 표본공간 내의 원소의 개수를 계산해야 하는 경우가 대부분이다. 이렇게 표본공간에 있는 유한개의 원소를 모두 직접 일일이 열거하여 그 개수를 세어야 할 필요가 있을 때 출현 가능한 모든 결과의 수가 많지 않을 때에는 그래도 일일이 열거하여 수를 헤아릴 수 있지만 출현 가능한 모든 결과의 수가 매우 많을 때에는 이러한 작업은 매우 어렵고 지루한 일이다. 예를 들면, 어떤 제품에 대한 소비자 평가를 작동성, 가격, 수리비용의 세 가지 척도로 평가한다고 하자. 작동성은 쉬움, 보통, 어려움의 3단계로, 가격은 저가, 고가의 2단계로, 수리비용은 과다, 평균, 저렴의 3단계로 구분하여 평가한다고 하면 소비자에게서 나올 수 있는 가능한 평가결과는 $3 \times 2 \times 3 = 18$가지가 된다. 이러한 출현 가능한 모든 결과를 열거한다는 것은 쉬운 일이 아니며, 이러한 표본공간의 모든 결과를 체계적으로 나열하기 위해 나무그림을 활용하면 상당히 편리할 것이나 이 나무그림도 표본공간의 크기가 커지면 상당히 복잡해지는 단점이 있다. 따라서 표본공간의 모든 결과를 나열하지 않고도 표본공간의 모든 원소의 개수를 쉽게 계산함으로써 확률문제를 해결할 수 있도록 도와주는 곱의 법칙, 순열, 조합에 대해 설명하기로 한다.

2.2.1 나무그림

출현 가능한 결과의 개수가 많을 때 체계적으로 원소의 개수를 헤아릴 수 있는 있도록 도와주는 나무그림(tree diagram)이 있다. 그림 2.3은 소비자의 가능한 평가결과를 18개의 조합의 가지로 나타내주고 있다.

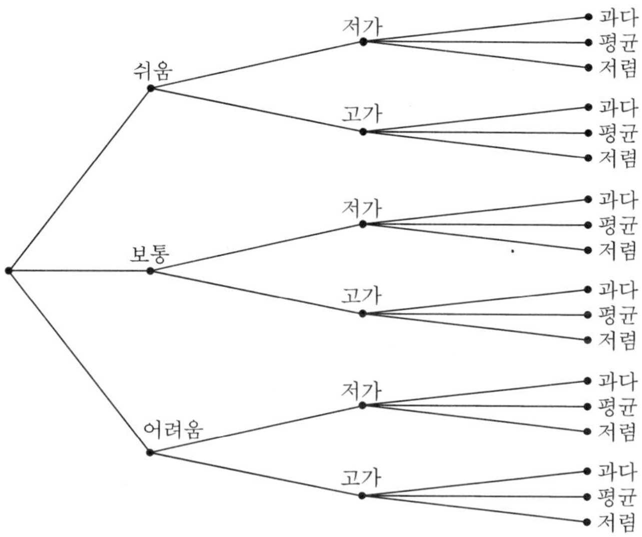

그림 2.3 소비자 평가결과의 나무그림

이와 같이 출현 가능한 결과의 수가 많을 경우 표본공간의 수를 계산하고자 할 때에는 다음과 같은 곱의 법칙을 활용하면 된다.

> **[정의 2.3] 출현 가능한 결과의 수(곱의 법칙)**
>
> 만약 집합 A_1, A_2, $\cdots$, A_k가 각각 n_1, n_2, $\cdots$, n_k개의 원소를 가지고 있다면, 처음에 A_1에서 한 개의 원소를, 그 다음 A_2에서 한 개의 원소를, $\cdots$, 마지막에 A_k에서 한 개의 원소를 선택하는 방법의 수는 $n_1 \times n_2 \times \cdots \times n_k$이다.

예제 2.8 회원수가 30명인 그룹에서 회장과 부회장을 한 명씩 뽑을 수 있는 가능한 결과의 수는 몇 가지가 있는가?

풀이 회장을 뽑는 결과의 수는 30가지, 회장 1명을 제외한 나머지 인원에서 부회장을 뽑는 결과의 수는 29가지이다. 따라서 회장과 부회장을 뽑을 수 있는 가능한 결과의 수는 30×29=870가지이다.

예제 2.9 15개의 ○, ×문제를 한 학생이 풀 때 대답할 수 있는 가능한 결과의 수는 몇 가지가 있는가?

풀이 각 문제마다 대답할 수 있는 결과의 수는 2개이므로 15문제를 전부 대답하면 가능한 결과의 수는 $2 \times 2 \times \cdots \times 2 = 2^{15} = 32,768$가지이다.

나무그림은 실험결과의 수를 체계적으로 셀 수 있게 하지만 표본공간의 크기가 커지면 상당히 복잡해진다. 이런 경우에 순열과 조합의 개념을 사용하면 매우 편리하다.

2.2.2 순열

몇 개의 원소에서 순서를 고려하여 일렬로 나열하는 것을 순열(permutation)이라고 한다. 일반적으로 n개의 원소로 된 집합 $\{a_1, a_2, \cdots, a_n\}$에서 r개를 선택하여 일렬로 나열한 것을 n개에서 r개를 선택하는 순열이라 하고, 이 순열의 수를 기호 ${}_nP_r$로 나타낸다.

$${}_nP_r = n\times(n-1)\times(n-2)\times\cdots\times(n-r+1),\ r=1, 2, \cdots, n$$

으로 계산한다. n개의 원소에서 n개를 선택하여 일렬로 나열하는 순열의 수는

$${}_nP_n = n\times(n-1)\times(n-2)\times\cdots\times3\times2\times1$$

이 된다. 1에서 n까지의 자연수의 곱을 n의 계승(factorial)이라 하고 $n!$로 나타낸다. 즉,

$$n! = n\times(n-1)\times(n-2)\times\cdots\times3\times2\times1$$

이다.

> **[정의 2.4] 순열의 수의 공식**
>
> 서로 다른 n개의 원소에서 r개를 선택하여 순서를 고려하여 일렬로 배열하는 방법의 수를 n개에서 r개를 선택하는 순열의 수라 하며,
>
> $${}_nP_r = n(n-1)(n-2)\cdots(n-r+1) \text{ 또는 } {}_nP_r = \frac{n!}{(n-r)!}$$
>
> 이다.

예제 2.10 5개의 원소 {1, 2, 3, 4, 5}가 있다.

(1) 3개를 선택하여 일렬로 세우는 방법의 수, 즉 5개에서 3개를 선택하는 순열의 수는?

(2) 5개를 선택하여 일렬로 세우는 방법의 수, 즉 5개에서 5개를 선택하는 순열의 수는?

풀이 (1) 첫째 자리에는 1, 2, 3, 4, 5 중 어느 숫자를 선택해도 되므로 5가지, 둘째 자리는 첫째 자리에 넣은 수를 제외한 나머지 숫자를 선택하므로 4가지, 마지막 셋째 자리에는 첫째, 둘째 자리에 넣은 수를 제외한 나머지 숫자를 선택하므로 3가지이다. 따라서, 곱의 법칙을 이용하면 5×4×3=60가지이고, 순열의 수의 공식을 이용하면

$${}_5P_3=5\times(5-1)\times(5-3+1)=60$$

즉, ${}_5P_3=\dfrac{5!}{(5-3)!}=\dfrac{5!}{2!}=\dfrac{5\times4\times3\times2\times1}{2\times1}=60$가지이다.

(2) 똑같은 방법으로 곱의 법칙을 이용하면 5×4×3×2×1=120가지이고, 순열의 수의 공식을 이용하면

$$\begin{aligned}{}_5P_5&=5\times(5-1)\times(5-2)\times(5-3)\times(5-4)\times(5-5+1)\\&=5\times4\times3\times2\times1=5!=120\text{가지이다.}\end{aligned}$$

2.2.3 조합

서로 다른 n개의 원소에서 순서에 상관없이 r개를 선택하는 것을 조합(combination)이라 한다. 일반적으로 n개의 원소로 된 집합 $\{a_1,\ a_2,\ \cdots,\ a_n\}$에서 r개를 선택하는 것을 n개에서 r개를 선택하는 조합이라 하고, 이 조합의 수를 기호 ${}_nC_r$ 또는 $\binom{n}{r}$로 나타내며, ${}_nC_r=\binom{n}{r}=\dfrac{{}_nP_r}{r!}$로 계산한다. 일반적으로 n개에서 r개를 추출하는 방법은 비복원추출(sampling without replacement)과 복원추출(sampling with replacement)의 두 가지 방법이 있다. 비복원추출은 한 번 추출된 것은 되돌려 놓지 않고 다음 표본을 추출하는 방법이고, 복원추출은 추출된 것을 되돌려 놓고 다음 것을 추출하는 방법이므로, 이는 한 번 추출된 것도 다시 추출될 수 있음을 의미한다. 여기 조합에서 n개 가운데서 r개를 추출하는 방법은 비복원추출 방법이다.

[정의 2.5] 조합의 수의 공식

서로 다른 n개의 원소에서 비복원추출로 순서에 상관없이 r개를 선택하는 방법의 수를 n개에서 r개를 선택하는 조합의 수라 하며,

$$\binom{n}{r}=\frac{n\times(n-1)\times\cdots\times(n-r+1)}{r!}=\frac{n!}{r!(n-r)!}$$

이다.

예제 2.11 5개의 원소 {1, 2, 3, 4, 5}가 있다.

(1) 3개를 선택하는 방법의 수, 즉 5개에서 3개를 선택하는 조합의 수는?

(2) 5개를 선택하는 방법의 수, 즉 5개에서 5개를 선택하는 조합의 수는?

풀이 (1) ${}_5C_3 = \dfrac{5\times4\times3}{3!} = \dfrac{5\times4\times3}{3\times2\times1} = 10$ 또는 ${}_5C_3 = \dfrac{5!}{3!(5-3)!} = \dfrac{5!}{3!2!} = 10$가지이다.

(2) ${}_5C_5 = \dfrac{5!}{5!(5-5)!} = \dfrac{5!}{5!0!} = 1$가지이다.

연습문제 2-2

1. 회원수가 50명이 있는 그룹에서 회장, 부회장, 총무를 한 명씩 뽑을 수 있는 가능한 결과의 수는 몇 가지가 있는가?

2. 20개의 사지선다형 문제를 한 학생이 풀 때 대답할 수 있는 가능한 결과의 수는 몇 가지가 있는가?

3. 2종류의 음료수, 3종류의 과일, 4종류의 샌드위치가 있을 때 샌드위치, 과일, 음료수 세 종류로 구성된 식사를 몇 가지나 마련할 수 있는가?

4. 주사위를 던지는 시행에서 나오는 윗면의 수를 관측할 때의 표본공간에서 3개를 선택하는 방법은 몇 가지가 있는가?

5. 10개의 제품 속에 3개의 부적합품이 포함되어 있다. 이 제품 중에서 비복원추출로 5개를 뽑았을 때 두 개가 부적합품인 경우는 몇 가지가 있는가?

2.3 사상의 확률

표본공간 S가 정의된 후 S의 부분집합인 사상 A에 대하여 A가 출현할 가능성을 숫자로 나타내고자 할 때 우리는 확률이라는 개념을 사용하게 된다. 예를 들어, 하나의 주사위를 던지는 시행에서 윗면에 나오는 눈의 수를 관측할 때 표본공간 $S=\{1, 2, 3, 4, 5, 6\}$이고 이때 나오는 눈의 수가 홀수일 사상 $A=\{1, 3, 5\}$라 하면, 주사위를 한 번 굴렸을 때 윗면에 나타나는 수가 홀수일 가능성이란 표본공간 S에서 사상 A가 일어날 가능성을 말하고, 이를 A가 출현할 확률 $P(A)$로 나타낸다. $P(A)$는 주사위를 던지는 시행에서 나오는 결과의 출현 가능성이 모두 동일하다면 간단히 구할 수 있다. 이 경우는 주사위를 던졌을 때 표본공간의 원소의 수는 6개이고, 사상 A의 원소의 수는 3개이므로 $P(A)=3/6=1/2$이 된다. 이와 같이 출현할 가능성이 모두 같은 유한개의 원소들로 이루어져 있는 표본공간에 대하여 사상 A가 일어날 확률에 대한 고전적 정의는 다음과 같다.

[정의 2.6] 확률의 고전적 정의

표본공간의 모든 원소의 출현 가능성이 같은 경우의 사상 A의 확률을 $P(A)$라 하면

$$P(A)=\frac{\text{사상 } A\text{에 속하는 원소의 개수}}{\text{표본공간의 원소의 개수}}$$

이다.

예제 2.12 두 개의 동전을 동시에 던지는 시행을 생각해 보자. 한 개의 동전만이 앞면일 사상을 A, 적어도 한 개의 동전이 앞면일 사상을 B라 하자.

(1) 한 개의 동전만이 앞면일 확률 $P(A)$를 구하여라.

(2) 적어도 한 개의 동전이 앞면일 확률 $P(B)$를 구하여라.

풀이 앞면을 H, 뒷면을 T로 표시하면 표본공간 $S=\{(H, H), (H, T), (T, H), (T, T)\}$이고, $A=\{(H, T), (T, H)\}$, $B=\{(H, H), (H, T), (T, H)\}$이다.

따라서 $P(A)=\frac{2}{4}=\frac{1}{2}$, $P(B)=\frac{3}{4}$이다.

예제 2.13 두 개의 주사위를 동시에 던지는 시행을 생각해 보자. 두 주사위의 숫자의 합이 5 이하일 사상을 A라 하자. 확률 $P(A)$를 구하여라.

풀이 두 개의 주사위를 동시에 던지는 시행에서 표본공간 $S=\{(1, 1), (1, 2), (1, 3), \cdots, (2, 1), (2, 2), \cdots, (6, 4), (6, 5), (6, 6)\}$로 원소의 개수가 36개이고, 사상 $A=\{(1, 1), (1, 2), (1, 3), (1, 4), (2, 1), (2, 2), (2, 3), (3, 1), (3, 2), (4, 1)\}$로 원소의 개수가 10개이다.

따라서 $P(A)=\frac{10}{36}=\frac{5}{18}$이다.

예제 2.14 20개의 제품 중에 부적합품이 4개 포함되어 있다. 이 제품 중에서 비복원추출로 5개를 뽑았을 때 1개가 부적합품일 확률을 구하여라.

풀이 20개의 제품에서 5개를 뽑는 방법의 수는

$$\binom{n}{r}=\binom{20}{5}=\frac{20!}{5!15!}=\frac{20\times19\times18\times17\times16}{5\times4\times3\times2\times1}=15504$$

뽑힌 5개 중에서 부적합품이 1개 들어 있을 경우의 수는 전체 부적합품 4개 중 1개를 뽑고 나머지 적합품 16개 중 4개를 뽑는 방법의 수와 같으므로

$$\binom{4}{1}\times\binom{16}{4}=\frac{4!}{1!3!}\times\frac{16!}{4!12!}=\frac{4}{1}\times\frac{16\times15\times14\times13}{4\times3\times2\times1}=7280$$

따라서 1개가 부적합품일 확률 $P(r=1)=\dfrac{7280}{15504}=0.47$이다.

확률의 고전적 정의는 표본공간의 각 원소의 출현 가능성이 모두 같다는 전제하에 확률을 정의하였으므로 표본공간의 원소의 개수가 유한개인 경우에만 적용할 수 있다. 그러나 현실적으로 이와 같은 경우가 아닐 때에는 확률의 고전적 정의는 적용하기가 어렵다. 예를 들면, 제조공정에서 부적합품이 생산될 확률이나 어느 특정의 치료법에 의해 질병이 치료될 확률 등과 같은 경우에는 부적합품이 출현할 가능성이나 질병이 치료될 가능성이 모두 같다는 전제를 할 수 없기 때문에 일반적인 확률을 정의하기 위해서는 고전적 확률의 개념을 보완할 필요가 있게 된다.

확률의 다른 개념으로 상대도수의 극한적 개념을 확률로 사용하는 경험적 확률(empirical probability)이 있다. 확률실험을 반복적으로 행하면 한 사상이 발생하는 상대도수는 일정한 상수로 가까이 간다는 것을 경험을 통해 알 수 있다. 경험적 확률은 같은 조건하에서 동일 실험을 N번 반복했을 때 사상 A가 출현한 횟수를 f_A라 하면, 사상 A가 출현한 상대도수는 $\dfrac{f_A}{N}$가 된다. 이러한 동일 시행을 같은 조건하에서 무한히 많이 반복했을 경우 사상 A의 상대도수 $\dfrac{f_A}{N}$가 어떠한 수 p로 수렴한다면, 이 수 p를 사상 A의 확률 $P(A)$로 정의하는 것이다. 예를 들어, 병원에서 태어난 한 신생아가 남자아이일 확률을 생각할 때 과거 기록에 의하여 많은 수의 신생아의 성별을 조사한 결과 60%가 남자아이였다고 한다. 이러한 경우 경험적 확률에 의하면 태어날 아이가 남자일 확률은 0.60이 된다. 그러나 고전적 확률개념에 의하여 출현 가능한 결과가 남자, 여자 두 경우뿐이고 출현 가능성이 모두 같다는 가정이 성립되면 태어날 아이가 남자일 확률은 $\dfrac{1}{2}$이 된다.

확률을 정의하는 데는 고전적 확률의 개념이 타당한 경우도 있고 혹은 경험적 확률개념을 사용하여야 하는 경우도 있다. 그러나 어떤 개념을 사용하더라도 확률은 몇 가지

성질을 만족하여야만 한다. 따라서 다음과 같은 세 가지 조건을 만족할 때 우리는 확률이라고 일반적으로 정의하며, 이러한 확률을 공리적 확률(axiomatic probability)이라고 한다.

이러한 확률의 공리적 정의는 고전적 확률의 정의를 포함하고 있다. 고전적 확률개념은 정의 2.7을 출현 가능성이 모두 같은 유한개의 원소로 구성되어 있는 표본공간에 적용시킨 결과가 된다. 그러므로 정의 2.7에서 정의한 확률은 보다 넓은 의미의 확률개념이라 할 수 있다.

[정의 2.7] 확률의 공리적 정의

(1) 표본공간 S에서 임의의 사상 A에 대하여 $0 \leq P(A) \leq 1$

(2) $P(S) = 1$

(3) 표본공간 S에서 상호배반사상들 $A_1, A_2, \cdots, A_n$에 대하여

$$P(A_1 \cup A_2 \cup \cdots \cup A_n) = P(A_1) + P(A_2) + \cdots + P(A_n)$$

연습문제 2-3

1. 두 개의 주사위를 던지는 시행에서 나타난 윗면의 눈의 개수의 합이 7 이상이 되는 확률을 구하여라.

2. 한 개의 동전을 3번 던지는 시행에서 윗면이 두 개 이상일 확률을 구하여라.

3. 10개의 제품 중에 부적합품이 3개 포함되어 있다.

(1) 이 제품 중에서 비복원추출로 3개를 뽑았을 때 1개가 부적합품일 확률을 구하여라.

(2) 이 제품 중에서 복원추출로 3개를 뽑았을 때 1개가 부적합품일 확률을 구하여라.

4. 공평한 주사위 두 개를 던졌을 때 나타나는 눈의 합이 4 이하일 확률을 구하여라.

5. 재제조(remanufacturing)된 전기모터의 성능을 시험하고 있다. 한 번에 한 개씩 순차적으로 시험하여 그 결과를 불량(defective) 또는 합격(nondefective)으로 표시한다. 두 개의 불량품이 발견되거나 또는 5개의 부품을 시험하게 되면 시험은 종료된다. 이 시험결과의 표본공간에 속하는 모든 원소를 열거하여라.

2.4 확률법칙

앞에서 확률의 정의와 계산하는 방법에 대해 설명하였지만, 실제 대부분의 경우 확률을 구하기 위해서는 관련되는 사상의 확률을 구한 후 이를 합하거나 곱하는 등의 작업을 하여 종합해야 하는 경우가 많다. 이러한 확률의 계산에 다음 확률의 법칙을 이용하면 간단하게 구할 수 있다.

[정리 2.1] 가법법칙

표본공간 S에서 정의된 두 개의 사상 A, B에 대해 합사상 $A\cup B$의 확률은

$$P(A\cup B)=P(A)+P(B)-P(A\cap B)$$

두 개의 사상 A, B가 배반사상이면

$$P(A\cup B)=P(A)+P(B)$$

이다.

예제 2.15 어떤 제품에 대해 두께불량과 무게불량의 두 가지 형태의 부적합품이 나오고 있다. 부적합품 중에서 두께불량일 사상을 A, 무게불량일 사상을 B라 하고 $P(A)=0.15$, $P(B)=0.10$, 두께 및 무게불량일 확률 $P(A\cap B)=0.07$일 때 이 제품의 부적합품률을 구하여라.

풀이 제품은 두께불량, 무게불량, 두께 및 무게불량 어느 경우이든 부적합품이므로 제품의 부적합품률은 제품이 두께불량이거나 무게불량인 경우와 같다.

$$\begin{aligned}P(A\cup B)&=P(A)+P(B)-P(A\cap B)\\&=0.15+0.10-0.07\\&=0.18\end{aligned}$$

예제 2.16 한 개의 주사위를 두 번 굴렸을 때 나타난 숫자의 합이 4일 사상을 A, 두 번 다 나타난 숫자가 짝수일 사상을 B라 할 때, 합사상 $A\cup B$의 확률을 구하여라.

풀이 $A=\{(1,3),\ (2,2),\ (3,1)\}$
$B=\{(2,2),\ (2,4),\ (2,6),\ (4,2),\ (4,4),\ (4,6),\ (6,2),\ (6,4),\ (6,6)\}$

$$A\cap B=\{(2,2)\}$$

따라서 $P(A) = \frac{3}{36}$, $P(B) = \frac{9}{36}$가 되고, 또한 $P(A \cap B) = \frac{1}{36}$이므로

$$\begin{aligned} P(A \cup B) &= P(A) + P(B) - P(A \cap B) \\ &= \frac{3}{36} + \frac{9}{36} - \frac{1}{36} = \frac{11}{36} \end{aligned}$$

[정리 2.2] 상호배반일 때 합사상의 확률

표본공간 S에서 사상 $A_1, A_2, \cdots, A_n$이 상호배반이라면

$$P(A_1 \cup A_2 \cup \cdots \cup A_n) = P(A_1) + P(A_2) + \cdots + P(A_n)$$

이다.

예제 2.17 어떤 회사에서 생산되는 제품이 1급품일 사상을 A, 2급품일 사상을 B, 3급품일 사상을 C라 하자. $P(A) = 0.3$, $P(B) = 0.2$, $P(C) = 0.5$일 때 다음 확률을 구하여라.

(1) 1급품이거나 2급품일 확률 $P(A \cup B)$

(2) 1급품이거나 3급품일 확률 $P(A \cup C)$

(3) 1급품, 2급품, 3급품일 확률 $P(A \cup B \cup C)$

풀이 각각의 사상이 상호배반이므로

(1) $P(A \cup B) = 0.3 + 0.2 = 0.5$

(2) $P(A \cup C) = 0.3 + 0.5 = 0.8$

(3) $P(A \cup B \cup C) = 0.3 + 0.2 + 0.5 = 1$

[정리 2.3] 여사상의 확률

표본공간 S에서 정의된 사상 A에 대해서 여사상 $\overline{A}$의 확률은

$$P(\overline{A}) = 1 - P(A)$$

이다.

예제 2.18 한 개의 동전을 연속하여 3회 던졌을 때 적어도 한 번은 앞면(H)이 나올 사상의 확률을 구하여라.

풀이 가능한 모든 결과들의 집합인 표본공간의 원소의 수는 $2^3 = 8$개이고, 1회도 앞면이 나오지 않을 사상을 A라 하면 이는 모두 뒷면일 경우를 뜻하므로 $A = \{(TTT)\}$이다. 따라서 $P(A) = \frac{1}{8}$이고 적어도 1회는 앞면이 나올 사상은 A의 여사상인 A^c가 되므로, 확률은 다음과 같이 구해진다.

$$P(\overline{A}) = 1 - P(A) = 1 - \frac{1}{8} = \frac{7}{8}$$

연습문제 2-4

1. 만일 A와 B 두 사상이 상호배반이고, $P(A) = 0.05$, $P(A \cup B) = 0.20$이라면 $P(B)$는 얼마인가?

2. 어떤 회사 제품의 부적합에는 도금과 흠이 있다. 이 회사의 부적합품률은 10%이다. 도금 부적합품률은 8%, 도금 및 흠 부적합품률은 5%이었다면 이 회사의 흠의 부적합품률을 구하여라.

3. 한 학생이 A 회사와 B 회사에 입사원서를 제출했다. 이 학생이 A 회사에 합격할 확률은 0.7, B 회사에 합격할 확률은 0.5, A, B 두 회사 모두 합격할 확률은 0.4일 때 이 학생이 어느 한 회사에 입사할 확률을 구하여라.

4. 어느 사진작가 클럽의 회원 중 90%가 스틸카메라를 가지고 있으나 무비카메라는 회원의 15%만이 가지고 있다. 두 종류의 카메라를 동시에 가지고 있는 회원의 비율은 몇 %인가?

5. 10개의 제품에 3개의 부적합품이 포함되어 있다. 이 제품 중에서 비복원추출로 3개를 뽑았을 때 부적합품이 적어도 한 개 이상일 확률을 구하여라.

2.5 조건부 확률

지금까지 설명한 확률 $P(A)$는 사상 A가 일어날 확률을 뜻하는 것으로 표본공간 S에서 사상 A가 일어날 가능성을 말하는 것이다. 그러나 표본공간도 하나의 사상이 될 수

있으므로 사상 S가 일어났다는 조건하에서 사상 A가 일어날 확률로 말할 수 있으며, 이를 $P(A|S)$로 표현할 수 있다. 여기서 우리는 주어진 조건이 표본공간이면 이를 생략하여 $P(A)$로 나타냈다. 그러나 이러한 주어진 조건이 표본공간이 아니고 표본공간 내의 부분집합이면 이는 표본공간이 줄어든 것과 같은 개념으로, 이를 생략하지 않고 주어진 조건을 표시를 해주어야 한다. 따라서 어떤 사상이 일어났다는 조건하에서 다른 사상이 일어나는 확률을 조건부 확률(conditional probability)이라 하고, 사상 A가 일어났다는 조건하에서 사상 B가 일어날 확률을 $P(B|A)$로 나타내며, A가 주어졌을 때 B의 조건부 확률이라 말한다.

예를 들면, 한 개의 동전을 두 번 던지는 시행에서 첫 번째에 앞면(H)이 나올 사상을 A라 하고, 두 번째에 뒷면(T)이 나올 사상을 B라 하자. 이러한 경우의 표본공간 $S=\{(H, H), (H, T), (T, H), (T, T)\}$, $A=\{(H, H), (H, T)\}$, $B=\{(H, T), (T, T)\}$가 된다. 확률 $P(A)$는 사상 S가 일어났다는 조건하에서 사상 A가 일어날 확률을 뜻하므로 다음과 같이 확률을 구할 수 있다.

$$P(A)=P(A|S)=\frac{P(A)}{P(S)}=\frac{P(A\cap S)}{P(S)}=\frac{1/2}{1}=\frac{1}{2}$$

확률 $P(B|A)$는 사상 A가 일어났다는 조건하에서 사상 B가 일어날 확률을 뜻하므로 조건이 표본공간 S에서 사상 A로 줄어들었음을 의미하고, 따라서 다음과 같이 확률을 구할 수 있다.

$$P(B|A)=\frac{P(A\cap B)}{P(A)}=\frac{1/4}{1/2}=\frac{1}{2}$$

여기서 주어진 A는 표본공간이 아니므로 생략하지 않고 $P(B|A)$로 나타내며, A가 주어졌을 때 B가 나올 조건부 확률이라 부른다.

일반적으로 조건부 확률은 다음과 같이 정의된다.

[정의 2.8] 조건부 확률

사상 A가 주어졌을 때 B의 조건부 확률은

$$P(B|A)=\frac{P(A\cap B)}{P(A)} \quad (\text{단, } P(A)>0)$$

이고, 사상 B가 주어졌을 때 A의 조건부 확률은

$$P(A|B)=\frac{P(A\cap B)}{P(B)} \quad (\text{단, } P(B)>0)$$

이다.

예제 2.19 한 개의 주사위를 두 번 던지는 시행에서 윗면에 나오는 숫자를 관측할 때 첫 번째에 나온 주사위의 숫자가 두 번째에 나온 숫자보다 작다는 조건하에서 두 주사위의 숫자의 합이 7일 확률을 구하여라.

풀이 첫 번째에 나온 주사위의 숫자가 두 번째에 나온 숫자보다 작을 사상을 A, 두 주사위의 숫자의 합이 7일 사상을 B라 하고 표본공간을 S라 하면 사상 A, B, S는 다음과 같다.

$S=\{(1, 1), \cdots, (6, 6)\}$으로 원소의 수가 36개,

$A=\{(1, 2), (1, 3), (1, 4), (1, 5), (1, 6), (2, 3), (2, 4), (2, 5), (2, 6),$
$(3, 4), (3, 5), (3, 6), (4, 5), (4, 6), (5, 6)\}$으로 원소의 수가 15개,

$B=\{(1, 6), (2, 5), (3, 4), (4, 3), (5, 2), (6, 1)\}$로 원소의 수가 6개,

$A\cap B=\{(1, 6), (2, 5), (3, 4)\}$로 원소의 수가 3개이므로

$$P(B|A)=\frac{P(A\cap B)}{P(A)}=\frac{3/36}{15/36}=\frac{3}{15}=\frac{1}{5}$$

조건부 확률의 정의로부터 다음의 승법법칙을 얻을 수 있다.

[정리 2.4] 승법법칙

$P(A)>0$, $P(B)>0$이면

$$P(A\cap B)=P(A)P(B|A)=P(B)P(A|B)$$

이다.

예제 2.20 빨간 구슬이 7개, 파란 구슬이 3개 들어 있는 주머니에서 임의로 한 개씩 두 번 꺼낼 때 다음 확률을 구하여라. 단, 비복원추출이다. 비복원추출은 한 번 꺼낸 것은 되돌려 놓지 않는 것을 말한다.

(1) 두 개 모두 빨간색일 확률

(2) 첫 번째 구슬은 빨간색이고, 두 번째 구슬은 파란색일 확률

풀이 첫 번째 꺼낸 구슬이 빨간색일 사상을 A, 두 번째 꺼낸 구슬이 빨간색일 사상을 B, 두 번째 꺼낸 구슬이 파란색일 사상을 C라 하자.

(1) $P(A)=\frac{7}{10}$, $P(B|A)=\frac{6}{9}$이므로

$$P(A\cap B)=P(A)P(B|A)=\frac{7}{10}\times\frac{6}{9}=\frac{42}{90}=\frac{7}{15}$$

(2) $P(A)=\frac{7}{10}$, $P(C|A)=\frac{3}{9}$ 이므로

$$P(A\cap C)=P(A)P(C|A)=\frac{7}{10}\times\frac{3}{9}=\frac{21}{90}=\frac{7}{30}$$

두 개의 사상 A, B가 있을 때 사상 A의 발생확률이 사상 B의 발생 여부에 영향을 미치지 않고, 사상 B의 발생확률이 사상 A의 발생 여부에 영향을 미치지 않으면 A, B 두 사상은 서로 독립(mutually independent)이라고 말한다. 이는 사상 A가 일어난다는 정보가 사상 B의 발생에 전혀 영향을 주지 않고, 사상 B가 일어난다는 정보가 사상 A의 발생에 전혀 영향을 주지 않음을 의미한다. 이러한 관계의 A, B를 서로 독립적인 사상이라 한다. 두 사상의 독립은 다음과 같이 정의한다.

[정의 2.9] 두 사상의 독립

두 개의 사상 A, B에 대하여

$P(A|B)=P(A)$와 $P(B|A)=P(B)$이면 사상 A와 B는 서로 독립이라 한다.

이러한 독립의 정의를 조건부 확률을 구하는 공식에 대입하면 $P(A|B)=P(A)$이므로 $P(A|B)=\dfrac{P(A\cap B)}{P(B)}=P(A)$가 되어 $P(A\cap B)=P(A)P(B)$가 된다. 따라서 독립적인 사상 A, B는 다음과 같이 정의할 수도 있다.

[정리 2.5] 독립일 때 승법법칙

$P(A\cap B)=P(A)P(B)$이면 사상 A와 B는 서로 독립이다.

예제 2.21 빨간 구슬이 7개, 파란 구슬이 3개 들어 있는 주머니에서 임의로 1개씩 두 번 꺼낼 때 다음 확률을 구하여라. 단, 복원추출이다. 복원추출은 꺼낸 것은 확인만 하고 다시 되돌려 놓는 것을 말한다.

(1) 두 개 모두 빨간색일 확률

(2) 첫 번째 구슬은 빨간색이고, 두 번째 구슬은 파란색일 확률

풀이 첫 번째 꺼낸 구슬이 빨간색일 사상을 A, 두 번째 꺼낸 구슬이 빨간색일 사상을 B, 두 번째 꺼낸 구슬이 파란색일 사상을 $\overline{B}$라 하자.

(1) $P(A)=\frac{7}{10}$, $P(B|A)=P(A)=\frac{7}{10}$ 이므로

$$P(A\cap B)=P(A)P(B)=\frac{7}{10}\times\frac{7}{10}=\frac{49}{100}$$

(2) $P(A)=\frac{7}{10}$, $P(\overline{B}|A)=P(\overline{B})=\frac{3}{10}$ 이므로

$$P(A\cap \overline{B})=P(A)P(\overline{B})=\frac{7}{10}\times\frac{3}{10}=\frac{21}{100}$$

예제 2.22 한 개의 주사위를 2회 굴려서 윗면에 나타나는 수를 관측할 때 첫 번째에 나온 숫자가 홀수인 사상을 A, 첫 번째에 나온 주사위의 숫자가 두 번째에 나온 숫자보다 작을 사상을 B, 두 주사위의 숫자의 합이 7일 사상을 C라 하자. 사상 A, B, C 중에서 어떠한 사상들이 서로 독립 또는 종속관계인가를 판단하여라.

풀이 표본공간 $S=\{(1, 1), \cdots, (6, 6)\}$으로 원소의 수가 36개,

$A=\{(1, 1), (1, 2), (1, 3), (1, 4), (1, 5), (1, 6), (3, 1), (3, 2), (3, 3), (3, 4), (3, 5), (3, 6), (5, 1), (5, 2), (5, 3), (5, 4), (5, 5), (5, 6)\}$으로 원소의 수가 18개,

$B=\{(1, 2), (1, 3), (1, 4), (1, 5), (1, 6), (2, 3), (2, 4), (2, 5), (2, 6), (3, 4), (3, 5), (3, 6), (4, 5), (4, 6), (5, 6)\}$으로 원소의 수가 15개,

$C=\{(1, 6), (2, 5), (3, 4), (4, 3), (5, 2), (6, 1)\}$로 원소의 수가 6개,

$A\cap B=\{(1, 2), (1, 3), (1, 4), (1, 5), (1, 6), (3, 4), (3, 5), (3, 6), (5, 6)\}$으로 원소의 수가 9개,

$A\cap C=\{(1, 6), (3, 4), (5, 2)\}$로 원소의 수가 3개,

$B\cap C=\{(1, 6), (2, 5), (3, 4)\}$로 원소의 수가 3개이므로

$$P(A)=\frac{18}{36}=\frac{1}{2},\ P(B)=\frac{15}{36}=\frac{5}{12},\ P(C)=\frac{6}{36}=\frac{1}{6},$$

$$P(A\cap B)=\frac{9}{36}=\frac{1}{4},\ P(A\cap C)=\frac{3}{36}=\frac{1}{12},\ P(B\cap C)=\frac{3}{36}=\frac{1}{12}$$

이다. 따라서

$P(A\cap B)=\frac{1}{4}\neq P(A)P(B)=\frac{1}{2}\times\frac{5}{12}=\frac{5}{24}$ 이므로 A와 B는 독립이 아니다.

$P(A\cap C)=\frac{1}{12}=P(A)P(C)=\frac{1}{2}\times\frac{1}{6}=\frac{1}{12}$ 이므로 A와 C는 독립이다.

$P(B\cap C)=\frac{1}{12}\neq P(B)P(C)=\frac{5}{12}\times\frac{5}{6}=\frac{25}{72}$ 이므로 B와 C는 독립이 아니다.

연습문제 2-5

1. $P(A)=0.30$, $P(B)=0.45$, $P(A\cup B)=0.52$일 때,

(1) $P(A\cap B)$를 구하여라.

(2) $P(A|B)$와 $P(B|A)$를 구하여라.

(3) A와 B는 상호독립적인 사상인가?

2. 흰 구슬이 3개, 검은 구슬이 7개 들어 있는 주머니가 있다.

(1) 이 주머니에서 비복원추출로 두 개를 뽑았을 때 모두 흰색일 확률을 구하여라.

(2) 이 주머니에서 비복원추출로 두 개를 뽑았을 때 첫 번째 구슬은 흰색이고, 두 번째 구슬은 검은색일 확률을 구하여라.

3. 개와 고양이가 10년 이상 생존할 확률은 각각 0.6, 0.5이고 서로 독립이라고 한다. 두 동물이 모두 10년 이상 생존할 확률을 구하여라.

4. 한 전자제품은 5개의 부품으로 연결되어 있다. 각 부품에 고장이 발생하는 사상은 독립적이고 각 부품이 고장 날 확률은 0.05이다.

(1) 적어도 하나의 부품만 작동하면 이 전자제품이 정상적으로 가동하도록 연결할 때 이 전자제품이 정상적으로 가동할 확률을 구하여라.

(2) 전체 부품이 작동하여야만 이 전자제품이 정상적으로 가동하도록 연결할 때 이 전자제품이 정상적으로 가동할 확률을 구하여라.

2.6 베이즈 정리

n개의 사상 B_1, B_2, $\cdots$, B_n이 표본공간 S에서 정의된 서로 배반인 사상들이고, 모두 합하면 표본공간 S가 되는 사상 B_1, B_2, $\cdots$, B_n을 표본공간 S의 분할(partition)이라 한다. 표본공간 S의 분할은 그림 2.4와 같다.

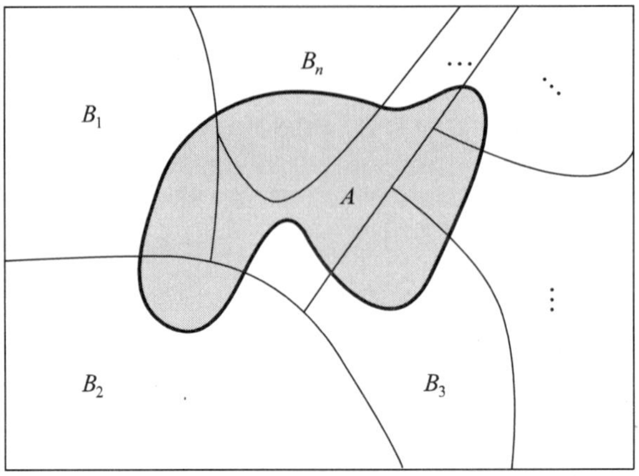

그림 2.4 표본공간 S의 분할

그림 2.4에서와 같이 $B_i \cap B_j = \varnothing$, $i \neq j$이고 $B_1 \cup B_2 \cup \cdots \cup B_n = S$인 표본공간 S의 분할인 사상 B_1, B_2, $\cdots$, B_n에서 임의의 사상 A에 대하여 $P(B_i) > 0$, $i = 1, 2, \cdots, n$이면, $P(A)$를 다음과 같은 확률공식으로 나타낼 수 있다.

$$\begin{aligned} P(A) &= P\{(A \cap B_1) \cup (A \cap B_2) \cup \cdots \cup (A \cap B_n)\} \\ &= P(A \cap B_1) + P(A \cap B_2) + \cdots + P(A \cap B_n) \\ &= P(B_1)P(A|B_1) + P(B_2)P(A|B_2) + \cdots + P(B_n)P(A|B_n) \end{aligned}$$

이를 전확률공식이라 하고 정리하면 다음과 같다.

[정리 2.6] 전확률공식

사상 B_1, B_2, $\cdots$, B_n이 표본공간의 분할이고 $P(B_i) > 0$, $i = 1, 2, \cdots, n$이면 임의의 사상 A에 대하여

$$P(A) = P(B_1)P(A|B_1) + P(B_2)P(A|B_2) + \cdots + P(B_n)P(A|B_n)$$

이다.

예제 2.23 어떤 공장에서는 1호기, 2호기, 3호기 3대의 기계로 전체 제품의 30%, 20%, 50%의 생산을 하고 있다. 이 회사의 기계의 부적합품률은 각각 5%, 10%, 2%로 조사되었다. 이 공장에서 생산한 제품 중에서 한 개를 랜덤하게 뽑았을 때 그 제품이 부적합품일 확률을 구하여라.

풀이 이 공장의 1호기, 2호기, 3호기 3대의 기계가 제품을 생산하는 것을 각각 사상 B_1, B_2, B_3라 하고, 뽑힌 제품이 부적합품일 사상을 A라고 하자.

$$P(B_1)=0.3,\ P(B_2)=0.2,\ P(B_3)=0.5$$
$$P(A|B_1)=0.05,\ P(A|B_2)=0.10,\ P(A|B_3)=0.02$$

사상 B_1, B_2, B_3는 서로 배반이고, 뽑힌 제품이 부적합품일 확률 $P(A)$는 전확률 공식에 의해

$$\begin{aligned} P(A) &= P(B_1)P(A \mid B_1)+P(B_2)P(A \mid B_2)+P(B_3)P(A \mid B_3) \\ &= 0.3\times 0.05+0.2\times 0.10+0.5\times 0.02 \\ &= 0.045 \end{aligned}$$

전확률공식은 표본공간 S의 분할인 사상들에 대한 확률 $P(B_i)$와 이러한 사상이 주어졌을 때 임의의 사상의 조건부 확률 $P(A \mid B_i)$를 이용하여 임의의 사상 $P(A)$에 대한 확률을 구하는 것이었다. 이제 임의의 사상에 대한 확률 $P(A)$를 이용하여 표본공간 S의 분할인 사상에 대한 조건부 확률 $P(B_i \mid A)$를 구하는 방법을 생각해 보자. 예제 2.23에서 보면 이 예에서는 공장의 전체 3대의 기계에 의한 생산능력에 대한 확률과 이러한 각각의 기계에서 부적합품이 생산될 조건부 확률의 개념인 부적합품률을 이용하여 이 공장에서 부적합품을 생산할 확률을 구했는데, 이제는 순서를 바꾸어 이 공장의 부적합품을 생산할 확률을 알고 있을 때 부적합품이 각각의 기계에서 나올 확률을 구해 보자. 이러한 생각은 사전확률(prior probability)을 알고 있을 때 조건의 순서를 바꾸어서 사후확률(posterior probability)을 구하고자 하는 경우에 사용되며, 이를 베이즈 정리(Bayes' theorem)라고 한다.

다음의 베이즈 정리에서 사상 $B_1, B_2, \cdots, B_n$을 n개의 원인이라고 한다면, $P(B_k)$는 원인의 가능성으로 사전확률이라 할 수 있고, $P(A|B_k)$는 원인 B_k의 결과로서 A가 관측될 확률을 나타내며, $P(B_k|A)$는 A가 관측된 후에 원인 B_k의 가능성으로서 사후확률이라고 할 수 있다.

[정리 2.7] 베이즈 정리

사상 $B_1, B_2, \cdots, B_n$이 표본공간의 분할이고 $P(B_i) > 0,\ i = 1, 2, \cdots, n,\ P(A) > 0$ 이면

$$P(B_k|A) = \frac{P(B_k \cap A)}{P(A)}$$
$$= \frac{P(B_k)P(A|B_k)}{P(B_1)P(A|B_1) + \cdots + P(B_n)P(A|B_n)}$$
$$= \frac{P(B_k)P(A|B_k)}{\sum_{i=1}^{n} P(B_i)P(A|B_i)}$$

이다.

예제 2.24 어떤 공장에서는 1호기, 2호기, 3호기 3대의 기계로 전체의 제품의 30%, 20%, 50%의 생산을 하고 있다. 이 회사의 기계의 부적합품률은 각각 5%, 10%, 2%로 조사되었다. 이 공장에서 생산한 제품 중에서 한 개를 랜덤하게 뽑았을 때 그 제품이 부적합품인 경우 이 제품이 1호기, 2호기, 3호기에서 생산되었을 확률을 각각 구하여라.

풀이 이 공장의 1호기, 2호기, 3호기 3대의 기계가 제품을 생산하는 것을 각각 사상 B_1, B_2, B_3라 하고, 뽑힌 제품이 부적합품일 사상을 A라고 하자.

$$P(B_1) = 0.3,\ P(B_2) = 0.2,\ P(B_3) = 0.5$$
$$P(A|B_1) = 0.05,\ P(A|B_2) = 0.10,\ P(A|B_3) = 0.02$$

베이즈 정리에 의해

$$P(B_1|A) = \frac{P(B_1 \cap A)}{P(A)}$$
$$= \frac{P(B_1)P(A|B_1)}{P(B_1)P(A|B_1) + P(B_2)P(A|B_2) + P(B_3)P(A|B_3)}$$
$$= \frac{0.3 \times 0.05}{0.3 \times 0.05 + 0.2 \times 0.10 + 0.5 \times 0.02}$$
$$= 0.333$$

$$P(B_2|A) = \frac{P(B_2)P(A|B_2)}{P(B_1)P(A|B_1)+P(B_2)P(A|B_2)+P(B_3)P(A|B_3)}$$

$$= \frac{0.2\times 0.10}{0.3\times 0.05+0.2\times 0.10+0.5\times 0.02}$$

$$= 0.444$$

$$P(B_3|A) = \frac{P(B_3)P(A|B_3)}{P(B_1)P(A|B_1)+P(B_2)P(A|B_2)+P(B_3)P(A|B_3)}$$

$$= \frac{0.5\times 0.02}{0.3\times 0.05+0.2\times 0.10+0.5\times 0.02}$$

$$= 0.222$$

만약 사전확률 $P(B_1)=0.3$, $P(B_2)=0.2$, $P(B_3)=0.5$만의 정보를 이용하면 이 공장의 1호기, 2호기, 3호기에서 부적합품이 나올 확률이 얼마냐고 물을 때 각각 0.3, 0.2, 0.5라고 대답할 수 밖에 없으나, 베이즈 정리에 의해 사후확률을 구하여 $P(B_1|A)=0.333$, $P(B_2|A)=0.444$, $P(B_3|A)=0.222$의 정보를 알고 있다면 이 공장에서 생산한 제품 중에서 부적합품이 발견되었을 때 1호기, 2호기, 3호기에서 생산되었을 확률이 0.333, 0.444, 0.222라고 좀더 정확한 대답을 할 수 있을 것이다. 즉, 실험결과에서 나온 정보를 이용하여 어떤 사상의 처음 확률인 사전확률을 수정된 확률인 사후확률로 개선시킬 수 있음을 보여주고 있다. 이와 같이 베이즈 정리는 사전확률들을 알고 있을 때 조건의 순서를 바꾸어서 사후확률을 구하고자 하는 경우에 사용되며, 통계학뿐만 아니라 여러 학문 분야에서 널리 응용되고 있다.

연습문제 2-6

1. 어떤 회사에서는 같은 제품을 세 공장에서 생산하고 있다. 제 1, 2, 3공장에서 전체 제품의 40%, 40%, 20%를 생산하고 있으며, 각 공장의 부적합품률은 각각 5%, 8%, 10%로 조사되었다. 이 회사의 생산한 제품 중에서 한 개를 랜덤하게 뽑았을 때 그 제품이 부적합품일 확률을 구하여라.

2. 어떤 회사에서는 같은 제품을 세 공장에서 생산하고 있다. 제 1, 2, 3공장에서 전체 제품의 30%, 20%, 50%를 생산하고 있으며, 각 공장의 부적합품률은 각각 5%, 8%,

3%로 조사되었다. 이 회사의 생산한 제품 중에서 한 개를 랜덤하게 뽑았을 때 그 제품이 부적합품이었다면 이 제품이 제 1공장에서 생산되었을 확률을 구하여라.

3. 어떤 대학교 재학생의 40%가 통계학 과목을 수강하였다. 통계학 과목을 수강한 학생 중 40%의 학생이 평균학점을 3.0 이상 받았고, 통계학 과목을 수강하지 않은 학생 중에는 30%의 학생만이 평균학점 3.0 이상 받았다. 이 대학교의 재학생 1명을 랜덤하게 뽑았을 때 그 학생의 평균학점이 3.0 이상일 확률을 구하여라.

4. 어떤 대학교 재학생의 30%가 통계학 과목을 수강하였다. 통계학 과목을 수강한 학생 중 50%의 학생이 평균학점을 3.0 이상 받았고, 통계학 과목을 수강하지 않은 학생 중에는 30%의 학생만이 평균학점 3.0 이상 받았다. 이 대학교의 재학생 1명을 랜덤하게 뽑았을 때 그 학생의 평균학점이 3.0 이상이었다면, 이 학생이 통계학 과목을 수강하였을 확률을 구하여라.

5. 어떤 도시의 성인 인구는 55%가 남성이고 45%가 여성이라 한다. 그리고 성인남성 중 60%가 흡연을 하고 성인여성 중 30%가 흡연을 한다고 한다. 이 도시의 한 성인을 랜덤하게 뽑았을 때 흡연자였다면, 이 사람이 여성일 확률을 구하여라.

1. 상자에 검은 구슬 3개와 흰 구슬 7개가 들어 있다. 이 주머니에서 비복원추출로 두 개를 뽑았을 때 다음 물음에 답하여라.
   (1) 표본공간 S를 정의하여라.
   (2) 뽑힌 두 개의 공이 모두 같은 색일 사상을 나열하여라.

2. 두 개의 주사위를 던지는 시행에서 나오는 윗면의 수를 관측한다고 하자.
   (1) 표본공간 S를 정의하여라.
   (2) 두 주사위의 눈금의 합이 5일 사상을 모두 나열하여라.

3. 10개의 사지선다형 문제를 한 학생이 풀 때 대답할 수 있는 가능한 결과의 수는 몇 가지가 있는가?

4. 20개의 ○, ×문제를 한 학생이 풀 때 대답할 수 있는 가능한 결과의 수는 몇 가지가 있는가?

5. 3종류의 음료수, 4종류의 과일, 5종류의 샌드위치가 있을 때 샌드위치, 과일, 음료수 세 종류로 구성된 식사를 몇 가지나 마련할 수 있는가?

6. 10개의 원소 {1, 2, 3, 4, 5, 6, 7, 8, 9, 10}이 있다.
   (1) 5개를 선택하여 일렬로 세우는 방법의 수, 즉 10개에서 5개를 선택하는 순열의 수는?
   (2) 10개를 선택하여 일렬로 세우는 방법의 수, 즉 10개에서 10개를 선택하는 순열의 수는?
   (3) 5개를 선택하는 방법의 수, 즉 10개에서 5개를 선택하는 조합의 수는?
   (4) 10개를 선택하는 방법의 수, 즉 10개에서 10개를 선택하는 조합의 수는?

7. 주사위를 던지는 시행에서 나오는 윗면의 수를 관측한다고 하자.
   (1) 표본공간 S를 정의하여라.

(2) 이 표본공간에서 4개를 선택하여 일렬로 세우는 방법은 몇 가지가 있는가?

(3) 이 표본공간에서 4개를 선택하는 방법은 몇 가지가 있는가?

8. 다음 사상을 벤다이어그램으로 나타내어라.

(1) $A \cap \overline{B}$

(2) $A \cap \overline{(B \cap C)}$

(3) $\overline{(A \cup B)} \cap C$

9. 표본공간 $S=\{1, 2, 3, 4, 5, 6, 7, 8, 9\}$에서 사상 $A=\{1, 2, 6\}$, $B=\{1, 3, 7\}$, $C=\{1, 2, 3, 4\}$, $D=\{6, 7, 8, 9\}$일 때 다음 사상들을 구하여라.

(1) $A \cup B$ (2) $A \cap B$ (3) $A \cap C$

(4) $\overline{B}$ (5) $B \cup \overline{C}$ (6) $\overline{(B \cap D)}$

10. 두 개의 주사위를 던지는 시행에서 나타난 윗면의 눈의 개수의 합이 5가 되지 않는 사상의 확률을 구하여라.

11. 두 개의 주사위를 동시에 던지는 시행에서 나오는 윗면의 수를 관측한다고 하자.

(1) 표본공간 S를 정의하여라.

(2) 두 주사위의 숫자의 합이 7 이하일 확률을 구하여라.

(3) 적어도 한 개의 주사위의 윗면의 수가 3 이하일 확률을 구하여라.

12. 한 개의 동전을 3번 던지는 시행이 있다.

(1) 표본공간 S를 정의하여라.

(2) 두 개의 앞면을 얻을 확률을 구하여라.

(3) 적어도 한 개의 윗면을 얻을 확률을 구하여라.

(4) 윗면의 개수가 뒷면의 개수보다 적게 나타날 확률을 구하여라.

13. 10개의 제품 중에 부적합품이 두 개 포함되어 있다.

(1) 이 제품 중에서 비복원추출로 5개를 뽑았을 때 한 개가 부적합품일 확률을 구하여라.

(2) 이 제품 중에서 복원추출로 5개를 뽑았을 때 한 개가 부적합품일 확률을 구하여라.

14. 10개의 제품 중에 3개의 부적합품이 있다. 이 부적합품을 전부 발견할 때까지 차례로 검사할 때 여섯 번째의 검사에서 마지막 부적합품이 발견될 확률을 구하여라.

15. 어떤 제품의 길이 부적합품률은 10%, 무게 부적합품률은 8%, 길이 및 무게 부적합품률은 5%이다. 이 제품의 부적합품률을 구하여라.

16. 주머니에 검은 구슬과 흰 구슬이 각각 15개와 5개가 들어 있다. 이 주머니에서 비복원추출로 5개를 뽑았을 때 이 중에 한 개가 흰 구슬일 확률을 구하여라.

17. 빨간 구슬이 6개, 파란 구슬이 4개 들어 있는 주머니에서 임의로 한 개씩 두 번 꺼낼 때 다음 확률을 구하여라. 단, 비복원추출이다. 비복원추출은 한 번 꺼낸 것은 되돌려 놓지 않는 것을 말한다.

(1) 두 개 모두 빨간색일 확률

(2) 첫 번째 구슬은 빨간색이고, 두 번째 구슬은 파란색일 확률

18. 빨간 구슬이 6개, 파란 구슬이 4개 들어 있는 주머니에서 임의로 한 개씩 두 번 꺼낼 때 다음 확률을 구하여라. 단, 복원추출이다. 복원추출은 꺼낸 것은 확인만 하고 다시 되돌려 놓는 것을 말한다.

(1) 두 개 모두 빨간색일 확률

(2) 첫 번째 구슬은 빨간색이고, 두 번째 구슬은 파란색일 확률

19. 만일 A와 B 두 사상이 상호배반이고, $P(A) = 0.5$, $P(A \cup B) = 0.15$라면 $P(B)$는 얼마인가?

20. 만일 A와 B 두 사상이 상호독립이고, $P(A) = 0.5$, $P(A \cap B) = 0.6$이라면 $P(B)$는 얼마인가?

21. 한 학생이 A 회사와 B 회사에 입사원서를 제출했다. 이 학생이 A 회사에 합격할 확률은 0.5, B 회사에 합격할 확률은 0.4, A, B 두 회사 모두 합격할 확률은 0.3일 때 이 학생이 어느 한 회사에 입사할 확률을 구하여라.

22. 한 개의 주사위를 두 번 굴리는 시행에서 나타난 숫자의 합이 6이거나 짝수일 확률을 구하여라.

23. $P(A) = 0.25$, $P(B) = 0.35$, $P(A \cup B) = 0.52$일 때 다음을 구하여라.

(1) $P(A \cap B)$

(2) $P(A|B)$와 $P(B|A)$

(3) A와 B는 상호배반사상인가?

(4) A와 B는 상호독립적인 사상인가?

24. 개와 고양이가 10년 이상 생존할 확률은 각각 0.8과 0.6이고 서로 독립이라고 한다. 두 동물이 모두 10년 안에 사망할 확률은 얼마인가?

25. 한 전자제품은 4개의 부품이 병렬로 연결되어 있어 적어도 하나의 부품만 작동을 하더라도 이 전자제품은 정상적으로 가동을 한다. 각 부품에 고장이 발생하는 사상은 독립적이고 각 부품이 고장 날 확률은 0.10이라고 할 때 이 전자제품이 정상적으로 가동할 확률은 얼마인가?

26. 한 전자제품은 3개의 부품이 직렬로 연결되어 있어 전체 부품이 작동을 하여야만 이 전자제품은 정상적으로 가동을 한다. 각 부품에 고장이 발생하는 사상은 독립적이고 각 부품이 고장 날 확률은 0.05라고 할 때 이 전자제품이 정상적으로 가동할 확률은 얼마인가?

27. 한 개의 주사위를 2회 굴려서 윗면에 나타나는 수를 관측할 때 첫 번째에 나온 숫자가 짝수인 사상을 A, 첫 번째에 나온 주사위의 숫자가 두 번째에 나온 숫자보다 클 사상을 B, 두 주사위의 숫자의 합이 5일 사상을 C라 했을 때 사상 A, B, C 중에서 어떠한 사상들이 서로 독립 또는 종속관계인가를 구별하여라.

28. 어떤 대학교 재학생의 30%가 통계학 과목을 수강하였다. 통계학 과목을 수강한 학생 중 40%의 학생이 평균학점을 3.0 이상 받았고, 통계학 과목을 수강하지 않은 학생 중에는 20%의 학생만이 평균학점 3.0 이상 받았다고 할 때 다음 물음에 답하여라.

(1) 이 대학교 전체 재학생의 몇 %가 평균학점이 3.0 이상인가?

(2) 이 대학교의 재학생 한 명을 랜덤하게 뽑았을 때 그 학생이 통계학 과목을 수강하였는데 평균학점이 3.0 이상일 조건부 확률을 구하여라.

(3) 이 대학교의 재학생 한 명을 랜덤하게 뽑았을 때 그 학생이 통계학 과목을 수강하지 않았는데 평균학점이 3.0 이상일 조건부 확률을 구하여라.

(4) 이 대학교의 재학생 한 명을 랜덤하게 뽑았을 때 그 학생의 평균학점이 3.0 이상이었다는 조건하에서 통계학 과목을 수강하였을 확률을 구하여라.

29. 어떤 도시의 성인 인구는 60%가 남성이고 40%가 여성이라 한다. 그리고 성인 남성 중 60%가 흡연을 하고 성인 여성 중 30%가 흡연을 한다고 한다. 이 도시의 한 성인을 뽑았을 때 흡연자였다면 이 사람이 여성일 확률을 구하여라.

30. 어떤 공장에서는 1호기, 2호기, 3호기 3대의 기계로 전체 제품의 40%, 30%, 30%의 생산을 하고 있다. 이 공장의 기계의 부적합품률은 각각 15%, 10%, 5%로 조사되었다. 이 공장에서 생산한 제품 중에서 한 개를 랜덤하게 뽑았을 때 그 제품이 부적합품이었다. 이 제품이 1호기, 2호기, 3호기에서 생산되었을 확률을 각각 구하여라.

CHAPTER 3
확률변수

CHAPTER OUTLINE

3.1 확률변수 *81*

3.2 이산형 분포 *84*

3.3 연속형 분포 *89*

3.4 확률변수의 기댓값과 분산 *96*

연습문제 *101*

대부분의 통계문제에서는 어떤 실험의 결과와 관련하여 한 개의 숫자 또는 몇 개의 숫자에만 관심이 있는 경우가 많다. 예를 들면, 생산된 제품을 검사하는 데 있어서는 불량품의 개수에 관심이 있고, 연비측정을 위한 자동차 도로주행시험에서는 평균속도와 평균 연료소모량에 대한 결과를 필요로 할 것이다. 또한 전자회사에서 A/S 계획을 위해 컴퓨터 메인보드의 수명을 알려고 하거나 좋아하는 프로야구팀의 타율 3할인 선수가 오늘 경기에서 몇 개의 안타를 칠 것인가에 관심이 집중되는 경우도 있다. 이러한 숫자들은 매 실험 때마다 값이 일정하지 않고 다르게 나타나는데, 이를 확률변수라고 한다.

본 장에서는 확률변수의 개념을 소개하고자 한다. 즉, 여러 가지 실험상황에서의 확률변수의 수학적 개념과 확률분포에 대하여 설명하고, 확률분포의 유용한 통계적 특성인 평균과 분산에 대하여 공부한다.

3.1 확률변수

실험의 결과 확률변수가 될 수 있는 수의 집합을 확률변수 X의 범위라고 하며 R_X (Range space of X)라고 쓴다. 야구선수가 10번 타석에 들어가 칠 수 있는 안타의 횟수를 X라고 할 때, 확률변수 X의 범위는 $R_X = \{x \mid x = 0,\ 1,\ 2,\ \cdots,\ 10\}$이다. 확률적으로 타율이 높을수록 많은 안타수가 나올 것으로 예상되지만 경기마다 안타수는 일정하지 않다.

[정의 3.1] 확률변수

확률변수란 실험에 의해 일어나는 예상 가능한 결과(outcome)에 대하여 하나의 수치를 배정하는 함수이다.

예제 3.1 동전을 3회 던지는 실험을 시행에서 앞면과 뒷면이 나오는 순서를 관찰하였다. 이 때 앞면을 H, 뒷면을 T라고 할 때, 표본공간 $S=\{HHH, HHT, HTH, THH, HTT, THT, TTH, TTT\}$이다. 만약 X를 H가 나오는 횟수라고 했을 때 확률변수 X를 구해 보자. 앞면이 나오는 횟수에 대한 범위공간은 $R_X = \{x \mid x = 0,\ 1,\ 2,\ 3\}$이다. 이때 확률변수는 $X(TTT) = 0$, $X(TTH) = 1$, $X(THT) = 1$, $X(HTT) = 1$, $X(THH) = 2$, $X(HTH) = 2$, $X(HHT) = 2$, $X(HHH) = 3$이다.

앞의 실험에서 8개의 결과, *HHH*, *HHT*, *HTH*, *HTT*, *THH*, *THT*, *TTH*, *TTT*가 나올 확률은 각각 $\frac{1}{8}$이다. 만약 우리가 8개의 결과 중에서 "정확히 H가 두 번" 나오는 경우에 관심이 있다면 $X=2$는 그림 3.1에서 S가 아닌 R_X와 관련이 있다. H가 두 번 나오는 사상(event)을 A라고 하면 실험의 결과로부터 $A=\{HHT,\ HTH,\ THH\}$이므로 $P(A)=P(X=2)=\frac{3}{8}$이다. 이때 표본공간에 정의된 사상 A와 $X=2$를 동등사상(equivalent event)이라고 한다.

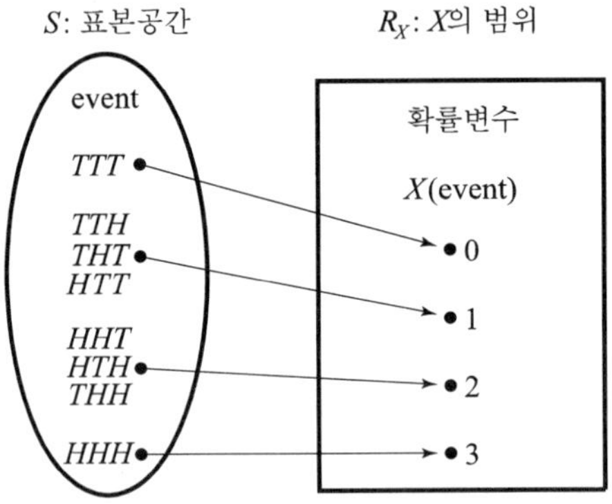

그림 3.1 동전을 3회 던졌을 때 앞면이 나오는 수

> **[정의 3.2] 동등사상**
>
> 만약 A가 표본공간 S에 속해 있는 한 사상(event)이고, 사상 B가 확률변수 X의 범위공간 R_X에 속해 있는 한 사상이라고 하면, 확률 B는 $P(X=B)=P(A)$로 나타낼 수 있다. 이때 A와 B는 동등사상이라고 한다.

그림 3.1에서 보는 바와 같이 표본공간의 각 요소들은 숫자가 아닐 수 있으나 확률변수 X의 범위 공간 R_X에 있는 모든 요소들은 숫자이어야 한다. 정의 3.2에서 X의 범위 공간 R_X에 속해 있는 한 사상은 숫자이다. 확률의 응용 분야에서는 R_X를 구성하고 있는 X의 값들과 그 값들에 대한 발생확률에 주로 관심을 가진다. 여기서 확률변수를 나타내는 대문자 X는 R_X에 있는 모든 값을 대표하는 표시이고, 소문자 x는 특정한 한 개의 값을 나타낸다. 예를 들면, 예제 3.1에서 확률변수 X는 $x=0$, $x=1$, $x=2$, $x=3$의 4개의 값을 가지며, 이를 구분하기 위해서 $x_1=0$, $x_2=1$, $x_3=2$, $x_4=3$으로 표시하기도 한다.

예제 3.2 두 개의 주사위를 던져서 윗면에 나오는 숫자의 합을 확률변수 X라고 하자. 그러면 $R_X = \{2,\ 3,\ 4,\ 5,\ 6,\ 7,\ 8,\ 9,\ 10,\ 11,\ 12\}$이고, $p(x)$가 X의 확률함수라고 할 때 표본공간은 그림 3.2와 같다. 이때 전체 36가지 각 사상의 발생확률은 같으며 이를 동일한 사상이라고 한다. 따라서, $x=4$일 확률은 $P(X=4) = P\{(1,3),\ (2,2),\ (3,1)\} = \dfrac{3}{36}$이다.

						(6, 1)					
					(5, 1)	(5, 2)	(6, 2)				
				(4, 1)	(4, 2)	(4, 3)	(5, 3)	(6, 3)			
			(3, 1)	(3, 2)	(3, 3)	(3, 4)	(4, 4)	(5, 4)	(6, 5)		
		(2, 1)	(2, 2)	(2, 3)	(2, 4)	(2, 5)	(3, 5)	(4, 5)	(5, 5)	(6, 5)	
	(1, 1)	(1, 2)	(1, 3)	(1, 4)	(1, 5)	(1, 6)	(2, 6)	(3, 6)	(4, 6)	(5, 6)	(6, 6)
합계	2	3	4	5	6	7	8	9	10	11	12

그림 3.2 동일한 사상

하나의 표본공간 S에 대해서도 확률변수 X를 여러 가지로 정의할 수 있다. 예제 3.2에서 만약 확률변수 X를 윗면에 나오는 숫자의 합이 3의 배수인 경우라고 정의할 때, $R_X = \{3,\ 6,\ 9,\ 12\}$가 된다.

그러면, 확률변수를 어떻게 정의하는 것이 좋은가? 그것은 분석하고자 하는 관심사나 분석대상에 따라 달라진다고 할 수 있다.

예제 3.3 다음 분석대상에 따른 확률변수를 정의해 보면

(1) 생산라인으로 직접 납품되는 협력업체 부품 100개당 불량률의 변화를 관리하는 경우 적절한 확률변수 X=납품된 부품 중 무작위(random)로 뽑은 100개의 부품 중에 포함된 불량품 수로 정의할 수 있다.

(2) 인터넷 경매 사이트를 운영하는 회사에서 특정 고가제품의 판매량이 요일 별로 다르다는 주장이 있어 이를 조사하려고 한다. 이때 확률변수 X=요일별 제품 판매량으로 정의할 수 있다.

(3) 새로 개발된 전기자동차 배터리의 수명을 알아보기 위해 배터리가 완전히 방진될 때까지 연속적으로 시험하였을 경우 적절한 확률변수 T=배터리 장착 후 자동차를 정상적으로 운행한 시간으로 정의할 수 있다.

확률변수 X를 함수로 사용하는 Y가 관심사인 경우도 있다. 예를 들면, 어떤 작업을 완성하는데 걸리는 날짜 수를 확률변수 X로 정의했을 때, 경영자는 날짜 수보다 회사 이익 Y에 더 관심을 가질 수 있다. 만약 Y를 X의 함수로 표시할 수 있다면, 이때 Y도 확률변수이다. 예제 3.3의 (1), (2)에 정의된 확률변수는 이산형 확률변수(discrete random variable)이고, (3)에 정의된 확률변수는 이와 대조되는 연속형 확률변수(continuous random variable)이다. 이산형 확률변수는 2, 0, -100과 같이 유한하거나, 무한하지만 셀 수 있는 정수(integer)값을 가지는 반면에 연속형 확률변수는 연속적인 범위 안에 있는 모든 실수(real)값을 가진다. 즉, 예제 3.3의 (3)에서 주어진 범위는 $R_T = \{T \geq 0\}$으로서 T는 어떠한 실수값도 취할 수 있으며 논리적으로 연속형 확률변수는 범위의 크기에 관계없이 무한대의 많은 값을 가질 수 있다.

3.2 이산형 분포

확률변수를 잘 활용하려면 확률적 특성을 알 수 있어야 한다. 확률변수의 확률적 특성을 나타내는 함수로서 확률함수, 확률밀도함수, 누적분포함수, 적률생성함수 등이 있는데, 이 절에서는 확률함수와 누적분포함수에 대해 먼저 배운다.

확률함수는 이산형 확률변수의 분포를 나타내며 이를 간단히 이산형 분포라고 하고, 공학이나 과학에서 숫자를 헤아릴 수 있는(countable) 확률변수에 주로 적용된다. 이산형 분포의 확률적 특성은 확률변수에서 택한 각각의 x_i값에 일대일로 대응하는 확률값 p_i를 가지는 것을 기본으로 한다. 확률함수는 다음의 특성을 가진다.

[정의 3.3] 확률함수

이산형 확률변수의 확률함수 $p(x_i)$는 헤아릴 수 있는 모든 x_i의 값에 대하여 음이 아니다. 즉, X가 $x_1,\ x_2,\ \cdots,\ x_i$값 중의 하나라고 하면,

$$\sum_{\text{all } i} p(x_i) = 1,\ \ 0 \leq p(x_i) \leq 1$$

을 만족해야 한다. 확률변수 X가 특정한 값 x_i를 택할 확률은 $p(x_i)$이고, 이는 다음과 같이 정의한다.

$$P(X = x_i) = p(x_i)$$

확률함수는 일반적으로 표나 그래프의 형태로 주어지며, 이항분포, 포아송 분포 등 많이 활용되고 있는 분포는 함수가 간결한 공식으로 명확하게 표현되어 있다.

예제 3.4 예제 3.1의 동전 3회 던지기 실험에서 확률변수 X는 앞면이 나오는 수로 표시하였다. 이때 $R_X = \{x \mid x = 0,\ 1,\ 2,\ 3\}$이므로 확률분포는 그림 3.3과 같이 표와 그래프로 나타낼 수 있다.

표 형태의 표현

x	$p(x)$
0	1/8
1	3/8
2	3/8
3	1/8

그래프 형태의 표현

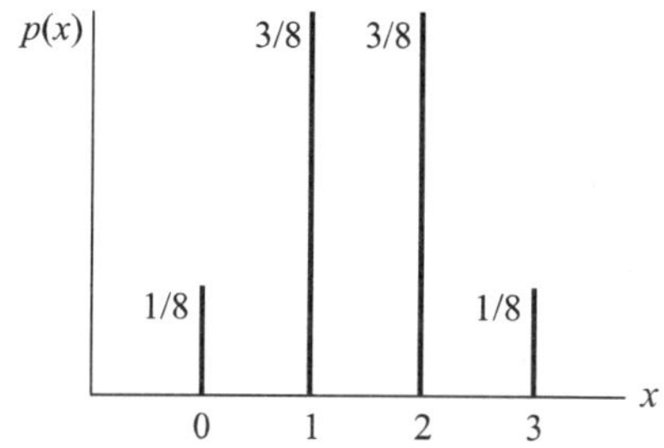

그림 3.3 동전 3회 던지기 실험에서의 확률분포

예제 3.5 전자제품 서비스센터에 수리 의뢰된 제품을 조사한 결과, 고장원인은 오사용, 전기적 고장, 기계적 고장 3가지였다. 각각의 고장이 일어날 확률은 0.6, 0.1, 0.3이고, 수리비용은 각각 10,000원, 20,000원, 40,000원이라고 한다. 확률변수 X를 비용이라고 정의하면, $P(X=10{,}000)=0.6$, $P(X=20{,}000)=0.1$, $P(X=40{,}000)=0.3$이 된다. 이때 확률함수는 그림 3.4와 같이 표와 그래프로 나타낼 수 있다.

표 형태의 표현

x	$p(x)$
10,000	0.6
20,000	0.1
40,000	0.3

그래프 형태의 표현

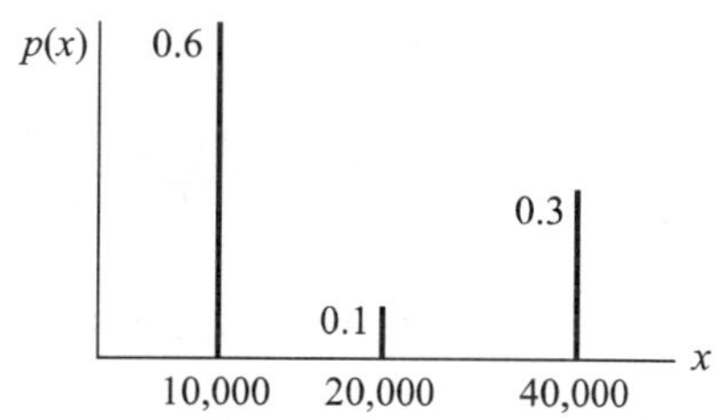

그림 3.4 서비스센터의 수리비용 확률분포

예제 3.6 정의 3.3을 이용하여 다음 함수가 확률함수인지 확인하여라.

(1) $p(x)=\dfrac{2x-1}{2}$, $x=0,\ 1,\ 2,\ 3$

(2) $p(x)=\dfrac{x+2}{20}$, $x=0,\ 1,\ 2,\ 3,\ 4$

풀이 (1) 이 함수는 $p(0)$의 값이 음이므로 정의 3.3에 의해 확률함수로 사용될 수 없다.

(2) x의 값에 대한 각각의 확률 값, $p(0)$, $\cdots$, $p(4)$는 음이 아니며, 모든 x에 대한 확률의 합, $p(0)+p(1)+p(2)+p(3)+p(4)=1$이 되므로 정의 3.3의 두 번째 조건도 만족한다. 따라서, $p(x)$는 x의 범위 $\{0,\ 1,\ 2,\ 3,\ 4\}$에서 확률함수로 사용될 수 있다.

확률변수 X의 특성을 나타내는 다른 하나의 방법은 누적분포함수(cumulative distribution function)로서, 확률변수 X가 특정한 값 x의 범위 내의 값을 갖게 될 확률, 즉 $P(X \leq x)$를 의미한다. 이 확률은 그 범위 내의 확률을 모두 합함으로써 구할 수 있다. 누적분포함수는 단순히 분포함수(distribution function)라고도 하고, 다음과 같이 정의된다.

[정의 3.4] 누적분포함수

확률변수 X의 누적분포함수 $F(x)$는 모든 실수 x에 대하여 다음과 같이 정의된다.

$$F(x)=P(X \leq x)$$

즉, $F(x)$는 확률변수 X가 어떤 값 x 이하를 취할 확률이다.

예제 3.7 예제 3.1의 동전을 3회 던지는 문제에서, 확률변수 X는 0, 1, 2, 3이고, 확률은 각각 $\frac{1}{8}$, $\frac{3}{8}$, $\frac{3}{8}$, $\frac{1}{8}$이다. 누적분포함수 $F(x)$를 구하여라.

풀이

$$F(0)=P(0)=\frac{1}{8}$$

$$F(1)=P(0)+P(1)=\frac{4}{8}$$

$$F(2)=P(0)+P(1)+P(2)=\frac{7}{8}$$

$$F(3)=P(0)+P(1)+P(2)+P(3)=1$$

$$F(x)=\begin{cases} 0, & x<0 \\ 1/8, & 0 \leq x<1 \\ 4/8, & 1 \leq x<2 \\ 7/8, & 2 \leq x<3 \\ 1, & x \geq 3 \end{cases}$$

이를 그림으로 나타내면 그림 3.5와 같다. 누적분포함수는 x의 값이 최소값일 때 0에서 출발하여 x가 최대값일 때 1로 증가하는 계단함수(step function)이다. 계단은 $x=0$, 1, 2, 3일 때 발생하고 각 점에서의 계단의 크기는 $\frac{1}{8}$, $\frac{3}{8}$, $\frac{3}{8}$, $\frac{1}{8}$이며, 이는 단순히 확률함수의 값이다.

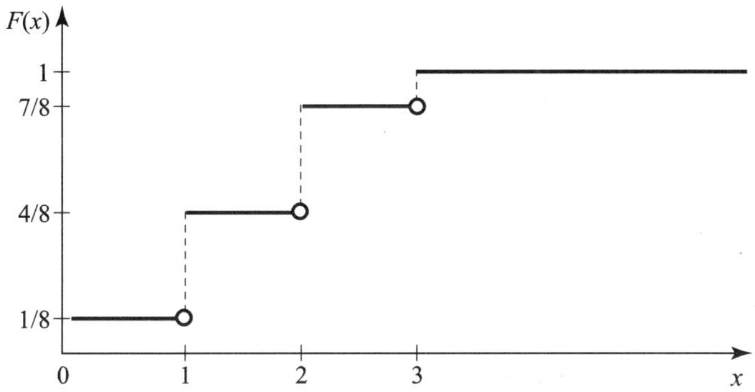

그림 3.5 H가 나오는 수에 대한 누적분포함수

예제 3.8 예제 3.5로부터 서비스센터의 수리비용에 대한 확률함수의 누적분포함수 $F(x)$를 구하여라.

풀이

$F(10{,}000) = P(10{,}000) = 0.6$

$F(20{,}000) = P(10{,}000) + P(20{,}000) = 0.7$

$F(40{,}000) = P(10{,}000) + P(20{,}000) + P(40{,}000) = 1$

$$F(x) = \begin{cases} 0, & x < 10{,}000 \\ 0.6, & 10{,}000 \leqq x < 20{,}000 \\ 0.7, & 20{,}000 \leqq x < 40{,}000 \\ 1, & x \geqq 40{,}000 \end{cases}$$

누적분포함수를 그림으로 나타내면 다음과 같다.

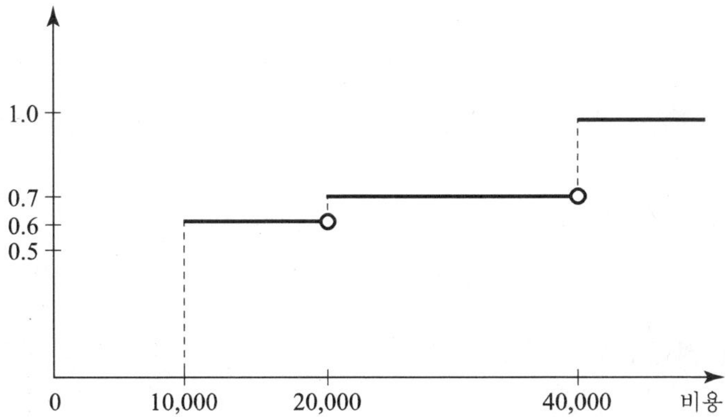

그림 3.6 수리비용에 대한 누적분포함수

누적분포함수는 x가 증가하는 한 $F(x)$는 감소하지 않는 함수이며, 다음과 같은 특성을 가진다.

[정리 3.1] 누적분포함수의 특성

누적분포함수는 다음과 같은 특성을 가진다.

1. $0 \leqq F(x) \leqq 1 \qquad -\infty < x < \infty$
2. $\lim_{x \to +\infty} F(x) = 1$
3. $\lim_{x \to -\infty} F(x) = 0$
4. $x_1 \leqq x_2$이면, $F(x_1) \leqq F(x_2)$이다. 즉, 함수는 감소하지 않는다.

정리 3.1을 이용하면, X에 관한 모든 확률문제는 누적분포함수 $F(x)$의 용어로 설명될 수 있다. 예를 들면, $P(X \leqq b)$는 다음과 같이 표시될 수 있다.

$$P(X \leqq b) = P(X \leqq a) + P(a < X \leqq b) \text{ 또는}$$
$$P(a < X \leqq b) = F(b) - F(a)$$

이 식으로부터 확률함수나 누적분포함수 중 어느 하나를 알면 다른 하나를 구할 수 있음을 알 수 있다.

예제 3.9 예제 3.7의 문제에서 누적분포함수의 특성을 이용하여 X가 2보다 클 확률을 구하여라.

풀이 구하려고 하는 확률은 다음과 같이 계산된다.

$$\begin{aligned} P(X > 2) &= 1 - P(X \leqq 2) \\ &= 1 - F(2) \\ &= \frac{1}{8} \end{aligned}$$

연습문제 3-2

1. 아래 함수가 확률변수의 확률함수로 사용될 수 있는지 확인하여라.

$$p(x) = \frac{x+3}{25}, \qquad x = 0,\ 1,\ 2,\ 3,\ 4$$

2. 한 쌍의 주사위를 던져서 윗면에 나오는 수의 합을 y라고 했을 때, 다음의 함수가 확률함수임을 증명하고, 각 y값에 대한 확률을 계산하여라.

$$p(y) = \frac{6 - |y-7|}{36}, \qquad y = 2,\ 3,\ \cdots,\ 12$$

3. 이산형 확률변수 X가 아래의 확률함수 $p(x)$를 가질 때,

$$p(x) = k\left(\frac{1}{3}\right)^x, \qquad x = 1,\ 2,\ 3$$

(1) k를 구하여라.

(2) 누적분포함수 $F(x)$를 구하여라.

4. 반듯한 동전 4개를 던져서 나오는 앞면의 수의 합에 대한 확률분포를 구하여라.

5. 어느 고급승용차 대리점 A 사원의 다음달 예상 판매대수는 X대이며 다음의 누적분포함수를 가진다.

$$F(x) = \begin{cases} 1 - \left(\frac{1}{2}\right)^{x+1}, & x = 0,\ 1,\ 2, \cdots \\ 0, & x < 0 \end{cases}$$

(1) X에 대한 확률함수를 구하여라.

(2) $P(0 < X \leqq 6)$을 구하여라.

3.3 연속형 분포

앞 절에서는 동전의 수나 불량품 수와 같이 셀 수 있는 자료(countable data)의 확률변수를 다루었으나 제품의 무게, 수명, 인장강도 등과 같은 측정자료(measurable data)의 확률변수도 있다. 이러한 확률변수를 연속형 확률변수(continuous random variable)라 부른다. 다음의 예를 보자.

예제 3.10 자동차 조향장치 부품인 볼 조인트 스터드(ball joint stud)의 머리 부분은 구 모양으로 크기에 대한 설계사양은 지름이 25 mm이고, 완성품업체의

품질요구사양은 24.9~25.1 mm이다. 합격품 중에서 임의의 한 개를 골라 지름을 측정한 값을 확률변수 X라고 할 때, X는 24.9 mm와 25.1 mm 사이의 어떠한 실수값도 될 수 있다. 이것이 연속형 확률변수이다.

예제 3.11 A 전자회사에서 생산된 MP3기 6개를 취해 수명시험을 행하였다. 시험은 6개 모두 고장날 때까지 계속되었으며 각각의 고장시간을 기록하였다. 고장시간을 확률변수 T라고 하였을 때 T는 연속형 확률변수이다. 논리적으로 T의 범위는 $[0, \infty)$의 실수이다.

예제 3.12 다리를 건설한 후 준공검사과정에서 소량의 콘크리트를 샘플로 채취해 강도를 측정한다. 샘플이 처음으로 부서지기 시작하는 압력을 콘크리트의 파괴강도라고 한다. 만약 X가 임의로 채취된 샘플의 파괴강도를 나타내는 확률변수라면 X는 어떤 실제적 한계 사이에 존재하는 연속형 확률변수이다.

연속형 확률변수를 좀 더 엄밀하게 정의하면 다음과 같다.

만약 앞 절의 정의 3.4와 정리 3.1에 있는 누적분포함수 $F(x)$가 모든 x에 대하여 도함수 $f(x)=(d/dx)F(x)$를 가지면 $f(x)$는 구분적으로 연속(piecewise continuous)이라고 하고 확률변수 X는 연속형이라 한다. 연속형 확률변수는 주어진 연속범위 안에서 어떠한 값도 취할 수 있다. 즉, 연속형 확률변수가 이산형 확률변수와 다른 것은 $d>0$의 값에 대하여

$$P(X=x)=\lim_{d\to 0}[F(x+d)-F(x)]=0$$

이다. 밀도함수 $f(x)$는

$$f(x)=\frac{d}{dx}F(x)$$

이고

$$F(x)=\int_{-\infty}^{x} f(t)dt$$

이다. 그림 3.7에 나타나 있는 $-\infty$와 한 점 x_0 사이에 있는 곡선 아래의 누적 면적이 $F(x_0)$이다.

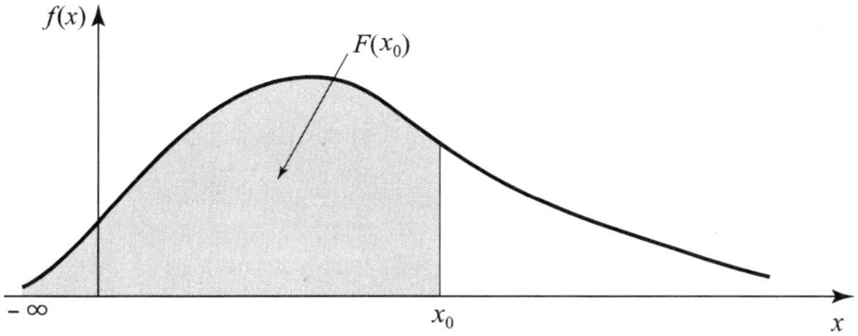

그림 3.7 연속형 확률변수의 밀도함수 $f(x)$

연속형 확률변수의 확률적 특성은 정의 3.5와 같이 확률밀도함수(probability density function)라고 하는 $f(x)$에 의해 정의된다. 확률밀도함수는 *pdf*라는 약자로 자주 쓰인다.

[정의 3.5] 확률밀도함수

확률밀도함수 $f(x)$는 연속형 확률변수의 특성을 다음과 같이 정의한다.

1. 모든 $x \in R_X$에서 $f(x) \geq 0$이다.
2. $\int_{R_X} f(x)dx = 1$이고,
3. $f(x)$는 구분적으로 연속형(piecewise continuous)이다.

확률변수 X가 a와 b 사이에 있을 확률은 이 두 값 사이의 확률밀도함수를 적분하면 구할 수 있다. 즉, $P(a \leq X \leq b) = \int_a^b f(x)dx$이다. 이 값은 그림 3.8에 설명되어 있는 것처럼 확률밀도함수 $f(x)$에 대한 a와 b 사이의 면적이다.

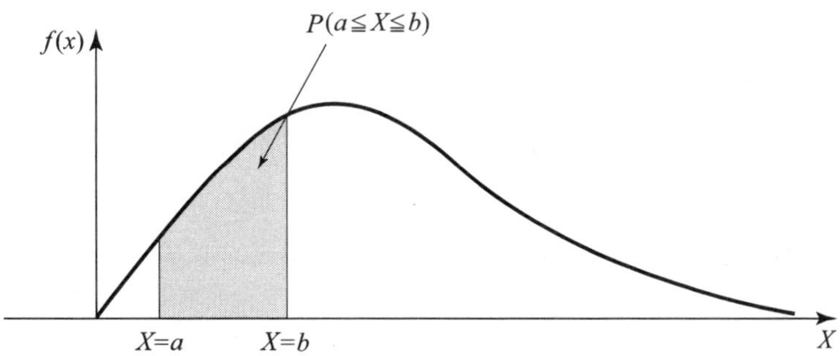

그림 3.8 확률밀도함수의 확률계산

연속형 확률변수의 확률에 대하여 특별히 설명해야 할 필요가 있는 내용은 확률변수 X가 특정한 한 개의 값 a를 택할 확률은 0이라는 것이다. 이것을 수식으로 표현하면, $P(X=a)=\int_a^a f(x)dx=0$이다. 이것은 이산형 확률변수가 R_x에서 특정한 한 개의 값을 취할 확률이 0이 아닌 것과 비교되며, 연속형과 이산형의 다른 점을 구분하는 중요한 개념이다. 연속형 확률분포는 주어진 특정한 범위 내에서 연속적인 무한대의 점을 가지고 있기 때문에 특정한 한 개의 값이 발생할 확률 $P(X=a)=0$이지만 이것은 사상 $(X=a)$가 R_x에 존재하지 않는다는 것이 아니라 발생할 확률이 $\frac{1}{\infty}=0$이라는 것이다. 따라서, X가 연속일 때 $F(b)-F(a)$를 활용하여 확률을 계산하는 경우 다음의 식이 성립한다.

$$P(a \leqq X \leqq b)=P(a < X \leqq b)=P(a < X < b)=P(a \leqq X < b)$$

예제 3.13 자동차 헤드램프가 고장 나기까지의 시간은 다음과 같은 확률밀도함수를 가진다.

$$f(t)=\begin{cases} \dfrac{1}{10{,}000}e^{-\frac{1}{10{,}000}t}, & t \geqq 0 \\ 0, & \text{기타} \end{cases}$$

이 확률밀도함수는 지수밀도(exponential density)라고 하며, 실제 부품에 대한 고장시간을 나타내는 데 가장 적합한 것으로 알려져 있다. 헤드램프를 고장 없이 5,000시간 이상 사용할 확률을 구하여라.

풀이

$$\begin{aligned} P[T \geqq 5{,}000] &= \int_{5{,}000}^{\infty} \frac{1}{10{,}000}e^{-\frac{t}{10{,}000}}dt \\ &= 1-\int_0^{5{,}000} \frac{1}{10{,}000}e^{-\frac{t}{10{,}000}}dt \\ &= 1-(1-e^{-0.5}) \\ &= 0.607 \end{aligned}$$

예제 3.14 어느 제약회사에서 최근 개발된 약의 효능 $f(x)$는 특정 성분 x의 양에 따라 다음과 같은 확률분포를 갖는 연속확률변수라고 알려져 있다.

$$f(x)=\begin{cases} \dfrac{1}{9}x^2, & 0 \leqq x \leqq 3 \\ 0, & \text{기타} \end{cases}$$

(1) $P[2 \leqq X \leqq 2.5]$를 구하여라.

(2) $f(x)$가 연속형 확률밀도함수임을 보여라.

(3) X의 누적분포함수를 구하여라.

풀이 (1) $P[2 \leqq X \leqq 2.5] = \int_{2}^{2.5} f(x)dx = \int_{2}^{2.5} \frac{1}{9}x^2 dx = \frac{1}{27}[x^3]_2^{2.5} = 0.2824$

(2) 정의 3.5로부터 $f(x)$는 구간 $0 \leqq X \leqq 3$에서 항상 0보다 크거나 같으므로 $f(x) \geqq 0$임을 알 수 있다. 이제 $\int_{-\infty}^{\infty} f(x)dx = 1$임을 보이자. 즉,

$$\int_0^3 \frac{1}{9}x^2 dx = \left[\frac{1}{27}x^3\right]_0^3 = 1$$

따라서, (1), (2)는 정의 3.6을 모두 만족하므로 $f(x)$는 연속형 확률밀도함수이고 그림 3.9와 같다.

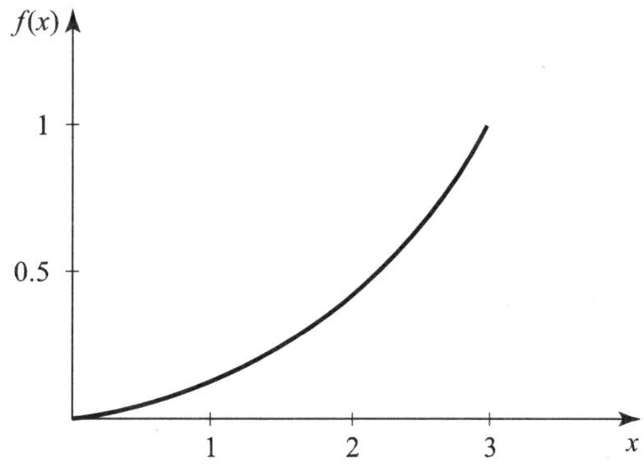

그림 3.9 확률밀도함수

(3) 정의 3.4로부터

$$\begin{aligned} F(x) = P(X \leqq x) &= \int_0^x \frac{1}{9}x^2 dx \\ &= \left[\frac{x^3}{27}\right]_0^x \\ &= \frac{x^3}{27}, \quad 0 \leqq x \leqq 3 \end{aligned}$$

누적분포함수의 정의에 의해 함수는 $x=0$과 $x=3$ 사이에서 증가하는 함수이며, $x<0$이면 $F(x)=0$이고, $x \geqq 3$이면 $F(x)=1$이고 그림 3.10과 같다.

$F(x)$를 이용하여 위의 (1)을 풀면

$$
\begin{aligned}
P[2 \leqq X \leqq 2.5] &= F(2.5) - F(2) \\
&= \frac{2.5^3}{27} - \frac{2^3}{27} \\
&= 0.2824
\end{aligned}
$$

이다.

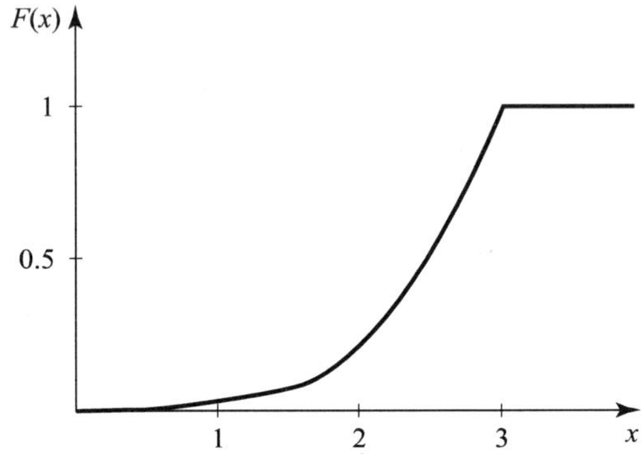

그림 3.10 누적분포함수

연습문제 3-3

1. 확률변수 X는 아래의 확률밀도함수를 가진다.

$$
f(x) = \begin{cases} \dfrac{1}{4}x, & 0 \leqq x < 2 \\ -\dfrac{1}{4}x + 1, & 2 \leqq x < 4 \\ 0, & \text{기타} \end{cases}
$$

다음의 확률을 구하여라.

(1) $P(-2 < X < 1)$ (2) $P(X \leqq 3)$

(3) $P(X \leqq 6)$ (4) $P(\frac{1}{2} < X < 3)$

2. 새 자동차를 구입한 후 엔진이 고장 날 때까지의 시간에 대한 확률은 다음의 확률밀도함수를 따른다.

$$
f(t) = \lambda e^{-\lambda t}, \quad t \geqq 0
$$

여기서 $\lambda > 0$는 고장률을 나타내는 상수이다. 이 확률밀도함수는 연속형 확률분포로서 부품이 고장 날 때까지의 시간을 나타내는 데 적절한 것으로 알려져 있어서 신뢰성 분석에 많이 활용되고 있다.

(1) 자동차를 구입한 후 1,000시간 이내에 엔진이 고장 나지 않을 확률 $P(T \geqq 1{,}000)$을 구하여라.

(2) 평균고장률 $\lambda = \dfrac{1}{160{,}000}$이다. 현재 120,000 km를 문제없이 달리고 있을 때 보증기간인 160,000 km 이내에 고장 날 확률 $P(T \leqq 160{,}000 | T > 120{,}000)$을 구하여라.

3. 연속형 확률변수 X는 확률밀도함수 $f(x) = kx^2$, $-1 \leq x \leq 0$를 가진다. 아래 물음에 답하여라.

(1) 적절한 x값을 발견하여라.

(2) x의 누적분포함수를 구하여라.

4. 확률변수 X의 밀도함수가 아래와 같이 주어져 있다.

$$f(x) = \begin{cases} cx(1-x), & 0 < x < 1 \\ 0, & \text{기타} \end{cases}$$

(1) c를 구하고 $P(X > \frac{3}{4})$을 구하여라.

(2) 이 확률변수의 누적분포함수를 구하여라.

(3) 누적분포함수로부터 X분포의 60%가 되는 지점, 즉 $F(k) = 0.6$이 되는 k를 구하여라.

5. 아래의 확률밀도함수를 보고 물음에 답하여라.

$$f(x) = \begin{cases} 0.2, & -1 < x \leqq 0 \\ 0.2 + 1.2x, & 0 < x \leqq 1 \\ 0, & \text{기타} \end{cases}$$

(1) $F(x)$를 구하여라.

(2) $f(x)$와 $F(x)$의 그래프를 그려라.

(3) $P(0 \leqq X \leqq 0.5)$를 구하여라.

(4) $P(X > 0.5 | X > 0.1)$을 구하여라.

3.4 확률변수의 기댓값과 분산

확률함수와 확률밀도함수는 변수의 확률적 특성에 대하여 전체적인 정보를 제공해 주지만, 때때로 확률특성에 대하여 요약된 측정치를 나타내는 것이 더욱 유용할 때가 많다. 가장 기본이 되는 측정치는 $E(X)$ 또는 μ로 표시되는 확률변수의 기댓값 또는 평균이다.

[정의 3.6] 기댓값의 계산

이산확률변수 $E(X)=\sum_{\text{all } i} x_i \cdot p(x_i)$

연속확률변수 $E(X)=\int_{-\infty}^{\infty} x \cdot f(x)dx$

예제를 통하여 확률분포로부터 기댓값을 계산하여 보자.

예제 3.15 (1) 동전을 3회 던지는 실험에서 앞면이 나오는 횟수에 대한 확률분포의 기댓값을 구하여라.

(2) 주사위를 굴렸을 때 윗면에 나오는 수에 대한 기댓값을 구하여라.

풀이 (1) 확률변수 X는 0, 1, 2, 3이고, 확률은 각각 $\frac{1}{8}$, $\frac{3}{8}$, $\frac{3}{8}$, $\frac{1}{8}$이다. 기댓값을 구하여 보면,

$$E(X)=\sum x_i \cdot p(x_i)$$
$$=\left(0 \cdot \frac{1}{8}\right)+\left(1 \cdot \frac{3}{8}\right)+\left(2 \cdot \frac{3}{8}\right)+\left(3 \cdot \frac{1}{8}\right)=\frac{3}{2}$$

(2) 주사위를 굴렸을 때 나오는 결과에 대한 기댓값은

$$E(X)=\left(1 \cdot \frac{1}{6}\right)+\left(2 \cdot \frac{1}{6}\right)+\left(3 \cdot \frac{1}{6}\right)+\left(4 \cdot \frac{1}{6}\right)+\left(5 \cdot \frac{1}{6}\right)+\left(6 \cdot \frac{1}{6}\right)$$
$$=\frac{7}{2}$$

예제 3.16 중장비용 금속 실린더의 지름은 49.5~50.5 mm이며, 임의의 실린더를 선택했을 때 지름의 크기가 x일 확률은 다음의 분포를 따른다.

$$f(x) = \begin{cases} 1.5 - 6(x-50)^2, & 49.5 \leqq x \leqq 50.5 \\ 0, & \text{기타} \end{cases}$$

실린더 지름에 대한 기댓값을 구하여라.

풀이

$$\begin{aligned} E(X) &= \int_{49.5}^{50.5} x\{1.5 - 6(x-50)^2\}dx \\ &= \int_{49.5}^{50.5} (-6x^3 + 600x^2 - 14998.5x)dx \\ &= \left[-\frac{3}{2}x^4 + 200x^3 - \frac{14998.5}{2}x^2\right]_{49.5}^{50.5} \\ &= 50.0 \end{aligned}$$

예제 3.17 연속형 확률밀도함수 $f(x)$가 다음과 같이 주어져 있다.

$$f(x) = \begin{cases} \dfrac{x}{4}, & 0 \leqq x < 2 \\ 1 - \dfrac{x}{4}, & 2 \leqq X \leqq 4 \\ 0, & \text{기타} \end{cases}$$

기댓값을 계산하여라.

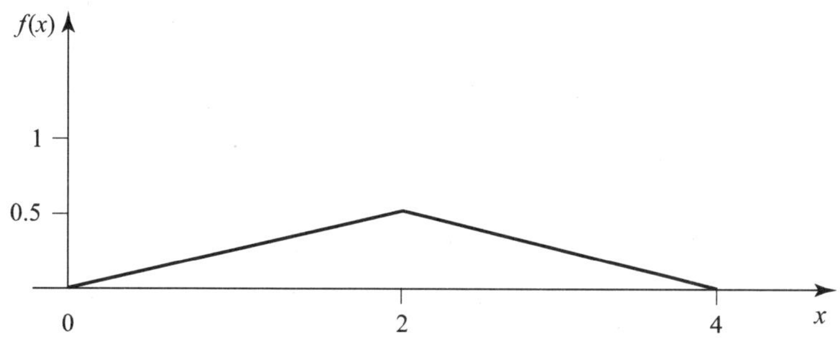

그림 3.11 밀도함수의 예

풀이 $E(X) = \int_0^2 x\left(\frac{x}{4}\right)dx + \int_2^4 x\left(1 - \frac{x}{4}\right)dx = \left[\frac{x^3}{12}\right]_0^2 + \left[\frac{x^2}{2} - \frac{x^3}{12}\right]_2^4 = 2$

확률변수의 분포형태는 평균값뿐 아니라 분산(variance)에 따라서도 달라진다. 분산은 확률변수 X가 범위 R_x 안에서 어떻게 흩어져 있는가를 나타내는 것으로, 평균값 μ로부터의 편차제곱으로 표시한다.

> **[정의 3.7] 분산의 계산**
>
> 이산확률변수 $V(X) = \sum_{\text{all } i}(x_i - \mu)^2 \cdot p(x_i)$
>
> 연속확률변수 $V(X) = \int_{-\infty}^{\infty}(x - \mu)^2 \cdot f(x)dx$

확률변수의 기댓값은 확률변수의 중심(center) 또는 평균값(mean)을 측정하는 것인 반면에 분산은 확률변수의 분포가 기댓값으로부터 흩어져 있는 정도를 나타내는 지표이다. 따라서, 정의 3.7의 내용을 다시 쓰면 $V(X) = E[(X - E(X))^2]$이다. 즉, 확률변수 X와 기댓값 $E(X)$와의 편차에 대한 제곱의 기댓값으로 정의된다. 분산은 항상 양의 수이고, 분산의 값이 클수록 확률변수가 평균값으로부터 더 많이 흩어져 있다는 것을 가리킨다. 분산을 계산하기 쉽게 하기 위하여 다음의 방법이 많이 활용된다.

$$\begin{aligned} V(X) &= E[(X - E(X))^2] \\ &= E[X^2 - 2XE(X) + (E(X))^2] \\ &= E(X^2) - 2E(X)E(X) + [E(X)]^2 \\ &= E(X^2) - [E(X)]^2 \end{aligned}$$

여기서 $E(X^2)$의 계산은 다음과 같다.

이산형 확률분포 $E(X^2) = \sum_{\text{all } i} x_i^2 \cdot p(x_i)$

연속형 확률분포 $E(X^2) = \int_{-\infty}^{\infty} x^2 \cdot f(x)dx$

예제 3.18 예제 3.15의 동전 및 주사위 실험에 대하여 확률변수 X의 분산을 구하여라.

(1) 동전 실험에서의 분산은

$$\begin{aligned} \mathrm{V}(X) &= \sum(x - \mu)^2 \cdot f(x) \\ &= \left(0 - \frac{3}{2}\right)^2 \cdot \left(\frac{1}{8}\right) + \left(1 - \frac{3}{2}\right)^2 \cdot \left(\frac{3}{8}\right) + \left(2 - \frac{3}{2}\right)^2 \cdot \left(\frac{3}{8}\right) + \left(3 - \frac{3}{2}\right)^2 \cdot \left(\frac{1}{8}\right) \\ &= \frac{3}{4} \end{aligned}$$

다른 방법으로 구해 보면

$$\begin{aligned} \mathrm{V}(X) &= E(X^2) - [E(X)]^2 \\ &= \left(0^2 \cdot \frac{1}{8} + 1^2 \cdot \frac{3}{8} + 2^2 \cdot \frac{3}{8} + 3^2 \cdot \frac{1}{8}\right) - \left(\frac{3}{2}\right)^2 = \frac{3}{4} \end{aligned}$$

(2) 주사위 실험에서의 분산은

$$V(X) = \frac{1}{6} \cdot (1^2 + 2^2 + \cdots + 6^2) - \left(\frac{7}{2}\right)^2$$
$$= \frac{35}{12}$$

예제 3.19 예제 3.17에 대하여 분산을 구하여라.

$$f(x) = \begin{cases} \frac{x}{4}, & 0 \leqq x < 2 \\ 1 - \frac{x}{4}, & 2 \leqq X \leqq 4 \\ 0, & 기타 \end{cases}$$

풀이 먼저 $E(X^2)$을 구하면,

$$E(X^2) = \int_{-\infty}^{\infty} x^2 \cdot f(x) dx$$
$$= \int_0^2 x^2\left(\frac{x}{4}\right)dx + \int_2^4 x^2\left(1 - \frac{x}{4}\right)dx$$
$$= \left[\frac{x^4}{16}\right]_0^2 + \left[\frac{x^3}{3} - \frac{x^4}{16}\right]_2^4$$
$$= \frac{14}{3}$$

따라서,

$$V(X) = E(X^2) - [E(X)]^2$$
$$= \frac{14}{3} - (2)^2$$
$$= \frac{2}{3}$$

예제 3.20 다음과 같은 확률밀도함수의 평균과 분산을 구하라.

$$f(x) = \begin{cases} 2e^{-2x}, & x \geq 0 \\ 0, & 기타 \end{cases}$$

풀이 확률밀도함수의 응용문제에서 감마함수를 이용한 적분공식을 알면 편리하다. 감마함수는 $\Gamma(a) = \int_0^{\infty} x^{a-1} \cdot e^{-x} dx,\ a > 0$으로 정의되는데, 이때 a가 정수이면, $\Gamma(a) = (a-1)!$이고, $\int_0^{\infty} x^{a-1} \cdot e^{-x/b} dx = \Gamma(a) b^a$이다.
따라서, $E(X) = \int_0^{\infty} x \cdot 2e^{-2x} dx = \frac{1}{2}$, $V(X) = \int_0^{\infty} x^2 \cdot 2e^{-2x} dx - (\frac{1}{2})^2 = \frac{1}{4}$이 된다.

연습문제 3-4

1. 어느 전자부품공장에서는 불량률을 줄이기 위하여 포상제도를 실시하고 있다. 하루 20,000개의 생산부품 중 불량수는 0, 1, 2, 3, 4이며 그 발생확률은 각각 $\frac{1}{10}$, $\frac{1}{10}$, $\frac{2}{10}$, $\frac{2}{10}$, $\frac{4}{10}$이다. 평균 불량수와 분산을 구하여라.

2. 오전 9시에 고객서비스센터가 업무를 시작한 후 임의의 시간에 전화가 걸려온다. 과거의 경험에 의하면 전화가 걸려오는 시간간격은 다음의 확률분포를 한다고 한다.

$$f(x) = \begin{cases} \frac{1}{1.5}, & 0 < x < 1.5 \\ 0, & \text{기타} \end{cases}$$

오전 9시 이후 첫 번째 전화가 걸려올 때까지의 기대시간을 구하여라.

3. 어느 해양 석유탐사에 의한 석유 발굴량과 확률 및 그에 따른 경제적인 이익은 다음과 같다. 평균 발굴량과 탐사에 대한 기대이익 및 분산을 구하여라.

예상되는 발굴량(배럴)	확률	경제적 이익($)
석유없음	.60	−50,000
50,000	.10	−20,000
100,000	.15	30,000
500,000	.10	430,000
1,000,000	.05	950,000

4. 연습문제 3-3의 문제 5로부터 X의 평균과 분산을 구하여라.

$$f(x) = \begin{cases} 0.2, & -1 < x \leqq 0 \\ 0.2 + 1.2x, & 0 < x \leqq 1 \\ 0, & \text{기타} \end{cases}$$

5. 중장비에 들어가는 실린더의 지름 X는 다음의 확률밀도함수를 따른다.

$$f(x) = \int_{49.5}^{50.5} (1.5 - 6(x-50)^2)dx$$

분산 $V(X)$를 구하여라.

REVIEW 연습문제

CHAPTER 3

1. 어느 인터넷 중고차 사이트에서 하루 동안 판매되는 승용차의 대수는 1, 2, 3, 4, 5, 6, 7, 8대이며, 각각의 확률은 $\frac{1}{12}$, $\frac{1}{12}$, $\frac{1}{8}$, $\frac{1}{8}$, $\frac{1}{6}$, $\frac{1}{6}$, $\frac{1}{6}$, $\frac{1}{12}$이다. 매일의 판매 대수에 대한 평균과 분산을 구하여라.

2. 항구에서 하역되는 물품은 두 가지 형태의 트럭에 적재되는데, 트럭 A의 규격은 $2.4\times3.0\times9.0$ m^3이고, 트럭 B의 규격은 $2.4\times3.0\times12.00$ m^3이다. 물품이 트럭 A에 적재되는 경우는 30%, 트럭 B에 적재되는 경우는 70%이다. 매 트럭마다 물품을 가득 채운다고 했을 때 물품의 평균 적재량(단위: m^3)을 구하여라.

3. 확률변수 X의 확률밀도함수는 ce^{-2x}이다. x의 범위가 $1 \leq x < \infty$일 때 적절한 c값과 확률밀도함수에 대한 평균 및 분산을 구하여라.

4. 어느 전자대리점의 가정용 스테레오 장비에 대한 하루 수요가 -1, 0, $+1$, $+2$, $+3$ 세트이며, 확률은 각각 $\frac{1}{30}$, $\frac{1}{6}$, $\frac{1}{5}$, $\frac{3}{10}$, $\frac{3}{10}$이다. 수요 -1은 반환된 것을 의미한다. 기대수요와 분산을 구하고 누적분포함수를 그려라.

5. 국립자연보호구역 내의 숲에 있는 나무의 길이(m)는 확률밀도함수를 따르며 그 함수는 아래 그림으로 설명된다. 나무 길이의 평균을 구하여라.

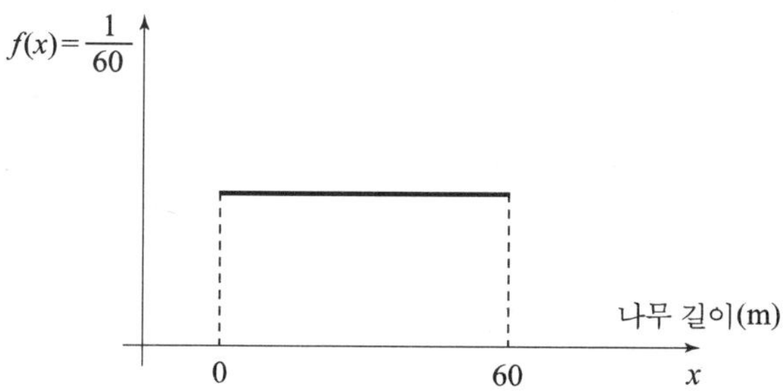

6. A와 B 두 종류의 제품에 대한 수명시험이 이루어졌다(수명의 단위: 시간). 각 제품의 최장수명에 대한 확률분포는 아래 표와 같다.

	100시간	120시간	140시간	160시간	180시간
A	0.1	0.25	0.2	0.3	0.15
B	0.05	0.15	0.35	0.25	0.2

A와 B가 독립적으로 작동한다고 가정하고 다음을 계산하여라.

(1) A와 B의 기대수명

(2) B의 기대수명이 140시간일 때 A의 기대수명

(3) A와 B의 수명이 같을 확률

7. 아래와 같은 함수가 있다.

$$f(x)=\begin{cases} kx, & 0 \leqq x < 1 \\ k, & 1 \leqq x < 2 \\ k(3-x), & 2 \leqq x \leqq 3 \\ 0, & \text{기타} \end{cases}$$

(1) $f(x)$가 확률밀도함수가 되도록 k의 값을 정하여라.

(2) 확률변수 X의 평균과 분산을 구하여라.

(3) 누적분포함수를 구하여라.

8. 확률변수 X의 확률밀도함수가 다음과 같이 주어져 있다.

$$f(x)=\begin{cases} \dfrac{1}{3}, & 2 < x < 5 \\ 0, & \text{기타} \end{cases}$$

(1) 확률함수의 그래프를 그려라.

(2) 확률 $P(2.2 < x < 3.7)$을 구하여라.

9. 확률변수 Z의 확률밀도함수는 다음과 같다.

$$f(z)=\begin{cases} \dfrac{1}{10}(2z+1), & 1 < z < 3 \\ 0, & \text{기타} \end{cases}$$

(1) 확률 $P(z < 2.4)$를 구하여라.

(2) 확률 $P(1.2 < z < 1.7)$을 구하여라.

10. 확률변수 X의 확률밀도함수는 다음과 같다.

$$f(z) = \begin{cases} c \cdot \ln(z), & e < z < e^2 \\ 0, & \text{기타} \end{cases}$$

(1) c값을 구하여라.

(2) 이 확률변수의 누적분포함수를 구하여라.

(3) $P(z > e\sqrt{e})$를 구하여라.

11. 확률변수 X의 확률밀도함수는 다음과 같다.

$$f(x) = \begin{cases} ke^{-\frac{x}{10}}, & x \geq 0 \\ 0, & \text{기타} \end{cases}$$

(1) k값을 구하여라.

(2) 이 확률변수의 누적분포함수를 구하여라.

12. H마트의 전자제품 코너에는 20대의 에어컨 재고가 있다. 지금부터 여름이 끝나기 전까지 팔리는 에어컨의 숫자는 다음의 확률분포를 가진다고 한다.

$$p(x) = \begin{cases} e^{-10}\dfrac{10^x}{x!}, & x = 0,\ 1,\ 2,\ \cdots \\ 0, & \text{기타} \end{cases}$$

여름 시즌이 끝나는 시점에 재고가 1개 이상 남을 확률을 구하여라.

13. 아래와 같은 확률밀도함수에 대하여

$$f(x) = \begin{cases} kx, & 0 \leqq x < a \\ ka, & a \leqq x < 2a \\ k(3a - x), & 2a \leqq x \leqq 3a \\ 0, & \text{기타} \end{cases}$$

a가 임의의 양수일 때,

(1) $f(x)$가 확률밀도함수가 되도록 k의 값을 구하여라.

(2) 확률변수 X의 평균과 분산을 구하여라.

(3) 누적분포함수를 구하여라.

14. A 은행에 오전 10시에서 11시 사이에 들어오는 고객 수 x는 이산형 확률변수이다. 고객 수와 각각의 확률은 아래 표와 같다. 고객수의 평균과 분산을 구하여라.

x	$p(x)$
6	0.05
7	0.05
8	0.15
9	0.3
10	0.25
11	0.1
12	0.1
기타	0

15. 두 개의 독립적인 확률변수 V와 W의 확률밀도함수가 아래와 같을 때 다음을 구하여라.

$$f(v) = \begin{cases} c_1 v + c_2 \dfrac{1}{\sqrt{v}}, & 1 \leqq v \leqq 4 \\ 0, & \text{기타} \end{cases}$$

$$f(w) = \begin{cases} c_1 w + 2c_2, & 2 \leqq w \leqq 4 \\ 0, & \text{기타} \end{cases}$$

(1) c_1과 c_2값

(2) $P(1 \leqq v \leqq 2)$와 $P(w > 3)$

16. 확률밀도함수가 아래와 같이 주어진 확률변수 X의 누적분포함수를 구하고, 확률밀도함수의 그래프를 그려라.

$$f(x) = \begin{cases} \dfrac{2x}{5}, & 0 \leqq x < 1 \\ \dfrac{2}{5}, & 1 \leqq x < 2 \\ \dfrac{4-x}{5}, & 2 \leqq x < 4 \\ 0, & \text{기타} \end{cases}$$

17. 확률변수 X의 누적분포함수가 다음과 같이 주어져 있다.

$$F(x)=\begin{cases}0, & x<-1\\ \dfrac{x}{4}+\dfrac{1}{4}, & -1\leqq x<3\\ 1, & x\geqq 3\end{cases}$$

(1) 확률 $P(1\leqq x\leqq 2)$를 구하여라.

(2) 확률 $P(x>5.2)$를 구하여라.

(3) 이 확률변수의 확률밀도함수를 구하여라.

18. 확률변수 X의 누적분포함수는 다음과 같다.

$$F(x)=\begin{cases}1-(x+2)e^{-\frac{x}{2}}, & x\geqq 0\\ 0, & x<0\end{cases}$$

(1) $P(x\leqq 2)$를 구하여라.

(2) $P(x>8)$을 구하여라.

(3) 확률변수에 대한 확률밀도함수를 구하여라(정의되지 않은 영역에서의 확률값은 0이다).

19. 어느 택배회사가 물건을 배달하는 데 걸리는 기간(단위: 일)은 $\mu\pm k\sigma$이고, 도착확률은 $1-\dfrac{1}{k^2}$이라고 한다. 서울에서 제주까지 물건을 배달하는 데 평균 3일이 걸리고, 분산은 $0.5(\text{일})^2$로 평가되었다. 만약 택배가 99% 도착확률로 원하는 날짜에 도착하게 하려면 얼마나 빨리 택배를 부쳐야 하겠는가?

20. 확률변수 X의 누적분포함수 형식은 다음과 같다.

$$F(x)=\begin{cases}1-\alpha^{x+1}, & 0<\alpha<1,\ x=0,\ 1,\ 2,\ 3,\ \cdots\\ 0, & x<0\end{cases}$$

(1) X의 확률함수를 구하여라.

(2) $\alpha=\dfrac{2}{3}$일 때 $P(1<x\leqq 10)$을 구하여라.

(3) x가 홀수일 때 $P(x)$를 구하여라.

21. 연속확률변수 X는 다음과 같은 확률밀도함수를 가진다.

$$f(x) = k^2x^2 - \frac{4}{3}kx,\ 0 \leqq x \leqq 1$$

(1) 적절한 k값을 구하여라.

(2) X의 평균과 분산을 구하여라.

(3) $P(\alpha \leqq x \leqq 1-\alpha)=0.5$인 것을 알 때 α를 구하여라.

22. 감마함수는 $\Gamma(z) = \int_0^\infty t^{z-1}e^{-t}dt$이고 $\Gamma\left(\frac{1}{2}\right) = \sqrt{\pi}$라는 것을 알고 있다. 확률밀도함수가 $f(x) = \frac{x}{\alpha^2}\exp\left(-\frac{x^2}{2\alpha^2}\right)$인 **Rayleigh** 분포의 평균과 분산을 구하여라(α는 측도모수).

23. 어느 건전지의 수명(단위: 년)은 다음의 확률분포를 따른다.

$$f(x) = \begin{cases} \dfrac{2}{(x+2)^3}, & x \geqq 0 \\ 0, & \text{기타} \end{cases}$$

건전지의 기대수명을 구하여라.

24. 어느 마을의 하루 물 소비량 X는 확률변수이며 확률밀도함수는 다음과 같이 주어져 있다(단위: 톤).

$$f(x) = \begin{cases} 0.234e^{-x/50}, & 100 \leqq x \leqq 150 \\ 0, & \text{기타} \end{cases}$$

하루 평균 물소비량을 구하여라.

25. 연속확률변수 X의 누적분포함수는 다음과 같다.

$$F(x) = \begin{cases} \dfrac{x^2}{49}, & 0 \leqq x < 7 \\ 1, & x \geqq 7 \\ 0, & \text{기타} \end{cases}$$

(1) X의 확률밀도함수를 구하여라.

(2) X의 평균과 분산을 구하여라.

(3) X의 중앙값을 구하여라.

26. 이산확률변수 X의 확률함수 $P(x)$는 다음과 같다.

$$P(x)=\begin{cases} k\left(\dfrac{1}{3}\right)^{x}, & x=1,\ 2,\ 3,\ 4 \\ 0, & \text{기타} \end{cases}$$

(1) k값을 구하여라.

(2) X의 평균과 분산을 구하여라.

(3) 누적분포함수 $F(x)$를 구하여라.

27. 전구가 t 시간 내에 고장 날 확률의 누적분포함수는 $1-e^{-\lambda t}$이다. 여기서 λ는 모수로서 제조업자에 따라 달라지며 $t \geq 0$이다. 전구의 수명에 대한 확률밀도함수를 구하여라.

28. 이산형 확률변수 X가 다음과 같은 확률함수를 가질 때

$$P(x)=\begin{cases} \dfrac{2x-1}{41}, & x=1,\ 2,\ \cdots,\ 5 \\ \dfrac{19-2x}{41}, & x=6,\ 7,\ \cdots,\ 9 \end{cases}$$

1부터 9까지의 모든 x에 대한 확률값을 표의 형태로 나타내어라.

29. 위 문제에 정의된 확률함수의 변수에 대한 평균과 분산을 구하여라.

30. 확률변수 X의 누적분포함수는 다음과 같이 주어져 있다.

$$F(x)=a+b\cdot \tan^{-1}x, \qquad -\infty < x < \infty$$

(1) a와 b값을 구하여라.

(2) $P(0 \leq x \leq 1)$을 구하여라.

31. 연속확률변수 X는 다음과 같은 확률밀도함수를 가진다.

$$f(x)=\frac{a}{1+x^2}, \quad -\infty < x < \infty$$

(1) 적절한 a값을 구하여라.

(2) $P(-1 \leq x \leq \sqrt{3})$을 구하여라.

(3) 누적분포함수 $F(x)$를 구하여라.

32. 확률변수 X는 범위 R에서 점 a에 대해 모든 x에서 다음과 같이 대칭인 연속밀도함수 f를 가진다.

$$f(a+x) = f(a-x)$$

누적분포함수 F가 범위 R의 모든 x에 대하여 다음을 만족한다는 것을 보여라.

$$F(a+x) = 1 - F(a-x)$$

33. 포아송 분포는 다음과 같다.

$$p(x) = \frac{e^{-\lambda}\lambda^x}{x!}, \quad x = 0,\ 1,\ 2,\ \cdots,\ \lambda > 0$$

(1) $\lambda > 0$에 대하여 $p(x)$가 확률함수임을 보여라.

(2) $x < \lambda$의 필요충분조건에서만 $p(x) > p(x-1)$임을 보여라.

34. 아래 함수를 보고 물음에 답하여라.

$$F(x) = \begin{cases} \left(\dfrac{x}{x+1}\right)^n, & x \geq 0,\ n = 1,\ 2,\ 3,\ \cdots \\ 0, & \text{기타} \end{cases}$$

(1) $F(x)$가 연속분포의 누적분포함수임을 보여라.

(2) 확률밀도함수 $f(x)$를 구하여라.

(3) $n=2$일 때 확률변수 X에 대하여 $P(2 \leq X \leq 3)$을 구하여라.

35. 함수 $f(x) = (1-q)q^x$에 대하여 $x = 0,\ 1,\ 2,\ \cdots,\ 0 < q < 1$이다.

(1) $f(x)$가 이산형 변수 X의 확률밀도함수임을 보여라.

(2) $E(X)$와 $V(X)$를 구하여라.

CHAPTER 4

확률변수의 함수와 결합확률분포

CHAPTER OUTLINE

4.1 확률변수의 함수 *111*

4.2 확률변수의 함수에 대한 기댓값 *115*

4.3 결합확률분포 *119*

연습문제 *136*

공학이나 경영과학에서 확률변수 X의 함수 $G(X)$의 변화에 대해 관심을 가질 때가 많이 있다. 예를 들면, 어떤 화학공장의 생산물에 대하여 조사한다고 하자. 만약 수식의 관계가 $Y=2X+10$이고, X가 온도를 나타내는 확률변수이면 생산물 Y 또한 확률변수가 된다. 여기서 X의 분포가 알려져 있으면 확률변수의 함수인 $Y=G(X)$의 확률분포를 결정할 수 있을 것이다. 본 장의 앞부분은 이러한 형태의 문제와 기댓값 및 분산에 대하여 설명한다.

본 장의 후반부에는 두 개 이상의 확률변수를 동시에 취급해야 할 경우를 다룬다. 예를 들면, 제조과정을 거친 철판의 사양(specification)이 전단응력과 용접의 크기를 동시에 맞추어 주기를 요구할 때, 이 두 가지 품질특성을 동시에 관리하려면 두 개의 확률변수를 결합한 결합확률분포의 성질을 알아야 한다. 따라서 두 가지 이상의 결합확률분포를 구할 수 있는 방법을 설명하고, 이와 관련한 주변확률분포와 조건부 확률분포에 관해 설명한다. 또한, 확률변수의 독립에 관해 설명하고, 공분산 및 상관계수를 정의한다. 마지막으로 특별한 경우에 있어서의 선형결합에 관하여 설명한다.

4.1 확률변수의 함수

많은 확률적용문제에 있어 확률변수 x의 확률뿐 아니라 x와 연관된 확률변수의 확률에 관심이 많을 때가 있다. 즉, x와 관련이 있는 $Y=G(x)$를 매개로 하는 확률변수 Y에 관심이 있을 수가 있다. 예를 들면, 확률변수 $G(x)$가 x^3+1이라면 x가 2일 때 $G(x)$는 9가 된다.

예제 4.1 3개의 동전을 던지는 문제에서 앞면이 나오는 수 $X=0, 1, 2, 3$이 될 확률은 각각 $\frac{1}{8}, \frac{3}{8}, \frac{3}{8}, \frac{1}{8}$이었다. 만약 $Y=3X-2$라고 하면 Y의 확률변수의 값은 $-2, 1, 4, 7$이고, $p_Y(-2)=\frac{1}{8}$, $p_Y(1)=\frac{3}{8}$, $p_Y(4)=\frac{3}{8}$, $p_Y(7)=\frac{1}{8}$이다. 여기서 Y의 확률은 정의 3.3과 같이 $p_Y(-2)=P(Y=-2)=P(X=0)=\frac{1}{8}$임의 의미한다.

예제 4.2 예제 4.1에서 만약 $Y=|X-1|$이라고 했을 때 가능한 Y값은 0, 1, 2이다. 이 경우에는 $p_Y(0)=p_X(1)=\frac{3}{8}$, $p_Y(1)=p_X(0)+p_X(2)=\frac{4}{8}$, $p_Y(2)=p_X(3)=\frac{1}{8}$이다.

예제 4.3 어느 은행의 업무시간 동안에 찾아오는 고객의 수는 10분에 평균 5명이다. 다음 10분 동안 찾아오는 고객의 수는 아래의 확률분포를 따른다고 한다.

$$p_X(x) = \begin{cases} \dfrac{e^{-5}5^x}{x!}, & x = 0,\ 1,\ 2,\ \cdots \\ 0, & \text{기타} \end{cases}$$

찾아오는 고객에 대한 서비스 시간은 $Y = 2X + 1$이라고 했을 때, 서비스 시간이 9분 이하가 될 확률을 구하여라.

풀이

$$\begin{aligned} P_Y(Y \leqq 9) &= P_Y(2X+1 \leqq 9) = P_X(X \leqq 4) \\ &= [P_X(0) + P_X(1) + P_X(2) + P_X(3) + P_X(4)] \\ &= e^{-5}\left[\frac{5^0}{0!} + \frac{5^1}{1!} + \frac{5^2}{2!} + \frac{5^3}{3!} + \frac{5^4}{4!}\right] \\ &= 0.44 \end{aligned}$$

만약 X가 밀도함수 f_X를 가지는 연속형 확률변수이고 G가 연속형이면 $Y = G(x)$는 연속형 확률변수이다. 연속형 확률변수 X에 대한 확률분포가 $f_X(x)$일 때 X에 대한 함수 $Y = G(x)$에 대한 확률밀도함수 $f_Y(y)$를 구해야 할 경우가 있다. X가 연속형일 경우는 이산형일 경우와 다르게 다소 복잡하지만 정리 4.1을 이용하면 쉽게 구할 수 있다.

[정리 4.1] 확률변수 X의 변수변환

확률변수 $Y = G(X)$에 대한 확률밀도함수 $f_Y(y)$는 아래 3단계를 거쳐 구할 수 있다.

1. R_Y 내에 있는 사상 $A(Y \leqq y)$와 동일한 사상인 R_X 내의 사상 B를 찾아서 Y의 누적분포함수 $F_Y(y) = p_Y(Y \leqq y)$를 구한다.
2. Y의 확률밀도함수 $f_Y(y)$를 구하기 위해 $F_Y(y)$를 y에 관해 미분한다.
3. 새로운 확률변수의 범위공간(range space)을 찾는다.

예제 4.4 어떤 특정한 화학반응에 대한 섭씨온도 X는 아래 확률밀도함수에 의해 100°에서 140° 사이로 분포되어 있다고 한다.

$$f_X(x) = \begin{cases} \dfrac{x-80}{1600}, & 100 \leqq x \leqq 140 \\ 0, & \text{기타} \end{cases}$$

공정설계 엔지니어가 온도의 변화에 따른 압력의 세기를 그림 4.1과 같이 확률변수 X의 선형함수로 변환할 수 있는 것을 발견하였다.

$$G(x) = 2x + 4$$

여기서 $Y = G(x)$는 확률변수이며, 확률밀도함수 $f_Y(y)$를 구하려고 한다.

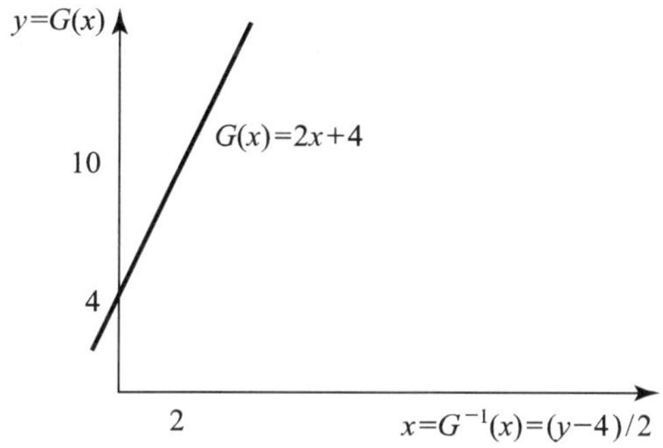

그림 4.1 $G(x) = 2x + 4$ 함수

(1) X의 확률밀도함수 $f_X(x)$와 $Y = 2X + 4$로부터 Y의 누적분포함수를 구하면,

$$\begin{aligned} F_Y(y) &= p_Y(Y \leqq y) = p_X(2X + 4 \leqq y) \\ &= p_X(X \leqq (y-4)/2) \\ &= \int_0^{(y-4)/2} \left(\frac{x-80}{1600} \right) dx \\ &= \left[\frac{x^2}{3200} - \frac{x}{20} \right]_0^{(y-4)/2} \\ &= \frac{1}{12800}(y^2 - 328y + 1296) \end{aligned}$$

(2) $F_Y(y)$를 미분하여 Y의 확률밀도함수를 구하면,

$$f_Y(y) = \frac{d}{dy} F_Y(y) = \frac{1}{6400}(y - 164)$$

(3) 만약 $x = 100$이면 $y = 204$이고 $x = 140$이면 $y = 284$이므로,

$$f_Y(y) = \begin{cases} \dfrac{1}{6400}(y-164), & 204 \leqq y \leqq 284 \\ 0, & \text{기타} \end{cases}$$

연습문제 4-1

1. 어느 제조회사에서 기계를 한 대 임대하려고 한다. 하루 임대료로 20,000원을 지불하여야 하며, 기계를 한 시간 가동하면 3,000원의 이익을 얻는다. 하루 가동시간은 4시간에서 20시간 사이이며, 가동시간은 다음의 확률밀도함수를 가진다.

$$f(x) = \frac{x-2}{160}$$

이 기계를 임대하여 제조업자가 기계로부터 얻는 이익을 Y라고 하였을 때, 이익에 대한 기댓값과 분산을 구하여라.

2. 확률변수 X가 다음의 확률밀도함수를 따른다.

$$f_X(x) = \begin{cases} \dfrac{x}{\alpha^2}\exp\left(-\dfrac{x^2}{2\alpha^2}\right), & \alpha > 0,\ x \geqq 0 \\ 0, & \text{기타} \end{cases}$$

그리고 $Y = \begin{cases} 0, & 0 \leqq X \leqq \alpha \\ 1, & X > a \end{cases}$ 일 경우 Y의 확률밀도함수를 구하여라.

3. 확률변수 X는 다음의 확률밀도함수를 따른다.

$$f(x) = \begin{cases} \dfrac{x^2}{9}, & 0 \leqq x \leqq 3 \\ 0, & \text{기타} \end{cases}$$

$Y = H(x)$이며 밀도함수 $f(y)$를 구하고자 한다. $H(x) = 4x - 1$일 때 확률변수 Y의 확률밀도함수를 구하여라.

4. $f_X(x)$가 다음과 같고, $y = H(x) = x(x+4)$일 때 Y의 확률밀도함수 $f_Y(y)$를 구하여라.

$$f_X(x) = \begin{cases} \dfrac{x}{2}, & 0 \leqq x \leqq 2 \\ 0, & \text{기타} \end{cases}$$

5. 확률변수 X가 다음의 밀도함수를 가지고 있다.

$$f_X(x) = \begin{cases} \dfrac{x}{8}, & 0 \leq x \leq 4 \\ 0, & \text{기타} \end{cases}$$

만약 $Y = G(x)$가 확률변수이고 $G(x) = 2x + 8$이라고 할 때,

(1) $F_Y(y) = p_Y(Y \leq y)$를 구하여라.

(2) $f_Y(y)$를 구하고 y의 범위를 설정하여라.

6. 위 문제 3에서 $Y = G(x) = (X-2)^2$일 때 Y의 확률밀도함수 $f_Y(y)$를 구하여라.

4.2 확률변수의 함수에 대한 기댓값

만약 확률변수 $G(x)$의 기댓값을 구하려고 하면 x의 확률분포를 구한 다음 정의 3.6을 사용한다. 그러나 일반적으로 정의 4.1을 사용하는 것이 쉽다.

[정리 4.2] 확률변수 $Y = G(X)$의 기댓값

X가 확률변수이고 $Y = G(X)$가 X의 함수일 때 $G(X)$의 기댓값은 다음과 같이 정의된다.

이산형 X $\quad E[G(X)] = \sum_x G(x) \cdot p_X(x)$

연속형 X $\quad E[G(X)] = \int_{-\infty}^{\infty} G(x) \cdot f_X(x)\, dx$

예제 4.5 주사위를 던져 윗면에 점이 나오는 수를 x라고 할 때, 확률변수 $G(x) = 3x^2 + 1$의 기댓값을 구하여라.

풀이 가능한 숫자 중 하나가 나올 확률은 $\frac{1}{6}$이므로

$$\begin{aligned} E[G(X)] &= \sum_{x=1}^{6} (3x^2+1) \cdot \frac{1}{6} \\ &= (3 \cdot 1^2 + 1) \cdot \frac{1}{6} + \cdots + (3 \cdot 6^2 + 1) \cdot \frac{1}{6} \\ &= \frac{281}{6} \end{aligned}$$

예제 4.6 x의 확률밀도함수는 다음과 같다.

$$f(x) = \begin{cases} e^{-x}, & x > 0 \\ 0, & \text{기타} \end{cases}$$

확률변수 $G(x) = e^{2x/3}$의 기댓값을 구하여라.

풀이 정의 4.1에 의하면

$$\begin{aligned} E(e^{2x/3}) &= \int_0^\infty e^{2x/3} \cdot e^{-x} dx \\ &= \int_0^\infty e^{-x/3} dx \\ &= 3 \end{aligned}$$

정의 3.6과 정의 3.7은 정의 4.1의 특별한 경우이다. 만약 $G(X) = X$이면 $E[G(X)] = E(X) = \mu$이다. 그러므로 확률변수 X의 기댓값은 평균 μ이다.

만약 $G(X) = (X-\mu)^2$이면 $E[G(X)] = E[(X-\mu)^2] = \sigma^2$이다. 그러므로 확률변수 $G(X)$의 분산은 식 $V[G(X)] = E[\{G(X) - E(G(X))\}^2]$이 된다.

마찬가지로 $G(X) = X$인 경우 분산은

$$\begin{aligned} V(X) &= E[(X - E(X))^2] \\ &= E(X^2) - [E(X)]^2 \\ &= \sigma^2 \end{aligned}$$

이다.

확률변수 X의 기댓값을 알 때 정의 4.2를 사용하면 X의 선형함수 $Y = aX + b$ $(a, b \in R)$의 기댓값과 분산을 쉽게 구할 수 있다.

[정의 4.2] 선형함수 Y의 기댓값과 분산

X의 기댓값을 $E(X)$, 분산을 $V(X)$라고 했을 때 Y의 기댓값과 분산은 $E(Y) = aE(X) + b$이고, 분산은 $V(Y) = a^2 V(X)$ $(a, b \in R)$이다.

예제 4.7 예제 4.1로부터 Y의 기댓값과 분산을 구하여라.

풀이 예제 3.15로부터 $E(X) = \dfrac{3}{2}$이므로,

$$V(X) = E(X^2) - [E(X)]^2$$
$$= 0^2 \cdot \frac{1}{8} + 1^2 \cdot \frac{3}{8} + 2^2 \cdot \frac{3}{8} + 3^2 \cdot \frac{1}{8} - \left(\frac{3}{2}\right)^2$$
$$= \frac{3}{4}$$

따라서, $E(Y) = 3E(X) - 2 = 3 \times \frac{3}{2} - 2 = \frac{5}{2}$ 이고, $V(Y) = 3^2 V(X) = 3^2 \times \frac{3}{4} = \frac{27}{4}$ 이다.

예제 4.8 전자부품을 생산하는 A 회사의 월 생산량은 20,000개이며 부품의 검사는 공정에서 자동으로 이루어진다. 생산된 부품의 불량 수 X는 확률변수로서 확률분포는 다음과 같다.

불량수 x	0	1	2	3	4	5
확률 $p(x)$	0.1	0.1	0.3	0.3	0.1	0.1

부품은 생산 즉시 수출을 위해 매달 선적되며 불량이 없을 때 수출단가는 2.0달러이다. 만약 불량이 발견되면 한 개에 100달러씩 배상하도록 되어 있다. 배상금을 제외한 월 수출액에 대한 기댓값과 분산을 구하여라.

풀이 수출액은 Y=40,000−100X이다. 먼저 X의 기댓값과 분산을 계산해 보면,

$$E(X) = 0 \cdot (0.1) + 1 \cdot (0.1) + 2 \cdot (0.3) + 3 \cdot (0.3) + 4 \cdot (0.1) + 5 \cdot (0.1)$$
$$= 2.5$$

이고,

$$V(X) = [0^2 \cdot (0.1) + 1^2 \cdot (0.1) + 2^2 \cdot (0.3) + 3^2 \cdot (0.3)$$
$$+ 4^2 \cdot (0.1) + 5^2 \cdot (0.1)] - (2.5)^2$$
$$= 1.85$$

이다. 따라서, Y의 기댓값과 분산은

$$E(Y) = 40{,}000 - 100E(X) = 40{,}000 - 100 \times 2.6 = 39{,}760 \text{달러}$$
$$V(Y) = (-100)^2 V(X) = (-100)^2 \times 1.34 = 13{,}400 \text{달러}$$

연습문제 4-2

1. 어느 공장의 생산라인 확장공사에 견적서를 내려고 한다. 공사를 완성하는 데 걸리는 날짜 수 X는 확률변수이고, 설치회사의 이익은 완성하는 날짜 수에 따른 변수, 즉 이익 $Y=G(X)$이다. X의 확률분포는 다음과 같다.

날짜 수 x	확률 $p(x)$
6	1/3
7	1/2
8	1/6
그 외	0

만약 이익함수 $G(X)$가 다음과 같이 주어졌다면,

x	$G(x)$
6	2억 원
7	1억 원
8	−0.8억 원

(1) 확률변수 X에 대한 평균과 분산을 구하여라.

(2) $G(X)$의 평균과 분산을 구하여라.

2. 예제 4.4에서 주어진 함수에 대하여 다음을 구하여라.

$$f_X(x)=\begin{cases}\dfrac{x-80}{1600}, & 100 \leqq x \leqq 140\\ 0, & \text{기타}\end{cases}$$

(1) 확률변수 X에 대한 $E(X)$, $V(X)$

(2) $Y=G(x)=2x+4$에 대한 $E(Y)$, $V(Y)$

3. 확률변수 X는 다음의 확률밀도함수를 가진다.

$$f(x)=\begin{cases}\dfrac{x-15}{300}, & 20 \leqq x \leqq 40\\ 0, & \text{기타}\end{cases}$$

(1) $E(X)$와 $V(X)$를 구하여라.

(2) $Y=Q(x)=2x+10$일 때 확률변수 Y의 밀도함수를 구하여라.

(3) $E(Y)$와 $V(Y)$를 구하여라.

4. 어느 화학실험에 사용되는 용액의 카본 함량은 확률변수로서 다음의 확률밀도함수를 따른다고 한다.

$$f_X(x)=\begin{cases}\dfrac{x}{100}, & 5 \leqq x \leqq 15 \\ 0, & \text{기타}\end{cases}$$

이 실험을 완성하는 데 걸리는 시간(단위: 분)은 $T=5+2x$이다.

(1) T의 확률밀도함수를 구하여라.

(2) 실험을 완성하는 데 평균 몇 분이 걸리는가?

5. X가 다음의 확률밀도함수를 따른다고 한다.

$$f_X(x)=\begin{cases}\dfrac{1}{e-1}, & 1 \leqq x \leqq e \\ 0, & \text{기타}\end{cases}$$

$Y=\ln(x)$의 확률밀도함수를 구하여라.

6. 확률변수 X의 확률밀도함수가 $f(x)$일 때 X의 기댓값과 분산은 각각 $E(X)$와 $V(X)$이다. 확률변수 $Y=aX+b(a \neq 0,\ b \neq 0)$에 대하여 다음을 증명하여라.

(1) $E(Y)=aE(X)+b$

(2) $V(Y)=a^2 V(X)$

4.3 결합확률분포

앞에서 우리는 주어진 실험에서 X 또는 Y에 대한 각각의 확률분포함수에 대한 공부를 하였으나, 때로는 두 개의 확률변수 X, Y의 결합확률분포(joint probability distribution)를 고려하는 것이 더 적절할 때가 있다. 예를 들면, 암을 일으키는 원인에 대한 실험에 있어서 각 개인이 하루에 피우는 담배의 평균 개비수와 암에 걸린 나이와의 관계에 관심을 가질 때, 또는 철판을 이용한 제조물의 견본을 선정해서 전단기의 강도(shear strength)

와 용접부분의 지름(weld diameter) 사이의 관계를 분석해야 할 때이다. 이때 전단기의 강도와 용접부분의 지름은 각각 확률변수가 된다.

4.3.1 이변량 분포

만약 표본공간에서 동시에 고려하여야 할 두 가지 사상에 대하여 각각의 사상에 두 개의 숫자를 배정하면 특정한 값 x와 y는 두 개의 숫자사상(numerical event)을 나타낸다. 예를 들면, 하루 흡연량을 x, 암이 발생하는 나이를 y라고 할 때, 이 두 개의 사상이 동시에 일어나는 교차확률(the probability of the intersection)을 나타내 보자.

2장에서 우리는 두 개의 사상이 결합되는 확률, 즉 A와 B의 사상이 모두 일어나는 확률은 다음과 같다는 것을 배웠다.

$$P(A \cap B) = P(A)P(B|A) = P(B)P(A \mid B)$$

따라서, 이 두 가지 사상이 교차할 확률은 A를 x로, B를 y로 교체하여 얻을 수 있다. 즉,

$$\begin{aligned} P(A \cap B) &= P(x,\ y) \\ &= p_X(x)p_Y(y \mid x) \\ &= p_Y(y)p_X(x \mid y) \end{aligned}$$

여기서, p_X는 x의 확률분포, p_Y는 y의 확률분포를 나타낸다.

이산형 확률분포에서 모든 x와 y값의 조합에 대하여 $p(x,\ y)$값을 제공해 주는 표, 그래프, 또는 공식을 결합확률분포라고 하며, 특히 $x,\ y$ 두 개의 변수에 의한 결합확률분포를 이변량 확률분포(bivariate distribution)라고 한다. 이산형 확률변수에 대한 결합확률분포의 개념은 연속형 확률변수에 그대로 적용된다. 그러나 한 가지 다른 점은 이산형 확률변수에 대한 확률은 합산(sum)에 의해 이루어지는 반면에 연속형 확률변수에 대한 계산은 적분에 의해 이루어진다는 것이다. 두 개의 연속형 확률변수 $x,\ y$에 대한 이변량 결합확률밀도함수(bivariate joint probability density function)는 $f(x,\ y)$이다. 여기서 확률변수 x와 y에 대한 각각의 분포 $p_X(x)$, $p_Y(y)$를 주변분포(marginal distribution)라고 한다.

[정의 4.3] 결합확률분포

X, Y가 이산형 확률변수일 경우 $p(x_i, y_j) = P(X = x_i, Y = y_j)$라고 할 때

1. 모든 i, j에 대하여 $0 \leq p(x_i, y_j) \leq 1$
2. $\sum_{\text{all } j} \sum_{\text{all } i} p(x_i, y_j) = 1$
3. 확률식은 $P(a \leq X \leq b,\ c \leq Y \leq d) = \sum_{j=c}^{d} \sum_{i=a}^{b} p(x_i, y_j)$

$[X, Y]$가 범위 공간 R인 연속형 확률변수일 때

1. 모든 $(x, y) \in R$에 대하여 $0 \leq f(x, y) \leq 1$
2. $\int\int_{R} f(x, y)\,dx\,dy = 1$
3. 확률식은 $P(a \leq X \leq b,\ c \leq Y \leq d) = \int_{y=c}^{d} \int_{x=a}^{b} f(x, y)dxdy$

정의 4.3으로부터 결합누적분포함수는 다음과 같이 정리된다.

$$F(x, y) = P(X \leq x,\ Y \leq y)$$

따라서,

$$\text{이산형 확률변수의 누적분포함수 } F(x, y) = \sum_{x_i \leq x} \sum_{y_j \leq y} p(x_i, y_j)$$

$$\text{연속형 확률변수의 누적분포함수 } F(x, y) = \int_{v=-\infty}^{y} \int_{u=-\infty}^{x} f(u, v)dudv$$

이다.

예제 4.9 $x=1$ 또는 $x=2$, $y=0$ 또는 $y=1$인 이산형 확률변수 x와 y를 생각해 보자. x와 y에 대한 이변량 확률분포가 다음과 같이 정의되었을 때 정리 4.4의 이산형 결합확률분포의 특성이 만족되는지를 증명하여라.

$$p(x, y) = \frac{0.25 + x - y}{5}$$

풀이 x는 두 개의 값(1 또는 2) 그리고 y도 두 개의 값(0 또는 1)을 취할 수 있으므로, x와 y의 가능한 조합은 $2 \times 2 = 4$이다. 이 4개의 (x, y) 짝은 $(1, 0)$, $(1, 1)$, $(2, 0)$, 그리고 $(2, 1)$이다. 이 값들을 $p(x, y)$ 식에 대입하면 다음과 같은 결합확률들을 얻는다.

$$p(1, 0) = \frac{0.25 + 1 - 0}{5} = 0.25$$
$$p(1, 1) = \frac{0.25 + 1 - 1}{5} = 0.05$$
$$p(2, 0) = \frac{0.25 + 2 - 0}{5} = 0.45$$
$$p(2, 1) = \frac{0.25 + 2 - 1}{5} = 0.25$$

여기서 각 결합확률 값이 0과 1 사이이고(정의 4.3의 1항 요구사항 만족), 4개의 확률의 합이 1(정의 4.3의 2항 요구사항 만족)이 된다.

예제 4.10 아래 표에 있는 다변량 결합확률분포를 생각해 보자. 각 칸에 있는 값들은 이산형 확률변수 x와 y의 값에 대한 $p(x, y)$값이다. 예를 들면, 자동차 혼류생산시스템에서 x는 차종을 나타내고, y는 해당 차종의 주문옵션에 따른 작업 번호를 나타낸다고 할 때, $p(x, y)$는 다음순서의 작업내용에 관한 결합확률이다. 이산확률변수 x에 대한 주변확률분포 $p_X(x)$를 구하라.

		x			
		1	2	3	4
y	1	0	0.10	0.20	0.10
	2	0.03	0.07	0.10	0.05
	3	0.05	0.10	0.05	0
	4	0	0.10	0.05	0

풀이 x에 대한 주변확률분포를 발견하기 위해 $P_X(x=1)$, $P_X(x=2)$, $P_X(x=3)$, $P_X(x=4)$를 구할 필요가 있다.

$x=1$은 $y=1, 2, 3, 4$일 때 일어나므로 $P_X(x=1)=p_X(1)$은 4개의 상호배반인 사상의 확률을 합하면 계산된다. 즉,

$$P_X(x=1) = p_X(1) = p(1, 1) + p(1, 2) + p(1, 3) + p(1, 4)$$

표에 주어져 있는 값들을 $p(x, y)$에 대입하면 다음 값을 얻는다.

$$P_X(x=1) = p_X(1) = 0 + 0.03 + 0.05 + 0 = 0.08$$

같은 방법으로

$$P_X(x=2) = p_X(2) = p(2,1) + p(2,2) + p(2,3) + p(2,4)$$
$$= 0.10 + 0.07 + 0.10 + 0.10 = 0.37$$

$$P_X(x=3) = p_X(3) = p(3,1) + p(3,2) + p(3,3) + p(3,4)$$
$$= 0.20 + 0.10 + 0.05 + 0.05 = 0.40$$

$$P_X(x=4) = p_X(4) = p(4,1) + p(4,2) + p(4,3) + p(4,4)$$
$$= 0.10 + 0.05 + 0 + 0 = 0.15$$

주변확률분포 $p_X(x)$를 정리하면 다음 표와 같다.

x	1	2	3	4
$p_X(x)$	0.08	0.37	0.40	0.15

예제 4.11 x와 y의 결합확률밀도함수가 다음과 같이 주어졌다.

$$f(x,y) = \begin{cases} \frac{3}{5}x(y+x), & 0 < x < 1,\ 0 < y < 2 \\ 0, & \text{기타} \end{cases}$$

$P(0 < X < \frac{1}{2},\ 1 < Y < 2)$를 구하여라.

풀이
$$P(0 < X < \tfrac{1}{2},\ 1 < Y < 2) = \int_1^2 \int_0^{\frac{1}{2}} \frac{3}{5}x(y+x)\,dx\,dy$$
$$= \int_1^2 \left[\frac{3x^2y}{10} + \frac{3x^3}{15}\right]_{x=0}^{x=\frac{1}{2}} dy$$
$$= \int_1^2 \left(\frac{3y}{40} + \frac{1}{40}\right) dy = \left[\frac{3y^2}{80} + \frac{y}{40}\right]_1^2$$
$$= \frac{11}{80}$$

예제 4.12 x와 y의 결합확률밀도함수가 다음과 같이 주어졌을 때 결합분포함수(joint distribution function)를 구하여라.

$$f(x,y) = \begin{cases} (x+y), & 0 < x < 1,\ 0 < y < 1 \\ 0, & \text{기타} \end{cases}$$

풀이 $F(x, y)=0 \qquad x<0$ 또는 $y<0$

$$F(x, y)=\int_0^y\int_0^x (u+v)dudv=\frac{1}{2}xy(x+y) \qquad 0<x<1,\ 0<y<1$$

$$F(x, y)=\int_0^y\int_0^1 (u+v)dudv=\frac{1}{2}y(y+1) \qquad x>1,\ 0<y<1$$

$$F(x, y)=\int_0^1\int_0^x (u+v)dudv=\frac{1}{2}x(x+1) \qquad 0<x<1,\ y>1$$

$$F(x, y)=\int_0^1\int_0^1 (u+v)dudv=1 \qquad x>1,\ y>1$$

4.3.2 주변확률분포

두 개의 확률변수 X, Y가 결합확률분포를 할 때 X 또는 Y 하나에 대한 분포를 고려해야 할 경우가 있다. 이것을 주변확률분포(marginal probability distribution)라고 하고, 결합확률분포에서 다른 하나의 확률값들을 합하거나 적분함으로써 구할 수 있다. 즉, 이산형인 경우,

X의 주변분포 $\quad p_X(x_i)=\sum_{all\ j} p(x_i,\ y_j) \quad i=1,\ 2,\ \cdots$

Y의 주변분포 $\quad p_Y(y_j)=\sum_{all\ i} p(x_i,\ y_j) \quad j=1,\ 2,\ \cdots$

이고, 만약 $[X,\ Y]$가 연속형 확률변수이면,

X의 주변분포 $\quad f_X(x)=\int_{-\infty}^{\infty} f(x,\ y)dy$

Y의 주변분포 $\quad f_Y(y)=\int_{-\infty}^{\infty} f(x,\ y)dx$

이다.

[정리 4.2] 주변확률분포

확률변수 X의 주변확률분포는 두 개의 확률변수 X와 Y의 결합확률분포로부터 확률변수 Y의 값들을 합하거나 적분하여 구할 수 있다. 주변분포는 확률변수 X에 대한 개별확률분포이다.

예제 4.13 청색과 백색의 구슬을 포함하고 있는 주머니에서 임의로 두 개의 구슬을 꺼내어 청색의 수를 x, 백색의 수를 y라고 하고, 모든 가능한 값들의

쌍을 $(x,\ y)$로 표현하였을 때 확률은 다음과 같다. x와 y의 주변확률을 각각 구하여라.

		x 0	1	2	
y	0	6/36	12/36	3/36	21/36
	1	8/36	6/36		14/36
	2	1/36			1/36
		15/36	18/36	3/36	

풀이 맨 아래 부분에 있는 확률이 확률변수 x가 0, 1, 2의 값을 취할 확률이다. 다시 말하면, 각 열의 합계가 x의 확률분포값 $p_X(x)$이다. 즉,

$$p_X(0)=\sum_{y=0}^{2}p(0,\ y)=\frac{15}{36}$$

$$p_X(1)=\sum_{y=0}^{2}p(1,\ y)=\frac{18}{36}$$

$$p_X(2)=\sum_{y=0}^{2}p(2,\ y)=\frac{3}{36}$$

같은 방법으로 y의 확률분포의 $p_Y(y)$값은 각 행의 합계로 주어진다.

$$p_Y(y)=\sum_{y=0}^{2}p(x,\ y),\qquad y=0,\ 1,\ 2$$

예제 4.14 아래 주어진 결합밀도함수로부터 x와 y의 주변밀도함수를 구하여라.

$$f(x,\ y)=\begin{cases}\dfrac{2}{3}(x+2y), & 0<x<1,\ 0<y<1\\ 0, & \text{기타}\end{cases}$$

풀이 필요한 적분을 행하면,

$$\begin{aligned}f_X(x)&=\int_{-\infty}^{\infty}f(x,\ y)dy=\int_0^1\frac{2}{3}(x+2y)dy\\&=\frac{2}{3}(x+1),\quad 0<x<1 \text{ 그리고 기타 영역에서 } f_X(x)=0\end{aligned}$$

$$\begin{aligned}f_Y(y)&=\int_{-\infty}^{\infty}f(x,\ y)dx=\int_0^1\frac{2}{3}(x+2y)dx\\&=\frac{1}{3}(1+4y),\quad 0<y<1 \text{ 그리고 기타 영역에서 } f_Y(y)=0\end{aligned}$$

4.3.3 조건부 확률분포

두 개의 확률분포 $[X, Y]$가 결합분포일 경우, 이 둘 중 하나의 값이 특정한 값으로 주어졌을 때 다른 하나의 분포를 구하는 것이 관심사항이 될 때가 있다. 즉, $Y=y$로 주어졌을 때 X의 분포를 알고 싶은 경우이다. 이 확률분포를 $Y=y$로 주어졌을 때 X의 조건부 확률분포라고 부른다.

[정의 4.4] 조건부 확률분포

만약 확률변수 $[X, Y]$가 이산형이라면, Y의 값을 알고 있을 때 확률변수 X가 일어날 확률은 조건부 확률의 정의로부터 다음과 같다.

$$p_{X|y_i}(x_i) = \frac{p(X=x_i, Y=y_j)}{p(Y=y_j)} = \frac{p(x_i \cdot y_j)}{p(y_j)}$$

연속형 확률변수 X의 조건부 확률분포 $f_{X|y}(x)$는

$$f_{X|y}(x) = \frac{f(x, y)}{f_Y(y)}, \quad f_Y(y) > 0$$

이다.

위 정리로부터 X의 값을 알고 있을 때 Y가 일어날 확률은

$$p_{Y|x_i}(y_j) = \frac{p(X=x_i,\ Y=y_j)}{p(X=x_i)} = \frac{p(x_i \cdot y_j)}{p(x_i)}$$

이다. 연속형 확률변수 Y의 조건부 확률분포 $f_{Y|x}(y)$는

$$f_{Y|x}(y) = \frac{f(x, y)}{f_X(x)}, \quad f_X(x) > 0$$

여기서 주변확률분포와 조건부 확률분포의 차이점을 아는 것이 중요하다. X에 대한 주변확률분포는 확률변수 Y에 대하여 아무것도 모를 때 확률변수 X를 위한 적절한 분포이다. 이와 비교하여 확률변수 Y가 주어진 상태에서의 X의 조건부 분포는 Y가 어떤 특정한 값 y를 취한다는 것을 알고 있을 때 확률변수 X를 위한 적절한 분포이다.

예제 4.15 예제 4.13의 데이터로부터 $y=1$일 때 x의 확률분포를 구하여라.

풀이 예제 4.13에 있는 값을 적절하게 변환하면,

$$p_{X|1}(x=0)=\frac{\frac{8}{36}}{\frac{14}{36}}=\frac{4}{7}$$

$$p_{X|1}(x=1)=\frac{\frac{6}{36}}{\frac{14}{36}}=\frac{3}{7}$$

$$p_{X|1}(x=2)=\frac{0}{\frac{14}{36}}=0$$

예제 4.16 예제 4.14로부터 $Y=y$일 때 X의 조건부 확률분포를 구하여라. 그리고 확률 $P\left(X\leq\frac{1}{2}\mid Y=\frac{1}{2}\right)$을 구하여라.

풀이 예제 4.14의 결과로부터

$$f_{X|y}(x)=\frac{f(x,\ y)}{f_Y(y)}=\frac{\frac{2}{3}(x+2y)}{\frac{1}{3}(1+4y)}$$

$$=\frac{2x+4y}{1+4y},\quad 0<x<1 \text{ 그리고 기타 영역에서 } f_{X|y}(x)=0$$

따라서 $f\left(x\,\middle|\,\frac{1}{2}\right)=\dfrac{2x+4\cdot\frac{1}{2}}{1+4\cdot\frac{1}{2}}=\dfrac{2x+2}{3}$이고, 구하려는 확률값은

$$P\left(X\leq\frac{1}{2}\,\middle|\,Y=\frac{1}{2}\right)=\int_0^{\frac{1}{2}}\frac{2x+2}{3}dx=\frac{5}{12}\text{이다.}$$

4.3.4 조건부 기댓값

모의고사에서 수학성적과 전 과목 평균 사이에는 양의 상관관계를 가질 것으로 예상된다. 이런 경우에 수학성적이 90점인 사람들의 전 과목 평균은 어느 정도일까? 이러한 물음에 답을 줄 수 있는 것이 조건부 기댓값이다. 조건부 기댓값은 주변확률(밀도)함수 대신 조건부 확률(밀도)함수를 사용한다는 것을 제외하면 일반적인 기댓값과 동일하게 정의된다.

[정의 4.5] 조건부 기댓값(conditional expectation)

만약 $[X, Y]$가 이산형 확률변수일 때, 조건부 기댓값은

$$E(X \mid y_j) = \sum_{\text{all } i} x_i \cdot p_{X \mid y_j}(x_i)$$

만약 $[X, Y]$가 연속형 확률변수일 때, 조건부 기댓값은

$$E(X \mid y) = \int_{-\infty}^{\infty} x \cdot f_{X \mid y}(x) dx$$

예제 4.17 어느 항공기 부품회사에서는 부설연구소의 실적관리 데이터를 참고하여, 신입직원의 첫 해 특허신청건수 X와 그 다음 해의 예상 특허신청건수 Y에 대한 관련성을 조사하였다. 결합확률분포와 주변확률분포는 아래 표와 같다. $p_{Y|0}(y_j)$, $p_{Y|1}(y_j)$, 그리고 $p_{Y|2}(y_j)$의 세 가지 조건부 분포와 가각의 조건부 기댓값을 구하여라.

y_j \ x_i	0	1	2	$p_Y(y_j)$
0	0.05	0.05	0.10	0.2
1	0.10	0.25	0.05	0.4
2	0.10	0.15	0.05	0.3
3	0.05	0.05	0.00	0.1
$p_X(x_i)$	0.3	0.5	0.2	

풀이

$$p_{Y|0}(y_j) = \begin{cases} \frac{1}{6}, & y_j = 0 \\ \frac{2}{6}, & y_j = 1 \\ \frac{2}{6}, & y_j = 2 \\ \frac{1}{6}, & y_j = 3 \\ 0, & \text{기타} \end{cases}$$

$$E(Y|0) = 0 \cdot \frac{1}{6} + 1 \cdot \frac{2}{6} + 2 \cdot \frac{2}{6} + 3 \cdot \frac{1}{6} = 1.5$$

$$p_{Y|1}(y_j) = \begin{cases} \frac{1}{10}, & y_j = 0 \\ \frac{5}{10}, & y_j = 1 \\ \frac{3}{10}, & y_j = 2 \\ \frac{1}{10}, & y_j = 3 \\ 0, & \text{기타} \end{cases}$$

$$E(Y|1)=0\cdot\frac{1}{10}+1\cdot\frac{5}{10}+2\cdot\frac{3}{10}+3\cdot\frac{1}{10}$$
$$=1.4$$

$$p_{Y|2}(y_j)=\begin{cases}\frac{1}{2}, & y_j=0\\ \frac{1}{4}, & y_j=1\\ \frac{1}{4}, & y_j=2\\ 0, & y_j=3\\ 0, & \text{기타}\end{cases}$$

$$E(Y|1)=0\cdot\frac{1}{2}+1\cdot\frac{1}{4}+2\cdot\frac{1}{4}+3\cdot 0$$
$$=0.75$$

예제 4.18 결합확률밀도함수 $f(x,\ y)$가 다음과 같다.

$$f(x,\ y)=\frac{xy}{3}+y^2,\qquad 0<x\leqq 2,\ 0\leqq y\leqq 1$$

조건부 밀도함수와 $E(Y|x)$를 구하여라.

풀이 $$f_{Y|x}(y)=\frac{y(x+3y)}{\frac{x}{2}+1},\qquad 0<x\leqq 2,\ 0\leqq y\leqq 1$$

$$f_{X|y}(x)=\frac{\frac{x}{3}+y}{2\left(y+\frac{1}{3}\right)},\qquad 0<x\leqq 2,\ 0\leqq y\leqq 1$$

정의 4.5를 이용하여,

$$E(Y\mid x)=\int_0^1 x\cdot f_{X|y}(x)dx=\int_0^1 x\cdot\frac{\frac{x}{3}+y}{2\left(y+\frac{1}{3}\right)}dx=\frac{9y+2}{6(6y+2)}$$

4.3.5 독립과 공분산

2장에서 두 개의 사상 A와 B가 서로 연관성이 없으면 서로 독립이라는 것을 설명하였다. 마찬가지로 임의로 선택한 하나의 확률변수의 값이 다른 확률변수의 값과 연관성이 없으면 두 확률변수 X와 Y는 서로 독립이다. 더욱 상세히 말하면 하나의 확률변수를 택한 확률분포가 다른 확률변수를 택한 확률분포에 영향을 주지 않을 때 두 확률변수는 서로 독립이라고 한다.

[정의 4.6] 확률변수의 독립(independence)

만약 이산형 확률변수들이라면 모든 i, j에 대하여 아래의 조건을 만족하는 경우 X와 Y는 독립이다.

$$p(x_i \cdot y_j) = p(x_i) \cdot p(y_j)$$

연속형 확률변수 X와 Y는 모든 x, y에 대하여 아래의 조건을 만족하는 경우 독립이라고 한다.

$$f(x,\ y) = f(x) \cdot f(y)$$

정의 4.6을 2장에서 소개한 확률변수의 독립사상에 대한 정의와 연관하여 살펴보도록 하자. $[X,\ Y]$를 이산형 확률변수라고 할 때 모든 i와 j에 대하여 $p_{Y \mid x_i}(y_j) = p_Y(y_j)$이고 $p_{X \mid y_j}(x_i) = p_X(x_i)$이면, X와 Y는 독립이다. $[X,\ Y]$가 연속형 확률변수라고 할 때 모든 x와 y에 대하여 $f_{Y \mid x}(y) = f_Y(y)$이고 $f_{X \mid y}(x) = f_X(x)$이면, X와 Y는 독립이다.

예제 4.19 버스운송회사에서는 고장 난 버스의 운전기사로부터 전화를 받으면 버스를 서비스센터로 운송할 수 있는 레커를 보낸다. 화요일과 수요일에 전화를 받은 건수의 결합분포가 아래 표에 나타나 있으며, 주변분포도 함께 표시되어 있다. 확률변수 X는 화요일의 건수, 그리고 Y는 수요일에 전화가 걸려 올 건수이다. X와 Y는 서로 독립인가?

y_j \ x_i	0	1	2	3	4	$p_Y(y_j)$
0	0.02	0.04	0.06	0.04	0.04	0.2
1	0.02	0.04	0.06	0.04	0.04	0.2
2	0.01	0.02	0.03	0.02	0.02	0.1
3	0.04	0.08	0.12	0.08	0.08	0.4
4	0.01	0.02	0.03	0.02	0.02	0.1
$p_X(x_i)$	0.1	0.2	0.3	0.2	0.2	

풀이 X와 Y의 주변확률을 곱하면 결합확률이 되므로 X와 Y는 서로 독립이다.

앞에서 우리는 $E(X)=\mu_x$, $V(X)=\sigma_x^2$을 각각 X의 평균과 분산이라고 하였는데, 이 값들은 X의 주변분포로부터 계산될 수도 있다. 같은 방법으로 μ_y와 σ_y^2도 Y의 주변분포로부터 계산될 수 있다. X와 Y의 관계가 어느 정도인지를 나타내는 측도가 $[X, Y]$의 공분산(covariance)과 상관계수(correlation coefficient)이다.

[정의 4.7] 공분산과 상관계수

두 개의 확률변수 $[X, Y]$의 공분산은 다음과 같이 정의된다.

$$Cov(X,\ Y)=E[(X-E(X))(Y-E(Y))]=E(X\cdot Y)-[E(X)\cdot E(Y)]$$

그리고 상관계수는

$$Corr(X,\ Y)=\frac{Cov(X, Y)}{\sqrt{V(X)\cdot V(Y)}}$$

이다.

이와 같이 확률변수 X의 증감에 따른 확률변수 Y의 증감의 경향에 대한 측도로서, $(X-\mu_x)(Y-\mu_y)$의 기댓값을 X와 Y의 공분산이라 한다. 상관계수는 두 개의 확률변수 X와 Y에 대한 상호 의존의 강도(strength of dependence)를 평가하는 데 가장 편리한 방법이다. 공분산은 어떠한 양수나 음수도 될 수 있으나, 독립적인 확률변수의 공분산은 0이다. 상관계수의 값은 -1과 1 사이이며, 독립적인 확률변수의 상관계수는 공분산과 마찬가지로 0이다. 양의 상관관계는 하나의 확률변수가 높으면 다른 확률변수도 높아지는 것이고, 음의 상관관계는 하나의 확률변수가 높을 때 다른 확률변수가 낮아지는 경우이다.

예제 4.20 화학제품의 품질에 결정적인 영향을 미치는 배합요소 $[X, Y]$의 확률밀도함수는 다음과 같이 주어져 있다.

$$f(x, y)=6x^2y,\quad 0\leqq x\leqq 1,\ 0\leqq y\leqq 1$$

확률변수 Y의 기댓값은 주변분포로부터 계산될 수 있다. X의 기댓값은

$$E(X)=\int_0^1 xf_X(x)dx=\int_0^1 3x^3dx=\frac{3}{4}$$

이고, 마찬가지로 Y의 기댓값은

$$E(Y) = \int_0^1 y f_Y(y) dy = \int_0^1 2y^2 dy = \frac{2}{3}$$

이다. 또한

$$E(X, Y) = \int_0^1 \int_0^1 xyf(x, y) dydx = \int_0^1 \int_0^1 6x^3y^2 dydx = \frac{1}{2}$$

이므로, 공분산은

$$Cov(X, Y) = E(X \cdot Y) - [E(X) \cdot E(Y)] = \frac{1}{2} - \left(\frac{3}{4} \times \frac{2}{3}\right) = 0$$

이다.

4.3.6 선형결합

두 개의 확률변수 X와 Y를 선형결합(linear combiantion)한 $U = a_1 X + a_2 Y$의 평균과 분산을 구해 보자. U의 평균 $\mu_U = E(U)$는

$$\begin{aligned}
\mu_U &= E(U) = E(a_1 X + a_2 Y) \\
&= \int_{-\infty}^{\infty} \int_{-\infty}^{\infty} (a_1 x + a_2 y) f_X(x) f_Y(y) dxdy \\
&= a_1 \int_{-\infty}^{\infty} x f_X(x) dx \int_{-\infty}^{\infty} f_Y(y) dy + a_2 \int_{-\infty}^{\infty} f_X(x) dx \int_{-\infty}^{\infty} f_Y(y) dy \\
&= a_1 E(X) + a_2 E(Y)
\end{aligned}$$

이 결과는 확률변수 $[X, Y]$가 독립이 아닐 경우에도 성립한다.

$$\begin{aligned}
V(U) &= E(U - \mu_U)^2 = E[(a_1 X + a_2 Y - a_1 \mu_X - a_2 \mu_Y)^2] \\
&= E[(a_1 (X - \mu_X) + a_2 (Y - \mu_Y))^2] \\
&= E[a_1^2 (X - \mu_X)^2 + a_2^2 (Y - \mu_Y)^2 + 2a_1 a_2 (X - \mu_X)(Y - \mu_Y)] \\
&= a_1^2 E[(X - \mu_X)^2] + a_2^2 E[(Y - \mu_Y)^2] + 2a_1 a_2 E[(X - \mu_x)(Y - \mu_Y)] \\
&= a_1^2 V(X) + a_2^2 V(Y) + 2a_1 a_2 Cov(X, Y)
\end{aligned}$$

만약 X와 Y가 서로 독립이면 $Cov(X, Y) = 0$이므로

$$V(U) = a_1^2 V(X) + a_2^2 V(Y)$$

이러한 특성은 이산형이나 연속형에 관계없이 3개 이상의 확률변수들에게도 적용된다.

[정의 4.8] 선형결합에서의 평균과 분산

선형결합 $U = a_0 + a_1X_1 + a_2X_2 + \cdots + a_nX_n$에 대하여 X_i의 평균을 μ_i, 분산을 σ_i^2, 공분산을 σ_{ij}라고 할 때, 선형결합 U의 평균과 분산은 다음과 같다.

$$\mu_U = a_0 + \sum_{i=1}^{n} a_i E(X_i) = a_0 + \sum_{i=1}^{n} a_i \mu_i$$

$$\sigma_U^2 = \sum_{i=1}^{n} a_i^2 V(X_i) + \sum_{i=1}^{n}\sum_{j=1}^{n} a_i a_j Cov(X_i, X_j) = \sum_{i=1}^{n} a_i^2 \sigma_i^2 + \sum_{i=1}^{n}\sum_{j=1}^{n} a_i a_j \sigma_{ij}$$

만약 확률변수들이 서로 독립이면,

$$\sigma_U^2 = \sum_{i=1}^{n} a_i^2 \sigma_i^2$$

이다.

예제 4.21 X_1의 평균은 μ_1, 분산은 σ_1^2 그리고 X_2의 평균은 μ_2, 분산은 σ_2^2이다. X_1, X_2가 서로 독립일 때 아래 선형결합 U, V의 평균과 분산을 구하여라.

(1) $U = X_1 - X_2$

(2) $V = X_1 + X_2$

풀이 (1) $X_1 - X_2$는 $a_1X_1 + a_2X_2$의 형식에서 $a_1 = -a_2 = 1$이다.
따라서 평균은 $1 \cdot \mu_1 + (-1)\mu_2 = \mu_1 - \mu_2$
그리고 분산은 $(1)^2 \cdot \sigma_1^2 + (-1)^2\sigma_2^2 = \sigma_1^2 + \sigma_2^2$

(2) $X_1 + X_2$는 $a_1 = a_2 = 1$이므로
평균은 $1 \cdot \mu_1 + 1 \cdot \mu_2 = \mu_1 + \mu_2$
그리고 분산은 $1^2 \cdot \sigma_1^2 + 1^2 \cdot \sigma_2^2 = \sigma_1^2 + \sigma_2^2$

예제 4.22 X_1의 평균은 10, 분산은 4이고, X_2의 평균은 -8 분산은 2이다. 두 확률변수는 서로 독립이라고 할 때, 다음을 계산하여라.

(1) $E(X_1 + 6X_2 - 20)$

(2) $V(X_1 + 6X_2 - 20)$

풀이 기대치의 특성에 의하면 상수 -20은 X_1+6X_2의 기댓값에 더해지지만 분산은 변하지 않는다.

(1) $E(X_1+6X_2-20)=E(X_1+6X_2)-20$

$=E(X_1)+6E(X_2)-20$

$=10+6\times(-8)-20$

$=-58$

(2) $V(X_1+6X_2-20)=V(X_1+6X_2)$

$=V(X_1)+6^2V(X_2)$

$=4+6^2(2)$

$=76$

연습문제 4-3

1. 어떤 지역의 온도와 습도는 확률변수로서 x와 y이다. 확률밀도함수는 일양분포이며 다음과 같이 주어져 있다.

$$f(x,\ y)=\begin{cases}\dfrac{1}{800}, & 20\leqq x\leqq 40,\ 60\leqq y\leqq 100\\ 0, & \text{기타}\end{cases}$$

온도가 25~35도이고 습도가 70~90%일 확률을 구하여라.

2. 만약 $[X,\ Y]$의 결합밀도함수가 다음과 같이 주어져 있을 때,

$$f(x,\ y)=\begin{cases}\dfrac{xy}{3}+y^2, & 0<x\leqq 2,\ 0\leqq y\leqq 1\\ 0, & \text{기타}\end{cases}$$

조건부 밀도함수 $f_{X|y}(x)$와 $f_{Y|x}(y)$를 구하여라.

3. 만약 $[X,\ Y]$의 결합밀도함수가 다음과 같을 때,

$$f(x,\ y)=\begin{cases}e^{-(x+y)}, & x\geqq 0,\ y\geqq 0\\ 0, & \text{기타}\end{cases}$$

조건부 확률 $f_{X|y}(x)$와 $f_{Y|x}(y)$를 구하여라.

4. 이변량 결합분포의 $[X, Y]$값이 아래 표와 같이 주어져 있다. 각 셀의 값은 이산형 확률변수 $x=1, 2, 3, 4$와 $y=20, 40, 60, 80$일 때 각각의 확률 $p(x, y)$이다.

		X			
		1	2	3	4
Y	20	0	0.05	0.08	0.06
	40	0.05	0.07	0.07	0.04
	60	0.07	0.12	0.05	0.10
	80	0.15	0	0	0.09

$y=60$일 때 x의 조건부 확률분포를 구하여라.

5. $[X, Y]$의 결합밀도함수가 아래와 같을 때 상수 c값을 구하여라.

$$f(x, y)=\begin{cases} c(x+y), & 0 \leqq x \leqq 1,\ 0 \leqq y \leqq 2 \\ 0, & \text{기타} \end{cases}$$

6. $[X, Y]$의 결합밀도함수는 다음과 같다.

$$f(x, y)=\begin{cases} 2x+4y, & 0 \leqq x \leqq 1,\ 0 \leqq y \leqq \frac{1}{2} \\ 0, & \text{기타} \end{cases}$$

확률변수 x와 y의 공분산을 구하여라.

1. 어느 전자기계는 전류의 세기에 따라 네 가지 수준으로 작동된다. 전류의 세기는 이산형 확률변수 I로서 10, 12, 14, 16 A이며, 각각의 확률은 0.3, 0.4, 0.2, 0.1이다. 이 기계의 전력은 $P = 100I^2$[W]이다.
   (1) $p(P)$를 구하여라.
   (2) $E(P)$와 $V(P)$를 구하여라.

2. 어느 제품의 고장 날 때까지의 시간 T(단위: 년)는 다음 밀도함수를 따르는 확률변수이다.

$$f(t) = \begin{cases} \dfrac{1}{10}e^{-\frac{t}{10}}, & t > 0 \\ 0, & \text{기타} \end{cases}$$

   회사에서는 제품이 고장 날 경우 2년간의 보증수리를 제공하고 있다.
   (1) 제품의 보증수리로 회사에서 몇 퍼센트를 교체해 주어야 하는가?
   (2) 만약 제품의 판매 이익금이 한 개당 500달러이고, 수리하는 데 드는 비용이 200달러일 때 회사의 기대수익을 구하여라.

3. 부산에서 싱가포르를 왕복하는 해운회사의 운송시간 X(단위: 일)는 이산형 확률변수이며 확률분포는 다음과 같이 주어져 있다.

$$p(x) = \begin{cases} 0.1, & x = 6 \\ 0.2, & x = 7 \\ 0.4, & x = 8 \\ 0.2, & x = 9 \\ 0.05, & x = 10 \\ 0.05, & x = 11 \\ 0, & \text{기타} \end{cases}$$

   운송이익은 $Y = 200(9 - x)$이다.
   (1) Y의 확률분포를 구하여라.
   (2) $E(X)$와 $V(X)$, 그리고 $E(Y)$와 $V(Y)$를 구하여라.

4. 특수 배송트럭이 A 지역에서 B 지역으로 같은 노선을 매일 운행하고 있다. 이 노선에는 3개의 신호등이 있다. A 지역에서 출발하여 B 지역으로 갈 때에 만나는 빨간 신호등의 수를 x라 하고, y를 A 지역으로 돌아올 때에 만나는 빨간 신호등의 수라고 하자. 교통관리원이 x와 y의 결합확률분포를 아래 표와 같이 계산하였다.

		x			
		0	1	2	3
y	0	0.01	0.02	0.07	0.01
	1	0.03	0.06	0.10	0.06
	2	0.05	0.12	0.15	0.08
	3	0.02	0.09	0.08	0.05

(1) y의 주변확률분포를 구하여라.

(2) 트럭이 B 지역으로 가는 동안 $x=2$개의 빨간 신호등을 만났을 때 y의 확률분포를 구하여라.

5. 상자 안에 4개의 부품(1, 2, 3, 4의 숫자로 표시)이 있다. 임의로 2개 부품을 꺼낸 다음 다시 넣지 않는다. X는 첫 번째 부품의 번호이고, Y는 두 번째 부품의 번호이다.

(1) 이변량 확률분포 $p(x, y)$를 구하여라.

(2) 주변확률분포 $p_X(x)$와 $p_Y(y)$를 구하여라.

(3) 조건부 확률분포 $p_{X|y}(x)$와 $p_{Y|x}(y)$를 구하여라.

6. A 대학에서 전교생 200명을 대상으로 마케팅에 대한 이해도를 조사하였다. x는 학년이고 y는 이해도 수준을 나타내며, x와 y의 결합확률분포는 다음 표와 같다.

		y			
		7	8	9	10
x	1	0.1	0.05	0.05	0.025
	2	0.075	0.075	0.075	0.05
	3	0.05	0.05	0.075	0.075
	4	0.025	0.025	0.075	0.125

(1) x와 y의 주변확률분포를 구하여라.

(2) 이해도 수준이 10이라고 할 때 x의 확률을 구하여라.

7. x, y가 다음의 결합밀도함수를 가진다고 하자.

$$f(x,\ y)=\begin{cases} cx+y, & 0 \leqq x \leqq 1,\ 0 \leqq y \leqq 1 \\ 0, & \text{기타} \end{cases}$$

(1) $f(x,\ y)$가 확률밀도함수가 되도록 c값을 구하여라.

(2) x와 y가 다음과 같은 성질을 갖는 주변확률밀도함수를 구하여라.

$$\int_{-\infty}^{\infty} f_X(x)dx=1, \qquad \int_{-\infty}^{\infty} f_Y(y)dy=1$$

(3) y가 주어졌을 때 x에 대한 조건부 확률밀도함수 $f_{X|y}(x)$를 구하여라.

8. x, y가 다음과 같은 결합밀도함수를 가질 때,

$$f(x,\ y)=\begin{cases} kx^2y, & 0 \leqq x \leqq 1,\ 0 \leqq y \leqq 1 \\ 0, & \text{기타} \end{cases}$$

(1) $f(x,\ y)$가 확률밀도함수가 되도록 k값을 구하여라.

(2) x와 y에 대한 주변확률밀도함수를 구하여라.

(3) 조건부 확률밀도함수 $f_{X|y}(x)$와 $f_{Y|x}(y)$를 구하여라.

9. 문제 5로부터 다음을 계산하여라.

(1) $E(X)$

(2) $E(Y)$

10. 문제 6으로부터 다음을 계산하여라.

(1) $E(X)$

(2) $V(X)$

11. 문제 8로부터 다음을 계산하여라.

(1) $E(3X)$

(2) $E(\alpha X+\beta Y)$, α와 β는 모수이다.

12. 문제 5에서 x와 y는 서로 독립인가?

13. 문제 7에서 x와 y는 서로 독립인가?

14. 문제 8에서 x와 y는 서로 독립인가?

15. 문제 4에서 확률변수 x와 y의 공분산을 구하여라.

16. 문제 5에서 x와 y의 상관계수를 구하여라.

17. 문제 6에서

(1) 확률변수 x와 y의 공분산을 구하여라.

(2) x와 y의 상관계수를 구하여라.

18. 문제 7에서

(1) 확률변수 x와 y의 공분산을 구하여라.

(2) x와 y의 상관계수를 구하여라.

19. 문제 8에서

(1) 확률변수 x와 y의 공분산을 구하여라.

(2) x와 y의 상관계수를 구하여라.

20. 확률변수 X가 다음과 같은 확률밀도함수를 가질 때 $Y=\sqrt{X}$의 확률밀도함수를 구하여라.

$$f_X(x)=\begin{cases}\dfrac{3}{8}x^2e^{-\frac{x^3}{8}}, & x \geqq 0 \\ 0, & \text{기타}\end{cases}$$

21. 확률변수 X는 다음의 확률밀도함수를 가지는 와이블 분포를 따른다.

$$f_X(x)=\begin{cases}\dfrac{k}{\lambda}\left(\dfrac{x}{\lambda}\right)^{k-1}\exp\left(-\left(\dfrac{x}{\lambda}\right)^k\right), & x \geqq 0,\ k>0,\ \lambda>0 \\ 0, & \text{기타}\end{cases}$$

여기서 k는 형상모수이고, λ는 측도모수이다.

(1) $Y=X^k$의 확률밀도함수를 구하여라.

(2) $W=\sigma\sqrt{2\left(\frac{X}{\lambda}\right)^k}$ 의 확률밀도함수를 구하여라.

(3) $Z=\exp\left(-\left(\frac{X}{\lambda}\right)^k\right)$의 확률밀도함수를 구하여라.

22. 어떤 화학실험에서 방출되는 열에너지 Q는 산소 X의 함량에 따라 달라진다. Q와 X의 관계식은 다음과 같다.

$$Q=(20+0.3X)^2$$

그리고 X는 아래의 확률밀도함수를 따른다.

$$f(x)=\begin{cases}\frac{1}{8}, & 10 \leqq x \leqq 18 \\ 0, & \text{기타}\end{cases}$$

근사치 산출법을 사용하여 $E(Q)$와 $V(Q)$를 구하여라.

23. X가 다음의 확률밀도함수를 가진다고 가정할 때,

$$f(x)=\begin{cases}e^{-x}, & x>0 \\ 0, & \text{기타}\end{cases}$$

$G(x)=\sqrt{1+(\ln x)^2}$ 인 $Y=G(x)$의 확률밀도함수를 구하여라.

24. 주사위를 굴려 윗면에 나오는 수를 X라고 할 때,

(1) X의 적률생성함수를 구하여라.

(2) 적률생성함수를 사용하여 $E(X)$와 $V(X)$를 구하여라.

25. 결합밀도 $[U, W]$가 다음과 같이 주어졌을 때 U와 W의 주변확률분포를 구하여라.

$$f(u, w)=\begin{cases}\frac{1}{8760}, & 0 \leqq u \leqq 24,\ 0 \leqq w \leqq 365 \\ 0, & \text{기타}\end{cases}$$

26. 어느 자동차회사에서 생산되는 승용차는 다음과 같이 분류된다. x는 차의 색상이고, y는 가격이다(단위: 천만 원). 판매실적 데이터를 분석한 결과 고객이 옵션별로 선택할 확률은 다음과 같다.

		x			
		흰색	검정색	노란색	빨간색
y	2	$\frac{7}{100}$	$\frac{14}{100}$	$\frac{3}{100}$	$\frac{3}{100}$
	3	$\frac{13}{100}$	$\frac{12}{100}$	$\frac{6}{100}$	$\frac{5}{100}$
	4	$\frac{9}{100}$	$\frac{10}{100}$	$\frac{2}{100}$	0
	5	$\frac{6}{100}$	$\frac{8}{100}$	0	$\frac{2}{100}$

(1) x와 y의 주변확률밀도함수를 구하여라.

(2) 승용차의 가격이 3천만 원일 때 색상별 확률을 구하여라.

(3) 승용차의 색상이 검정색일 때 차의 가격별 확률을 구하여라.

27. $x^2+y^2 \leqq 16$인 원 안의 한 점을 선택했을 때 위치 $[X, Y]$의 확률밀도함수는 다음과 같이 주어졌다.

$$f(x, y)=\begin{cases} \dfrac{k}{16}, & x^2+y^2 \leqq 16 \\ 0, & \text{기타} \end{cases}$$

(1) 적절한 k값을 구하여라.

(2) X와 Y의 주변확률밀도함수를 구하여라.

28. $[X, Y]$의 확률밀도함수가 다음과 같을 때,

$$f(x, y)=\begin{cases} kxy, & 0 \leqq x \leqq 1,\ 0 \leqq y \leqq 1 \\ 0, & \text{기타} \end{cases}$$

(1) 적절한 k값을 구하여라.

(2) $X<\frac{1}{2}$, $Y<\frac{2}{3}$일 확률을 계산하여라.

(3) $x^2+y^2 \leqq 1$이 되는 영역의 확률을 계산하여라.

(4) $X < \frac{1}{2}$인 확률을 구하여라.

(5) X와 Y의 주변확률밀도함수를 구하여라.

29. $[X, Y]$의 확률밀도함수가 다음과 같을 때 X와 Y 사이의 상관계수를 구하여라.

$$f(x, y) = \begin{cases} \frac{21}{4}x^2 y, & x^2 \leqq y \leqq 1 \\ 0, & \text{기타} \end{cases}$$

30. X와 Y가 독립적인 확률변수라고 할 때 $V[X|Y] = V[X]$와 $V[Y|X] = V[Y]$를 증명하여라.

31. X와 Y는 독립적인 확률변수로서 확률밀도함수는 다음과 같다.

$$f(x) = \begin{cases} \frac{1}{2}, & 1 \leqq x \leqq 3 \\ 0, & \text{기타} \end{cases}$$

$$g(y) = \begin{cases} 10e^{-10y}, & y \geqq 0 \\ 0, & \text{기타} \end{cases}$$

새로운 확률변수인 아래 U의 확률밀도함수를 구하여라.

$$U = X + 4e^{-10Y}$$

32. $[X, Y]$의 확률밀도함수가 다음과 같을 때,

$$f(x, y) = \begin{cases} \frac{cxy}{(1 + x^2 + y^2 + x^2 y^2)^n}, & x \geqq 0,\ y \geqq 0,\ n \geqq 2 \\ 0, & \text{기타} \end{cases}$$

(1) c값을 구하여라.

(2) $F(x, y)$를 구하여라.

33. $[X, Y]$의 분포밀도함수는 다음과 같다.

$$f(x, y) = \begin{cases} cx^2y, & 0 \leqq x \leqq y \leqq 1 \\ 0, & \text{기타} \end{cases}$$

(1) $f(x, y)$가 확률밀도함수가 되도록 c값을 구하여라.

(2) x의 주변확률밀도함수를 구하고 다음을 증명하여라.

$$\int_{-\infty}^{\infty} f_X(x)dx = 1$$

(3) x와 y는 서로 독립인가?

34. $[X, Y]$의 확률밀도함수는 $f(x, y)$이다. 결합누적분포함수 $F(x, y)$는 아래와 같이 정의되어 있다.

$$F(x, y) = \int_{-\infty}^{x} \int_{-\infty}^{y} f(u, v)\, dv\, du$$

만약 $x_1 \leqq x_2$이고 $y_1 \leqq y_2$이면 아래의 관계가 성립함을 증명하여라.

$$F(x_1, y_1) + F(x_2, y_2) \geqq F(x_1, y_2) + F(x_2, y_1)$$

35. 독립적인 확률변수 X와 Y의 확률밀도함수는 다음과 같다.

$$\begin{aligned} f(x) &= \frac{15}{2}(x^2 - x^4) \qquad && 0 \leq x \leq 1 \\ &= 0 && \text{기타} \end{aligned}$$

$$\begin{aligned} g(y) &= 5y^4 \qquad && 0 \leq x \leq 1 \\ &= 0 && \text{기타} \end{aligned}$$

(1) 확률변수 x와 y의 공분산을 구하라.

(2) x와 y의 상관계수 ρ를 구하라.

(3) $E(XY^2)$를 구하라.

CHAPTER 5

이산확률분포

CHAPTER OUTLINE

5.1 베르누이 분포 *147*

5.2 이항분포 *150*

5.3 기하분포 *158*

5.4 음이항분포 *167*

5.5 초기하분포 *171*

5.6 포아송 분포 *174*

연습문제 *181*

공학, 경영학을 포함하는 모든 산업현장에서 직접 혹은 간접적으로 접할 수 있는 미래의 불확실한 상황을 가정한 의사결정과정에서는 확률의 개념을 도입하여 활용해 오고 있다. 매우 다양하고 복잡한 모든 실제의 문제를 적절한 형태의 확률개념으로 완벽하게 표현하기에는 많은 어려움이 따르지만 이러한 어려움에도 불구하고 특정한 상황에서는 적절한 확률분포를 개발하여 의사결정과정에 많이 활용하고 있다. 이렇게 개발된 확률분포의 생성과정과 적용 영역에는 뚜렷한 특징이 있다. 따라서 이러한 생성과정과 특징을 정확히 파악하여 이해하고 있으면 또 다른 영역에서의 활용 가능성을 판단할 수 있을 뿐만 아니라 새로운 상황에 필요한 확률분포의 개발에 필요한 기초 지식으로 사용할 수 있다. 여기에서 소개되는 잘 알려진 다양한 형태의 이산확률분포는 주로 간단한 랜덤시행들 중의 하나인 베르누이 시행(Bernoulli trial)에 기초를 두고 있다. 본 장에서는 각각의 분포에 따른 생성과정과 특징, 평균(mean)과 분산(variance)을 포함하는 특성치 및 유도, 그리고 다른 확률분포들과의 관계 등을 자세히 소개한다.

5.1 베르누이 분포

랜덤시행(random experiment 혹은 random trial)에는 다양한 방법과 형태가 있을 수 있다. 그 중에서 가장 간단한 형태라고 할 수 있는 것이 아래에서 정의되는 베르누이 시행이다.

> **[정의 5.1] 베르누이 시행**
> 랜덤시행의 결과가 두 가지 경우로만 표현될 경우, 예를 들면, 동전을 던지거나 밸브의 동작 상태를 나타내는 결과의 집합, 즉 시행의 결과가 [앞면, 뒷면], [열림, 닫힘]으로 두 가지 가능한 결과만 있는 확률실험을 베르누이 실험(Bernoulli experiemnet)이라고 하고, 각각의 실험을 **베르누이 시행**(Bernoulli trial)이라고 한다.

만약 베르누이 시행의 결과를 나타내는 확률변수를 X라고 하면, 일반적으로 시행의 결과가 의도하는 것과 동일한 경우 성공(success)으로 간주하며 확률변수 X의 값을 1로, 그리고 그렇지 않는 경우는 실패(failure)로 간주하여 확률변수 X의 값을 0으로 표현한다. 따라서 확률변수 X가 1의 값을 가질 확률을 $p(0<p<1)$이라고 하면 베르누이 시행의 결과를 나타내는 확률질량함수(probability mass function), 즉 $P[X=x]$는 다음과 같이 주어진다.

[정의 5.2] 베르누이 분포

이산확률변수 X가 다음과 같은 확률분포를 따를 경우, X는 모수가 p인 **베르누이 분포**(Bernoulli distribution)를 따른다고 한다.

$$P[X=x] = p^x(1-p)^{1-x} \qquad x=0,\ 1$$
$$= 0 \qquad \text{기타}$$

위의 베르누이 분포는 가장 간단한 형태의 이산확률분포이며, 또한 다양한 형태의 잘 알려진 이산확률분포의 유도에 필요한 기본 정보로 활용된다.

베르누이 분포의 평균 혹은 기댓값, 즉 $E[X]$를 아래와 같이 유도할 수 있다.

$$\begin{aligned} E(X) &= \sum_{x=0}^{1} xP(X=x) \\ &= \sum_{x=0}^{1} xp^x(1-p)^{1-x} \\ &= p \end{aligned}$$

같은 방법으로 X의 2차 모멘트, 즉 $E[X^2]$이 아래와 같이 주어지므로

$$\begin{aligned} E(X^2) &= \sum_{x=0}^{1} x^2P(X=x) \\ &= \sum_{x=0}^{1} x^2p^x(1-p)^{1-x} \\ &= p \end{aligned}$$

따라서 베르누이 분포의 분산, 즉 $V(X)$는 다음과 같이 주어진다.

$$\begin{aligned} V(X) &= E(X^2) - [E(X)]^2 \\ &= p(1-p) \end{aligned}$$

예제 5.1 아래의 베르누이 분포의 확률분포함수를 이용하여

$$P(X=x) = p^x(1-p)^{1-x}, \quad x=0,\ 1$$

베르누이 분포의 팩토리얼 적률생성함수(factorial moment generating function), 즉 $G_X(z) = E(z^X)$이 다음과 같이 주어짐을 증명하여라.

$$G_X(z) = (1-p) + zp$$

그리고 위의 $G_X(z)$에 관하여 질문에 답하여라.

(1) $G_X(1) = 1$이 성립함을 보여라.

(2) $G_X(z)$를 이용하여 $E(X)$와 $V(X)$를 구하여라.

풀이 기댓값의 정의에 따라

$$\begin{aligned} G_X(z) &= E(z^X) = \sum_{x=0}^{1} z^x P(X=x) \\ &= \sum_{x=0}^{1} z^x p^x (1-p)^{1-x} \\ &= (1-p) + zp \end{aligned}$$

(1) $G_X(1) = \sum_{x=0}^{1} p^x (1-p)^{1-x} = 1 - p + p = 1$

(2) $G_X(z)$의 정의로부터 $\frac{d}{dz} G_X(z)|_{z=1} = E(X)$이므로 $E(X) = p$를 쉽게 구할 수 있다. 또한 $\frac{d^2}{dz^2} G_X(z)|_{z=1} = E[X(X-1)]$이므로 $E[X(X-1)] = 0$이다. 따라서 $E[(X^2 - X)] = 0$, 즉 $E(X^2) = E(X) = p$이다. 분산 $V(X)$는 다음과 같이 주어진다.

$$V(X) = E(X^2) - [E(X)^2] = p - p^2 = p(1-p)$$

예제 5.2 동전을 던졌을 때 앞면과 뒷면이 나오는 확률변수를 X라고 하고 앞면일 때를 $X=1$, 그리고 뒷면일 때를 $X=0$이라고 하자. 앞면과 뒷면이 나올 확률은 각각 0.5이다. 이러한 경우를 나타내는 확률질량함수 $P(X=x)$, $x=0,\ 1$을 구하여라. 또한 $P(X=x)$를 사용하여 $E(X)$와 $V(X)$를 구하여라.

풀이 랜덤시행의 결과가 2개뿐이므로 베르누이 분포로 표현된다. 따라서

$$P(X=x) = \left(\frac{1}{2}\right)^x \left(1 - \frac{1}{2}\right)^{1-x}, \quad x = 0,\ 1$$

위의 $P(X=x)$를 사용하여 $E(X)$와 $E(X^2)$을 구하면 다음과 같다.

$$E(X) = \sum_{x=0}^{1} xP[X=x] = \sum_{x=0}^{1} x\left(\frac{1}{2}\right)^x \left(1 - \frac{1}{2}\right)^{1-x} = \frac{1}{2}$$

$$E(X^2) = \sum_{x=0}^{1} x^2 P[X=x] = \sum_{x=0}^{1} x^2 \left(\frac{1}{2}\right)^x \left(1 - \frac{1}{2}\right)^{1-x} = \frac{1}{2}$$

따라서 $V(X) = E(X^2) - [E(X)]^2 = \frac{1}{2} - \left(\frac{1}{2}\right)^2 = \frac{1}{4}$

연습문제 5-1

1. 주사위를 던졌을 때 나오는 결과를 나타내는 확률변수를 X라 하자. 만약 3의 배수가 나오면 $X=1$, 그렇지 않으면 $X=0$으로 나타내기로 하였을 때, $P(X=x)$를 구하여라. 또한 $E(X)$와 $V(X)$를 구하여라.

2. A 대학에서 설문조사를 실시한 결과, 부모를 포함한 주위의 도움 없이 학생 스스로 학비를 해결하고 있는 비율이 약 15%라고 한다. 임의로 한 학생을 선택했을 때 학비를 해결하는 결과를 나타내는 확률분포함수를 구하여라.

3. 차량 10대 중 7대는 교차로에서 정지선을 지키지 않는다고 한다. 지금 막 교차로 쪽으로 진입하는 차량이 정지선에서 어떻게 할 것인가를 나타내는 확률분포함수를 구하여라.

5.2 이항분포

n번의 독립적인 베르누이 시행에서 관심사상이 X번 출현할 때, 이산형 확률변수 X는 이항분포를 따른다고 한다. 이항분포는 아래와 같이 정의된다.

[정의 5.3] 이항분포

이산확률변수 X의 확률함수 $P(X=x)$가 아래와 같이 주어질 경우, 이를 모수가 n과 p인 **이항분포**라고 한다.

$$\begin{aligned} P(X=x) &= \binom{n}{x} p^x (1-p)^{n-x} \qquad && x = 0,\ 1,\ 2, \cdots, n \\ &= 0 && \text{기타} \end{aligned}$$

동전을 세 번 던지는 실험에서 확률변수 X를 앞면이 나오는 수라고 하고, 그 확률을 $P(S)=p$, 그리고 뒷면이 나올 확률을 $P(F)=(1-p)=q$라고 할 때, 확률값은 다음과 같다.

x_i	$P(x_i)$
0	$P(FFF) = q \cdot q \cdot q = q^3$
1	$P(FFS) + P(FSF) + P(SFF) = 3pq^2$
2	$P(FSS) + P(SFS) + P(SSF) = 3p^2q$
3	$P(SSS) = p^3$

이를 일반화 하여보자.

동전을 n번 던지는 시험을 했을 때 x번 성공할 확률 중 하나는 $P\Big(\overbrace{SSS\ldots SS}^{x}\overbrace{FF\ldots FF}^{n-x}\Big) = p^x q^{n-x}$이고, n번 시행하였을 때 $\binom{n}{x} = \frac{n!}{x!(n-x)!}$가지의 경우의 수가 있다. 따라서, $P(X=x) = \binom{n}{x} p^x (1-p)^{n-x}$, $x = 0, 1, 2, \cdots, n$이다.

$\sum_{x=0}^{n} P(X=x) = 1$을 증명하기 위해서는 잘 알려진 이항정리, 즉

$$(a+b)^n = \sum_{x=0}^{n} \frac{n!}{x!(n-x)!} a^x b^{n-x}$$

을 이용하면 된다. 따라서

$$\begin{aligned}\sum_{x=0}^{n} P(X=x) &= \sum_{x=0}^{n} \binom{n}{x} p^x (1-p)^{n-x} \\ &= [p + (1-p)]^n \\ &= 1\end{aligned}$$

이러한 이유로 인해 위의 $P(X=x)$는 이항분포라고 정해졌으며 의미는 동일한 조건의 대상 n개 중에서 주어진 조건을 만족하는 개수가 x일 확률을 의미한다.

예제 5.3 노련한 포수가 움직이는 사냥감을 향해 한발의 총을 발사해서 명중시킬 확률은 오랜 기간 동안 관찰한 결과 0.8이었다. 만약 포수가 4발을 발사하였을 때 질문에 답하여라.

(1) 4발 중 2발이 명중될 확률을 구하라.

(2) 최소한 2발이 명중될 확률을 구하라.

(3) 4발 모두가 명중될 확률을 구하라.

풀이 포수가 총을 $n=4$발 발사하여 x발을 목표물에 명중시켰다고 가정하면 $P(X=x)$

는 모수가 $n=4$와 $p=0.8$인 이항분포이다. 즉,

$$P(X=x)=\binom{4}{x}(0.8)^x(1-0.8)^{4-x},\quad x=0,\ 1,\ 2,\ 3,\ 4$$

(1) 4발 중 2발이 명중될 확률은 $P(X=2)$이기 때문에 위의 $P(X=x)$에 $x=2$를 대입하면 된다. 따라서

$$\begin{aligned}P(X=2)&=\binom{4}{2}(0.8)^2(1-0.8)^{4-2}=\frac{4!}{2!2!}(0.8)^2(1-0.8)^{4-2}\\&=\frac{4(3)(2)(1)}{2(1)2(1)}(0.64)(0.04)=0.1536\end{aligned}$$

(2) 4발 중 최소한 2발이 명중될 확률은 $P(X\geq 2)$로 주어지기 때문에 다음과 같이 구해진다.

$$\begin{aligned}P(X\geq 2)&=P(X=2)+P(X=3)+P(X=4)\\&=1-P(X=0)-P(X=1)\\&=1-\binom{4}{0}(0.8)^0(1-0.8)^4-\binom{4}{1}(0.8)^1(1-0.8)^3\\&=1-0.0016-0.0256\\&=0.9728\end{aligned}$$

(3) 4발 중 4발 모두가 명중될 확률은 $P(X=4)$이다. 따라서

$$P(X=4)=\binom{4}{4}(0.8)^4(1-0.8)^0=\frac{4!}{4!0!}(0.8)^4=0.4096$$

예제 5.4 제품의 최종 조립과정에 필요한 불량률이 5%인 부품을 납품받고 있는 회사가 있다. 납품된 부품 중 10개를 샘플링하여 그 중 2개 이상의 불량품이 나타날 경우 반송처리하기로 되어 있다. 부품이 납품에 성공할 확률을 구하여라.

풀이 1개의 부품이 불량일 확률이 0.05이므로 샘플링된 10개의 부품 중 불량품의 개수를 X라고 하면 다음이 성립한다.

$$P(X=x)=\binom{10}{x}(0.05)^x(1-0.05)^{10-x},\ x=0,\ 1,\ 2,\ \cdots,\ 10$$

따라서 납품에 성공하기 위해서는 10개의 샘플링된 부품 중 불량품이 2개보다 작아야 한다. 따라서 납품에 성공할 확률은

$$
\begin{aligned}
P(X<2) &= P(X=0)+P(X=1) \\
&= \binom{10}{0}(0.05)^0(1-0.05)^{10}+\binom{10}{1}(0.05)^1(1-0.05)^9 \\
&= (0.95)^{10}+(10)(0.05)(0.95)^9 \\
&= 0.9139
\end{aligned}
$$

일반적으로 이항분포가 적용되는 영역이 상당히 넓고 많기 때문에 이항분포에 관련된 확률의 계산이 요구되는 경우가 많다. 이와 같은 상황에 보다 빨리 그리고 쉽게 대처하기 위해서는 누적이항확률표를 이용하면 된다. 모수가 n과 p인 이항분포에서 누적확률분포함수는 $P(X \leq x)$로 주어진다. 누적이항확률표는 다양한 n, x, 그리고 p의 값에 따른 $P(X \leq x)$를 포함하고 있다. 예를 들면, $n=12$ 그리고 $p=0.4$인 이항분포에서 누적이항확률 $P(X \leq 7)$의 값은 누적이항확률표에서 0.9427을 읽을 수 있다. 부록 표 II.1에 누적이항분포표를 첨부하였다.

이항분포에 관련된 주요 특성치, 즉 기댓값 $E(X)$와 분산 $V(X)$를 아래와 같이 유도할 수 있다.

$$
\begin{aligned}
E(X) &= \sum_{x=0}^{n} xP(X=x) = \sum_{x=0}^{n} x\frac{n!}{x!(n-x)!}\,p^x(1-p)^{n-x} \\
&= \sum_{x=1}^{n}\frac{n!}{(x-1)!(n-x)!}\,p^x(1-p)^{n-x} \\
&= \sum_{y=0}^{n-1}\frac{n!}{y!(n-y-1)!}\,p^{y+1}(1-p)^{n-y-1} \\
&= np\sum_{y=0}^{n-1}\frac{(n-1)!}{y!(n-y-1)!}\,p^y(1-p)^{n-y-1} \\
&= np
\end{aligned}
$$

왜냐하면 $\dfrac{(n-1)!}{y!(n-y-1)!}p^y(1-p)^{n-y-1}$은 모수가 $(n-1)$과 p인 이항분포의 확률함수이기 때문에

$$
\sum_{y=0}^{n-1}\frac{(n-1)!}{y!(n-y-1)!}\,p^y(1-p)^{n-y-1}=1
$$

이 성립한다. 분산을 구하기 위해 우선 $E(X^2)$을 유도하기로 하자.

$$
\begin{aligned}
E(X^2) &= \sum_{x=0}^{n} x^2P(X=x) = \sum_{x=0}^{n} x^2\frac{n!}{x!(n-x)!}\,p^x(1-p)^{n-x} \\
&= \sum_{x=1}^{n} x\frac{n!}{(x-1)!(n-x)!}\,p^x(1-p)^{n-x}
\end{aligned}
$$

$$
\begin{aligned}
&= \sum_{y=0}^{n-1} (y+1) \frac{n!}{y!(n-y-1)!}\, p^{y+1}(1-p)^{n-y-1} \\
&= \sum_{y=0}^{n-1} y \frac{n!}{y!(n-y-1)!}\, p^{y+1}(1-p)^{n-y-1} \\
&\qquad + \sum_{y=0}^{n-1} \frac{n!}{y!(n-y-1)!}\, p^{y+1}(1-p)^{n-y-1} \\
&= np \sum_{y=0}^{n-1} y \frac{(n-1)!}{y!(n-y-1)!}\, p^{y}(1-p)^{n-y-1} \\
&\qquad + \sum_{y=0}^{n-1} \frac{n!}{y!(n-y-1)!}\, p^{y+1}(1-p)^{n-y-1} \\
&= np(n-1)p + np
\end{aligned}
$$

따라서 분산 $V(X)$는 아래와 같이 주어진다.

$$
\begin{aligned}
V(X) &= E(X^2) - [E(X)]^2 \\
&= np(n-1)p + np - (np)^2 \\
&= n^2p^2 - np^2 + np - n^2p^2 \\
&= np(1-p)
\end{aligned}
$$

예제 5.5 위에서 정의된 모수가 n과 p인 이항분포를 사용하여 이항분포의 팩토리얼 적률생성함수 $G_X(z)$가 아래와 같이 주어짐을 증명하여라.

$$G_X(z) = E(z^X) = \sum_{x=0}^{n} z^x P(X=x) = (pz+1-p)^n$$

그리고 위의 팩토리얼 적률생성함수를 사용하여 이항분포의 기댓값과 분산을 구하여라.

풀이

$$
\begin{aligned}
G_X(z) = E(z^X) &= \sum_{x=0}^{n} z^x P(X=x) \\
&= \sum_{x=0}^{n} z^x \binom{n}{x} p^x (1-p)^{n-x} \\
&= \sum_{x=0}^{n} \binom{n}{x} (zp)^x (1-p)^{n-x}
\end{aligned}
$$

앞에서 언급된 이항정리 $(a+b)^n = \sum_{x=0}^{n} \frac{n!}{x!(n-x)!} a^x b^{n-x}$을 적용하면

$$G_X(z) = (zp+1-p)^n$$

이고, $\frac{d}{dz} G_X(z)|_{z=1} = E(X)$를 활용하면

$$E(X) = n(zp+1-p)^{n-1}(p)|_{z=1} = np$$

이다. 또한

$$\frac{d^2}{dz^2} G_X(z)|_{z=1} = E[X(X-1)] = n(n-1)(zp+1-p)^{n-2}p^2|_{z=1}$$
$$= n(n-1)p^2$$

이다. 따라서 분산 $V(X)$는 아래와 같이 유도된다.

$$\begin{aligned} V(X) &= E(X^2) - [E(X)]^2 \\ &= E[X(X-1)] + E(X) - [E(X)]^2 \\ &= n(n-1)p^2 + np - (np)^2 \\ &= np - np^2 \\ &= np(1-p) \end{aligned}$$

예제 5.6 어떤 지역에서 전염병에 감염되었다고 의심되는 돼지의 70%는 실제로 감염된 것으로 판명된다. 정부의 검역기관에서 그 지역에서 100마리를 샘플로 채취하였을 경우 아래의 질문에 답하여라.

(1) 100마리 중 전염병에 감염되었다고 의심되는 돼지 수의 기댓값을 구하여라.

(2) 100마리 중 전염병에 감염되었다고 의심되는 돼지 수의 표준편차를 구하여라.

풀이 샘플로 채취된 100마리의 돼지 중에서 전염병에 감염되었다고 의심되는 마리수를 확률변수 X라고 하면 X는 다음을 만족한다.

$$P(X=x) = \binom{100}{x}(0.7)^x(1-0.7)^{100-x}, \quad x = 0,\ 1,\ 2,\ \cdots,\ 100$$

즉, $n=100$, $p=0.7$인 이항분포임을 알 수 있다.

(1) 위의 예제에서 유도된 결과를 사용하여 전염병에 감염되었다고 의심되는 돼지 수의 기댓값 $E(X)$는 아래와 같이 구해진다.

$$E(X) = np = (100)(0.7) = 70$$

(2) 전염병에 감염되었다고 의심되는 돼지 수의 분산 $V(X)$는

$$V(X) = np(1-p) = (100)(0.7)(1-0.7) = 21$$

이므로, 구하려는 표준편차는 $\sqrt{V(X)} = \sqrt{21}$ 이 된다.

이항분포는 연속적으로 수행된 상호독립인 n번의 베르누이 시행의 결과 중 성공 횟수를 나타내는 확률변수의 분포로 알려져 있다. 다시 말해, i번째 베르누이 시행의 결과를 나타내는 확률변수를 $X_i(i=1,\ 2,\ \cdots,\ n)$라고 하면 X_i의 확률분포함수는 다음과 같이 주어진다.

$$P(X_i = x_i) = p^{x_i}(1-p)^{1-x_i}, \quad x_i = 0,\ 1$$

n번의 시행결과 중 성공 횟수를 X라고 하면 X는 다음과 같이 표현된다.

$$X = X_1 + X_2 + \cdots + X_n$$

이때 X의 확률분포함수 $P(X=x)$는 모수가 n과 p인 이항분포인 팩토리얼 적률생성함수의 특성을 이용하면 쉽게 증명할 수 있다. 즉, 각각의 베르누이 분포 X_i의 팩토리얼 적률생성함수가 아래와 같다.

$$G_{X_i} = pz + (1-p)$$

따라서 확률변수 X는 상호독립이며 동일한 분포를 하는 n개의 확률변수의 합이기 때문에 X의 팩토리얼 적률생성함수 $G_X(z)$는 $\prod_{i=1}^{n} G_{X_i}(z)$로 주어진다. 즉,

$$G_X(z) = E(z^X) = (pz + 1 - p)^n$$

이는 모수가 n과 p인 이항분포 $P(X=x)$의 팩토리얼 적률생성함수이다.

상호독립이며 성공확률이 동일한 n개의 이항분포의 합의 결과도 역시 이항분포이다. 다시 말해, 이산확률변수 X_i가 다음과 같은 확률분포함수를 가질 때,

$$P(X_i = x_i) = \binom{n_i}{x_i} p^{x_i}(1-p)^{n_i - x_i}, \quad x_i = 0,\ 1,\ 2, \cdots,\ n_i \text{ 그리고 } 0 < p < 1$$

새로운 확률변수 $X = X_1 + X_2 + \cdots + X_n$은 다음과 같은 확률분포함수로 표시되는 이항분포이다.

$$P(X=x) = \binom{n}{x} p^x (1-p)^{n-x}, \quad x = 0,\ 1,\ 2, \cdots,\ n \text{ 그리고 } 0 < p < 1$$

단, 여기에서 $n = n_1 + n_2 + \ldots + n_n$이다.

예제 5.7 확률변수 X와 Y는 아래와 같은 이항확률분포를 한다.

$$P(X=x)=\binom{100}{x}p^x(1-p)^{100-x},\ x=0,\ 1,\ 2,\ \cdots,\ 100 \text{ 그리고 } 0<p<1$$
$$P(Y=y)=\binom{50}{y}p^y(1-p)^{50-y},\ y=0,\ 1,\ 2,\ \cdots,\ 50 \text{ 그리고 } 0<p<1$$

확률변수 X와 Y가 상호독립이며 $W=X+Y$이면 확률변수 W는 모수가 150과 p인 이항분포가 된다. 다시 말해, 확률변수 W는 다음과 같은 확률함수를 갖는다.

$$P(W=w)=\binom{150}{w}p^w(1-p)^{150-w},\ w=0,\ 1,\ 2,\ \cdots,\ 150 \text{ 그리고 } 0<p<1$$

연습문제 5-2

1. 아래의 이항분포를 사용하여 질문에 답하여라.

$$P(X=x)=\binom{7}{x}(0.5)^x(1-0.5)^{7-x},\quad x=0,\ 1,\ 2,\ \cdots,\ 7$$

(1) $P(0\leq X\leq 1)$을 구하여라.

(2) $P(X=5)$를 구하여라.

(3) $E(X)$와 $V(X)$를 구하여라.

2. 과거의 자료에 따르면 어떤 피부과를 방문하는 환자 중에서 40%는 치료의 목적이 아닌 미용을 위한 것으로 확인되었다. 어떤 날 병원에 온 환자 10명을 랜덤하게 선정하여 방문 목적을 확인하였을 때 아래의 질문에 답하여라.

(1) 모든 환자가 미용을 목적으로 방문했을 확률을 구하여라.

(2) 5명 이하의 환자가 미용을 목적으로 방문했을 확률을 구하여라.

(3) 미용을 목적으로 방문한 환자 수의 기댓값과 분산을 구하여라.

3. 어떤 학교에 재학 중인 학생들의 약 30%는 아무런 목적 없이 습관적으로 인터넷에 접속하는 것으로 조사되었다. 임의로 선정된 학생 5명에 대하여 다음 질문에 답하여라.

(1) 5명 모두가 목적 없이 습관적으로 인터넷에 접속할 확률을 구하여라.

(2) 5명 중 평균적으로 몇 명이 명확한 목적을 가지고 인터넷에 접속한다고 생각되는지를 말하여라.

4. 새로이 개발된 수술방법을 적용했을 때의 평균 성공률이 80%인 병원에서 10명의 환자에 수술을 수행했을 경우 아래의 질문에 답하여라.

(1) 10명 모두가 수술에 실패할 확률을 구하여라.

(2) 10명 모두가 수술에 성공할 확률을 구하여라.

(3) 수술에 성공한 환자 수가 5명 이상일 확률을 구하여라.

(4) 수술이 성공한 환자의 평균과 분산을 구하여라.

5. 확률변수 X는 아래와 같은 이항확률함수를 갖는다.

$$P(X=x)=\binom{n}{x}p^x(1-p)^{n-x},\quad x=0,\ 1,\ 2,\cdots,\ n \text{ 그리고 } 0<p<1$$

(1) $E\left(\frac{X}{n}\right)=p$가 성립함을 보여라.

(2) $E\left[\left(\frac{X}{n}-p\right)^2\right]=\frac{p(1-p)}{n}$임을 증명하여라.

6. 확률변수 X는 n번의 랜덤시행을 반복했을 때 성공 횟수를 나타낸다. 각각의 랜덤시행의 성공확률 p는 $\frac{1}{3}$일 때 다음 질문에 답하여라.

(1) $n=3$일 때, $P(X\leq 2)$를 구하여라.

(2) $n=5$일 때, $P(X\geq 3)$을 구하여라.

5.3 기하분포

기하분포도 순차적인 베르누이 시행이 기본이다. 그러나, 전체 시험횟수는 미리 정하지 않는다. 확률변수 x는 첫 번째 성공까지의 실패횟수를 나타내며, $(x+1)$번째에 첫 성공이 나타나는 확률과정이다. 분포의 정의는 다음과 같다.

[정의 5.4] 기하분포

이산확률변수 X의 확률함수 $P(X=x)$가 아래와 같이 표현될 때, 이를 모수가 p인 **기하분포**(geometric distribution)라고 부른다.

$$
\begin{aligned}
P[X=x] &= p(1-p)^x \qquad x=0,\ 1,\ 2,\ \cdots \\
&= 0 \qquad\qquad\quad\ \ \text{기타}
\end{aligned}
$$

위의 $P(X=x)$가 확률질량함수이기 위해서는 $\sum_{x=0}^{\infty} p(1-p)^x = 1$의 증명이 필요하며, 아래와 같이 무한등비급수의 합이 수렴되는 경우를 활용하면 쉽게 증명이 된다.

즉, $\sum_{x=0}^{\infty} p(1-p)^x$에서 $0<p<1$이므로 $0<1-p<1$이다. 따라서

$$
\sum_{x=0}^{\infty} p(1-p)^x = p\left[\frac{1}{1-(1-p)}\right] = p\left[\frac{1}{p}\right] = 1
$$

기하분포의 주요 특성치인 기댓값 $E(X)$는 복잡하지만 다음과 같이 유도된다.

$$
\begin{aligned}
E(X) &= \sum_{x=0}^{\infty} xP(X=x) = \sum_{x=0}^{\infty} xp(1-p)^x \\
&= p(1-p)\sum_{x=1}^{\infty} x(1-p)^{x-1} = p(1-p)\sum_{x=1}^{\infty} \frac{d}{d(1-p)}(1-p)^x \\
&= p(1-p)\frac{d}{d(1-p)}\sum_{x=1}^{\infty}(1-p)^x = p(1-p)\frac{d}{d(1-p)}\left[(1-p)\frac{1}{1-(1-p)}\right] \\
&= p(1-p)\frac{d}{d(1-p)}\left[\frac{1-p}{p}\right] = p(1-p)\left[\frac{p-(1-p)(-1)}{p^2}\right] \\
&= \frac{1-p}{p}
\end{aligned}
$$

유사한 방법으로 $E(X^2) = \sum_{x=0}^{\infty} x^2 P(X=x)$를 유도하면 다음과 같이 주어진다.

$$
E(X^2) = \sum_{x=0}^{\infty} x^2 p(1-p)^x = \frac{(1-p)(2-p)}{p^2}
$$

따라서 분산 $V(X)$는 다음과 같이 주어진다.

$$
V(X) = E(X^2) - [E(X)]^2
$$

$$= \frac{(1-p)(2-p)}{p^2} - \left(\frac{1-p}{p}\right)^2$$
$$= \frac{1-p}{p^2}$$

예제 5.8 회사에서 신입사원을 채용하기 위해 1차 면접시험을 영어로 치르고 있다. 영어로 의사소통에 아무런 어려움이 없는 경우 2차 면접시험에 응시할 자격을 부여하는데, 과거의 경험에 따르면 지원자의 30%가 이에 해당된다. 다섯 번째 지원자가 처음으로 2차 면접시험에 응시할 자격을 부여받을 확률을 구하여라. 그리고 평균적으로 몇 번째 응시자가 2차 면접시험에 응시할 자격을 얻는지를 구하여라.

풀이 응시자가 1차 영어 면접시험을 통과할 확률은 0.3이다. 따라서 1차 영어 면접시험을 통과하지 못할 확률은 $1-0.3=0.7$이 된다. 다섯 번째 응시자가 처음으로 2차 면접을 응시하기 위해서는 앞의 4명의 응시자 모두가 1차 영어 면접시험을 통과해서는 안 되며, 다섯 번째 응시자는 반드시 1차 영어 면접시험을 통과해야 한다. 따라서 처음으로 2차 면접시험에 응시할 자격을 얻기 전 1차 시험에 떨어진 사람의 수를 X라고 하면 다음과 같은 확률함수로 표현된다.

$$P(X=x)=0.3(1-0.3)^x, \quad x=0,\ 1,\ 2,\ \cdots$$

그러므로 $P(X=5)=0.3(0.7)^4=0.072$가 얻어진다. 그리고 $p=0.3$일 때 $E(X)=\frac{1-p}{p}$를 이용하면, $E(X)=\frac{1-0.3}{0.3}=2.333$을 얻을 수 있다. 따라서 2차 면접시험에 응시할 자격을 얻는 사람은 평균적으로 $2.333+1$인 3명 또는 4명이 된다.

예제 5.9 생방송을 진행 중인 방송국에 전화를 걸어서 연결될 확률이 0.02이며, 만약 연결되지 않을 경우 통화 중 신호가 들린다고 할 때 다음 질문에 답하여라.

(1) 전화를 걸기 시작하여 4번째 처음으로 연결될 확률을 구하여라.

(2) 처음으로 연결될 때까지 건 전화 횟수가 최소한 3회 이상일 확률을 구하여라.

(3) 연결될 때까지 전화를 건 횟수의 기댓값을 구하여라.

풀이 방송국에 전화를 걸어 첫 번째 연결될 때까지 통화 중 신호를 들은 횟수를 나타내는 확률변수를 X라 하면 X는 아래의 기하분포를 만족한다.

$$P(X=x)=0.02(1-0.02)^x, \quad x=0,\ 1,\ 2,\ \cdots$$

(1) 4번째 처음으로 연결되기 위해서는 처음 3번 모두가 통화 중 신호이고 마지막이 연결되어야 한다. 따라서 구하고자 하는 확률은

$$P(X=3)=0.02(1-0.02)^3=(0.02)(0.98)^3=0.0188$$

(2) 연결될 때까지 건 전화 횟수가 3회 이상 되기 위해서는 연결되기 직전까지의 통화 중 횟수는 2회 이상이어야 한다. 따라서 구하고자 하는 확률은

$$\begin{aligned}P(X\geq 2)&=1-P(X<2)\\&=1-P(X=0)-P(X=1)\\&=1-[0.02(1-0.02)^0]-[0.02(1-0.02)^1]\\&=0.9604\end{aligned}$$

(3) 연결될 때까지 전화를 건 횟수의 평균값은 통화 중 횟수의 평균값 $E(X)$에 연결된 횟수 1을 더한 값으로 표현된다. 따라서 $E(X)=\frac{1-p}{p}$에 $p=0.02$를 대입하면 $E(X)=\frac{1-0.02}{0.02}=49$가 얻어진다. 따라서 연결될 때까지 전화를 건 횟수의 평균은 $49+1=50$이 된다.

예제 5.10 모수가 p인 기하분포의 팩토리얼 적률생성함수 $G_X(z)$가 다음과 같이 주어짐을 증명하여라.

$$\begin{aligned}G_X(z)&=E(z^x)=\sum_{x=0}^{\infty}z^xP(X=x)=\sum_{x=0}^{\infty}z^xp(1-p)^x\\&=\frac{p}{1-(1-p)z}\end{aligned}$$

그리고 $G_X(z)$ 특징을 이용하여 $E(X)$와 $V(X)$를 구하여라. 즉,

$$\frac{d}{dz}G_X(z)|_{z=1}=E(X)$$
$$\frac{d^2}{dz^2}G_X(z)|_{z=1}=E[X(X-1)]$$

풀이 팩토리얼 생성함수의 정의에 따라

$$\begin{aligned}G_X(z)&=E(z^x)=\sum_{x=0}^{\infty}z^xP(X=x)=\sum_{x=0}^{\infty}z^xp(1-p)^x\\&=p\sum_{x=0}^{\infty}[(1-p)z]^x\end{aligned}$$

그런데 $\sum_{x=0}^{\infty}[(1-p)z]^x$은 등비가 $(1-p)z$인 무한등비급수의 합임을 알 수 있다. 따라서 이 무한등비급수의 합이 존재하기 위해서는 반드시 $|(1-p)z|<1$이어야 한다. 이러한 조건을 만족하는 z를 가정하면 $G_X(z)$는 아래와 같이 주어진다.

$$G_X(z)=p\left[\frac{1}{1-(1-p)z}\right]=\frac{p}{1-(1-p)z}$$

그리고 기댓값 $E(X)$는 다음과 같이 유도된다.

$$\frac{d}{dz}G_X(z)|_{z=1}=E(X)=\left.\frac{-p\{-(1-p)\}}{\{1-(1-p)z\}^2}\right|_{z=1}=\frac{p(1-p)}{p^2}=\frac{1-p}{p}$$

분산 $V(X)$를 구하기 위해 우선 $E[X(X-1)]$을 구하면,

$$\begin{aligned}\frac{d^2}{dz^2}G_X(z)|_{z=1}&=E[X(X-1)]\\&=\left.\frac{-p(1-p)[2\{1-(1-p)z\}]\{-(1-p)\}}{\{1-(1-p)z\}^4}\right|_{z=1}\\&=\frac{2p(1-p)^2}{p^3}=\frac{2(1-p)^2}{p^2}\end{aligned}$$

따라서 분산 $V(X)$는 다음과 같이 구해진다.

$$\begin{aligned}V(X)&=E(X^2)-[E(X)]^2=E[X(X-1)]+E(X)-[E(X)]^2\\&=\frac{2(1-p)^2}{p^2}+\frac{1-p}{p}-\left(\frac{1-p}{p}\right)^2\\&=\frac{(1-p)^2}{p^2}+\frac{1-p}{p}\\&=\frac{(1-p)^2-(1-p)p}{p^2}\\&=\frac{1-2p+p^2+p-p^2}{p^2}\\&=\frac{1-p}{p^2}\end{aligned}$$

기하분포에서는 다른 이산확률분포에서는 볼 수 없는 아래의 정리가 성립한다.

[정리 5.1] 무기억 정리

확률변수 X가 모수가 p인 기하분포, 즉 확률함수가 아래와 같이 주어진다고 가정하자.

$$P(X=x)=p(1-p)^x, \quad x=0,\ 1,\ 2,\ \cdots \text{ 그리고 } 0<p<1$$

그러면 다음의 관계식이 성립한다.

$$P(X \geq x+t/X \geq t)=P(X \geq x)$$

(증명) 모수가 p인 기하분포의 확률함수를 사용하면 아래의 확률을 구할 수 있다.

$$\begin{aligned} P(X \geq x) &= \sum_{n=x}^{\infty} P(X=n)=\sum_{n=x}^{\infty} p(1-p)^n \\ &= 1-\sum_{n=0}^{x-1} p(1-p)^n = 1-p\left[\frac{1-(1-p)^x}{1-(1-p)}\right] \\ &= (1-p)^x \end{aligned}$$

조건부확률의 정의를 적용하면

$$\begin{aligned} P(X \geq x+t/X \geq t) &= \frac{P(X \geq x+t,\ X \geq t)}{P(X \geq t)} \\ &= \frac{P(X \geq x+t)}{P(X \geq t)} = \frac{(1-p)^{x+t}}{(1-p)^t} \\ &= (1-p)^x = P(X \geq x) \end{aligned}$$

위의 결과를 무기억 정리(theorem of memoryless or lack of memory property)라고 부르며, 이산확률분포 중에서 기하분포만이 유일하게 이 정리를 만족한다.

기하분포는 베르누이 시행과 밀접한 관계가 있다. 반복적으로 여러 번 베르누이 시행을 수행한다고 가정하자. 이산확률변수 X가 처음으로 성공이 나타날 때까지의 실패의 횟수를 표현할 경우, X의 확률분포함수가 바로 기하분포임을 쉽게 알 수 있다. 즉, $P(X=x)$이기 위해서는 처음 x번의 베르누이 시행이 실패이어야 하며 $(x+1)$번째 시행은 반드시 성공이어야 하기 때문이다. 따라서 처음 x번의 시행이 모두 실패일 확률이 $(1-p)^x$이고 $(x+1)$번째 시행이 성공일 확률이 p이기 때문에 $P(X=x)$가 앞에서 정의된 모수가 p인 기하분포임을 알 수 있다.

또다른 이산확률변수 Y가 처음으로 성공이 나타날 때까지의 총 시행의 횟수를 나타낼 경우 Y 또한 변형된 형태의 기하분포이며, 확률분포함수는 다음과 같이 주어짐을 알 수 있다.

$$P(Y=y)=p(1-p)^{y-1}, \quad x=1,\ 2,\ 3,\ \cdots \text{ 그리고 } 0<p<1$$

예제 5.11 위의 확률분포함수를 사용하여 다음을 증명하여라.

(1) $E(Y)=\dfrac{1}{p}$

(2) $V(Y)=\dfrac{1-p}{p^2}$

(3) $G_Y(z)=E(z^Y)=\displaystyle\sum_{y=1}^{\infty} z^y P(Y=y)=\sum_{y=1}^{\infty} z^y p(1-p)^{y-1}$

$$=\frac{pz}{1-(1-p)z}$$

풀이 (1) 기댓값의 정의를 사용하여 $E(Y)$는 다음과 같이 표현된다.

$$E(Y)=\sum_{y=1}^{\infty} yP(Y=y)=\sum_{y=1}^{\infty} yp(1-p)^{y-1}$$

여기에서 $y-1=x$라고 하면 윗식은 다음과 같이 주어진다.

$$E(Y)=\sum_{x=0}^{\infty}(x+1)p(1-p)^x=\sum_{x=0}^{\infty} xp(1-p)^x+\sum_{x=0}^{\infty} p(1-p)^x$$

그런데 $\displaystyle\sum_{x=0}^{\infty} xp(1-p)^x=\frac{1-p}{p}$ 그리고 $\displaystyle\sum_{x=0}^{\infty} p(1-p)^x=1$임을 쉽게 알 수 있다. 왜냐하면 $\displaystyle\sum_{x=0}^{\infty} xp(1-p)^x$은 이미 앞에서 유도한 확률함수 $P(X=x)=p(1-p)^x$, $x=0,\ 1,\ 2,\ \cdots$를 사용했을 때의 기댓값이며, $\displaystyle\sum_{x=0}^{\infty} p(1-p)^x$은 확률변수가 취할 수 있는 모든 값에 대한 확률함수의 합이기 때문이다. 따라서

$$E(Y)=\frac{1-p}{p}+1=\frac{1-p+p}{p}=\frac{1}{p}$$

(2) 분산 $V(Y)$를 유도하기 위해서 우선 $E(Y^2)$을 구하자.

$$E(Y^2)=\sum_{y=1}^{\infty} y^2 P(Y=y)=\sum_{y=1}^{\infty} y^2 p(1-p)^{y-1}$$

다시 $y-1=x$로 위의 식을 치환하면

$$E(Y^2)=\sum_{x=0}^{\infty}(x+1)^2 p(1-p)^x$$

$$=\sum_{x=0}^{\infty}(x^2+2x+1)p(1-p)^x$$

$$= \sum_{x=0}^{\infty} x^2 p(1-p)^x + 2\sum_{x=0}^{\infty} xp(1-p)^x + \sum_{x=0}^{\infty} p(1-p)^x$$

$$= \frac{(1-p)(2-p)}{p^2} + 2\left(\frac{1-p}{p}\right) + 1$$

$$= \frac{2-p}{p^2}$$

따라서 분산 $V(Y)$는 다음과 같이 유도된다.

$$V(Y) = E(Y^2) - [E(Y)]^2 = \frac{2-p}{p^2} - \left(\frac{1}{p}\right)^2$$

$$= \frac{1-p}{p^2}$$

(3) $G_Y(z) = E(z^Y) = \sum_{y=1}^{\infty} z^y P(Y=y) = \sum_{y=1}^{\infty} z^y p(1-p)^{y-1}$

$$= pz \sum_{y=1}^{\infty} [(1-p)z]^{y-1}$$

여기에서 $y-1=x$로 치환하면

$$G_Y(z) = \sum_{x=0}^{\infty} [(1-p)z]^x$$

따라서 $|(1-p)z| < 1$의 가정하에

$$G_Y(z) = pz\left[\frac{1}{1-(1-p)z}\right]$$

예제 5.12 생방송을 진행 중인 방송국에 전화를 걸어서 연결될 확률이 0.02이며, 만약 연결이 되지 않을 경우 통화 중 신호가 들린다고 한다. 또한 처음으로 연결될 때까지 전화를 건 횟수를 나타내는 확률변수를 Y라고 했을 때 다음 질문에 답하여라.

(1) 확률변수 Y의 확률함수를 구하여라.

(2) 전화를 걸기 시작하여 4번째 처음으로 연결될 확률을 구하여라.

(3) 처음으로 연결될 때까지 건 전화 횟수가 최소한 3회 이상일 확률을 구하여라.

(4) 연결될 때까지 전화를 건 횟수의 기댓값 $E(Y)$과 분산 $V(Y)$를 구하여라.

풀이 (1) $P(Y=y) = 0.02(1-0.02)^{y-1}, \quad y=1, 2, 3, \cdots$

(2) $P(Y=4) = 0.02(1-0.02)^{4-1} = 0.02(0.98)^3 = 0.0188$

(3) $P(Y \geq 3) = 1 - P(Y < 3) = 1 - P(Y=1) - P(Y=2)$

$$= 1 - 0.02(1-0.02)^{1-1} - 0.02(1-0.02)^{2-1} = 0.9604$$

(4) $E(Y) = \frac{1}{p} = \frac{1}{0.02} = 50$

$$V(Y) = \frac{1-p}{p^2} = \frac{1-0.02}{0.02^2} = 2{,}450$$

연습문제 5-3

1. 도시의 샘플 공기 속에 암을 유발하는 유해입자가 포함되어 있을 확률이 0.02라고 한다. 따라서 시청에서는 공기의 질을 점검하기 위해 여러 곳에서 공기의 샘플을 취해 검사한 후 결과를 발표해 오고 있다. 유해입자가 포함된 공기의 샘플이 발견될 때까지 최소 10개 이상의 공기의 샘플이 필요할 확률을 구하여라.

2. 확률변수 X는 평균이 2.5인 기하분포에 따른다. 아래의 확률을 계산하여라(단, $X \in \{0,\ 1,\ 2,\ \cdots\}$).

(1) $P(X=1)$

(2) $P(X=4)$

(3) $P(X \leq 3)$

(4) $P(X \geq 4)$

3. 안경을 조립하는 공정에서 검사가 수행되는데, 여기에서 불량품의 판정을 받을 확률이 0.1이라고 한다. 각각 안경 검사결과는 상호독립이라는 가정하에 아래의 질문에 답하여라.

(1) 5번째 검사에서 처음으로 불량 안경이 발견될 확률을 구하여라.

(2) 4개의 검사 이내에 불량 안경이 발견될 확률을 구하여라.

(3) 최소한 4개의 검사를 수행했을 때 처음으로 불량 안경이 발견될 확률을 구하여라.

4. 확률변수 X는 주사위를 5의 눈금이 처음으로 나올 때까지 던진 횟수를 나타낸다고 가정하자.

(1) X의 확률함수를 구하여라.

(2) $P(X > 5)$를 구하여라.

(3) $E(X)$와 $V(X)$를 구하여라.

5. 반도체를 조립하는 최첨단 장비는 매우 섬세한 측정이 필요하기 때문에 매일 오차의 범위를 만족하는지를 검사해야 한다. 사용 후 하루 이내에 오차의 범위를 벗어날 확률이 0.001일 때, 최소한 3일 동안 오차를 벗어나지 않을 확률을 구하여라.

5.4 음이항분포

음이항분포 또한 베르누이 시행이 기본이며, 기하분포의 논리적 연장선에 있다. 음이항분포의 확률변수 x는 r번째 성공 직전까지의 실패횟수를 나타낸다. 확률함수는 다음과 같이 정의된다.

[정의 5.5] 음이항분포

이산확률변수 X가 아래와 같은 확률함수로 표현될 때, 이를 모수가 r과 p인 **음이항분포**(negative binomial distribution)라고 부른다.

$$P(X=x)=\binom{x+r-1}{r-1}p^r(1-p)^x \qquad x=0,1,2,\cdots$$
$$=0 \qquad \text{기타}$$

위에서 정의된 모수가 r과 p인 음이항분포는 베르누이시행과 밀접한 관계가 있다. 이산확률변수 X가 r번째 성공이 나타날 때까지의 총 실패의 수를 표현한다고 가정하자. 그러면 r번째 성공이 나타날 때까지의 총 시행의 회수는 $(x+r)$가 된다. 다시 말해, 처음 $(x+r-1)$의 베르누이 시행 중 x번의 실패와 $(r-1)$번의 성공, 그리고 마지막 $(x+r)$번째 시행은 성공이어야 한다. 따라서 $(x+r-1)$번의 베르누이 시행 중 $(r-1)$번의 성공을 나타내는 확률은 이항분포에 따르기 때문에 즉 $\binom{x+r-1}{r-1}p^{r-1}(1-p)^x$로 표현되고 $(x+r)$번째 시행이 성공일 확률은 p이기 때문에 다음이 성립함을 쉽게 알 수 있다.

$$P[X=x]=\binom{x+r-1}{r-1}p^{r-1}(1-p)^x p,$$
$$=\binom{x+r-1}{r-1}p^r(1-p)^x, \quad x=0,1,2,\cdots$$

이는 위에서 정의된 음이항분포와 동일함을 알 수 있다. 모수가 r과 p인 음이항분포가 적절한 확률분포함수임은 $\sum_{x=0}^{\infty}\binom{r+x}{x}a^x = \frac{1}{(1-a)^{r+1}}$이고 또한 $0<a<1$일 때 $\sum_{r=0}^{\infty}a^r = \frac{1}{1-a}$, 그리고 $\frac{d^r}{da^r}\left(\sum_{r=0}^{\infty}a^r\right) = \sum_{x=0}^{\infty}\frac{(r+x)!}{x!}a^x = \frac{r!}{(1-a)^{r+1}}$이기 때문에 $\sum_{x=0}^{\infty}\binom{x+r-1}{r-1}p^r(1-p)^x = 1$임을 쉽게 증명할 수 있다.

또한 모수가 r과 p인 음이항분포의 팩토리얼 적률생성함수 $G_X(z) = \sum_{x=0}^{\infty}z^xP(X=x)$는 아래와 같이 주어진다.

$$G_X(z) = \sum_{x=0}^{\infty}z^xP(X=x) = \sum_{x=0}^{\infty}z^x\binom{x+r-1}{r-1}p^r(1-p)^x = \left[\frac{p}{1-(1-p)z}\right]^r$$

따라서 $G_X(z)$를 활용하여 모수가 r과 p인 음이항분포의 기댓값 $E(X)$를 유도하면 다음과 같다.

$$\begin{aligned} E(X) &= \frac{d}{dz}G_X(z)|_{z=1} = r\left[\frac{p}{1-(1-p)z}\right]^{r-1}\left[\frac{-p\{-(1-p)\}}{\{1-(1-p)z\}^2}\right]\Bigg|_{z=1} \\ &= \frac{r(1-p)}{p} \end{aligned}$$

유사한 방법으로 $E[X(X-1)] = \frac{d^2}{dz^2}G_X(z)|_{z=1}$과 $V(X) = E(X^2) - [E(X)]^2$을 사용하여 $V(X)$를 구하면 다음과 같이 주어진다.

$$V(X) = \frac{r(1-p)}{p^2}$$

예제 5.13 주사위를 반복적으로 던진다고 가정하자.

(1) 3번째 1이 나올 때까지 1이 아닌 수가 5번 나올 확률을 구하여라. 다시 말해, 8번째 던진 주사위의 숫자가 1이며 이는 8번 중 3번째 1일 확률을 구하여라.

(2) 1이 아닌 숫자가 나올 횟수의 평균과 분산을 구하여라.

풀이 주사위를 던질 때 1이 나올 확률은 $p=\frac{1}{6}$이다. 또한 이는 모수가 $r=3$, $p=\frac{1}{6}$인 음이항분포이다.

(1) 실패의 횟수를 나타내는 확률변수를 X라 하면 구하고자 하는 확률은

$$P(X=5) = \binom{7}{3}\left(\frac{1}{6}\right)^3\left(1-\frac{1}{6}\right)^5 = \frac{7!}{3!4!}\frac{5^5}{6^8} = 0.065$$

가 된다.

(2) $E(X)=\dfrac{r(1-p)}{p}=\dfrac{3\left(1-\dfrac{1}{6}\right)}{\dfrac{1}{6}}=15$

$V(X)=\dfrac{r(1-p)}{p^2}=\dfrac{3\left(1-\dfrac{1}{6}\right)}{\left(\dfrac{1}{6}\right)^2}=\dfrac{\dfrac{15}{6}}{\dfrac{1}{36}}=90$

예제 5.14 성공확률이 0.6인 베르누이 시행을 연속해서 실시한다고 가정하자. 3번의 실패가 일어나기 전에 2번의 성공이 먼저 일어날 확률을 구하여라.

풀이 모수가 $r=2$, $p=\dfrac{3}{5}$인 음이항분포이므로, 구하고자 하는 확률은

$$\binom{4}{1}\left(\frac{3}{5}\right)^2\left(1-\frac{3}{5}\right)^3=4\left(\frac{3}{5}\right)^2\left(\frac{2}{5}\right)^3=0.092$$

다른 접근방법으로 이산확률변수 Y를 r번째 성공이 나타날 때까지의 총 시행 횟수를 나타낸다고 하자. 그러면 앞선 경우와 마찬가지로 처음 $(y-1)$번의 베르누이 시행에서 정확히 $(r-1)$번의 성공이 있어야 하고 마지막 y번째 시행은 반드시 성공이어야 한다. 따라서 이항분포를 이용하여 $(y-1)$번의 베르누이 시행에서 $(r-1)$번의 성공이 일어날 수 있는 확률은 $\binom{y-1}{r-1}p^{r-1}(1-p)^y$, 그리고 마지막 시행이 성공일 확률은 p이기 때문에 Y의 확률분포함수는 다음과 같이 주어진다.

$$\begin{aligned}P(Y=y)&=\binom{y-1}{r-1}p^{r-1}(1-p)^y p,\\&=\binom{y-1}{r-1}p^r(1-p)^y,\quad y=r,\ r+1,\ r+2,\ \cdots \text{ 그리고 } 0<p<1\end{aligned}$$

음이항분포는 앞에서 설명된 기하분포와 매우 밀접한 관계가 있다. 모수가 p인 기하분포를 나타내는 확률변수는 첫 번째의 성공이 나타날 때까지의 실패의 횟수를 나타내고 음이항분포는 r번째의 성공이 나타날 때까지의 실패의 횟수를 나타내기 때문이다. 다시 말해서 모수가 r과 p인 음이항분포는 상호독립이고 동일한 분포를 하는 모수가 p인 기하분포 r개의 합으로 표현됨을 알 수 있다. 이는 음이항분포와 기하분포의 확률생성함수를 보면 금방 알 수 있다. 아래의 모수가 r과 p인 음이항분포의 확률함수

$$P(X=x)=\binom{x+r-1}{r-1}p^r(1-p)^x,\quad x=0,\ 1,\ 2,\ \cdots \text{ 그리고 } 0<p<1$$

을 사용하여 팩토리얼 적률생성함수를 구하면 다음과 같이 주어짐을 이미 알고 있다.

$$G_X(z) = \left[\frac{p}{1-(1-p)z} \right]^r$$

그런데 $G_X(z)$에 포함되어 있는 $\frac{p}{1-(1-p)z}$는 아래 기하분포의 팩토리얼 적률생성함수

$$P(X=x) = p(1-p)^x, \quad x = 0,\ 1,\ 2,\ \cdots \ \text{그리고}\ 0 < p < 1$$

와 동일하기 때문에, 음이항분포는 상호독립이며 동일한 분포를 하는 r개의 기하분포의 합과 같음을 알 수 있다.

연습문제 5-4

1. 1시간의 사용에 고장이 날 확률이 0.0005인 최첨단 컴퓨터가 3대 설치되어 있다. 이 중 1대가 작동 중이고 나머지 2대는 대기 중이어서 작동 중인 컴퓨터가 고장이 나면 대기 중인 2대 중 1대가 작동상태로 전환된다. 각각의 컴퓨터의 작동에는 상호 아무런 영향을 미치지 않는다고 할 때, 3대의 컴퓨터 모두가 사용 5시간 이내에 고장이 날 확률을 구하여라.

2. 제조공장에서 생산되는 제품의 최종 검사과정에서 불량으로 판정될 확률이 0.1이다.

(1) 첫 번째 불량품이 5번째 제품검사에서 나올 확률을 구하여라.

(2) 세 번째 불량품이 10번째 제품검사 이후에 나올 확률을 구하여라.

3. 외판원이 제품을 판매하기 위해 각 가정을 방문하는데, 각 가정에 그 제품을 판매할 확률이 0.2이다. 일당을 벌기 위해서는 이 외판원이 3개의 제품을 팔 때까지 방문을 계속해야 한다. 여기에서 외판원이 방문하는 가정의 수를 나타내는 확률변수를 X라고 할 때 다음 질문에 답하여라.

(1) 확률변수 X의 확률함수를 구하여라.

(2) 확률변수 X의 기댓값과 분산을 구하여라.

(3) 첫 구매자가 4번째 방문 가정일 확률을 구하여라.

(4) 8번째 가정에서 3번째 제품을 팔 확률을 구하여라.

4. 주사위를 반복적으로 던진다고 가정하자.

(1) 10번째 던진 결과가 두 번째의 3의 배수일 확률을 구하여라.

(2) 3번째 3의 배수가 나오기 위해서 최소한 10회 이상 던져야 할 확률을 구하여라.

5.5 초기하분포

이항분포에서는 베르누이 시행을 독립적으로 반복하는 경우의 성공 수를 다루며, 매회 성공할 확률은 p로서 일정하다는 것을 배웠다. 만약, N개 중 D개가 불량인 모집단에서 샘플을 하나씩 취하여 상태를 확인한 후 다시 집어넣지 않는 실험을 계속하는 경우, 매회 불량품이 뽑힐 확률은 서로 다를 것이므로 이는 베르누이 시행으로 볼 수 없다. 이와 같은 경우를 비복원추출이라고 하며, 확률함수를 다음과 같이 정의한다.

[정의 5.6] 초기하분포

이산확률변수 X가 아래와 같은 확률함수로 표현될 때, 이 확률분포를 모수가 $(N,\ n,\ D)$인 **초기하분포**(hypergeometric distribution)라고 부른다.

$$P(X=x) = \frac{\binom{D}{x}\binom{N-D}{n-x}}{\binom{N}{n}} \qquad x = 0,\ 1,\ 2,\ \cdots \min(n,\ D)$$

$$= 0 \qquad \text{기타}$$

위의 초기하분포의 주요 특성치인 기댓값 $E(X)$는 다음과 같은 방법으로 유도된다. 기댓값의 정의로부터

$$\begin{aligned} E(X) &= \sum_{x=0}^{\infty} xP(X=x) = \sum_{x=0}^{n} x\frac{\binom{D}{x}\binom{N-D}{n-x}}{\binom{N}{n}} \\ &= D\sum_{x=0}^{n} \frac{(D-1)!}{(x-1)!(D-x)!}\frac{\binom{N-D}{n-x}}{\binom{N}{n}} = D\sum_{x=0}^{n}\frac{\binom{D-1}{x-1}\binom{N-D}{n-x}}{\binom{N}{n}} \end{aligned}$$

여기에서 $x-1=y$로 치환하면

$$E(X) = D\sum_{y=0}^{n-1}\frac{\binom{D-1}{y}\binom{N-D}{n-1-y}}{\binom{N}{n}}$$

가 된다. 그러나 위의 $E(X)$에 포함된 $\binom{N-D}{n-1-y}$와 $\binom{N}{n}$은 아래와 같이 표현될 수 있기 때문에

$$\binom{N-D}{n-1-y} = \binom{(N-1)-(D-1)}{n-1-y}$$

$$\binom{N}{n} = \frac{N!}{n!(N-n)!} = \frac{N}{n}\binom{N-1}{n-1}$$

$E(X)$는 다음과 같이 표현된다.

$$\begin{aligned} E(X) &= D\sum_{y=0}^{n-1}\frac{\binom{D-1}{y}\binom{(N-1)-(D-1)}{n-1-y}}{\frac{N}{n}\binom{N-1}{n-1}} \\ &= \frac{nD}{N}\sum_{y=0}^{n-1}\frac{\binom{D-1}{y}\binom{(N-1)-(D-1)}{n-1-y}}{\binom{N-1}{n-1}} \\ &= \frac{nD}{N} \end{aligned}$$

왜냐하면 $\dfrac{\binom{D-1}{y}\binom{(N-1)-(D-1)}{n-1-y}}{\binom{N-1}{n-1}}$는 모수가 $(N-1,\ n-1,\ D-1)$인 초기하분포의 확률함수이기 때문에 $\displaystyle\sum_{y=0}^{n-1}\frac{\binom{D-1}{y}\binom{(N-1)-(D-1)}{n-1-y}}{\binom{N-1}{n-1}}=1$이 성립하기 때문이다.

유사한 방법으로 $E[X(X-1)]$을 구하면 다음과 같다.

$$E[X(X-1)] = \frac{D(D-1)n(n-1)}{N(N-1)}$$

따라서 초기하분포의 분산 $V(X)$는 다음과 같이 주어진다.

$$\begin{aligned} V(X) &= E(X^2) - [E(X)]^2 \\ &= \frac{D(D-1)n(n-1)}{N(N-1)} + \frac{nD}{N} - \left(\frac{nD}{N}\right)^2 = \frac{nD}{N}\left(1-\frac{D}{N}\right)\frac{N-n}{N-1} \end{aligned}$$

예제 5.15 흰 바둑돌 3개와 검은 바둑돌 5개가 들어 있는 주머니에서 4개를 꺼낼 때 두 개의 흰 바둑돌과 두 개의 검은 바둑돌이 나올 확률을 구하여라.

풀이 구하고자 하는 확률은 $\dfrac{\binom{3}{2}\binom{5}{2}}{\binom{8}{4}} = \dfrac{3}{7}$ 이다.

예제 5.16 40명으로 구성된 학급에는 3명의 소년소녀 가장이 포함되어 있다. 임의로 5명의 학생을 선발했을 때 여기에 포함된 소년소녀 가장의 수를 확률변수 X로 나타낸다고 가정하고 다음 질문에 답하여라.

(1) $P(X=1)$을 구하여라.

(2) $E(X)$와 $V(X)$를 구하여라.

풀이 (1) $P(X=1)=\dfrac{\binom{3}{1}\binom{37}{4}}{\binom{40}{5}}=0.301$

(2) $E(X)=\dfrac{(5)(3)}{40}=0.375$

$V(X)=\dfrac{(5)(3)}{40}\left(1-\dfrac{3}{40}\right)\left(\dfrac{40-5}{40-1}\right)=0.311$

연습문제 5-5

1. 같은 부품을 A 회사에서 100개, 그리고 B 회사에서 200개를 납품받았다. 4개를 임의로 샘플링했을 경우 4개 모두가 A 회사에서 납품된 부품일 확률을 구하여라.

2. 자체 공장에서 생산된 제품 50개의 전구 중에 두 개의 불량이 포함되어 있다. 검사원이 5개의 전구를 임의로 선정하여 검사를 수행했을 경우 최소한 한 개의 불량이 포함되어 있을 확률을 구하여라.

3. 24개의 동일 제품으로 포장된 한 상자에는 불량품이 3개가 포함되어 있다. 이 상자에서 임의로 6개의 제품을 선정했을 때 여기에 포함된 불량 제품의 개수를 확률변수 X로 나타낸다고 가정하자.

(1) $P(X=3)$을 구하여라.

(2) $P(X=0)$을 구하여라.

(3) $E(X)$와 $V(X)$를 구하여라.

4. 20가구로 구성된 농촌마을의 가구당 TV 보유 현황을 조사한 결과 5가구만이 PDP TV를 소유하고 있는 것으로 확인되었다. 임의로 3가구를 선정했을 때 여기에 PDP TV를 소유하고 있는 가구 수를 확률변수 X로 나타낸다고 가정하고 다음 질문에

답하여라.

(1) $P(2 \leq X \leq 4)$를 구하여라.

(2) $P(X \geq 4)$를 구하여라.

(3) $E(X)$와 $V(X)$를 구하여라.

5. 회사에서 10명의 신입사원 중에는 기혼자가 2명 포함되어 있다. 임의로 2명을 선발했을 때 기혼자 2명 모두가 포함될 확률을 구하여라. 그리고 모두가 미혼자일 확률과 1명만이 기혼자일 확률을 구하여라.

5.6 포아송 분포

포아송 분포는 일정한 시간 동안에 발생하는 사상의 수 X에 대한 이산형 확률분포이다. 분포함수의 정의는 다음과 같다.

> **[정의 5.7] 포아송 분포**
>
> 이산확률변수 X의 확률함수가 아래와 같을 때, 이를 모수가 λ인 **포아송 분포** (Poisson distribution)라고 부른다.
>
> $$\begin{aligned} P(X=x) &= \frac{e^{-\lambda}\lambda^x}{x!} \qquad x = 0,\ 1,\ 2,\ \cdots \\ &= 0 \qquad\qquad\ \ \text{기타} \end{aligned}$$
>
> 여기서 모수 λ는 양의 실수(real)이다.

포아송 분포는 앞에서 설명된 베르누이 시행이나 이항분포와 밀접한 관계가 있다. 즉, 일정한 시간을 아주 짧은 n개의 시간 간격으로 균등하게 나누었을 때 하나의 짧은 시간 간격 대에는 사상이 한 번 발생하거나 발생하지 않는 베르누이 실험이 된다. 이때 사상이 일어날 확률 p는 아주 작으므로 이항분포의 $np = \lambda$로 일정하게 유지하면서 $n \to \infty$, $p \to 0$인 경우를 가정하여 포아송 분포를 개발한다. 이는 이항분포의 극한 형태로부터 포아송 분포를 구하는 것임을 알 수 있다.

주어진 일정한 시간 동안 발생한 사상의 횟수를 나타내는 확률변수를 X라고 하면 X는 모수가 n과 p인 이항분포를 따른다. 즉,

$$P(X=x)=\binom{n}{x}p^x(1-p)^{n-x},\ \ x=0,\,1,\,2,\,\cdots,\,n$$

여기서 $np=\lambda$라 하고 $n\to\infty$로 하면

$$P(X=x)=\lim_{n\to\infty}\binom{n}{x}p^x(1-p)^{n-x}=\lim_{n\to\infty}\binom{n}{x}\left(\frac{\lambda}{n}\right)^x\left(1-\frac{\lambda}{n}\right)^{n-x}$$

그런데 $\binom{n}{x}=\dfrac{n!}{x!(n-x)!}$이기 때문에 위의 $P(X=x)$는 다음과 같이 주어진다.

$$\begin{aligned}P(X=x)&=\lim_{n\to\infty}\frac{n!}{x!(n-x)!}\frac{\lambda^x}{n^x}\left(1-\frac{\lambda}{n}\right)^n\left(1-\frac{\lambda}{n}\right)^{-x}\\&=\frac{\lambda^x}{x!}\lim_{n\to\infty}\left(1-\frac{\lambda}{n}\right)^n\left(\frac{n(n-1)\cdots(n-x+1)}{n^x}\right)\left(1-\frac{\lambda}{n}\right)^{-x}\\&=\frac{\lambda^x}{x!}\lim_{n\to\infty}\left(1-\frac{\lambda}{n}\right)^n\left(1-\frac{1}{n}\right)\left(1-\frac{2}{n}\right)\cdots\left(1-\frac{x-1}{n}\right)\left(1-\frac{\lambda}{n}\right)^{-x}\end{aligned}$$

그리고 $\lim_{n\to\infty}\left(1-\dfrac{\lambda}{n}\right)^n=e^{-\lambda}$를 사용하면, 쉽게 아래의 결론에 이를 수 있다.

$$P(X=x)=\frac{e^{-\lambda}\lambda^x}{x!},\ \ x=0,\,1,\,2,\,\cdots$$

위의 결과에서 보듯이 포아송 분포는 이항분포의 극한형태이다.

예제 5.17 어느 더운 여름날 거리를 행진하는 축제를 구경하는 사람이 일사병에 걸려 쓰러질 확률은 0.005이다. 만약 2000명의 구경꾼이 있다면 이 중 3명이 일사병으로 쓰러질 확률을 구하여라.

풀이 이항분포를 사용하여 문제를 풀면,

$$P(X=3)=\binom{2000}{3}(0.005)^3(0.995)^{1997}$$

이 되어 계산하기가 복잡하게 된다.

이 문제에서는 n이 충분히 크고 p가 작으므로 $n\to\infty$, $p\to0$인 경우를 가정하여 포아송 분포를 이용하여 계산할 수 있다. 포아송 분포의 평균 $\lambda=np=2000\times0.05=10$이므로 $P(X=3)$은 다음과 같이 주어진다.

$$P(X=3)=\frac{e^{-10}(10)^3}{3!}=0.008$$

따라서 포아송 분포에 의한 확률계산값은 이항분포에 의한 계산값의 근사치임을 알 수 있다.

포아송 분포의 특성치는 아래와 같이 유도된다. 우선 기댓값 $E(X)$는 정의에 의해

$$E(X)=\sum_{x=0}^{\infty} xP(X=x)=\sum_{x=0}^{\infty} x\frac{e^{-\lambda}\lambda^x}{x!}=\sum_{x=1}^{\infty}\frac{e^{-\lambda}\lambda^x}{(x-1)!}$$

여기에서 $(x-1)$을 n으로 치환하면 위의 $E(X)$는 다음과 같이 주어진다.

$$E(X)=\sum_{n=0}^{\infty}\frac{e^{-\lambda}\lambda^{n+1}}{n!}=\lambda\sum_{n=0}^{\infty}\frac{e^{-\lambda}\lambda^n}{n!}=\lambda$$

왜냐하면 $\sum_{n=0}^{\infty}\frac{e^{-\lambda}\lambda^n}{n!}=1$이기 때문이다. 분산 $V(X)$를 구하기 위해 먼저 X의 2차 모멘트 $E(X^2)$을 구하기로 하자.

$$E(X^2)=\sum_{x=0}^{\infty} x^2P(X=x)=\sum_{x=0}^{\infty} x^2\frac{e^{-\lambda}\lambda^x}{x!}=\sum_{x=1}^{\infty} x\frac{e^{-\lambda}\lambda^x}{(x-1)!}$$

여기에서 $(x-1)$을 n으로 치환하면 위의 $E(X^2)$은 다음과 같이 주어진다.

$$\begin{aligned}E(X^2)&=\sum_{n=0}^{\infty}(n+1)\frac{e^{-\lambda}\lambda^{n+1}}{n!}\\&=\lambda\sum_{n=0}^{\infty} n\frac{e^{-\lambda}\lambda^n}{n!}+\lambda\sum_{n=0}^{\infty}\frac{e^{-\lambda}\lambda^n}{n!}\\&=\lambda^2+\lambda\end{aligned}$$

왜냐하면 $\sum_{n=0}^{\infty} n\frac{e^{-\lambda}\lambda^n}{n!}=E(X)=\lambda$, 그리고 $\sum_{n=0}^{\infty}\frac{e^{-\lambda}\lambda^n}{n!}=1$이기 때문이다. 따라서 X의 분산 $V(X)$는 다음과 같이 유도된다.

$$V(X)=E(X^2)-[E(X)]^2=\lambda^2+\lambda-\lambda^2=\lambda$$

따라서 포아송 분포는 기댓값과 분산이 동일한 값으로 표현됨을 알 수 있다. 마지막으로 팩토리얼 적률생성함수 $G_X(z)$는 아래와 같이 유도된다.

$$G_X(z)=\sum_{x=0}^{\infty} z^xP(X=x)=\sum_{x=0}^{\infty} z^x\frac{e^{-\lambda}\lambda^x}{x!}=e^{-\lambda}\sum_{x=0}^{\infty}\frac{(\lambda z)^x}{x!}$$

앞에서 언급한 것과 같이 지수함수를 확장하면 $e^k = \sum_{n=0}^{\infty} \frac{k^n}{n!}$이 성립하기 때문에 $G_X(z)$는 다음과 같이 주어진다.

$$G_X(z) = e^{-\lambda} e^{\lambda z} = e^{-\lambda(1-z)}$$

이항분포와 마찬가지로 일반적으로 포아송 분포가 적용되는 영역이 상당히 넓고 많지만 확률값의 계산이 복잡하여 어려움이 따른다. 따라서 이와 같은 문제를 해결하기 위해서는 다양한 λ, 그리고 p의 값에 따른 $P(X \leq x)$의 값, 즉 포아송 분포의 누적확률표(부록 표 II.2)를 이용하면 된다. 예를 들면, $\lambda = 8$일 때 누적포아송확률 $P(X \leq 7)$의 값은 누적포아송확률표에서 0.4530으로 읽을 수 있다.

예제 5.18 산업재해가 평균 일주일에 3번인 포아송 분포에 따른다. 주어진 어느 일주일 동안 재해가 한 건도 발생하지 않을 확률을 구하여라.

풀이 일주일 동안 발생되는 산업재해의 수를 나타내는 포아송 확률변수를 X라고 하면 확률함수 $P(X=x)$는 다음과 같이 주어진다.

$$P(X=x) = \frac{e^{-3}3^x}{x!}, \quad x = 0,\ 1,\ 2,\ \cdots$$

따라서 일주일 동안 재해가 한 건도 발생하지 않을 확률 $P(X=0)$은

$$P(X=0) = \frac{e^{-3}3^0}{0!} = e^{-3} = 0.0498$$

예제 5.19 어떤 차량정비소에 수리 및 정비를 위한 차량의 도착 대수는 하루에 평균 10대인 포아송 분포에 따른다고 알려져 있다. 정비소의 정비능력을 고려해 보면 최대로 15대까지 처리할 수 있다고 한다. 주어진 날, 정비를 위해 도착한 차량을 돌려보내야 할 확률을 구하여라.

풀이 평균이 10인 포아송 확률변수 X의 확률함수 $P(X=x)$는 다음과 같이 주어진다.

$$P(X=x) = \frac{e^{-10}(10)^x}{x!}, \quad x = 0,\ 1,\ 2,\ \cdots$$

따라서 구하고자 하는 확률은 $P(X \geq 16)$임을 알 수 있다. 즉,

$$P(X \geq 16) = \sum_{x=16}^{\infty} \frac{e^{-10}(10)^x}{x!} = 0.04874$$

또 하나의 포아송 분포의 특성은 다른 포아송 분포와의 관계이다. n개의 상호독립인 이산확률변수를 각각 $X_i(i=1, 2, \cdots, n)$라고 하자. 또한 각각의 확률변수는 아래와 같은 모수가 $\lambda_i(\lambda_i>0)$ 포아송 분포에 따른다고 가정하자.

$$P(X_i=x_i)=\frac{e^{-\lambda_i}\lambda_i^{x_i}}{x_i!}, \quad x_i=0, 1, 2, \cdots$$

만약 새로운 확률변수 X가 $X=X_1+X_2+\ldots+X_n$이라고 하면 X 또한 포아송 분포이며, 확률함수는 다음과 같이 주어짐을 쉽게 증명할 수 있다.

$$P(X=x)=\frac{e^{-(\lambda_1+\lambda_2+\ldots+\lambda_n)}(\lambda_1+\lambda_2+\ldots+\lambda_n)^x}{x!}, \quad x=0, 1, 2, \cdots$$

예제 5.20 전면과 후면에 각각 한 개씩 출입문이 있는 자동차 판매 대리점이 있다. 전면 출입문으로 대리점에 차를 사러 오는 고객은 하루 평균 3명인 포아송 분포에 따른다. 또한 후면 출입문으로 대리점에 차를 사러 오는 고객은 하루 평균 1명인 포아송 분포에 따른다.

(1) 하루 동안 대리점에 차를 사러 오는 고객 수가 3명 이상일 확률을 구하여라.

(2) 하루 동안 대리점에 차를 사러 오는 고객 수의 평균과 분산을 구하여라.

풀이 하루 동안 전면과 후면의 출입문으로 대리점에 차를 사러 오는 고객 수가 각각 평균 3명과 1명인 포아송 분포이다. 따라서 하루 동안 대리점에 차를 사러 오는 고객은 평균 3+1=4명인 포아송 분포가 된다. 즉, 확률변수 X를 하루 동안 대리점에 차를 사러 오는 고객 수라고 하면,

$$P(X=x)=\frac{e^{-4}4^x}{x!}, \quad x=0, 1, 2, \cdots$$

(1) $P(X\geq 3)=\sum_{x=3}^{\infty}P(X=x)=\sum_{x=3}^{\infty}\frac{e^{-4}4^x}{x!}$

$$=1-\sum_{x=0}^{2}\frac{e^{-4}4^x}{x!}=1-e^{-4}-e^{-4}(4)-\frac{e^{-4}(4)^2}{2}=0.762$$

(2) $E(X)=V(X)=4$

예제 5.21 주유소를 방문하는 고객은 세 종류로 나눌 수 있다. 휘발유를 주유하기 위한 고객은 한 시간에 평균 10명인 포아송 분포에 따르고, 경유를 주유

하기 위한 고객은 한 시간에 평균 8명인 포아송 분포에 따르며, LP가스의 주입을 위한 고객은 한 시간에 평균 5명인 포아송 분포에 따른다.

(1) 확률변수 X를 한 시간 동안 주유소를 방문하는 고객 수라고 할 때 X의 확률함수 $P(X=x)$를 구하여라.

(2) 한 시간 동안 주유소를 방문하는 고객 수가 3명 미만일 확률을 구하여라.

(3) 한 시간 동안 주유소를 방문하는 고객 수가 최소 2명 이상일 확률을 구하여라.

(4) 한 시간 동안 주유소를 방문하는 고객 수의 평균과 분산을 구하여라.

풀이 (1) 한 시간 동안 주유소를 방문하는 고객 수는 평균 $10+8+5=23$명인 포아송 분포에 따른다. 따라서

$$P(X=x)=\frac{e^{-23}(23)^x}{x!},\quad x=0,\ 1,\ 2,\ \cdots$$

(2) $P(X<3)=\sum_{x=0}^{2}\frac{e^{-23}(23)^x}{x!}=e^{-23}+e^{-23}(23)+\frac{e^{-23}(23)^2}{2}=0.000$

(3) $P(X\geq 2)=\sum_{x=2}^{\infty}\frac{e^{-23}(23)^x}{x!}=1-\sum_{x=0}^{1}\frac{e^{-23}(23)^x}{x!}=1-e^{-23}-e^{-23}(23)=1.000$

(4) $E(X)=V(X)=23$

연습문제 5-6

1. 신문 가판대에 신문을 사러 오는 고객 수는 10분 동안 평균 10명인 포아송 분포에 따른다.

(1) 신문을 사러 오는 고객 수가 많아야 5명일 확률을 구하여라.

(2) 신문을 사러 오는 고객이 한 명도 없을 확률을 구하여라.

(3) 신문을 사러 오는 고객 수가 적어도 10명일 확률을 구하여라.

2. 매일 출근시간에 교차로에서 발생되는 교통사고의 수는 평균 3건인 포아송 분포에 따른다.

(1) 내일은 사고가 없을 확률을 구하여라.

(2) 내일은 적어도 한 건의 사고가 발생할 확률을 구하여라.

3. 일주일 동안 한 지역의 골목에 버려지는 자동차 수는 평균이 5대인 포아송 분포에 따른다고 가정한다. 한 대로 버려지지 않을 확률을 구하여라.

4. 미용실에 머리를 손질하러 오는 여성 고객 수는 하루 평균 30명이며, 남성 고객 수는 20명이라고 한다. 여성 고객 수와 남성 고객 수는 상호독립이며 모두 포아송 분포에 따른다고 한다.

(1) 하루 동안 미용실에 머리를 손질하러 오는 고객 수를 나타내는 확률함수를 구하여라.

(2) 하루 동안 미용실에 머리를 손질하러 오는 고객 수가 50명 미만일 확률을 구하여라.

(3) 하루 동안 미용실에 머리를 손질하러 오는 고객 수가 한 명도 없을 확률을 구하여라.

(4) 하루 동안 미용실에 머리를 손질하러 오는 고객 수의 평균과 분산을 구하여라.

5. 음반 판매점에 하루 평균 20명이 가요, 10명이 팝송, 5명이 클래식 그리고 3명이 동요 CD를 사러 온다. 4종류의 CD 구입을 위한 고객 수는 상호독립이며 포아송 분포에 따른다.

(1) 하루에 가요 CD를 사려는 고객이 5명 미만일 확률을 구하여라.

(2) 하루에 팝송 CD를 사려는 고객이 한 명도 오지 않을 확률을 구하여라.

(3) 하루에 CD를 구입하려고 오는 고객 수의 평균과 분산을 구하여라.

(4) 하루에 50명 이상의 고객이 CD를 구입하러 올 확률을 구하여라.

(5) 하루에 CD를 사려는 고객이 한 명도 오지 않을 확률을 구하여라.

1. 6개의 동전을 던졌을 때 나오는 앞면의 개수를 확률변수 X라고 할 때 X의 확률함수 $P(X=x)$, $x=0, 1, 2, \cdots, 6$을 구하여라.

2. 신용불량자로 판정받은 사람 중 30%는 파산신청으로 채무변제를 유예받는다고 한다. 4명의 신용불량자를 임의로 선정하였다고 가정하고 다음 질문에 답하여라.

(1) 4명 모두가 파산을 신청할 확률을 구하여라.

(2) 1명만이 파산을 신청할 확률을 구하여라.

(3) 아무도 파산을 신청하지 않을 확률을 구하여라.

3. 지나치게 과도한 영양공급으로 인해 신생아 10명 중 1명은 대사증후군에 시달린다고 한다. 한 병원에서 어느 날 10명의 신생아가 태어났을 때 아무도 대사증후군의 증세를 보이지 않을 확률을 구하여라. 또한 많아야 1명이 대사증후군의 증세를 보일 확률을 구하여라.

4. 생산된 전체 제품에는 1%의 불량 제품이 포함되어 있다. 10개의 제품을 한 상자에 넣어 판매할 때, 만일 한 상자에 불량 제품의 개수가 두 개 이상이면 구입가의 두 배를 환불해 주기로 되어 있다. 판매된 상자가 반품될 확률을 구하여라.

5. 15명이 참여하고 있는 어떤 환경위원회에서 적어도 10명 이상이 찬성을 하면 어떤 사안이라도 통과한 것으로 결정된다. 새로이 건축하려는 공장이 이 환경위원회를 통과할 확률은 얼마인가? 단, 각각의 위원들이 환경문제에 관해 부정적인 의견을 가질 확률이 p라고 가정하라.

6. 새로운 수술방법을 사용할 경우 수술 성공 확률이 0.8이라고 한다. 만약 5명의 환자에게 적용했을 경우 다음 질문에 답하여라.

(1) 5명 모두 수술이 성공할 확률을 구하여라.

(2) 정확히 4명만이 성공할 확률을 구하여라.

(3) 2명보다 적은 환자가 수술에 성공할 확률을 구하여라.

7. 철도공사에서 지난 한 해 동안 KTX의 운행시간을 조사한 결과 10분 이상 지연될 확률이 0.2 정도로 판명되었다. 10대의 KTX가 운행된다고 가정했을 때 다음 질문에 답하여라.

(1) 한 대도 지연되지 않을 확률을 구하여라.

(2) 5대가 지연될 확률을 구하여라.

(3) 10대 모두 지연될 확률을 구하여라.

8. 어떤 전자제품에는 상호 독립적으로 작동하는 동일한 부품 5개로 구성되어 있다. 이 제품은 5개 부품 중 과반수 이상이 작동해야 정상적인 기능을 발휘할 수 있다고 한다. 각각의 부품이 정상적으로 작동할 확률이 p라고 할 때 다음 질문에 답하여라.

(1) 5개의 부품으로 된 제품이 3개의 부품으로 구성된 제품보다 작동될 확률이 높기 위해서는 p의 값이 어떠한 경우인가?

(2) 일반적으로 $(2n+1)$개의 부품으로 구성되어 있는 제품이 $(2n-1)$개의 부품으로 구성된 제품보다 작동될 확률이 더 높기 위해서는 p의 값이 어떠한 경우인가?

9. 일반적으로 화학공장에서 배출되는 오염된 폐수는 생물의 생존에 치명적일 수 있다. 특정한 화학성분이 포함되어 있을 경우 물고기의 20%가 24시간 내에 죽을 수 있다는 연구결과가 나왔다. 만약 물고기 20마리를 사용하여 실험을 수행하였을 경우 다음 질문에 답하여라.

(1) 정확히 14마리가 생존할 확률을 구하여라.

(2) 최소한 10마리가 생존할 확률을 구하여라.

(3) 최대한 16마리가 생존할 확률을 구하여라.

10. 헌혈되는 혈액을 조사한 결과 80%가 Rh+ 인자(Rhesus factor)를 포함하고 있다. 특정한 날 5명이 헌혈을 했다고 가정할 경우 다음 질문에 답하여라.

(1) 적어도 한 명이 Rh+ 인자를 포함하고 있을 확률을 구하여라.

(2) 많아야 4명이 Rh+ 인자를 포함하고 있을 확률을 구하여라.

11. 항공방위시스템은 상호 독립적으로 작동하는 n개의 레이더로 구성되어 있다. 각각의 레이더의 특정한 영공에 침입하는 적의 항공기를 식별할 수 있는 확률이 0.9라고 한다.

(1) 만약 $n = 2$일 때, 한 대의 적의 항공기가 영공을 침입했을 경우 항공방위시스템이 이를 식별할 확률을 구하여라.

(2) $n = 4$일 때의 확률을 구하여라.

(3) 한 대의 적의 항공기가 영공을 침입했을 때 항공방위시스템이 이를 식별할 확률이 0.99가 되기 위한 레이더 대수를 구하여라.

12. 복잡한 전자회로기판에는 4개의 동일한 반도체가 포함되어 있다. 각각의 반도체가 1,000시간 사용 이전에 고장이 날 확률이 0.2라고 한다. 회로기판이 정상적으로 작동하기 위해서는 두 개 이상의 반도체가 고장이 나지 않아야 한다.

(1) 정확히 두 개의 반도체가 1,000시간 이상 고장 나지 않을 확률을 구하여라.

(2) 회로기판이 1,000시간 이상 정상적으로 작동할 확률을 구하여라.

13. 석유탐사회사에서 10개의 시추공을 뚫으려고 한다. 뚫은 시추공에서 석유가 나올 확률이 0.1이며 한 개의 시추공을 뚫는 데 1억 원의 비용이 소요된다. 또한 석유가 나온 시추공 한 개로부터 기대되는 수익은 50억 원이라고 할 때 회사에서 예상되는 수익의 기댓값과 표준편차를 구하여라.

14. 엔진 생산라인에서 만들어진 엔진의 10%가 불량으로 판정된다. 만약 생산된 엔진 중에서 임의로 선정하여 하나씩 검사를 수행할 경우, 첫 불량 엔진이 세 번째 검사에서 나타날 확률을 구하여라.

15. 제품의 성능시험을 수행하는 데 필요한 비용이 100만 원이며, 성능시험의 결과가 정해진 기준을 만족할 확률이 0.2이다. 만약 성능시험이 정해진 기준을 만족하지 않아 다시 시도하는 경우 설비의 청소비용이 추가로 30만 원 필요하다. 성능시험이 성공할 때까지 소요되는 비용의 기댓값을 구하여라.

16. 항아리에 흰 바둑돌 M개와 검은 바둑돌 N개가 들어 있다. 처음으로 검은 바둑돌이 나올 때까지 한 번에 한 개씩 바둑돌을 추출한다. 만일 추출한 바둑돌을 다시 추출하기 전에 항아리에 다시 넣는 복원추출을 할 경우 다음 질문에 답하여라.

(1) 총 추출해야 될 횟수가 다섯 번일 확률을 구하여라.

(2) 추출해야 될 횟수가 적어도 다섯 번일 확률을 구하여라.

(3) 추출해야 될 횟수가 많아야 다섯 번일 확률을 구하여라.

17. 단열재를 생산하는 회사에 근무하고 있는 근로자의 호흡기 질병이 있는지를 검진한 결과 약 40%의 근로자가 심각한 수준인 것으로 판정되었다. 10명의 근로자를 검진하였을 때 3명의 근로자가 심각한 수준으로 판정받을 확률을 구하여라.

18. 헌혈자의 혈액을 분석한 결과 약 1/3이 O형으로 판정되었다.

(1) 네 번째 헌혈자의 혈액형이 처음으로 O형일 확률을 구하여라.

(2) 네 번째 헌혈자의 혈액형이 두 번째 O형일 확률을 구하여라.

19. 지질학자의 분석에 따르면 하나의 시추공으로 석유를 발견할 확률이 0.2 정도라고 한다.

(1) 세 번째 시추공에서 처음으로 석유가 발견될 확률을 구하여라.

(2) 다섯 번째 시추공에서 세 번째로 석유가 발견될 확률을 구하여라.

20. 새 자동차에 장착되는 재고 타이어의 10%가 불량으로 판정된다. 한 대의 자동차를 생산하기 위해서는 4개의 양품의 타이어가 필요하다.

(1) 한 대의 차를 생산하기 위해 필요한 양품 타이어 4개를 찾기 위하여 6개의 타이어를 선정해야 할 확률을 구하여라.

(2) 양품 타이어 4개를 찾기 위해 선정해야 할 타이어 수의 기댓값과 분산을 구하여라.

21. 주사위의 눈금 5가 6번이 나올 때까지 던져야 할 횟수의 기댓값과 분산을 구하여라.

22. 흰 공 5개와 검은 공 4개가 들어 있는 상자에서 한 개씩 계속 복원 추출하기로 한다. 처음 추출한 공 6개 중 두 개가 흰 공일 확률을 구하여라.

23. 30명 학생으로 구성된 학급의 혈액형을 조사한 결과, Rh−를 갖은 학생이 5명 포함되어 있다. 긴급하게 Rh−가 필요하여 임의로 3명의 학생을 선정했을 경우, 여기에 Rh− 혈액형을 가진 학생 수를 확률변수 X로 나타낸다고 가정했을 때 다음 질문에 답하여라.

(1) $P(X \geq 2)$를 구하여라.

(2) $P(X \geq 1)$를 구하여라.

(3) $E(X)$와 $V(X)$를 구하여라.

24. 한 학생이 중요한 어학 면접시험을 준비하고 있는데, 영어와 일본어 두 가지 중 한 가지를 선택할 수 있다고 한다. 학생이 영어를 선택할 경우 한 시험관이 합격이라고 판정을 내릴 확률은 0.4이고, 일본어를 선택할 경우 합격할 확률은 0.6이다. 만약 학생이 영어시험을 치를 확률이 일본어를 치를 확률의 3배일 경우, 학생은 시험관이 5명이 있는 시험과 3명의 시험관이 있는 시험 중에서 어떠한 시험을 치르는 것이 더 유리한가를 판단하여라. 단, 시험관의 과반수 이상이 합격의 판정을 내려야 합격으로 간주된다.

25. 12명으로 구성된 배심원이 있다. 배심원 중 2/3 이상이 유죄를 선언하면 유죄로 선고받는다. 여기에서 각 배심원이 유죄인 피고를 무죄로 판정할 확률은 0.2이지만 무죄인 피고를 유죄로 판정할 확률은 0.1이다. 만일 피고의 유죄 확률이 70%인 경우 배심원이 정확한 판정을 내릴 확률을 구하여라.

26. 어떤 전자회사에서 생산되는 USB 메모리가 불량일 확률은 0.001이라고 한다. 이 회사는 메모리를 20개씩 한 상자에 포장하여 대형 할인매장에 납품하고 있다. 만일 한 상자에 포장된 20개 중 한 개라도 불량이 포함되어 있으면 반품을 하기로 되어 있다. 만일 10상자를 납품받았을 경우 한 상자가 반품이 될 확률을 구하여라.

27. 워드프로세스를 사용하여 논문을 작성하면 일반적으로 한 페이지에 평균적으로 3개의 오타가 포함된다는 가정하에 다음 질문에 답하여라.

(1) 다음 페이지에 오타가 하나도 없을 확률을 구하여라.

(2) 다음 페이지에 오타가 3개 이상일 확률을 구하여라.

(3) 다음 페이지에 오타가 2개 이하일 확률을 구하여라.

28. 보잉항공사에서 조사한 자료에 의하면 전세계적으로 비행기 추락사고 횟수는 한 달에 평균 4건이라고 한다.

(1) 다음 달에 추락사고가 2건 이상일 확률을 구하여라.

(2) 다음 달에 추락사고가 한 건도 없을 확률을 구하여라.

29. 어떤 빈터에 폐가전제품을 버리는 사람은 매주 평균 3명이다.

(1) 다음 주에 폐가전제품을 버리는 사람이 한 명도 없을 확률을 구하여라.

(2) 다음 주에 폐가전제품을 버리는 사람이 적어도 2명 이상일 확률을 구하여라.

30. 항공권 예약을 위해 항공사로 전화를 걸면 60%가 통화 중 신호를 듣게 된다.

(1) 만약 항공사에 전화를 걸었을 때 첫 번째 시도로 통화에 성공할 확률을 구하여라.

(2) 만약 다른 사람도 같이 통화를 시도했을 경우 총 4번으로 두 사람 모두가 통화에 성공할 확률을 구하여라.

31. 창고에 보관되어 있는 10대의 프린터 중 4대가 사용 불능 상태인 것으로 밝혀졌다. 만약 5대를 골랐을 때 모두가 사용 가능한 프린터일 확률을 구하여라.

32. 한 회사에서 부품을 납품받는 회사는 모두 6곳으로, 이 중 4곳은 지역에 있는 회사이다. 회사에서 임의로 3곳의 부품납품회사를 선정했을 때,

(1) 최소한 한 곳이 지역 회사가 아닐 확률을 구하여라.

(2) 3곳 모두가 지역회사일 확률을 구하여라.

33. 전화교환대에 걸려오는 전화의 수는 포아송 확률변수로 나타낼 수 있다. 평균적으로 한 시간에 10번의 전화가 걸려왔을 때,

(1) 한 시간에 5통의 전화가 걸려올 확률을 구하여라.

(2) 한 시간에 3통 이하의 전화가 걸려올 확률을 구하여라.

(3) 정확히 두 시간에 15통의 전화가 걸려올 확률을 구하여라.

(4) 정확히 3통의 전화가 30분 동안 걸려올 확률을 구하여라.

34. 고속도로의 노면이 심각하게 파손되어 보수공사가 필요한 곳의 수는 평균 1 km당 2곳인 포아송 확률변수로 표현된다.

(1) 5 km에 보수해야 할 곳이 하나도 없을 확률을 구하여라.

(2) 500 m에 보수해야 할 곳이 최소한 한 곳 이상일 확률을 구하여라.

35. 일반 국도에서 하루에 발생되는 교통사고 중에서 운전자의 사망사고 횟수는 평균 0.1건인 포아송 분포에 따른다고 한다.

(1) 하루에 발생되는 교통사고 중에서 운전자의 사망사고 횟수가 한 번도 없을 확률을 구하여라.

(2) 하루에 발생되는 교통사고 중에서 운전자의 사망사고 횟수가 3번 이상일 확률을 구하여라.

36. 성인 남성이 일 년 동안 걸리는 감기의 횟수는 평균 3번인 포아송 분포에 따른다고 한다.

(1) 일 년 동안 감기가 한 번도 걸리지 않을 확률을 구하여라.

(2) 최소한 3번 이상 감기에 걸릴 확률을 구하여라.

37. 전자제품을 수리하는 곳을 방문하는 사람들을 분석한 결과, TV의 수리를 위해 방문하는 사람은 하루 평균 5명인 포아송 분포, 휴대전화기 관련 수리를 위한 방문은 하루 평균 25명인 포아송 분포, 그리고 그 외의 전자제품의 수리를 위한 방문은 하루 평균 10명인 포아송 분포에 따른다고 한다.

(1) 하루 동안 수리하는 곳을 방문하는 사람의 평균과 분산을 구하여라.

(2) 하루 동안 수리하는 곳을 방문하는 사람이 10명 이하일 확률을 구하여라.

(3) 하루 동안 수리하는 곳을 방문하는 사람이 적어도 10명일 확률을 구하여라.

(4) 수리를 위해 방문하는 사람들 사이의 시간 간격이 1시간 이하일 확률을 구하여라. 단, 하루는 10시간으로 한다.

CHAPTER 6

연속확률분포

CHAPTER OUTLINE

6.1 연속일양분포 *191*

6.2 지수분포 *195*

6.3 감마분포 *204*

6.4 베타분포 *210*

6.5 대수정규분포 *211*

6.6 와이블분포 *212*

연습문제 *215*

이산확률변수와는 달리 랜덤시행의 결과를 하나의 값으로 정확히 표현할 수 없는 경우에는 연속확률변수가 사용되어야 한다. 주로 랜덤시행의 목적이 길이, 시간, 무게, 부피 등을 측정하는 경우가 여기에 해당된다고 볼 수 있다. 수학의 영역에는 많은 다양한 형태의 함수가 존재하지만 연속확률변수의 확률분포함수로 활용하기 위해서는 적분 가능, 현실성 등 몇 가지 조건을 만족해야 한다. 이러한 조건들을 만족하며 일반적으로 많이 활용되고 있는 연속확률분포들에 관하여 각각의 분포의 기댓값과 분산을 포함하는 독특한 성질, 그리고 다른 분포들과의 관계에 대하여 분석한다. 단, 통계학에서 많이 활용되는 주요 샘플링 분포인 정규분포, 카이제곱분포, t 분포, 그리고 F 분포에 관해서는 다른 장에서 상세한 분석이 있기 때문에 여기에서는 생략하기로 한다.

6.1 연속일양분포

연속확률분포 중에서 가장 간단한 형태인 **연속일양분포** 혹은 **균일분포**는 아래와 같이 정의된다.

[정의 6.1] 연속일양분포

연속확률변수 X의 확률밀도함수(probability density function)가 아래와 같을 때 **연속일양분포**(continuous uniform distribution) 혹은 **균일분포**라고 부른다.

$$
\begin{aligned}
f(x) &= \frac{1}{b-a} \qquad & a \leq x \leq b \\
&= 0 \qquad & \text{기타}
\end{aligned}
$$

a와 b는 실수이며 $a < b$이다.

연속일양분포의 확률밀도함수는 그림 6.1과 같은 형태를 유지한다. 또한 정의된 확률

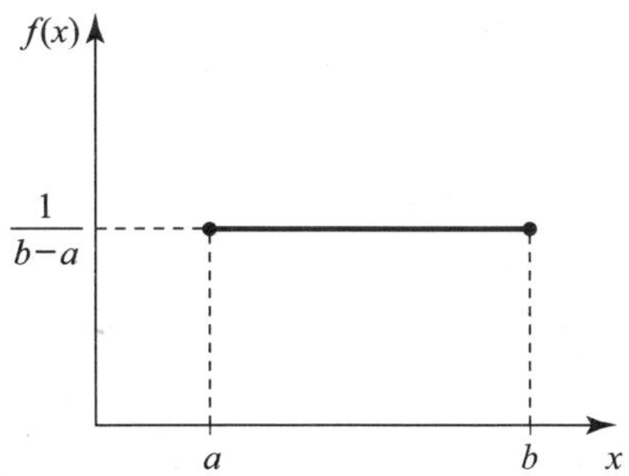

그림 6.1 연속일양분포의 확률밀도함수

밀도함수를 사용하면 $\int_a^b f(x)dx = 1$을 쉽게 증명할 수 있다. 연속일양분포의 중요한 특성치, 즉 기댓값 $E(X)$와 분산 $V(X)$는 다음과 같이 유도할 수 있다.

$$E(X) = \int_a^b x \frac{1}{(b-a)} dx = \frac{1}{(b-a)} \int_a^b x dx$$

$$= \frac{1}{(b-a)} \left[\frac{x^2}{2} \right]_a^b$$

$$= \frac{1}{(b-a)} \frac{(b^2-a^2)}{2} = \frac{a+b}{2}$$

분산 $V(X)$를 구하기 위해 먼저 $E(X^2)$를 구하면,

$$E(X^2) = \int_a^b x^2 \frac{1}{(b-a)} dx$$

$$= \frac{1}{(b-a)} \int_a^b x^2 dx$$

$$= \frac{1}{(b-a)} \left[\frac{x^3}{3} \right]_a^b$$

$$= \frac{1}{(b-a)} \frac{(b^3-a^3)}{3}$$

$$= \frac{1}{(b-a)} \frac{(b-a)(b^2+ab+a^2)}{3}$$

$$= \frac{b^2+ab+b^2}{3}$$

따라서 위에서 구한 $E(X)$와 $E(X^2)$을 사용하여 분산 $V(X)$를 구하면,

$$V(X) = E[X^2] - (E[X])^2$$

$$= \frac{b^2+ab+a^2}{3} - \left(\frac{a+b}{2} \right)^2$$

$$= \frac{4(b^2+ab+a^2) - 3(a+b)^2}{12}$$

$$= \frac{b^2-2ab+a^2}{12}$$

$$= \frac{(b-a)^2}{12}$$

예제 6.1 아래의 확률밀도함수를 사용하여 다음 질문에 답하여라.

$$f(x)=\frac{1}{2},\ 2\leqq x\leqq 4$$

(1) 확률 $P\left(\frac{5}{2}\leqq X\leqq\frac{7}{2}\right)$을 구하여라.

(2) 일반적인 x에 관해 확률 $P(X\leqq x)$를 구하여라.

(3) 기댓값 $E(X)$를 구하여라.

(4) 분산 $V(X)$를 구하여라.

풀이 (1) $P\left(\frac{5}{2}\leqq X\leqq\frac{7}{2}\right)=\int_{5/2}^{7/2}\frac{1}{2}dx=\left[\frac{7/2}{2}-\frac{5/2}{2}\right]=\frac{1}{2}$

(2) $P(X\leqq x)=\begin{cases}0, & x<2\\ \int_2^x\frac{1}{2}dy=\frac{x-2}{2}, & 2\leqq x<4\\ 1, & x\geqq 4\end{cases}$

(3) $E(X)=\int_2^4 x\frac{1}{2}dx=\left(\frac{4^2}{4}-\frac{2^2}{4}\right)=3$

(4) 분산 $V(X)$를 구하기 위해서는 $E(X^2)$이 필요하므로

$$E(X^2)=\int_2^4 x^2\frac{1}{2}dx=\left(\frac{4^3}{6}-\frac{2^3}{6}\right)=\frac{28}{3}$$

따라서 $V(X)=E(X^2)-[E(X)]^2=\frac{28}{3}-3^2=\frac{1}{3}$

예제 6.2 아래의 확률밀도함수를 사용하여 다음 질문에 답하여라.

$$f(x)=1,\ 0\leqq x\leqq 1$$

(1) 확률 $P\left(0\leqq X\leqq\frac{3}{4}\right)$을 구하여라.

(2) 일반적인 x에 관해 확률 $P(X\leqq x)$를 구하여라.

(3) 기댓값 $E(X)$를 구하여라.

(4) 분산 $V(X)$를 구하여라.

풀이 (1) $P\left(0\leqq X\leqq\frac{3}{4}\right)=\int_0^{3/4}1dx=\left[\frac{3}{4}-0\right]=\frac{3}{4}$

(2) $P(X\leqq x)=\begin{cases}0, & x<0\\ \int_0^x 1dy=x, & 0\leqq x<1\\ 1, & x\geqq 1\end{cases}$

(3) $E(X)=\int_0^1 xdx=\left(\frac{1}{2}-0\right)=\frac{1}{2}$

(4) 분산 $V(X)$를 구하기 위해서는 $E(X^2)$이 필요하므로

$$E(X^2)=\int_0^1 x^2dx=\left(\frac{1^3}{3}-0\right)=\frac{1}{3}$$

따라서 $V(X)=E(X^2)-[E(X)]^2=\frac{1}{3}-\left(\frac{1}{2}\right)^2=\frac{1}{12}$

연습문제 6-1

1. 연속확률변수 X는 0과 10 사이에서 균일분포를 한다.

(1) X의 확률밀도함수 $f(x)$를 구하여라.

(2) X의 누적분포함수 $F(x)=P(X\leq x)$를 구하여라.

(3) $P(X\geq 9)$를 구하여라.

(4) $P(5\leq X\leq 9)$를 구하여라.

(5) $E(X)$와 $V(X)$를 구하여라.

2. 아래의 연속확률밀도함수를 사용하여 다음 질문에 답하여라.

$$f(x)=\frac{1}{a},\ 0<x<a$$

(1) X의 누적분포함수 $F(x)=P(X\leq x)$를 구하여라.

(2) $P\left(X\geq\frac{a}{2}\right)$를 구하여라.

(3) $P\left(\frac{a}{4}\leq X\leq\frac{3a}{4}\right)$를 구하여라.

(4) $E(X)$와 $V(X)$를 구하여라.

3. 아래의 확률밀도함수를 사용하여 다음 질문에 답하여라.

$$f(x)=\frac{1}{b-a},\ \ a<x<b$$

(1) $E(e^{-tX})$를 구하여라.

(2) (1)에서 구한 $E(e^{-tX})$의 특징을 활용하여, 즉 $\frac{d^n}{dt^n}E(e^{-tX})|_{t=0} = E(X^n)$을 사용하여 $E(X)$와 $V(X)$를 구하여라.

4. 연속확률변수 X는 $-\alpha$와 α 사이에서 균일분포를 한다.

(1) X의 확률밀도함수 $f(x)$를 구하여라.

(2) X의 누적분포함수 $F(x) = P(X \leqq x)$를 구하여라.

(3) $P\left(X \geqq -\frac{\alpha}{2}\right)$를 구하여라.

(4) $P\left(-\frac{\alpha}{3} \leqq X \leqq \frac{\alpha}{2}\right)$를 구하여라.

(5) $E(X)$와 $V(X)$를 구하여라.

5. 연속확률변수 X는 0과 α 사이에서 균일분포를 한다.

(1) $P(X \geqq 1) = \frac{1}{3}$이 성립될 때 α의 값을 구하여라.

(2) $P(X \geqq 1) = \frac{1}{2}$이 성립될 때 α의 값을 구하여라.

(3) $P(X \leqq 0.5) = 0.3$이 성립될 때 α의 값을 구하여라.

6.2 지수분포

이산확률분포인 포아송 분포가 일정한 시간대에서 발생하는 도착 수(arrivals) 또는 사건 수에 대한 분포라면 지수분포는 계속하여 발생하는 사건의 시간 간격에 대한 연속확률분포이다. 지수분포는 아래와 같이 정의한다.

[정의 6.2] 지수분포

연속확률변수 X가 다음과 같은 확률밀도함수를 만족할 때 모수가 λ인 **지수분포** (exponential distribution)라고 부른다.

$$f(x) = \lambda e^{-\lambda x} \qquad x \geqq 0$$
$$= 0 \qquad \text{기타}$$

여기서 모수 λ는 양의 실수이다.

지수분포에 포함되어 있는 모수 λ의 다양한 값에 따른 확률밀도함수는 그림 6.2와 같다.

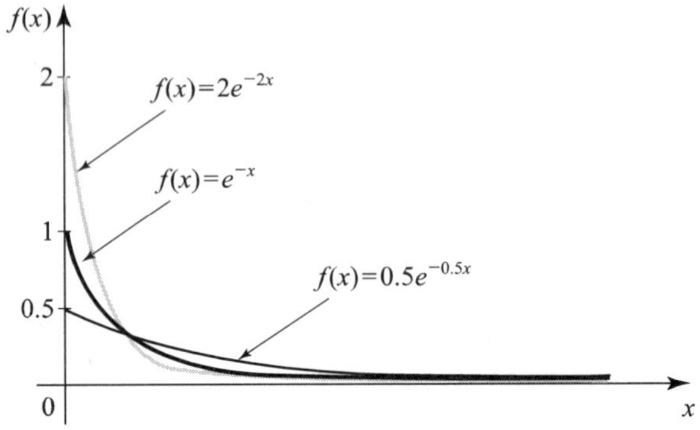

그림 6.2 지수분포의 확률밀도함수

지수분포는 포아송 분포로부터 쉽게 구할 수 있다. 정의 5.7의 포아송 분포식에 있는 모수 λ는 평균 도착 수로서 시간 t의 크기에 따라 달라진다. 따라서 이를 일반화하여 λ를 λt로 바꾸어 쓰면,

$$\begin{aligned} P(X=x) &= \frac{e^{-\lambda t}(\lambda t)^x}{x!} \qquad x = 0, 1, 2, \cdots \\ &= 0 \qquad \text{기타} \end{aligned}$$

이다. 여기서 $[0, t]$ 동안 도착이 없을 확률은 $P(0) = e^{-\lambda t}$이고, 첫 번째 도착까지의 시간을 확률변수 T라고 했을 때

$$P(0) = P(T > t) = e^{-\lambda t}, \quad t \geqq 0$$

이 된다. 여기서 누적분포함수는

$$F(t) = P(T \leqq t) = 1 - e^{-\lambda t}, \quad t \geqq 0$$

이고, $f(t) = F'(t)$이므로 확률밀도함수는

$$\begin{aligned} f(t) &= \lambda e^{-\lambda t} \qquad t \geqq 0 \\ &= 0 \qquad \text{기타} \end{aligned}$$

이다. 이것은 정의 6.2의 지수분포의 식이다.

지수분포함수의 누적분포함수는 그림 6.3과 같은 형태를 갖는다.

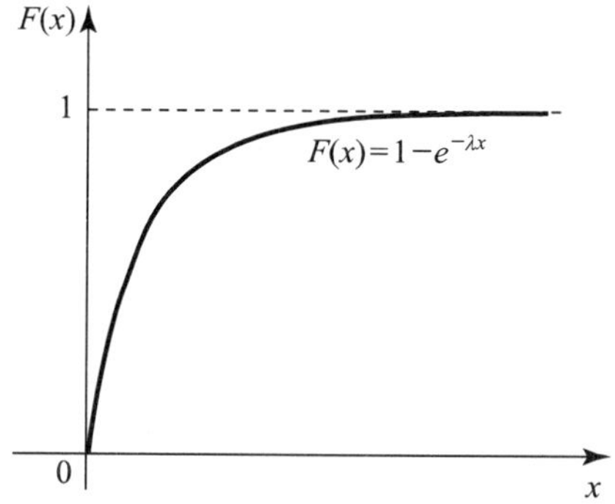

그림 6.3 지수분포의 누적분포함수

지수분포의 주요 특성치의 하나인 기댓값 $E(X)$는 다음과 같은 과정을 통하여 유도된다. 기댓값의 정의로부터

$$\begin{aligned} E(X) &= \int_0^\infty xf(x)dx = \int_0^\infty x\lambda e^{-\lambda x}dx \\ &= \lambda \int_0^\infty xe^{-\lambda x}dx \end{aligned}$$

여기에서 $\int_0^\infty xe^{-\lambda x}dx$를 계산하기 위해서는 수학에서 사용되는 다음의 부분적분 (integration by parts), 즉 $\int f'(x)g(x)dx = f(x)g(x) - \int f(x)g'(x)dx$를 사용해야 한다. $\int_0^\infty xe^{-\lambda x}dx$에서 $f'(x) = e^{-\lambda x}$ 그리고 $g(x) = x$라면 $f(x) = -\dfrac{e^{-\lambda x}}{\lambda}$, $g'(x) = 1$이 된다. 따라서

$$\begin{aligned} E(X) = \lambda \int_0^\infty xe^{-\lambda x}dx &= \lambda \left\{ \left[-x\frac{e^{-\lambda x}}{\lambda} \right]_0^\infty - \int_0^\infty \left(-\frac{e^{-\lambda x}}{\lambda} \right) dx \right\} \\ &= \lambda \int_0^\infty \frac{e^{-\lambda x}}{\lambda} dx = \int_0^\infty e^{-\lambda x}dx \\ &= \left[\frac{e^{-\lambda x}}{-\lambda} \right]_0^\infty = \frac{1}{\lambda} \end{aligned}$$

또다른 특성치의 하나인 분산 $V(X)$를 구하기 위해서는 X의 2차 모멘트 $E(X^2)$을 구해야 된다.

$$E(X^2) = \int_0^\infty x^2\lambda e^{-\lambda x}dx = \lambda \int_0^\infty x^2 e^{-\lambda x}dx$$

여기에서도 역시 부분적분을 적용하면, 즉 $f'(x)=e^{-\lambda x}$ 그리고 $g(x)=x^2$이라면 $f(x)=-\dfrac{e^{-\lambda x}}{\lambda}$, $g'(x)=2x$가 된다. 따라서

$$\begin{aligned}E(X^2) &= \lambda\int_0^\infty x^2 e^{-\lambda x}dx \\ &= \lambda\left\{\left[-x^2\frac{e^{-\lambda x}}{\lambda}\right]_0^\infty - \int_0^\infty\left(-2x\frac{e^{-\lambda x}}{\lambda}\right)dx\right\} \\ &= 2\int_0^\infty xe^{-\lambda x}dx \\ &= \frac{2}{\lambda}\int_0^\infty x\lambda e^{-\lambda x}dx \\ &= \frac{2}{\lambda}E(X)\end{aligned}$$

가 되고, 위에서 유도한 $E(X)$의 결과를 사용하여 대입하면

$$E(X^2)=\frac{2}{\lambda^2}$$

따라서 분산 $V(X)$는 다음과 같이 구해진다.

$$\begin{aligned}V(X) &= E(X^2)-[E(X)]^2 \\ &= \frac{2}{\lambda^2}-\left(\frac{1}{\lambda}\right)^2 \\ &= \frac{1}{\lambda^2}\end{aligned}$$

또한 지수분포의 적률생성함수(moment generating function) $M_X(t)$도 다음과 같이 구해진다.

$$\begin{aligned}M_X(t)=E(e^{tx}) &= \int_0^\infty e^{tx}f(x)dx \\ &= \int_0^\infty e^{tx}\lambda e^{-\lambda x}dx=\frac{\lambda}{\lambda-t}\end{aligned}$$

물론 여기에서 $M_X(t)$를 활용할 수 있다. 즉,

$$\frac{d^n}{dt^n}M_X(t)|_{t=0}=E(X^n)$$

예제 6.3 연속확률변수 X가 모수가 2인 지수분포에 따를 때 아래의 질문에 답하여라.

(1) 연속확률변수 X의 누적분포함수를 구하여라.

(2) $P(X \leq 2)$를 구하여라.

(3) $P(1 \leq X \leq 2)$를 구하여라.

(4) 기댓값 $E(X)$를 구하여라.

(5) 분산 $V(X)$를 구하여라.

풀이 연속확률변수 X의 확률밀도함수가 다음과 같이 주어진다.

$$f(x) = 2e^{-2x}, \quad x > 0$$

(1) 연속확률변수 X의 누적분포함수 $F(x) = P(X \leq x)$는 다음과 같이 구해진다.

$$F(x) = \begin{cases} P(X \leq x) = 0, & x < 0 \\ \int_0^x 2e^{-2y} dy = 1 - e^{-2x}, & x \geq 0 \end{cases}$$

(2) 확률밀도함수를 사용하여 구하면 다음과 같다.

$$P(X \leq 2) = \int_0^2 2e^{-2x} dx = -e^{-2(2)} - (-e^{-2(0)}) = 1 - e^{-4}$$

(1)에서 구한 누적분포함수의 결과를 활용하여도 동일한 결과를 얻을 수 있다. 즉, $F(x) = P(X \leq x) = 1 - e^{-2x}$에 $x = 2$를 대입하면 된다.

(3) (2)에서와 같이 확률밀도함수를 사용하여 직접 구하면

$$P(1 \leq X \leq 2) = \int_1^2 2e^{-2x} dx = -e^{-4} - (-e^{-2}) = e^{-2} - e^{-4}$$

또한 $P(1 \leq X \leq 2) = P(X \leq 2) - P(X \leq 1)$이므로 누적분포함수의 결과를 사용하면

$$\begin{aligned} P(1 \leq X \leq 2) &= P(X \leq 2) - P(X \leq 1) = \{1 - e^{-2(2)}\} - \{1 - e^{-2(1)}\} \\ &= e^{-2} - e^{-4} \end{aligned}$$

(4) 모수가 λ인 지수분포의 $E(X)$는 $\frac{1}{\lambda}$이다. 따라서 $E(X) = \frac{1}{2}$이다.

(5) 모수가 λ인 지수분포의 $V(X)$는 $\frac{1}{\lambda^2}$이다. 따라서 $V(X) = \frac{1}{2^2} = \frac{1}{4}$이다.

예제 6.4 일반적으로 한 사람이 휴대전화기를 사용할 경우 통화시간은 평균이 1분인 지수분포에 따른다고 한다.

(1) 통화시간이 1분 이상일 확률을 구하여라.

(2) 통화시간이 1분과 2분 사이에 있을 확률을 구하여라.

풀이 평균 1분인 지수분포의 확률밀도함수는 다음과 같다.

$$f(x) = e^{-x}, \quad x > 0$$

(1) $P(X > 1) = \int_1^{\infty} e^{-x} dx = 0 - (-e^{-1}) = e^{-1}$

(2) $P(1 \le X \le 2) = \int_1^{2} e^{-x} dx = -e^{-2} - (-e^{-1}) = e^{-1} - e^{-2}$

지수분포의 가장 중요한 특성 중의 하나가 다음의 무기억성 정리이다. 지수분포는 연속확률분포 중에서 이와 같은 성질을 보유하고 있는 유일한 분포이며, 이미 이산확률분포 중에서 기하분포가 무기억 정리를 만족함을 보인 바 있다.

[정리 6.1] 무기억 정리

모든 지수분포는 아래의 관계식을 만족한다.

$$P(X > x + dx / X > dx) = P(X > x)$$

증명 조건부 확률의 정의를 적용하면

$$\begin{aligned} P(X > x + dx / X > dx) &= \frac{P(X > x + dx,\ X > dx)}{P(X > dx)} \\ &= \frac{P(X > x + dx)}{P(X > dx)} \end{aligned}$$

앞에서 이미 유도된 누적분포함수의 여집합 함수

$$P(X > x) = 1 - P(X \le x) = e^{-\lambda x}$$

를 이용하면 아래의 결론을 도출할 수 있다.

$$\begin{aligned} \frac{P(X > x + dx)}{P(X > dx)} &= \frac{e^{-\lambda(x + dx)}}{e^{-\lambda dx}} \\ &= e^{-\lambda x} \\ &= P(X > x) \end{aligned}$$

예제 6.5 아래의 확률밀도함수를 사용하여 다음 질문에 답하여라.

$$f(x)=5e^{-5x}, \quad x>0$$

(1) 확률 $P(X>3)$을 구하여라.

(2) 조건확률 $P(X>5/X>2)$를 구하여라.

(3) 위의 (1)과 (2)의 결과를 비교하라.

풀이 (1) $P(X>3)=\int_3^{\infty} 5e^{-5x}dx=0-(-e^{-15})=e^{-15}$

(2) $P(X>5/X>2)=\dfrac{P(X>5\cap X>2)}{P(X>2)}=\dfrac{P(X>5)}{P(X>2)}$

$$=\frac{\int_5^{\infty} 5e^{-5x}dx}{\int_2^{\infty} 5e^{-5x}dx}=\frac{e^{-25}}{e^{-10}}=e^{-15}$$

(3) (1)과 (2)의 결과를 보면 $P(X>3)=P(X>5/X>2)$가 성립함을 알 수 있다. 지수분포이기 때문에 무기억 정리가 성립함을 확인할 수 있다.

예제 6.6 자동차 정비공장에서 사고가 난 차량을 수리하는 데 소요되는 시간은 평균 3시간의 지수분포에 따른다.

(1) 한 대를 수리하는 데 소요되는 시간이 3시간을 초과할 확률을 구하여라.

(2) 이미 수리하는 데 3시간이 지났다고 가정했을 때 앞으로 1시간 이내에 수리가 완료될 확률을 구하여라.

풀이 (1) 평균이 3시간인 지수분포의 확률밀도함수는 다음과 같다.

$$f(x)=\frac{1}{3}e^{-\frac{1}{3}x}, \quad x>0$$

따라서 수리하는 데 소요되는 시간이 3시간을 초과할 확률은

$$P(X>3)=\int_3^{\infty}\frac{1}{3}e^{-\frac{1}{3}x}dx=e^{-1}$$

(2) 구하고자 하는 확률은 다음과 같이 표현된다.

$$P(X<(3+1)/X>3)=\frac{P(3<X<4)}{P(X>3)}=\frac{\int_3^{4}\frac{1}{3}e^{-\frac{1}{3}x}dx}{\int_3^{\infty}\frac{1}{3}e^{-\frac{1}{3}x}dx}$$

$$= \frac{e^{-1} - e^{-\frac{4}{3}}}{e^{-1}} = 1 - e^{-\frac{1}{3}}$$

즉, 지수분포의 무기억 정리에 따라 $P(X < (3+1)/X > 3) = P(X < 1)$이 성립함을 알 수 있다.

지수분포의 또 다른 특성은 바로 포아송 분포와의 관계이다. 좀 더 상세히 설명하기 위해 한 단위시간을 n개의 균등한 시간 간격으로 나누고, 그 나누어진 균등한 시간 간격을 dt라고 가정하자. 그러면 $\frac{1}{n} = dt$가 성립한다. 각각의 균등한 시간 간격 dt 동안에 어떠한 사상이 발생할 확률을 λdt, 발생하지 않을 확률을 $1 - \lambda dt$라고 하자. $X(t)$가 t 단위시간 동안 발생한 사상의 수를 나타내는 확률변수라면 $X(t)$는 아래의 포아송 분포에 따른다.

$$P[X(t) = x] = \frac{e^{-\lambda t}(\lambda t)^x}{x!}, \quad x = 0,\ 1,\ 2,\ \cdots$$

여기에서 T를 연속으로 발생된 두 사상 사이의 시간 간격을 나타내는 확률변수라고 하고, 또한 $f(t)$를 T의 확률밀도함수라고 하자. 그러면 다음 사상이 시간 t와 $t + dt$ 사이에 발생할 확률은 $P(t \leqq T \leqq t + dt)$로 표시되며, 이는 다음과 같은 관계식을 만족한다.

$$P(t \leqq T \leqq t + dt) = f(t)\,dt$$

또한 $P(t \leqq T \leqq t + dt)$는 시간 t 이전에 사상이 발생하지 않을 확률, 즉 $P[X(t) = 0]$과 시간 t와 $t + dt$ 사이에 한 개의 사상이 발생할 확률, 즉 λdt와의 곱으로 표현된다. 다시 말해,

$$P(t \leqq T \leqq t + dt) = P[X(t) = 0](\lambda dt)$$

위에서 주어진 포아송 분포로부터 $P[X(t) = 0] = e^{-\lambda t}$임을 알 수 있다. 즉,

$$P(t \leqq T \leqq t + dt) = e^{-\lambda t}\lambda dt$$

따라서 위의 두 $P(t \leqq T \leqq t + dt)$의 결과를 사용하면,

$$f(t)dt = e^{-\lambda t}\lambda dt$$

다른 접근방법으로 t 단위시간 동안 사상이 발생하지 않을 확률은 확률변수 T가 t보다 클 확률과 같기 때문에, 즉

$$P[X(t)=0]=P(T>t)$$

따라서 $P[X(t)=0]=e^{-\lambda t}$를 위의 관계식에 대입하면,

$$P(T>t)=e^{-\lambda t}$$

또한 $P(T>t)=1-P(T\leqq t)$이며 $f(t)=\dfrac{d}{dt}P(T\leqq t)$이기 때문에 쉽게 다음과 같은 관계식을 유도할 수 있다.

$$f(t)=\lambda e^{-\lambda t},\quad t>0$$

위의 경우를 종합하면, 임의의 단위시간 동안 특정한 사상이 발생할 횟수를 나타내는 확률변수가 포아송 분포에 따르면 두 사상이 연속적으로 발생할 시간 간격을 나타내는 확률변수는 지수분포에 따른다는 것을 알 수 있다.

예제 6.7 회사의 컴퓨터 네트워크에 접속하는 사람의 수는 평균 한 시간에 30명인 포아송 분포에 따른다. 한 사람이 접속한 후 10분 동안 아무도 접속하지 않을 확률을 구하여라.

풀이 한 시간에 평균 30명인 포아송 분포의 확률함수는 다음과 같다.

$$P(X=x)=\frac{e^{-30}30^x}{x!},\quad x=0,\ 1,\ 2,\ \cdots$$

따라서 접속 시간 간격은 평균이 2분, 즉 $\frac{1}{30}$시간인 지수분포가 된다. 따라서 접속 시간 간격을 나타내는 확률밀도함수는 아래와 같이 주어진다.

$$f(x)=\frac{1}{30}e^{-\frac{1}{30}x},\quad x>0$$

10분은 $\frac{1}{6}$시간이므로 구하고자 하는 확률은 $P\left(X>\frac{1}{6}\right)$이 된다.

$$P\left(X>\frac{1}{6}\right)=\int_{\frac{1}{6}}^{\infty}\frac{1}{30}e^{-\frac{1}{30}x}dx=e^{-\frac{1}{180}}$$

연습문제 6-2

1. 전화의 통화시간은 평균이 3분인 지수분포를 따른다고 한다. 집에서 유선전화로 친구에게 전화를 걸려고 하는데 여동생이 이미 전화를 사용하고 있었다. 2분 이내 친구에게 전화를 걸 수 있을 확률을 구하여라.

2. 전구의 수명은 평균이 500시간인 지수분포에 따른다고 한다. 300시간을 사용한 전구를 앞으로 고장 없이 300시간 이상 더 사용할 확률을 구하여라.

3. LCD 텔레비전의 수명은 평균이 3,000시간인 지수분포에 따른다. 다음 질문에 답하여라.

(1) 1,000시간 이내 고장이 날 확률을 구하여라.

(2) 3,000시간을 고장 없이 사용한 후 다시 3,000시간 이상 고장 없이 사용할 확률을 구하여라.

4. 다음의 확률밀도함수를 사용하여 질문에 답하여라.

$$f(x) = \lambda e^{-\lambda x}, \quad x > 0$$

만약 $c > 0$일 경우, cX는 평균이 $\frac{c}{\lambda}$인 지수분포임을 증명하여라.

5. 연속확률변수 X의 확률밀도함수는 아래와 같다.

$$f(x) = \mu e^{-\mu x}, \quad x > 0$$

$E(X^k) = \frac{k!}{\mu^k}$이 성립함을 증명하여라.

6.3 감마분포

부분적분을 연속해서 사용하여야 할 함수의 편이성을 유지하기 위하여 다음과 같이 감마함수를 정의한다.

[정의 6.3] 감마함수

$\int_0^\infty e^{-x}x^{n-1}dx = \Gamma(n)$으로 표시하며, 이를 **감마함수**(gamma function)라고 한다.

부분적분을 사용하면 $\Gamma(n)=(n-1)\Gamma(n-1)$이 성립함을 확인할 수 있고, 만약 n이 정수인 경우 $\Gamma(n)=(n-1)!$과 동일함을 확인할 수 있다.

확률밀도함수에 감마함수가 포함되어 있는 경우, 가장 간단한 형태의 확률분포 중의 하나인 감마분포를 소개한다.

[정의 6.4] 감마분포

연속확률변수 X가 다음과 같은 확률밀도함수를 만족할 때 모수가 a와 n인 **감마분포**(gamma distribution)라고 부른다.

$$f(x)=\frac{(ax)^{n-1}}{\Gamma(n)}ae^{-ax},\quad x>0 \text{ 그리고 } a>0,\ n>0$$

모수가 a와 n인 감마분포의 확률밀도함수는 a의 값에 따라 그림 6.4에서 처럼 다양한 모습으로 표현된다.

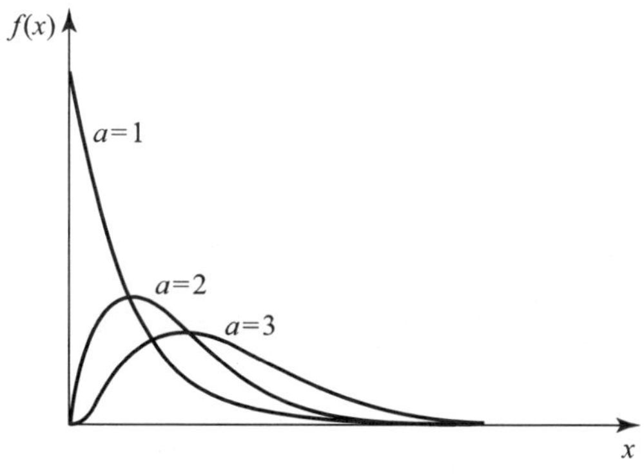

그림 6.4 감마분포의 확률밀도함수

만약 n이 정수인 경우 $\Gamma(n)=(n-1)!$과 동일해지며, 확률밀도함수가 다음과 같이 표현된다.

$$f(x) = \frac{(ax)^{n-1}}{(n-1)!} ae^{-ax}, \quad x > 0$$

특히 이 확률밀도함수는 n-stage **Erlang** 분포라고 부른다. 앞에서 정의된 감마분포의 확률밀도함수로부터

$$\int_0^\infty \frac{(ax)^{n-1}}{\Gamma(n)} ae^{-ax} dx = \frac{a^n}{\Gamma(n)} \int_0^\infty x^{n-1} e^{-ax} dx$$

$$= \frac{a^n}{\Gamma(n)} \Gamma(n) \left(\frac{1}{a^n} \right) = 1$$

을 쉽게 확인할 수 있다. 또한 모수가 a와 n인 감마분포는 아래와 같은 기댓값, 분산, 그리고 적률생성함수를 만족한다.

$$E(X) = \frac{n}{a}$$

$$V(X) = \frac{n}{a^2}$$

$$M_X(t) = E(e^{tx}) \int_0^\infty e^{tx} \frac{(ax)^{n-1}}{\Gamma(n)} ae^{-ax} dx = \left(\frac{a}{a-t} \right)^n$$

예제 6.8 모수가 a와 n인 감마분포의 기댓값 $E(X)$와 분산 $V(X)$, 그리고 적률생성함수 $M_X(t)$가 위와 같이 주어짐을 증명하여라.

풀이 (1) $E(X) = \int_0^\infty x \frac{(ax)^{n-1}}{\Gamma(n)} ae^{-ax} dx = \frac{1}{a\Gamma(n)} \int_0^\infty (ax)^n ae^{-ax} dx$

감마분포의 확률밀도함수로부터 $\int_0^\infty (ax)^{n-1} ae^{-ax} dx = \Gamma(n)$이다. 따라서 $\int_0^\infty (ax)^n ae^{-ax} dx = \Gamma(n+1)$, 그리고 감마함수의 특징인 $\Gamma(n+1) = n\Gamma(n)$을 사용하면

$$E(X) = \frac{\Gamma(n+1)}{a\Gamma(n)} = \frac{n\Gamma(n)}{a\Gamma(n)} = \frac{n}{a}$$

(2) $E(X^2) = \int_0^\infty x^2 \frac{(ax)^{n-1}}{\Gamma(n)} ae^{-ax} dx = \frac{1}{a^2\Gamma(n)} \int_0^\infty (ax)^{n+1} ae^{-ax} dx$

(1)에서 활용한 방법을 적용하면 $\int_0^\infty (ax)^{n+1} ae^{-ax} dx = \Gamma(n+2)$, 그리고 $\Gamma(n+2) = (n+1)\Gamma(n+1) = (n+1)n\Gamma(n)$이다. 따라서 $E(X^2)$은 다음과 같은 방법으로 구해진다.

$$E(X^2) = \frac{(n+1)n\Gamma(n)}{a^2\Gamma(n)} = \frac{n(n+1)}{a^2}$$

마지막으로 분산은 다음과 같이 구할 수 있다.

$$V(X) = E(X^2) - [E(X)]^2 = \frac{n(n+1)}{a^2} - \left(\frac{n}{a}\right)^2 = \frac{n^2+n-n^2}{a^2} = \frac{n}{a^2}$$

(3) 적률생성함수의 정의에 따라

$$\begin{aligned} M_X(t) = E(e^{tx}) &= \int_0^\infty e^{tx}\frac{(ax)^{n-1}}{\Gamma(n)}ae^{-ax}dx \\ &= \int_0^\infty \frac{(ax)^{n-1}}{\Gamma(n)}ae^{-(a-t)x}dx = \frac{a^n}{\Gamma(n)}\int_0^\infty x^{n-1}e^{-(a-t)x}dx \end{aligned}$$

여기에서 $(a-t)x=y$로 치환하면 $x=\frac{y}{a-t}$, 그리고 $dx=\frac{1}{a-t}dy$가 된다. 따라서

$$\begin{aligned} M_X(t) &= \frac{a^n}{\Gamma(n)}\int_0^\infty \left(\frac{y}{a-t}\right)^{n-1}e^{-y}\left(\frac{1}{a-t}\right)dy \\ &= \frac{a^n}{\Gamma(n)(a-t)^n}\int_0^\infty y^{n-1}e^{-y}dy \\ &= \frac{a^n\Gamma(n)}{\Gamma(n)(a-t)^n} = \left(\frac{a}{a-t}\right)^n \end{aligned}$$

예제 6.9 모수가 a와 n인 감마분포의 적률생성함수 $M_X(t) = \left(\frac{a}{a-t}\right)^n$의 특징인 $\frac{d^n}{dt^n}M_X(t)|_{t=0} = E(X^n)$을 사용하여 기댓값 $E(X)$와 분산 $V(X)$가 위와 같이 주어짐을 증명하여라.

풀이 (1) $\frac{d}{dt}M_X(t) = n\left(\frac{a}{a-t}\right)^{n-1}\left\{\frac{-a(-1)}{(a-t)^2}\right\} = \frac{n}{a}\left(\frac{a}{a-t}\right)^{n+1}$

$$E(X) = \frac{d}{dt}M_X(t)|_{t=0} = \frac{n}{a}$$

(2) $\frac{d^2}{dt^2}M_X(t) = \frac{n}{a}(n+1)\left(\frac{a}{a-t}\right)^n\left\{\frac{-a(-1)}{(a-t)^2}\right\}$

$$= \frac{n(n+1)}{a^2}\left(\frac{a}{a-t}\right)^{n+2}$$

$$E(X^2) = \frac{d^2}{dt^2}M_X(t)|_{t=0} = \frac{n(n+1)}{a^2}$$

$$V(X)=E(X^2)-[E(X)]^2=\frac{n(n+1)}{a^2}-\left(\frac{n}{a}\right)^2=\frac{n^2+n-n^2}{a^2}=\frac{n}{a^2}$$

감마분포에도 아래와 같은 여러 특징이 포함되어 있어 다양한 영역에서 활용되고 있다.

[정리 6.2] 감마분포의 성질 1

각각의 평균이 $\frac{n_i}{\lambda}$이며, 다시 말해 상호독립이고 모수가 λ와 n_i인 k개의 감마분포의 합은 평균이 $\left(\frac{n_1}{\lambda}+\frac{n_2}{\lambda}+\ldots+\frac{n_k}{\lambda}\right)$인, 즉 모수가 λ와 $n_1+n_2+\ldots+n_k$인 감마분포이다.

[정리 6.3] 감마분포의 성질 2

n개의 상호독립인 모수가 λ인 지수분포의 합은 평균이 $\frac{n}{\lambda}$인, 즉 모수가 λ와 n인 감마분포이다.

위의 두 정리는 감마분포와 지수분포의 적률생성함수의 특성을 활용하면 쉽게 증명이 가능하다. 예를 들면, 평균이 $\frac{1}{\lambda}$인 지수분포의 적률생성함수는 $\frac{\lambda}{\lambda-t}$이며 평균이 $\frac{n}{\lambda}$인 감마분포의 적률생성함수는 $\left(\frac{\lambda}{\lambda-t}\right)^n$이기 때문이다. 다시 말해, n개의 상호독립이며 동일한 분포를 하는 모수가 λ인 지수분포의 합은 모수가 λ와 n인 감마분포를 한다.

[정리 6.4] 카이제곱분포

모수가 λ와 n인 감마분포의 확률밀도함수에서 $\lambda=\frac{1}{2}$, 그리고 $n=\frac{k}{2}$를 대입하면 확률밀도함수는 다음과 같이 주어진다.

$$f(x)=\frac{1}{2^{\frac{k}{2}}\Gamma\left(\frac{k}{2}\right)}x^{\frac{k}{2}-1}e^{-\frac{x}{2}},\quad x>0,\quad k=1,\ 2,\ \cdots$$

이 분포를 자유도(degree of freedom)가 k인 **카이제곱분포**(chi-square distribution)라고 한다. 이 분포는 통계학에서 모집단의 분산의 추정과 검정에 사용되는 매우 중요한 분포이며, 감마분포의 특수한 경우임을 알 수 있다.

예제 6.10 전화교환대에 걸려오는 통화의 수는 평균이 1분에 5통인 포아송 분포에 따른다.

(1) 10번째 통화가 걸려올 때까지의 시간은 어떠한 분포에 따르는지를 판단하여라.

(2) 10번째 통화가 연결될 때까지의 평균 시간을 구하여라.

(3) 9번째와 10번째 통화 사이의 평균 시간 간격을 구하여라.

풀이 1분에 통화 수가 평균 5통인 포아송 분포인 경우 통화가 걸려오는 시간 간격은 지수분포가 된다. 이때의 지수분포의 모수는 5분이 된다. 즉, 확률밀도함수는 다음과 같다.

$$f(x) = 5e^{-5x}, \quad x > 0$$

(1) 10번째 통화가 걸려올 때까지의 시간은 교환대에 걸려오는 10개의 통화 사이의 시간 간격의 합으로 주어진다. 따라서 모수가 5와 10인 감마분포가 된다. 즉, 확률밀도함수는 아래와 같은 형태를 갖는다.

$$f(x) = \frac{(5x)^9}{\Gamma(10)} 5e^{-5x}, \quad x > 0$$

(2) 모수가 5와 10인 감마분포의 기댓값, 즉 평균값은 $\frac{10}{5} = 2$분이 된다.

(3) 통화 간 시간 간격은 모수가 5분인 지수분포이기 때문에 평균 시간 간격은 $\frac{1}{5}$분, 즉 12초가 된다.

연습문제 6-3

1. 아래의 확률밀도함수에 대하여 질문에 답하여라.

$$f(x) = cx^2e^{-x}, \quad x \geqq 0$$

(1) $f(x)$가 적절한 확률밀도함수가 되도록 상수 c의 값을 정하여라.

(2) X의 누적분포함수 $F(x) = P(X \leqq x)$를 구하여라.

(3) 위의 $F(x) = P(X \leqq x)$를 이용하여 $P(X \leqq 3)$을 구하여라.

(2) X의 평균과 분산을 구하여라.

2. 확률변수 X는 모수가 a와 n인 감마분포에 따른다. 즉, X의 확률밀도함수는 다음과 같다.

$$f(x) = \frac{(ax)^{n-1}}{\Gamma(n)} ae^{-ax}, \quad x > 0 \text{ 그리고 } a > 0$$

(1) $E(X^m) = \dfrac{\Gamma(n+m)}{\Gamma(n)a^m}$ 이 성립함을 증명하여라(단, m, $n > 0$).

(2) 위의 결과를 사용하여 $E(X)$와 $E(X^2)$을 구하여라.

(3) 분산 $V(X)$를 구하여라.

6.4 베타분포

수학 영역에서 사용하는 함수들 가운데 특수한 형태의 확률밀도함수로서 베타함수가 있다. 베타함수는 아래와 같이 정의된다.

> **[정의 6.5] 베타함수**
>
> $\int_0^1 x^{\alpha-1}(1-x)^{\beta-1}dx$를 **베타함수**(beta function)라고 하며 다음의 관계를 의미한다.
>
> $$\int_0^1 x^{\alpha-1}(1-x)^{\beta-1}dx = \frac{\Gamma(\alpha)\Gamma(\beta)}{\Gamma(\alpha+\beta)}$$
>
> 여기에서 $\Gamma(n)$은 $\Gamma(n) = \int_0^\infty e^{-x}x^{n-1}dx$를 의미한다.

베타함수를 포함하고 있는 확률밀도함수를 베타분포라고 하는데, 확률밀도함수는 아래와 같이 주어진다.

> **[정의 6.6] 베타분포**
>
> 연속확률변수 X가 다음과 같은 확률밀도함수를 만족할 때 모수가 α와 β인 **베타 분포**(beta distribution)라고 부른다.
>
> $$f(x) = \frac{\Gamma(\alpha+\beta)}{\Gamma(\alpha)\Gamma(\beta)} x^{\alpha-1}(1-x)^{\beta-1}, \quad 0 < x < 1$$

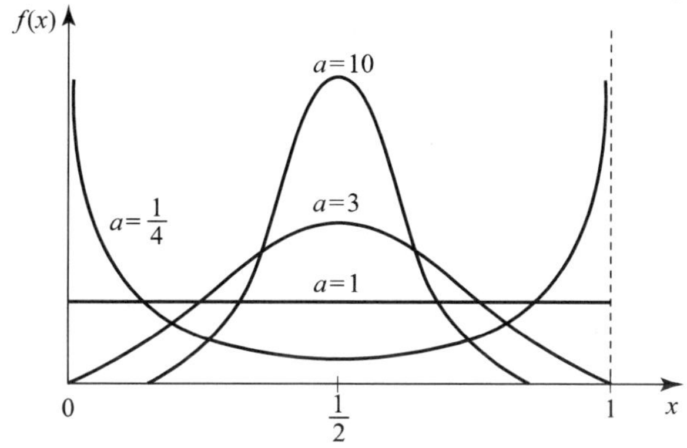

그림 6.5 베타분포의 확률밀도함수

다양한 α의 값에 따른 베타분포의 확률밀도함수의 형태는 그림 6.5와 같다. $\int_0^1 f(x)dx = \int_0^1 \frac{\Gamma(\alpha+\beta)}{\Gamma(\alpha)\Gamma(\beta)} x^{\alpha-1}(1-x)^{\beta-1}dx = 1$임을 쉽게 증명할 수 있으며, 또한 모수가 α와 β인 베타분포는 아래와 같은 기댓값 $E(X)$와 분산 $V(X)$를 갖는다.

$$E(X) = \frac{\alpha}{\alpha+\beta}$$
$$V(X) = \frac{\alpha\beta}{(\alpha+\beta^2)(\alpha+\beta+1)}$$

모수가 α와 β인 베타분포에서 $\alpha=1$, 그리고 $\beta=1$이면 베타분포는 다음과 같은 연속일양분포가 된다.

$$f(x) = 1, \quad 0 < x < 1$$

따라서 연속일양분포는 베타분포의 특수한 경우임을 알 수 있다.

6.5 대수정규분포

확률변수에 자연대수를 취한 값이 정규분포를 따르면, 그 확률변수는 대수정규분포를 따른다. 정규분포는 7장에서 상세히 설명되며 대수정규분포의 정의는 다음과 같다.

> **[정의 6.7] 대수정규분포**
>
> 연속확률변수 X가 다음과 같은 확률밀도함수를 만족할 때 모수가 μ와 σ인 **대수정규수분포**(Lognormal distribution)라고 부른다.

$$f(x) = \frac{1}{\sqrt{2\pi}\,\sigma x} e^{-\frac{(\ln x - \mu)^2}{2\sigma^2}} \qquad x \ge 0,\ \ \sigma \ge 0, -\infty < \mu < \infty$$
$$= 0 \qquad\qquad\qquad\qquad \text{기타}$$

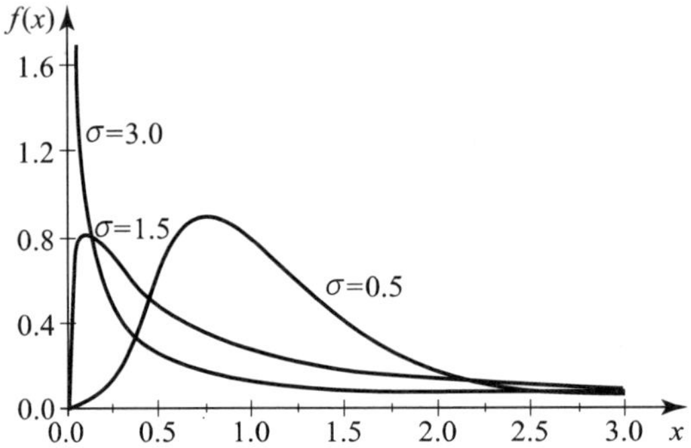

그림 6.6 대수정규분포의 확률밀도함수

σ의 변화에 따른 대수정규분포의 확률밀도함수의 형태는 그림 6.6과 같다. 모수가 μ와 σ인 대수정규분포의 기댓값 $E(X)$와 분산 $V(X)$는 다음과 같다.

$$E(X) = e^{\mu + \frac{\sigma^2}{2}}$$
$$V(X) = e^{2\mu + \sigma^2}(e^{\sigma^2} - 1)$$

확률변수 X가 대수정규분포에 따르고 새로운 확률변수 Y가 $Y = \ln X$를 만족하면 Y의 확률밀도함수는 다음과 같이 주어지며 평균이 μ, 분산이 σ^2인 정규분포라고 부르며 통계학에서 모집단의 평균의 값을 예측하는 데 사용되는 아주 중요한 분포이다.

$$f(y) = \frac{1}{\sqrt{2\pi}\,\sigma} e^{-\frac{(y-\mu)^2}{2\sigma^2}}, \quad -\infty < y < \infty$$

6.6 와이블분포

Weibull(1951)에 의해 발표된 와이블분포는 많은 확률변수의 법칙을 설명하는데 매우 유용하게 사용된다. 중요한 적용 분야 중 하나는 전자나 기계부품의 고장시간 분포로서 신뢰성공학에 많이 활용된다. 확률밀도함수는 다음과 같다.

[정의 6.8] 와이블분포

연속확률변수 X가 다음과 같은 확률밀도함수를 만족할 때 모수가 α와 λ인 와이블분포(Weibull distribution)라고 부른다.

$$\begin{aligned} f(x) &= \alpha\lambda x^{\alpha-1}e^{-\lambda x^{\alpha}} \qquad & x>0,\ \lambda>0,\ \alpha>0 \\ &= 0 & \text{기타} \end{aligned}$$

모수가 α와 λ인 와이블분포의 확률밀도함수는 그림 6.7과 같다.

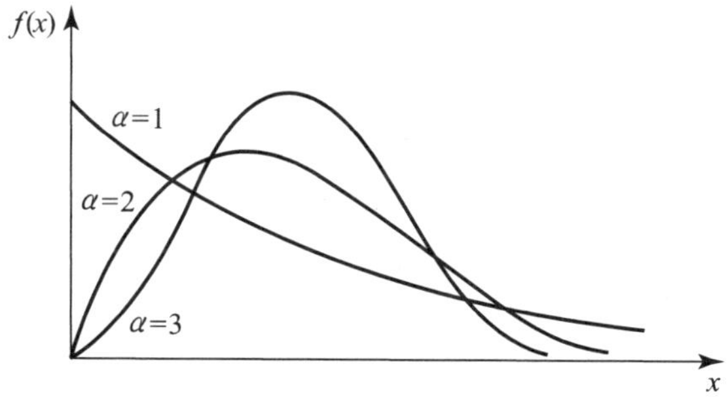

그림 6.7 와이블분포의 확률밀도함수

그림 6.7의 와이블 확률밀도함수의 모수 α는 크기(scale), 그리고 λ는 형태(shape)를 나타낸다.

[정의 6.9] 와이블분포의 k차 모멘트

와이블분포의 k차 모멘트 혹은 적률 $E(X^k)$은 다음과 같이 주어진다.

$$E(X^k) = \lambda^{-\frac{k}{\alpha}}\Gamma\left(\frac{k}{\alpha}+1\right)$$

증명 와이블분포의 k차 모멘트 혹은 적률 $E(X^k)$은 다음과 같이 유도된다.

$$E(X^k) = \int_0^\infty x^k\alpha\lambda x^{\alpha-1}e^{-\lambda x^{\alpha}}dx$$

여기에서 $u = x^{\alpha}$로 치환하면

$$E(X^k) = \int_0^\infty \lambda u^{\frac{k}{\alpha}}e^{-\lambda u}du = \lambda^{-\frac{k}{\alpha}}\Gamma\left(\frac{k}{\alpha}+1\right)$$

따라서 아래와 같이 기댓값 $E(X)$와 분산 $V(X)$가 구해진다.

$$E(X) = \lambda^{-\frac{1}{\alpha}} \Gamma\left(\frac{1}{\alpha}+1\right)$$

$$V(X) = \lambda^{-\frac{2}{\alpha}} \left\{ \Gamma\left(\frac{2}{\alpha}+1\right) - \left[\Gamma\left(\frac{1}{\alpha}+1\right)\right]^2 \right\}$$

모수가 α와 λ인 와이블분포에서 만약 $\alpha = 1$이면, 확률밀도함수가 다음과 같은 모수가 λ인 지수분포가 된다.

$$f(x) = \lambda e^{-\lambda x}, \quad x > 0, \ \lambda > 0$$

따라서 지수분포는 와이블분포의 특수한 경우이며, 만약 $\alpha = 2$이면 확률밀도함수가 아래와 같이 주어진다.

$$f(x) = 2\lambda x e^{-\lambda x^2}, \quad x > 0, \ \lambda > 0$$

특히 이 분포를 **Rayleigh 분포**라고 부르며, 신뢰성을 표현할 때 활용된다.

1. 연속확률변수 X는 구간 (1, 2)에서 연속일양 혹은 균일분포를 한다. 다음 질문에 답하여라.

(1) 확률 $P\left(\frac{3}{2} \leqq X \leqq \frac{7}{4}\right)$를 구하여라.

(2) 일반적인 x에 대하여 확률 $P(X \leqq x)$를 구하여라.

(3) (2)에서 구한 $P(X \leqq x)$를 평면에 그려라.

(4) 기댓값 $E(X)$를 구하여라.

(5) 분산 $V(X)$를 구하여라.

2. 연속확률변수 X는 구간 $(-1, 1)$에서 연속일양 혹은 균일분포를 한다. 다음 질문에 답하여라.

(1) 확률 $P\left(-\frac{1}{2} \leqq X \leqq \frac{1}{2}\right)$을 구하여라.

(2) 기댓값 $E(X)$를 구하여라.

(3) 분산 $V(X)$를 구하여라.

(4) 확률 $P(-a \leqq X \leqq a) = 0.9$가 되도록 a의 값을 결정하여라.

3. 연속확률변수 X는 범위 $(0, 15)$ 사이에서 균일하게 분포되어 있다. 다음 질문에 답하여라.

(1) 확률 $P(5 \leqq X \leqq 10)$을 구하여라.

(2) X의 누적분포함수, 즉 $P(X \leqq x)$를 구하여라.

(3) 기댓값 $E(X)$를 구하여라.

(4) 분산 $V(X)$를 구하여라.

4. 연속확률변수 X는 범위 $(-a, 2a)$ 사이에서 균일하게 분포되어 있다. 다음 질문에 답하여라.

(1) 만약 $P(0 \leqq X \leqq 2) = \frac{2}{3}$이면 a의 값이 얼마인지 결정하라.

(2) $P(X \geqq 0) = \frac{1}{2}$이면 a의 값이 얼마인지 결정하라.

5. 연속확률변수 X는 범위 (0, 20) 사이에서 균일하게 분포되어 있다. 다음 질문에 답하여라.

(1) $P(0 \leqq X \leqq 10)$을 구하여라.

(2) $P(5 \leqq X \leqq 15)$를 구하여라.

(3) X의 기댓값 $E(X)$와 분산 $V(X)$를 구하여라.

(4) 연속확률변수 X는 평균이 $\dfrac{1}{\alpha}$인 지수분포이다. 확률변수 X가 평균보다 더 클 확률, 즉 $P\left(X \geqq \dfrac{1}{\alpha}\right)$을 구하여라.

6. 아래의 확률밀도함수에 관하여 다음 질문에 답하여라.

$$f(x) = \begin{cases} \theta, & 0 \leqq x \leqq \theta \\ k, & \theta \leqq x \leqq 1 \end{cases}$$

(1) $f(x)$가 적절한 확률밀도함수가 되도록 k의 값을 θ로 표현하여라.

(2) 누적분포함수 $F(x) = P(X \leqq x)$를 구하여라.

(3) (2)에서 구한 $F(x) = P(X \leqq x)$의 그림을 그려라.

(4) $P\left(\dfrac{\theta}{2} \leqq X\right)$를 구하여라.

(5) X의 기댓값 $E(X)$와 분산 $V(X)$를 구하여라.

7. 연속확률변수 X는 평균이 0.5인 지수분포이다. 다음 질문에 답하여라.

(1) 확률 $P(X \leqq 1)$을 구하여라.

(2) 확률 $P(1 \leqq X \leqq 2)$를 구하여라.

(3) 확률 $P(X \leqq x) = 0.05$를 성립하는 x를 구하여라.

8. 고객상담센터에 걸려오는 전화의 시간 간격은 평균이 15분인 지수분포에 따른다.

(1) 30분 동안 한 통의 전화도 걸려오지 않을 확률을 구하여라.

(2) 10분 동안 최소한 한 통 이상의 전화가 걸려올 확률을 구하여라.

(3) 첫 전화가 업무 개시 후 5분과 10분 사이에 걸려올 확률을 구하여라.

(4) 최소한 한 통의 전화가 걸려올 확률이 0.9가 되는 시간 간격을 구하여라.

9. 전국 고속도로에서 발생하는 교통사고의 수는 한 시간 동안 평균 7건인 포아송 분포에 따르며, 오전 9시에 한 건의 교통사고가 보고되었다.

(1) 오전 9시 30분까지 한 건의 교통사고도 보고되지 않을 확률을 구하여라.
(2) 오전 9시 10분까지 더 이상의 교통사고가 보고되지 않았을 때, 9시 40분까지 한 건의 교통사고도 보고되지 않을 확률을 구하여라.

10. 고속도로 노면의 갈라짐 현상이 발생하는 두 곳 사이의 거리는 평균이 20 km인 지수분포에 따른다.
(1) 10 km 구간에 갈라짐 현상이 나타나지 않을 확률을 구하여라.
(2) 10 km 구간에 갈라짐 현상이 두 곳 나타날 확률을 구하여라.
(3) 두 이웃하는 갈라짐 현상 사이의 거리의 분산을 구하여라.

11. 공중전화를 이용하는 사람들의 통화시간은 평균이 5분인 지수분포에 따른다고 한다. 만일 어떤 사람이 본인이 도착하기 직전에 공중전화를 사용하기 시작하였다면 전화통화를 할 때까지 기다리는 시간이 10분 이내일 확률을 구하여라.

12. 자동차에 장착된 배터리의 수명은 주행거리가 평균이 12,000 km인 지수분포에 따른다고 한다. 만일 어떤 사람이 6,000 km 거리의 여행계획을 수립하였다고 가정했을 때 배터리의 고장 없이 여행을 마칠 확률을 구하여라.

13. 어떤 기계를 수리하는 데 소요되는 시간은 평균이 30분인 지수분포에 따른다.
(1) 한 대의 차를 수리하는 데 소요되는 시간이 2시간 이상이 될 확률을 구하여라.
(2) 한 대의 차를 수리하는 데 이미 2시간이 소요되었을 때, 앞으로 30분 이내에 수리가 완료될 확률을 구하여라.

14. W 전자회사에서 생산된 TV의 수명은 평균이 10년인 지수분포에 따른다. 어떤 사람이 정상적으로 작동되는 중고 TV를 구입했을 때 고장 없이 3년 이상을 사용할 확률을 구하여라.

15. 연속확률변수 X는 평균이 θ인 지수분포에 따른다.
(1) 확률 $P(X \geq \theta)$를 구하여라.
(2) 확률 $P(X \geq 2\theta)$를 구하여라.
(3) 확률 $P(X \geq 3\theta)$를 구하여라.

(4) 위의 결과는 θ에 어떤 관련이 있는지를 설명하여라.

16. 현금인출기에 도착하는 고객의 시간 간격은 평균이 5분인 지수분포에 따른다.

(1) 10분 이내에 3명 이상의 고객이 도착할 확률을 구하여라.

(2) 5번째 고객이 도착할 때까지의 시간이 15분 이내일 확률을 구하여라.

17. 생산 공정에 문제가 발생하는 시간 간격은 평균이 30일인 지수분포를 따른다.

(1) 4번째 문제가 발생할 때까지의 평균 시간 간격을 구하여라.

(2) 4번째 문제가 120일이 지난 다음에 발생할 확률을 구하여라.

18. 전구의 수명은 평균이 2,500시간인 지수분포에 따른다.

(1) 무작위로 추출된 전구를 3,000시간 이상 사용할 수 있을 확률을 구하여라.

(2) 1,500시간 정상적으로 사용했던 전구를 앞으로 3,000시간 이상 더 사용할 수 있을 확률을 구하여라.

19. 항공권 예매를 위해 항공사 예약 창구에 전화를 하는 고객의 수는 시간당 평균 6명인 포아송 분포에 따른다. 다음 질문에 답하여라.

(1) 창구의 안내원이 금방 한 고객과의 통화를 끝낸 후 다음 고객과 통화를 할 때까지 기다리는 시간이 10분 이내일 확률을 구하여라.

(2) 창구의 안내원이 금방 한 고객과의 통화를 끝낸 다음 5분 동안 다른 고객의 전화가 없었다. 10분 이내에 다음 고객과 통화를 할 수 있을 확률을 구하여라.

20. 안내 상담원에게 전화를 걸어오는 고객의 수는 10분에 평균 2명인 포아송 분포에 따른다. 상담원이 연속으로 걸어오는 3명의 고객과의 통화가 끝날 때까지의 소요시간이 10분보다 작을 확률을 구하여라.

21. 자동차 판매소를 방문하는 고객 수는 한 시간에 평균 5명인 포아송 분포에 따른다. 지금 한 명의 고객이 도착하였을 때 다음 질문에 답하여라.

(1) 판매소에 도착한 한 명의 고객의 다음 고객이 15분 이내에 도착할 확률을 구하여라.

(2) 만약 5분이 지나도 다른 고객이 도착하지 않고, 그 후 10분 이내에 다른 고객이

도착할 확률을 구하여라.

(3) 고객들의 도착 시간 간격의 평균과 분산을 구하여라.

22. 아래의 확률밀도함수에 관하여 다음 질문에 답하여라.

$$f(x) = kx^5 e^{-3x}, \quad x \geqq 0$$

(1) $f(x)$가 적절한 확률밀도함수가 되기 위한 k의 값을 결정하여라.

(2) 확률변수 X는 어떠한 분포라고 생각되는지를 기술하여라.

(3) $P(X \leqq 5)$를 구하여라.

(4) X의 기댓값 $E(X)$와 분산 $V(X)$를 구하여라.

23. 확률변수 X와 Y는 상호독립이며 평균이 각각 $\dfrac{1}{\lambda}$과 $\dfrac{1}{\mu}$인 지수분포일 때 새로운 확률변수 W가 다음의 관계식을 만족한다. 확률변수 W의 확률밀도함수 $f(w)$를 구하여라.

$$W = \min(X, \ Y)$$

24. 아래의 확률밀도함수에 관하여 다음 질문에 답하여라.

$$f(x) = kx^2 e^{-x}, \quad x \geqq 0$$

(1) $f(x)$가 적절한 확률밀도함수가 되기 위한 k의 값을 결정하여라.

(2) 확률변수 X는 어떠한 분포라고 생각되는지를 기술하여라.

(3) $P(X \leqq 5)$를 구하여라.

(4) X의 기댓값 $E(X)$와 분산 $V(X)$를 구하여라.

25. 고장 난 기계의 수리시간은 모수가 $\lambda = 2$, 그리고 $n = 2$인 감마분포에 따른다고 한다. 이때 수리에 필요한 시간의 평균값과 분산을 구하여라.

26. 은행을 방문하는 고객 한 명에 대한 서비스 시간은 평균이 5분인 지수분포에 따른다. 은행 마감시간이 되어서 출입문을 닫았을 때 현재 서비스를 제공하고 있는 창구를 제외한 모든 창구는 폐쇄되었으며, 또한 서비스를 받고 있는 고객을 제외한 3명의 고객이 기다리고 있다.

(1) 현재 서비스를 제공하고 있는 창구가 10분 이내에 폐쇄될 확률을 구하여라.

(2) 현재 서비스를 제공하고 있는 창구가 폐쇄될 때까지 소요되는 시간의 평균과 분산을 구하여라.

27. 현재 사용 중인 기계의 퓨즈상자에는 퓨즈 10개가 장착되어 있다. 기계에 과부하가 흐르면 퓨즈가 끊어지게 설계되어 있으며, 경험상으로 퓨즈가 끊어지는 시간 간격은 평균 3시간인 지수분포에 따르는 것으로 확인되었다. 모든 퓨즈가 사용되면 새로운 퓨즈상자로 교체해야 한다. 새로운 퓨즈상자를 장착한 후 다음 퓨즈상자로 교체해야 할 때까지 소요되는 시간 간격의 평균과 분산을 구하여라.

28. 전기 램프에는 평균수명이 100시간의 지수분포에 따르는 전구 3개가 있다. 그 중 한 개는 현재 작동 중이고 나머지 두 개는 대기상태에 있다. 다시 말해, 현재 작동 중인 전구가 고장 나면 대기 중인 전구 한 개가 자동적으로 작동된다.

(1) 전기 램프가 1,000시간 이상 작동할 확률을 구하여라.

(2) 전기 램프의 사용시간의 평균과 분산을 구하여라.

29. 어떤 전자부품의 평균 사용시간은 모수가 $\alpha = 4$와 $\lambda = 2$인 와이블분포에 따를 때, 사용시간이 5시간 이상일 확률을 구하여라.

30. 전구가 고장이 날 때까지의 시간은 $\alpha = 2$, 그리고 $\lambda = \dfrac{1}{1000}$인 와이블분포에 따른다. 다음 질문에 답하여라.

(1) 전구가 고장이 날 때까지의 평균시간과 분산을 구하여라.

(2) 전구를 최소한 평균보다 오랫동안 고장 없이 사용할 확률을 구하여라.

31. 자동차에서 사용되는 베어링의 고장이 날 때까지의 시간은 $\alpha = 2$, 그리고 $\lambda = \dfrac{1}{5000}$인 와이블분포에 따른다. 다음 질문에 답하여라.

(1) 고장이 날 때까지의 평균시간을 구하여라.

(2) 베어링을 최소한 6,000시간 이상 고장 없이 사용할 확률을 구하여라.

CHAPTER 7

정규분포

CHAPTER OUTLINE

7.1 밀도함수 *223*

7.2 표준정규분포 *229*

7.3 정규분포 확률계산 *231*

7.4 정규확률변수의 선형결합 *234*

7.5 중심극한정리 *239*

7.6 이항분포의 정규근사분포 *241*

7.7 대수정규분포 *244*

연습문제 *247*

통계학에서 가장 많이 활용되는 확률분포는 정규분포이다. 정규분포는 통계학의 이론이나 응용 측면에서 아주 중요하다. 1733년 De Moivre는 이항분포의 극한분포로서 정규분포를 최초로 발견하였으나, 이 연구결과는 후세에서 밝혀진 반면 Gauss는 1809년 유명한 논문 「Theoria motus corporum coelestium in sectionibus conicis solem ambientium」에서 이항분포의 극한분포가 아니라 측정오차의 분포로서 정규분포를 제시하고 있다. 따라서 많은 사람들은 정규분포를 'Gauss 분포(Gaussian distribution)'라고도 한다. 정규분포가 중요시 되는 이유는 첫째, 정규분포와 관련 있는 통계량이 수학적으로 잘 정의되어 사용하기가 쉽다. 둘째, 많은 연구 분야에서 관측한 데이터 및 확률변수의 분포는 대부분 정규분포를 따른다. 따라서 19세기부터 분포의 모양이 정규분포와 잘 맞지 않으면, 자료가 부족하거나 치우쳐져 있기 때문이라 생각하게 되었다. 이러한 생각에 정규분포가 하나의 기준이 되었고, 사람들도 Gauss 분포보다는 정규분포라는 이름을 더 많이 사용하게 되었다. 셋째, 중심극한정리에 의하여 표본수가 많아지면 정규분포를 따르지 않더라도 정규분포를 이용하여 확률을 구할 수 있다. 따라서 정규분포는 분포 중의 분포라고 할 수 있다.

7.1 밀도함수

확률변수 X가 평균이 μ이고 분산이 σ^2인 정규분포를 따른다고 할 때 기호로는 $X \sim N(\mu,\ \sigma^2)$으로 나타내며, 정규분포의 밀도함수는 다음과 같다.

$$f(x) = \frac{1}{\sqrt{2\pi}\,\sigma} e^{-\frac{1}{2\sigma^2}(x-\mu)^2}, \quad -\infty < x < \infty, \quad \sigma > 0, \quad -\infty < \mu < \infty$$

여기서 μ는 분포의 위치를 나타내는 모수이고, σ는 표준편차로서 분포의 산포를 나타내는 모수이다.

그림 7.1은 정규분포의 밀도함수를 나타낸 것이다.

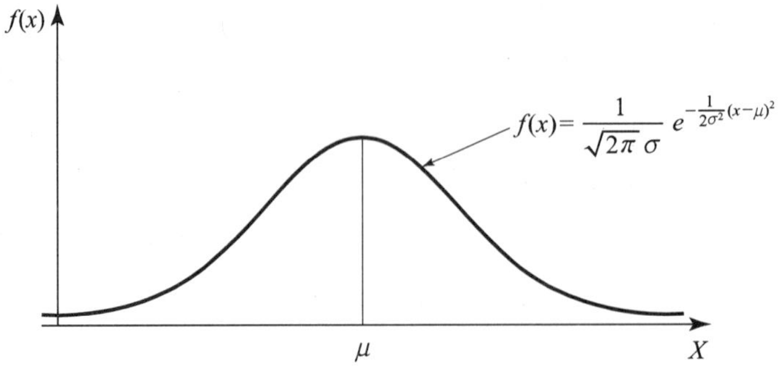

그림 7.1 정규분포 밀도함수

함수 $f(x)$는 다음과 같이 확률변수의 밀도함수 조건을 만족한다.

(1) $\sigma > 0$이므로 모든 x값에 대하여 $f(x) \geqq 0$이다.

(2) $\int_{-\infty}^{\infty} f(x)dx = 1$이다. 여기서 증명하기로 한다.

증명 먼저 $Z=\frac{X-\mu}{\sigma}$라 놓으면 $f(z)=\frac{1}{\sqrt{2\pi}}e^{-\frac{1}{2}z^2}$이 된다.

$I=\frac{1}{\sqrt{2\pi}}\int_{-\infty}^{\infty} e^{-\frac{1}{2}z^2}dz$라 놓고 먼저 $I^2=1$임을 증명하고 난 다음에 $I=1$임을 보여주면 된다.

$$I^2=\left(\frac{1}{\sqrt{2\pi}}\int_{-\infty}^{\infty} e^{-\frac{1}{2}u^2}du\right)\left(\frac{1}{\sqrt{2\pi}}\int_{-\infty}^{\infty} e^{-\frac{1}{2}v^2}dv\right)$$
$$=\frac{1}{2\pi}\int_{-\infty}^{\infty}\int_{-\infty}^{\infty} e^{-\frac{1}{2}(u^2+v^2)}dudv$$

여기서 $u=r\cdot\sin\theta$, $v=r\cdot\cos\theta$라 놓으면

$$I^2=\frac{1}{2\pi}\int_{0}^{\infty}\int_{0}^{2\pi} re^{-\frac{1}{2}r^2}d\theta dr=\int_{0}^{\infty} r\cdot e^{-\frac{1}{2}r^2}dr=1$$

$f(z)\geqq 0$이므로 $I=1$이 된다. 따라서 $\int_{-\infty}^{\infty} f(x)dx=1$도 성립한다.

정규분포의 누적확률함수 $F(x)$는 다음과 같이 구할 수 있다.

$$F(x)=P(X\leqq x)=\int_{-\infty}^{x} f(t)dt=\int_{-\infty}^{x}\frac{1}{\sqrt{2\pi}\,\sigma}e^{-\frac{1}{2\sigma^2}(t-\mu)^2}dt$$

이때 정규분포 밀도함수를 이용한 적분은 가능하지 않으므로 수치해석을 통한 근사값

을 이용할 수밖에 없다. 따라서 통계 소프트웨어를 이용하거나 부록에 수록된 확률표를 이용하여 확률을 구하게 된다.

확률변수 X가 평균이 5.0이고 표준편차가 1.5인 정규분포, 즉 $N(5.0, (1.5)^2)$을 따르는 경우 통계 소프트웨어를 이용하여 $x=8.5$의 누적확률을 구한다면 $F(8.5)=P(X \leq 8.5)=$ 0.9740791이 된다.

정규분포의 누적확률의 합은 1이 된다는 사실과 통계 소프트웨어를 이용하면 $P(X>4.3)=1-P(X \leq 4.3)=1-F(4.3)=1-0.3486792=0.6513208$이다.

[참고]

통계 소프트웨어는 한양대학교 강창욱 교수 연구실에서 개발된 소프트웨어로서 http://seaq.hanyang.ac.kr에서 무료로 다운받을 수 있다.

이제 정규분포에서 확률을 구하는 경우를 살펴보기로 하자. 정규분포는 연속형 확률변수이므로 확률을 구하는 경우 구간에 대하여 적분을 사용하게 된다. 즉, 확률변수 X가 평균이 μ이고 분산이 σ^2인 정규분포를 따른다고 할 때,

$$P(a<X<b)=\int_a^b f(x)dx=\int_a^b \frac{1}{\sqrt{2\pi}\,\sigma}e^{-\frac{1}{2\sigma^2}(x-\mu)^2}dx$$

이다. 또한 누적확률함수를 이용하면 다음과 같이 구할 수 있다.

$$\begin{aligned}P(a<X<b)&=P(X<b)-P(X<a)=P(X \leq b)-P(X \leq a)\\&=F(b)-F(a)\end{aligned}$$

확률변수 X가 평균이 2.5이고 분산이 4인 정규분포, 즉 $N(2.5, 4)$를 따르는 경우 통계 소프트웨어를 이용하여 $P(1.3<X<3.7)$을 구하면 다음과 같다.

$$\begin{aligned}P(1.3<X<3.7)&=F(3.7)-F(1.3)=0.7257469-0.2742531\\&=0.4514938\end{aligned}$$

정규분포의 평균 $E(X)$와 분산 $V(X)$를 구해 보자.

$$\begin{aligned}E(X)&=\int_{-\infty}^{\infty} x\frac{1}{\sqrt{2\pi}\,\sigma}e^{-\frac{1}{2\sigma^2}(x-\mu)^2}dx \quad (\frac{x-\mu}{\sigma}=z \text{ 라 놓는다})\\&=\int_{-\infty}^{\infty}\frac{1}{\sqrt{2\pi}}(\mu+\sigma z)e^{-\frac{1}{2}z^2}dz\end{aligned}$$

$$= \mu \int_{-\infty}^{\infty} \frac{1}{\sqrt{2\pi}} e^{-\frac{1}{2}z^2} dz + \sigma \int_{-\infty}^{\infty} \frac{z}{\sqrt{2\pi}} e^{-\frac{1}{2}z^2} dz$$

$$= \mu + \sigma \frac{1}{\sqrt{2\pi}} \left[-e^{-\frac{1}{2}z^2} \right]_{-\infty}^{\infty}$$

$$= \mu$$

$$V(X) = E[(X-\mu)^2]$$

$$= \int_{-\infty}^{\infty} (x-\mu)^2 \frac{1}{\sqrt{2\pi}\,\sigma} e^{-\frac{1}{2\sigma^2}(x-\mu)^2} dx \quad (\frac{x-\mu}{\sigma} = z\text{라 놓는다})$$

$$= \int_{-\infty}^{\infty} \sigma^2 z^2 \frac{1}{\sqrt{2\pi}} e^{-\frac{1}{2}z^2} dz$$

$$= \sigma^2 \int_{-\infty}^{\infty} z^2 \frac{1}{\sqrt{2\pi}} e^{-\frac{1}{2}z^2} dz$$

$$= \sigma^2 \left(\left[\frac{-ze^{-\frac{1}{2}z^2}}{\sqrt{2\pi}} \right]_{-\infty}^{\infty} + \int_{-\infty}^{\infty} \frac{1}{\sqrt{2\pi}} e^{-\frac{1}{2}z^2} dz \right)$$

여기서 첫째항은 z보다 $e^{-\frac{1}{2}z^2}$의 값이 더 빨리 0으로 가기 때문에 0이 되고, 둘째항은 $\int_{-\infty}^{\infty} f(z)dz = 1$이므로

$$V(X) = \sigma^2(0+1) = \sigma^2$$

정규분포의 특징은 다음과 같다.

[특징 1] 정규분포의 특징 1

정규분포는 평균 μ를 중심으로 좌우대칭이다.

정규분포의 밀도함수는 그림 7.1에서와 같이 종 모양의 좌우대칭을 이루고 있다. 즉, 확률변수 X가 평균이 μ이고 분산이 σ^2인 정규분포를 따르는 경우, 모든 x값에 대해서 $f(x+\mu) = f(-x+\mu)$를 의미한다. 밀도함수를 살펴보면 쉽게 이해할 수 있다.

$$f(x) = \frac{1}{\sqrt{2\pi}\,\sigma} e^{-\frac{1}{2\sigma^2}(x-\mu)^2}, \quad -\infty < x < \infty, \quad \sigma > 0, \quad -\infty < \mu < \infty$$

x가 포함된 $(x-\mu)^2$은 x와 $-x$에 관계없이 같은 값을 갖는다. 그러므로 평균 μ에 대하여 좌우대칭이 된다. 또한 확률을 구해 보면 이 특징을 이해할 수 있다. $X \sim N(10, 4)$라고 한다면 $\mu=10$이므로 $f(6)=f(14)$가 되고, $P(X<6)=P(X>14)$이다.

통계 소프트웨어를 이용하면 $P(X<6)=0.0227501$, $P(X>14)=0.0227501$을 확인할 수 있다.

[특징 2] 정규분포의 특징 2

정규분포의 모양은 평균 μ와 표준편차 σ에 따라 달라진다.

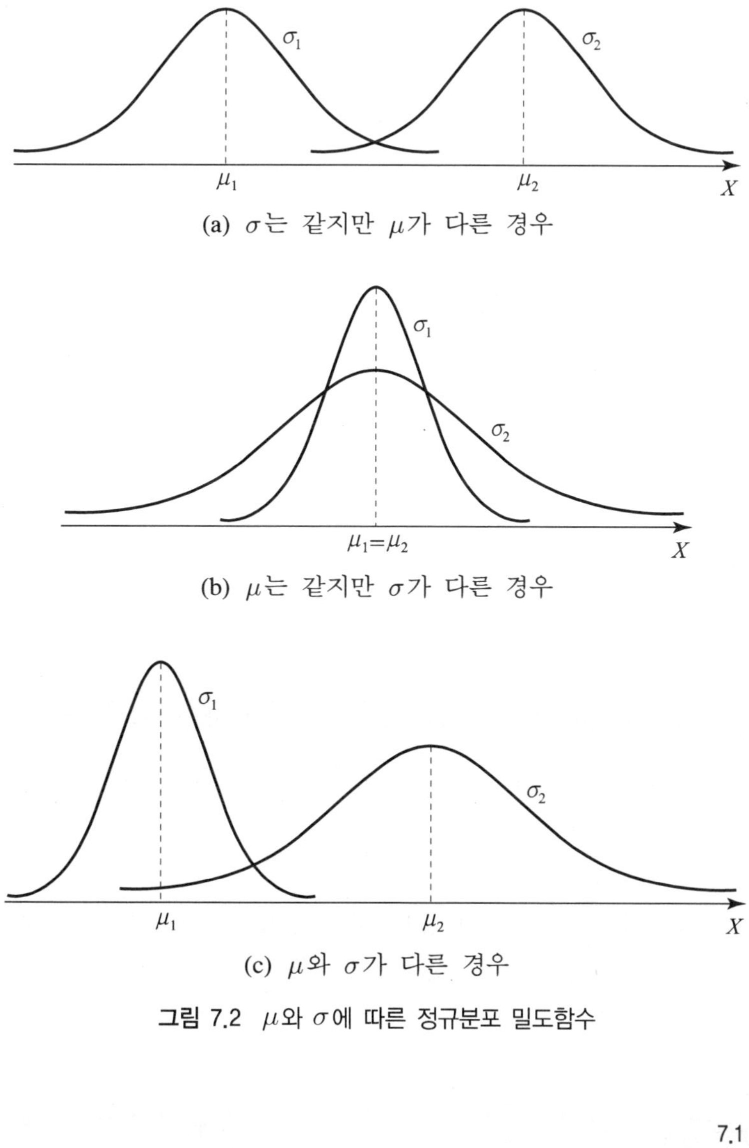

그림 7.2 μ와 σ에 따른 정규분포 밀도함수

[특징 3]　정규분포의 특징 3

정규분포를 따르는 확률변수의 선형함수는 역시 정규분포를 따른다. 이때 평균과 분산은 선형함수에 따라 변한다.

만약 확률변수 X가 평균이 4.0이고 분산이 1.6인 정규분포를 따른다면, 새로운 확률변수 $Y=3X+4$도 정규분포를 따르게 된다. 정규분포의 선형결합에 관해서는 7.4절에서 상세히 다루기로 한다.

정규분포는 이외에도 많은 특징들이 있지만 가장 기본적인 것들만 소개한 것이다. 정규분포의 이러한 특징은 여러 면에서 아주 유용하므로 잘 활용할 수 있어야 한다.

연습문제 7-1

1. 확률변수 X는 평균이 7.2이고 분산이 0.64인 정규분포를 따른다. 통계 소프트웨어를 이용하여 다음의 확률을 구하여라.

(1) $P(X>8.4)$

(2) $P(6.3<X)$

(3) $P(6.6<X<8.0)$

2. $X \sim N(4.8,(1.3)^2)$일 때 $P(4.2<X<5.7)$을 구하여라.

3. 확률변수 X는 평균이 0이고 분산이 1인 정규분포를 따른다. 확률변수 X의 누적확률함수 $F(x)$를 스케치하여라.

4. 어느 제품의 무게(단위: g)는 평균이 498이고 분산이 8.4인 정규분포를 따른다. 제품의 규격은 500 ± 3.5이다. 통계 소프트웨어를 이용하여 이 제품의 불량률을 구하여라.

5. 화학물질의 밀도가 평균이 0.004이고 분산이 3.8×10^{-5}인 정규분포를 따른다. 통계 소프트웨어를 이용하여 밀도가 0.005보다 작을 확률을 구하여라.

7.2 표준정규분포

확률변수 X가 $N(\mu, \sigma^2)$ 분포를 따른다고 하자. 이때 새로운 확률변수 Z를 다음과 같이 $Z = \dfrac{X-\mu}{\sigma}$라 하면, Z는 정규분포의 특징 3에 따라 정규분포를 따른다.

Z의 평균 $E(Z)$와 분산 $V(Z)$를 살펴보면,

$$E(Z) = E\left(\frac{X-\mu}{\sigma}\right) = \frac{1}{\sigma}[E(X) - E(\mu)] = \frac{1}{\sigma}[\mu - \mu] = 0$$

$$V(Z) = V\left(\frac{X-\mu}{\sigma}\right) = \frac{1}{\sigma^2} V(X-\mu) = \frac{1}{\sigma^2} V(X) = \frac{1}{\sigma^2} \cdot \sigma^2 = 1$$

따라서 $Z \sim N(0,1)$이다. Z의 밀도함수는 다음과 같다.

$$f(z) = \frac{1}{\sqrt{2\pi}} e^{-\frac{1}{2}z^2}, \quad -\infty < z < \infty$$

Z의 밀도함수 $f(z)$는 그림 7.3과 같이 0에 대하여 좌우대칭을 한다.

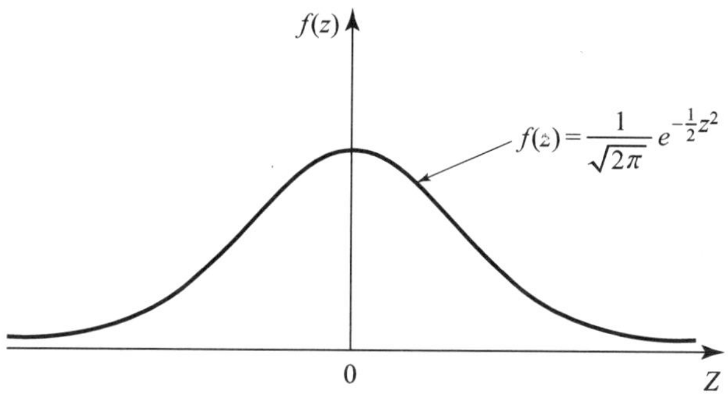

그림 7.3 표준정규분포 밀도함수

[정의 7.1] 표준정규분포

확률변수 Z의 분포가 평균이 0이고 분산이 1인 정규분포, 즉 $Z \sim N(0, 1)$일 때 이를 **표준정규분포**(standard normal distribution)라고 한다.

Z의 누적확률함수는 특별히 다음과 같이 표시한다.

$$\Phi(z) = P(Z \leq z) = \int_{-\infty}^{z} f(t)dt$$

$\Phi(z)$는 정규분포의 확률을 계산하는 데 있어서 중요하며, 0에 대해서 좌우대칭이므로 $1-\Phi(z)=P(Z>z)=P(Z\leq -z)=\Phi(-z)$이다.

또한 이 관계식을 이용하면 $\Phi(z)+\Phi(-z)=1$임을 알 수 있다. z의 값에 따라 $\Phi(z)$의 값을 포함한 확률분포표를 교재의 부록에 나타내고 있다. 이 표를 이용하면 표준정규분포의 확률을 쉽게 구할 수 있다.

예제 7.1 표준정규분포 확률표를 이용하여 $P(Z\leq 1.96)=0.975$임을 확인하여라.

풀이 표준정규분포 확률표의 좌측 첫 칸은 z값의 소수점 첫째 자리까지의 값을 나타내며 상단 첫 줄은 소수점 둘째 자리의 값을 나타낸다. 1.96의 경우 좌측 첫 칸에서 1.9를 찾고 그 줄에서 0.06의 값이 있는 칸을 찾으면 그 값이 바로 Z가 1.96보다 작거나 같은 경우의 확률을 의미한다. 그러므로 $P(Z\leq 1.96)=0.975$이다.

예제 7.2 $P(-2<Z<1.25)$를 표준정규분포 확률표를 이용하여 구하여라.

풀이

$$\begin{aligned}P(-2<Z<1.25)&=P(Z<1.25)-P(Z<-2)\\&=\Phi(1.25)-\Phi(-2)\\&=0.8944-0.0228\\&=0.8716\end{aligned}$$

예제 7.3 $\Phi(-1.25)$의 값을 구하여라.

풀이 $\Phi(-1.25)=1-\Phi(1.25)=1-P(Z\leq 1.25)=1-0.8944=0.1056$

기호 z_α는 표준정규분포에서 $P(Z\geq z_\alpha)=\alpha$인 경계값(critical value)을 나타낸다.

예제 7.4 $z_{0.025}$를 구하여라.

풀이 $P(Z\geq z_{0.025})=0.025$이므로 표에서 찾으면 $z_{0.025}=1.96$이다.

예제 7.5 $P(|Z|\leq z)=0.9974$인 경우 z값을 구하여라.

풀이 $P(|Z|\leq z)=P(-z\leq Z\leq z)=0.9974$이다. 이때 표준정규분포의 좌우대칭성에 의하여 $P(Z\geq z)=P(Z\leq -z)=0.0013$이다. 따라서 구하는 값은 $z_{0.0013}$이다. 표준정규분포 확률표를 이용하면 $z_{0.0013}=3.0$이다. 즉, $P(-3\leq Z\leq 3)=0.9974$이므로 $z=3.0$이다.

연습문제 7-2

1. 확률변수 Z는 표준정규분포를 따른다. 다음의 확률을 구하여라.

(1) $P(-0.7 < Z < 1.3)$

(2) $P(0.2 < Z < 1.1)$

(3) $P(-1.9 < Z < -0.6)$

2. $Z \sim N(0, 1)$이다. 다음의 확률을 구하여라.

(1) $P(Z \leqq 1.23)$

(2) $P(Z > -1.32)$

(3) $P(-2.12 < Z < 0.37)$

3. 확률변수 Z는 평균이 0이고 표준편차가 1인 정규분포를 따른다. 다음을 구하여라.

(1) $P(|Z| > 0.95)$

(2) $P(Z < z) = 0.78$이 되는 z값

(3) $P(|Z| < z) = 0.95$가 되는 z값

4. $Z \sim N(0, 1)$이다. 다음을 구하여라.

(1) Z가 $\mu \pm \sigma$ 범위에 있을 확률

(2) Z가 $\mu \pm 2\sigma$ 범위에 있을 확률

(3) Z가 $\mu \pm 3\sigma$ 범위에 있을 확률

5. $Z \sim N(0, 1)$일 때 새로운 확률변수 $X = 3Z + 2$인 경우 X의 분포와 평균 및 분산을 구하여라.

7.3 정규분포 확률계산

7.1절에서 살펴본 바와 같이 정규분포의 확률 $P(a < X < b)$는 다음과 같이 구한다.

$$P(a < X < b) = \int_a^b f(x)dx = \int_a^b \frac{1}{\sqrt{2\pi}\,\sigma} e^{-\frac{1}{2\sigma^2}(x-\mu)^2} dx$$

그런데 이 확률은 수리적으로 계산할 수 없으며, 수치해석을 통해서만 값을 구할 수 있다. 또한 다양한 μ와 σ값에 따라 변하는 확률을 매번 계산한다는 것은 매우 어려운 일이다. 표준정규분포 확률변수 $Z=\frac{X-\mu}{\sigma}$와 일반정규분포 확률변수 $X=\mu+\sigma Z$는 1 : 1 대응관계에 있으므로 다음 관계식이 성립한다.

$$P(a<X<b)=P\left(\frac{a-\mu}{\sigma}<Z<\frac{b-\mu}{\sigma}\right)$$

또한 표준정규분포의 누적확률함수를 이용하여 표현하면 다음과 같다.

$$\begin{aligned}P(a<X<b)&=P\left(\frac{a-\mu}{\sigma}<Z<\frac{b-\mu}{\sigma}\right)=F\left(\frac{b-\mu}{\sigma}\right)-F\left(\frac{a-\mu}{\sigma}\right)\\&=\Phi\left(\frac{b-\mu}{\sigma}\right)-\Phi\left(\frac{a-\mu}{\sigma}\right)\end{aligned}$$

그러므로 일반정규분포의 확률은 표준정규분포의 확률 계산을 통해 구할 수 있다.

예제 7.6 확률변수 X는 평균이 100이고 분산이 16인 정규분포를 따른다고 하자. 다음의 확률을 구하여라.

(1) $P(95<X<103)$

(2) $P(101<X<105)$

(3) $P(98<X<99)$

풀이 (1) $P(95<X<103)=P\left(\frac{95-100}{4}<Z<\frac{103-100}{4}\right)$

$$\begin{aligned}&=P(-1.25<Z<0.75)\\&=P(Z<0.75)-P(Z<-1.25)\\&=\Phi(0.75)-\Phi(-1.25)\\&=0.7734-0.1056\\&=0.6678\end{aligned}$$

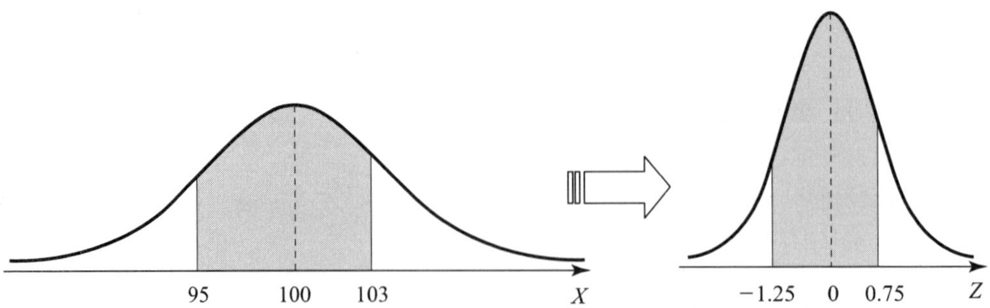

그림 7.4 일반정규분포를 표준정규분포로 변환

(2) $P(101 < X < 105) = P(0.25 < Z < 1.25)$
$$= \Phi(1.25) - \Phi(0.25)$$
$$= 0.8944 - 0.5987$$
$$= 0.2957$$

(3) $P(95 < X < 99) = P(-1.25 < Z < -0.25)$
$$= \Phi(-0.25) - \Phi(-1.25)$$
$$= [1 - \Phi(0.25)] - [1 - \Phi(1.25)]$$
$$= \Phi(1.25) - \Phi(0.25)$$
$$= 0.2957$$

예제 7.7 어느 공정에서 생산되는 제품의 규격이 1000 ± 2이다. 이 공정의 평균은 1000.7이고 표준편차가 1.0이다. 이 공정의 제품 합격률을 계산하여라.

풀이 이 공정의 경우 제품의 합격범위는 [998, 1002]이므로,

$$P(998 \leqq X \leqq 1002) = P\left(\frac{998 - 1000.7}{1.0} \leqq Z \leqq \frac{1002 - 1000.7}{1.0}\right)$$
$$= P(-2.7 \leqq Z \leqq 1.3)$$
$$= \Phi(1.3) - \Phi(-2.7)$$
$$= 0.9032 - 0.0035$$
$$= 0.8997$$

따라서 이 공정의 제품 합격률은 89.97%이다.

예제 7.8 $X \sim N(200, 9)$의 경우 $P(X < 206)$을 구하여라.

풀이 확률변수 X는 평균이 200이고 표준편차가 3인 정규분포를 따르므로,

$$P(X < 206) = P\left(Z < \frac{206 - 200}{3}\right) = \Phi(2) = 0.9772$$

확률변수 X가 $N(\mu, \sigma^2)$ 분포를 따르는 경우 다음과 같은 결과를 얻을 수 있다.
$P(\mu - \sigma \leq X \leq \mu + \sigma) = 0.6827$ (평균±1 표준편차 범위 내에 약 68.3% 포함)
$P(\mu - 2\sigma \leq X \leq \mu + 2\sigma) = 0.9545$ (평균±2 표준편차 범위 내에 약 95.5% 포함)
$P(\mu - 3\sigma \leq X \leq \mu + 3\sigma) = 0.9973$ (평균±3 표준편차 범위 내에 약 99.7% 포함)

연습문제 7-3

1. $X \sim N(60, 3^2)$이다. 다음 확률을 구하여라.

(1) $P(55 < X < 58)$

(2) $P(54 < X < 60)$

(3) $P(57 < X < 66)$

2. 확률변수 X는 평균이 100이고 분산이 4인 정규분포를 따른다. 다음을 구하여라.

(1) $P(X \leq 100.8)$

(2) $P(99.2 < X < 104.5)$

(3) $P(|X| < x) = 0.8$이 되는 x값

3. 어느 회사는 건축용 콘크리트 블록을 생산한다. 각각 생산된 콘크리트 블록의 무게는 평균 $\mu = 10.2$ kg이고 표준편차 $\sigma = 0.4$ kg인 정규분포를 따른다고 한다. 임의로 한 개의 콘크리트 블록을 선택하여 무게를 측정하는 경우, 무게가 10.5 kg보다 작을 확률을 구하여라.

4. 자동차 부품인 rotor shaft의 지름에 대한 규격이 0.25 ± 0.002이다. 만약 한 회사에서 생산한 rotor shaft의 지름은 평균 0.251이고 표준편차 0.001인 정규분포를 따른다고 한다. 제품이 규격 범위에 속하면 합격품이고 그렇지 않은 경우 불합격품일 때, 이 제품의 불합격률을 구하여라.

5. $X \sim N(\mu, \sigma^2)$에서 $P(X < 10) = 0.55$이고 $P(X < 0) = 0.4$일 때, μ와 σ^2을 구하여라.

7.4 정규확률변수의 선형결합

7.1절에서 다룬 정규분포의 특징 3에 의해 정규확률변수의 선형결합은 정규분포를 따른다는 사실을 이미 알고 있다. 이 절에서는 이에 관련된 내용들을 좀 더 살펴보기로 한다.

[정리 7.1] 정규확률변수의 선형결합의 분포

확률변수 $X \sim N(\mu,\ \sigma^2)$이고 $Y = aX + b$(단, a와 b는 각각 상수)라면 $Y \sim N(a\mu + b,\ a^2\sigma^2)$이다.

증명 Y는 X의 선형결합이므로 정규분포를 따르고, 평균과 분산을 구하면 다음과 같다.

$$E(Y) = aE(X) + b = a\mu + b$$
$$V(Y) = a^2 V(X) = a^2\sigma^2$$

그러므로 $Y \sim N(a\mu + b,\ a^2\sigma^2)$이다.

만약 확률변수 X가 평균이 4.0이고 분산이 1.6인 정규분포를 따른다면, 새로운 확률변수 $Y = 3X + 4$도 정규분포를 따르게 된다. Y의 밀도함수가 변수변환기법을 이용하여 정규분포임을 증명할 수 있지만 여기서는 생략하기로 한다.

Y의 평균과 분산을 구하면,

$$E(Y) = E(3X + 4) = 3E(X) + 4 = 3(4) + 4 = 16,$$
$$V(Y) = 3^2 V(X) = 9(1.6) = 14.4$$

따라서 $Y \sim N(16,\ 14.4)$의 분포가 된다.

[정리 7.2] 두 정규확률변수의 선형결합의 분포

$X_1 \sim N(\mu_1,\ \sigma_1^2)$과 $X_2 \sim N(\mu_2,\ \sigma_2^2)$의 두 변수가 서로 독립일 때, $Y = X_1 + X_2$라면 $Y \sim N(\mu_1 + \mu_2,\ \sigma_1^2 + \sigma_2^2)$이다.

증명 Y는 X_1과 X_2의 선형결합이므로 정규분포를 따르고, 평균과 분산을 구하면 다음과 같다.

$$E(Y) = E(X_1 + X_2) = E(X_1) + E(X_2) = \mu_1 + \mu_2$$

X_1과 X_2가 독립이므로

$$V(Y) = V(X_1 + X_2) = V(X_1) + V(X_2) = \sigma_1^2 + \sigma_2^2$$

그러므로 $Y \sim N(\mu_1 + \mu_2,\ \sigma_1^2 + \sigma_2^2)$이다.

[주의] X_1과 X_2가 독립이 아니더라도 $Y = X_1 + X_2$는 정규분포를 따른다. 그러나 평균은 $\mu_1 + \mu_2$로 같지만 분산은 $\sigma_1^2 + \sigma_2^2 + 2Cov(X_1, X_2)$가 되어 다르다.

[정리 7.3] 여러 정규확률변수의 선형결합의 분포

$X_i \sim N(\mu_i, \sigma_i^2)$, $i = 1, \cdots, n$에서 X_i들은 서로 독립적이다.

$Y = \sum_{i=1}^{n} a_i X_i + b$라면 $Y \sim N(\sum_{i=1}^{n} a_i \mu_i + b, \sum_{i=1}^{n} a_i^2 \sigma_i^2)$이다.

증명 Y는 $X_1, \cdots, X_n$의 선형결합이므로 정규분포를 따르고, 평균과 분산을 구하면 다음과 같다.

$$E(Y) = E(a_1X_1 + \cdots + a_nX_n + b) = E(a_1X_1) + \cdots + E(a_nX_n) + b$$
$$= \sum_{i=1}^{n} a_i \mu_i + b$$

$X_1, \cdots, X_n$이 서로 독립이므로

$$V(Y) = V(a_1X_1 + \cdots + a_nX_n + b) = a_1^2 V(X_1) + \cdots + a_n^2 V(X_n)$$
$$= \sum_{i=1}^{n} a_i^2 \sigma_i^2$$

그러므로 $Y \sim N(\sum_{i=1}^{n} a_i \mu_i + b, \sum_{i=1}^{n} a_i^2 \sigma_i^2)$이다.

[정리 7.4] 정규확률변수의 평균의 분포

$X_i \sim N(\mu, \sigma^2)$, $i = 1, \cdots, n$에서 X_i들은 서로 독립적이다.

$\overline{X} = \frac{\sum_{i=1}^{n} X_i}{n}$ 라면, $\overline{X} \sim N\left(\mu, \frac{\sigma^2}{n}\right)$이다.

증명 $\overline{X}$는 $X_1, \cdots, X_n$의 선형결합이므로 정규분포를 따르고, 평균과 분산을 구하면 다음과 같다. $X_1, \cdots, X_n$은 동일한 분포를 따르므로,

$$E(\overline{X}) = \frac{1}{n} E(X_1 + \cdots + X_n) = \frac{1}{n}(n\mu) = \mu$$

$X_1, \cdots, X_n$이 서로 독립이므로

$$V(\overline{X}) = \frac{1}{n^2}\, V(\sum_{i=1}^{n} X_i) = \frac{1}{n^2}(n\sigma^2) = \frac{\sigma^2}{n}$$

그러므로 $\overline{X} \sim N\left(\mu,\ \frac{\sigma^2}{n}\right)$이다.

예제 7.9 $X \sim N(46,\ 0.25)$인 경우 $Y = 3X + 2$의 분포를 구하여라.

풀이 Y는 X의 선형결합이므로 정규분포를 따르고, 평균과 분산은 다음과 같다.

$$E(Y) = 3 \times 46 + 2 = 140$$
$$V(Y) = 3^2 \times 0.25 = 2.25$$

그러므로 $Y \sim N(140, 2.25)$이다.

예제 7.10 $X_1 \sim N(30,\ 16)$과 $X_2 \sim N(14,\ 9)$가 독립이고 $Y = X_1 + X_2$라면 $P(Y > 40)$을 구하여라.

풀이 Y는 정규분포를 따르고, 평균과 분산은 다음과 같다.

$$E(Y) = 30 + 14 = 44$$
$$V(Y) = 16 + 9 = 25$$

그러므로 $Y \sim N(44,\ 25)$이다. 따라서

$$\begin{aligned} P(Y > 40) &= P\left(Z > \frac{40 - 44}{5}\right) \\ &= P(Z > -0.8) \\ &= 1 - \Phi(-0.8) \\ &= 1 - 0.2119 \\ &= 0.7881 \end{aligned}$$

예제 7.11 확률변수 $X_1 \sim N(20,\ 4)$, $X_2 \sim N(34,\ 9)$, $X_3 \sim N(-30,\ 16)$, $X_4 \sim N(14,\ 2.5)$는 서로 독립이다. $Y = X_1 - 2X_2 + 4X_3 + 3X_4$의 분포를 구하여라.

풀이 Y는 정규분포를 따르고, 평균과 분산은 다음과 같다.

$$E(Y) = 20 + (-2) \times 34 + 4 \times (-30) + 3 \times 14 = -126$$
$$V(Y) = 4 + (-2)^2 \times 9 + 4^2 \times 16 + 3^2 \times 2.5 = 318.5$$

그러므로 $Y \sim N(-126,\ 318.5)$이다.

연습문제 7-4

1. 자동차 부품인 피스톤 헤드의 외경(X_1)은 평균이 30 mm이고 표준편차가 0.05 mm인 정규분포를 따르고, 실린더의 내경(X_2)은 평균이 30.25 mm이고 표준편차가 0.06 mm인 정규분포를 따른다고 하자. 두 부품의 간격 $Y = X_2 - X_1$이라고 할 때,

(1) $P(Y \leqq 0)$을 구하여라.

(2) $P(0.1 < Y < 0.25)$를 구하여라.

2. 한 제품의 길이 X는 $X \sim N(29.0,\ 4.41)$의 분포를 따른다고 한다. 이 제품 30개의 평균 길이는 어떤 분포를 따르는가?

3. 확률변수 X는 $X \sim N(3,\ 6)$이고, 확률변수 Y는 $Y \sim N(-2,\ 3)$이며 서로 독립이다. 다음 확률을 구하여라.

(1) $P(X+Y>0)$

(2) $P(X-Y<4)$

(3) $P(-2<X+Y<3)$

4. 확률변수 X는 $X \sim N(-1.5,\ 1.6)$, 확률변수 Y는 $Y \sim N(3.2,\ 1.7)$이고, 확률변수 Z는 $Z \sim N(0.9,\ 0.3)$이며 서로 독립이다. 다음 확률을 구하여라.

(1) $P(X+Y+Z<2.5)$

(2) $P(X-Y-Z<-0.5)$

(3) $P(|2X+3Y-4Z|<1.3)$

5. 아파트 창문에 사용되는 유리의 두께 X(단위: mm)는 $X \sim N(3.0,\ 0.0144)$의 분포를 따른다.

(1) 유리 세 장을 겹쳐 놓았을 때의 두께가 9.4 mm 이상일 확률을 구하여라.

(2) 유리 다섯 장을 선택하였을 때 평균 두께가 3.1 mm 이상일 확률을 구하여라.

7.5 중심극한정리

7.4절에서 정규분포를 따르는 확률변수의 선형결합은 정규분포를 따른다는 사실을 살펴보았다. 그러나 확률변수의 분포가 정규분포가 아닌 경우 다음과 같은 정리를 이용하면 통계분석에서 아주 유용하다.

> **[정리 7.5] 중심극한정리(central limit theorem) – 제1양식**
>
> $X_1, X_2, \cdots, X_n$은 상호 독립이고 동일한 분포를 가지며, 평균 μ와 분산 σ^2이 유한하고 $S_n = X_1 + X_2 + \cdots + X_n$이라면 $n \to \infty$일 때
>
> $$\frac{S_n - n\mu}{\sqrt{n\sigma^2}} \to N(0,\ 1)$$
>
> 이다.

여기서 정리의 증명은 생략하기로 한다. 유의할 점은 각 확률변수 X가 독립이고 동일한 분포를 가져야 한다는 것이다. 따라서 $E(S_n) = n\mu$이고 $V(S_n) = n\sigma^2$이 된다.

즉, $n \to \infty$일 때 $\dfrac{S_n - E(S_n)}{\sqrt{V(S_n)}} \to N(0,\ 1)$이므로, 확률변수 X가 정규분포가 아닌 어떤 분포를 따르더라도 조건만 맞으면 표준정규분포로 근사시켜 확률을 구할 수 있게 되는 것이다. 따라서 중심극한정리는 통계학에서 아주 중요한 정리이다.

예제 7.12 1개의 화물 컨테이너 검사시간은 평균 $\mu = 8$분이고 표준편차 $\sigma = 6$분이지만, 정규분포를 따르지는 않는 것으로 파악되었다. 64개의 화물 컨테이너를 검사하는 경우, 총 검사시간이 550분을 초과할 확률을 구하여라.

풀이 $n = 64$이므로 $S_{64} = X_1 + X_2 + \cdots + X_{64}$이고, $E(S_{64}) = 64 \times 8 = 512$이며 $V(S_{64}) = 64 \times 36 = 2304$이다. 중심극한정리를 이용하면,

$$P(S_{64} > 550) = P\left(\frac{S_{64} - E(S_{64})}{\sqrt{V(S_{64})}} > \frac{550 - 512}{\sqrt{2304}}\right)$$

$$\approx P(Z > 0.79) = 0.2148$$

[정리 7.6] 중심극한정리(central limit theorem) – 제2양식

$X_1, X_2, \cdots, X_n$은 상호 독립이고 동일한 분포를 가지며, 평균 μ와 분산 σ^2이 유한하고 $\overline{X}=\frac{1}{n}(X_1+X_2+\cdots+X_n)$이라면 $n\to\infty$일 때

$$\frac{\overline{X}-\mu}{\sigma/\sqrt{n}}\to N(0,\ 1)$$

이다.

예제 7.13 예제 7.12에서 64개의 화물 컨테이너를 검사하는 경우 평균 검사시간이 10분을 초과할 확률을 구하여라.

풀이 중심극한정리를 이용하면,

$$P(\overline{X}\geq 10)=P\left(\frac{\overline{X}-\mu}{\sigma/\sqrt{n}}\geq\frac{10-8}{6/\sqrt{64}}\right)\approx P(Z>2.67)=0.0038$$

연습문제 7-5

1. $\mu=30$, $\sigma=26$인 비정규분포로부터 $n=169$개의 제품을 선택한 경우, $P(\overline{X}>34)$를 중심극한정리를 이용하여 구하여라.

2. $\mu=10$, $\sigma=18$인 비정규분포로부터 $n=81$개의 제품을 선택한 경우, $P(S_n>750)$을 중심극한정리를 이용하여 구하여라.

3. 한 대기업의 인력관리팀에서 결근으로 인한 개인별 근무시간 손실의 분포를 조사하였다. 일 년 동안 조사한 결과 근무시간 손실은 $\mu=10$일, $\sigma=5$일로 나타났다. 임의로 100명을 선택하여 조사했을 때, 평균 근무시간 손실이 11일 이상이 될 확률을 구하여라.

4. 팔레트 한 개에 적재할 수 있는 상자의 수는 100개이고, 한 상자는 50개의 제품을 담는다. 제품 한 개의 무게는 $\mu=500$ g, $\sigma=25$ g이다. 팔레트 한 개의 무게가 2,650 kg을 초과할 확률을 구하여라.

5. 참치 원양어선의 1일(10시간 기준) 어획량은 일정하지 않다. 한 원양어선은 매일 어획량을 기록하고 있는데, $\mu=130$톤, $\sigma=42$톤이다. 이 원양어선이 36일 동안 어획한 참치의 무게가 4,320톤을 초과할 확률을 구하여라.

7.6 이항분포의 정규근사분포

확률변수 X가 모수 n과 p인 이항분포를 따르고, 즉 $X \sim Bin(n, p)$이고 p가 0.5에 가깝고 n이 아주 큰 값을 갖는다면, 이항분포의 확률은 정규분포를 이용하여 근사값을 구할 수 있다.

> **[정리 7.7]**
>
> 확률변수 $X \sim Bin(n, p)$이고 p가 0.5와 비슷한 값을 갖는 경우, $n \to \infty$일 때
>
> $$\frac{X-np}{\sqrt{np(1-p)}} \to N(0,\ 1)$$
>
> 이다.

만약 $X_i (i=1, \cdots, n)$가 독립이고 동일한 확률 p를 갖는 베르누이 분포를 따른다고 한다면 $E(X_i)=p$, $V(X)=p(1-p)$이다. $X=X_1+\cdots+X_n$이라 하면 $E(X)=np$, $V(X)=np(1-p)$이다. n이 아주 큰 값이라면 중심극한정리에 의해 $\frac{X-np}{\sqrt{np(1-p)}} \to N(0, 1)$이다. 따라서 n이 아주 큰 값인 경우 이항분포의 확률은 정규분포를 이용하여 근사값을 구할 수가 있다. 즉,

$$P(X \leq x) \approx \Phi\left(\frac{x-np}{\sqrt{np(1-p)}}\right)$$

이다. 이때 n이 큰 값이거나 p가 0.5에 가까울수록 좋은 근사값을 구할 수 있으며, 일반적으로 $np(1-p)>5$를 만족하면 위의 정리를 사용하여 근사값을 구할 수 있다.

만약 p가 0 또는 1에 가깝거나 n이 작은 경우에는 포아송 분포를 이용하여 이항분포 확률의 근사값을 구하면 된다.

이항분포는 이산형 확률분포이고 정규분포는 연속형 확률분포이므로, 정규분포를 이

용한 확률의 근사값을 구할 때 구간값에 0.5를 더하거나 빼면서 조정하는 것을 연속성 수정(continuity correction)이라고 한다. X를 이산형 확률변수라고 하자. $P(X=10)$을 정규분포를 이용하는 경우 $P(X=10)=0$이므로 $P(X=10) \approx P(9.5 < X < 10.5)$를 통해서 구하면 된다. 따라서,

$$P(X \leqq x) \approx \Phi\left(\frac{x+0.5-np}{\sqrt{np(1-p)}}\right)$$

연속성 수정을 이용하면 참값에 더 가까운 값을 구할 수 있다.

이산형 확률변수 X의 경우 $P(X<x)=P(X \leqq x-1)$이므로 주의해야 한다. 즉,

$$P(X<x)=P(X \leqq x-1) \approx \Phi\left(\frac{(x-1)+0.5-np}{\sqrt{np(1-p)}}\right)$$

[연속성 수정 사용 규칙]

이산형 확률변수의 값을 연속형 확률변수의 구간에 적용하는 경우, 구간에 포함되는 최소값에 0.5를 빼고 구간에 포함되는 최대값에 0.5를 더한다.

예제 7.14 생산한 신개발 제품의 불량률이 20%로 판명되었다. 만약 검사를 하기 위하여 100개의 제품을 선택했을 때, 15개가 불량품으로 판정될 확률을 구하여라.

풀이 $np(1-p)=16>5$이므로 정규분포를 이용한 근사값을 구할 수 있다.

$\mu=20,\ \sigma^2=4$이므로

$$\begin{aligned} P(X=15) &= P(14.5 \leq X \leq 15.5) \\ &\approx P\left(Z< \frac{15.5-20}{4}\right)-P\left(Z< \frac{14.5-20}{4}\right) \\ &= \Phi(-1.13)-\Phi(-1.38) \\ &= 0.1292-0.0838 \\ &= 0.0454 \end{aligned}$$

예제 7.15 확률변수 $X \sim Bin(100,\ 0.2)$이다. $P(11<X \leqq 26)$을 구하여라.

풀이 $np(1-p)=16>5$이므로 정규분포를 이용한 근사값을 구할 수 있다.

$\mu=20,\ \sigma^2=4$이므로

$$
\begin{aligned}
P(11 < X \leqq 26) &= P(12 \leqq X \leqq 26) = P(11.5 \leqq X \leqq 26.5) \\
&= P(X \leqq 26.5) - P(X \leqq 11.5) \\
&\approx P\left(Z \leqq \frac{26.5-20}{4}\right) - P\left(Z \leqq \frac{11.5-20}{4}\right) \\
&= P(Z \leqq 1.63) - P(Z \leqq -2.13) = 0.932
\end{aligned}
$$

예제 7.16 확률변수 $X \sim Bin(100, 0.36)$이다. $P(24 \leqq X < 43)$을 구하여라.

풀이 $np(1-p) = 23.04 > 5$이므로 정규분포를 이용한 근사값을 구할 수 있다.
$\mu = 36$, $\sigma = 4.8$이므로

$$
\begin{aligned}
P(24 \leqq X < 43) &= P(24 \leqq X \leqq 42) = P(23.5 \leqq X \leqq 42.5) \\
&= P(X \leqq 42.5) - P(X \leqq 23.5) \\
&\approx P\left(Z \leqq \frac{42.5-36}{4.8}\right) - P\left(Z \leqq \frac{23.5-36}{4.8}\right) \\
&= P(Z \leqq 1.35) - P(Z \leqq -2.60) \\
&= 0.9068
\end{aligned}
$$

연습문제 7-6

1. 확률변수 X는 $n=50$과 $p=0.6$인 이항분포를 따른다. 정규분포근사를 이용하여 다음의 확률을 구하여라.

(1) $P(X=15)$

(2) $P(X<12)$

2. 전기제품의 수명이 1,000시간 이하일 확률은 0.22이다. 200개 검사 제품 중 수명시간이 1,000시간 이하인 것이 45개 미만일 확률을 구하여라.

3. $X \sim Bin(300,\ 0.19)$이다. 다음의 확률을 구하여라.

(1) $P(50 < X < 87)$

(2) $P(55 \leqq X < 67)$

(3) $P(49 \leqq X \leqq 72)$

4. 동전을 1,000회 던져서 앞면이 500회 이상 600회 이하가 나올 확률을 구하여라.

5. 병원의 응급실을 찾은 환자의 65%는 대기시간이 1시간 이상 걸린다고 한다. 이 병원의 응급실을 찾은 환자 200명을 대상으로 조사했을 때 정확하게 50명이 1시간 이상 대기해야 하는 확률을 구하여라.

7.7 대수정규분포

대수정규분포는 6.5절에서 이미 언급하였지만 여기서 예제와 함께 다시 소개한다.

만약 $Y = \ln(X)$라고 할 때, Y가 평균이 μ이고 분산이 σ^2인 정규분포를 따르는 경우 우리는 확률변수 X는 모수가 μ와 σ^2인 대수정규분포(log normal distribution)를 따른다고 한다. 대수정규분포는 1879년 McAlister에 의해 처음 소개되었다. 대수정규분포는 시스템 또는 제품의 반응시간 또는 고장시간의 분포를 나타내는 데 많이 응용되고 있다.

대수정규분포의 밀도함수는 다음과 같다.

$$f(x) = \frac{1}{\sqrt{2\pi}\,\sigma x} e^{-\frac{(\ln(x)-\mu)^2}{2\sigma^2}}, \quad x > 0, \quad \sigma > 0, \quad -\infty < \mu < \infty$$

그림 7.5는 대수정규분포의 밀도함수를 나타낸 것이다.

대수정규분포의 평균과 분산은 다음과 같으며, 이때 확률변수 X의 평균과 분산은 μ와 σ^2이 아니라는 사실에 주의해야 한다.

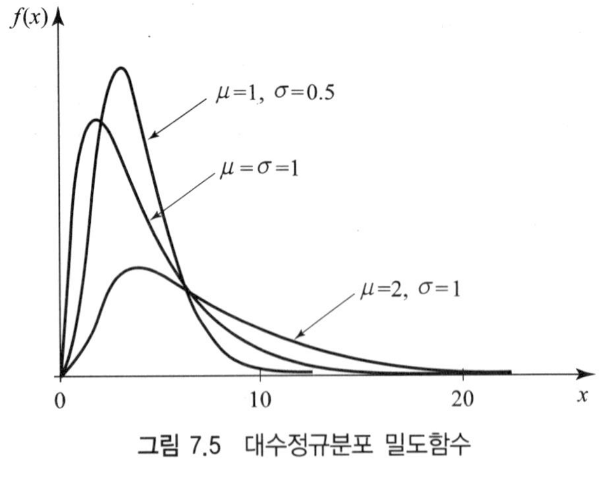

그림 7.5 대수정규분포 밀도함수

$$E(X) = e^{\mu + \frac{\sigma^2}{2}}$$

$$V(X) = e^{2\mu + \sigma^2}(e^{\sigma^2} - 1)$$

대수정규분포의 누적확률함수는 표준정규분포 누적확률함수를 이용하여 쉽게 구할 수 있다.

$$\begin{aligned} P(X \leqq x) &= P(\ln(X) \leqq \ln(x)) \\ &= P\left(\frac{Y-\mu}{\sigma} \leqq \frac{\ln(x)-\mu}{\sigma}\right) \\ &= P\left(Z \leqq \frac{\ln(x)-\mu}{\sigma}\right) \\ &= \Phi\left(\frac{\ln(x)-\mu}{\sigma}\right) \end{aligned}$$

또한 $P(a \leqq X \leqq b)$는 다음과 같이 구할 수 있다.

$$\begin{aligned} P(a \leqq X \leqq b) &= P(\ln(a) \leqq \ln(X) \leqq \ln(b)) \\ &= \Phi\left(\frac{\ln(b)-\mu}{\sigma}\right) - \Phi\left(\frac{\ln(a)-\mu}{\sigma}\right) \end{aligned}$$

예제 7.17 확률변수 $\ln(X) \sim N(2,\ 0.01)$이다. $P(6.1 \leqq X < 8.2)$를 구하여라.

풀이

$$\begin{aligned} P(\ln(6.1) \leqq \ln(X) < \ln(8.2)) &= P\left(Z \leqq \frac{\ln(8.2)-2}{0.1}\right) - P\left(Z \leqq \frac{\ln(6.1)-2}{0.1}\right) \\ &= P(Z \leqq 1.04) - P(Z \leqq -1.92) \\ &= 0.8234 \end{aligned}$$

예제 7.18 한 시스템의 외부하중에 견디는 강도가 평균이 4.0이고 분산이 0.09인 대수정규분포를 따르는 것으로 알려져 있다. 이 시스템이 하중 33 이상에서 견뎌낼 확률을 구하여라.

풀이 강도를 X라 하면 $\ln(X) \sim N(4.0,\ 0.09)$이다. 구하는 확률은 $P(X > 33)$이 되므로,

$$\begin{aligned} P(\ln(X) \geqq \ln(33)) &= 1 - P(\ln(X) < \ln(33)) \\ &= 1 - P\left(Z < \frac{\ln(33)-4.0}{0.3}\right) \\ &= 1 - P(Z < -1.68) \\ &= 0.9535 \end{aligned}$$

대수정규분포는 다음과 같은 특성을 갖는다.

1. 만약 확률변수 X는 모수가 μ와 σ^2인 대수정규분포를 따르고, a, b, c가 상수이면서 $b=e^c$이면, $W=bX^a$는 모수 $(c+a\mu)$와 $(a\sigma)^2$인 대수정규분포를 따른다.
2. 만약 확률변수 X_1, X_2는 독립이고 각각 모수 (μ_1, σ_1^2)과 (μ_2, σ_2^2)인 대수정규분포를 따른다면, $W=X_1 \cdot X_2$는 모수 $(\mu_1+\mu_2, \sigma_1^2+\sigma_2^2)$인 대수정규분포를 따른다.
3. 만약 X_1, X_2, $\cdots$, X_n은 상호 독립이고 각각 모수 (μ_i, σ_i^2), $i=1, 2, \cdots, n$인 대수정규분포를 따르고, a_i, $i=1, 2, \cdots, n$과 $b=e^c$는 상수이며, 만약 $\sum_{i=1}^{n} a_i\mu_i$와 $\sum_{i=1}^{n} a_i^2\sigma_i^2$이 수렴하면, $W=b\Pi_{i=1}^{n}X_i^{a_i}$는 모수 $(c+\sum_{i=1}^{n} a_i\mu_i)$와 $\sum_{i=1}^{n} a_i^2\sigma_i^2$인 대수정규분포를 따른다.
4. 만약 X_i, $i=1, 2, \cdots, n$이 동일한 모수 (μ, σ^2)인 대수정규분포를 따르고 서로 독립이면, 기하평균 $W=(\Pi_{i=1}^{n}X_i)^{\frac{1}{n}}$은 모수 $\left(\mu, \dfrac{\sigma^2}{n}\right)$인 대수정규분포를 따른다.

연습문제 7-7

1. 철근 구조물이 외부하중에 견디는 강도가 평균이 3.0이고 분산이 0.09인 대수정규분포를 따르는 것으로 알려져 있다. 이 시스템이 하중 30 이상에서 견뎌낼 확률을 구하여라.

2. 시스템이 외부 스트레스에 저항할 수 있는 강도가 평균이 5.0이고 분산이 0.36인 대수정규분포를 따르는 것으로 알려져 있다. 이 시스템이 외부 스트레스 40과 50 사이에서 견뎌낼 확률을 구하여라.

3. 개인별 반응시간(자극에 의한 반응을 하는 데까지 걸리는 시간)은 평균이 -0.35이고, 분산이 0.04인 대수정규분포를 따른다. 반응시간이 0.8 이하인 확률을 구하여라.

4. $\ln(X) \sim N(3.5,\ 0.16)$이다. $P(X \le x)=0.05$가 되는 x의 값을 구하여라.

5. 확률변수 X는 $\mu=7.0$이고 $\sigma=2.8$인 대수정규분포를 따른다.

(1) $E(X)$를 구하여라.

(2) $V(X)$를 구하여라.

1. 확률변수 Z는 표준정규분포를 따른다. 이때 다음의 확률을 구하여라.

(1) $P(Z \geqq 2.14)$

(2) $P(Z \leqq 0.78)$

(3) $P(Z < -1.21)$

(4) $P(Z > 1.85)$

(5) $P(-0.45 < Z < 1.32)$

(6) $P(0.23 \leqq Z < 2.87)$

(7) $P(Z > -0.67)$

2. 확률변수 Z는 표준정규분포를 따른다. $P(Z > c) = 0.1093$일 때 c값을 구하여라.

3. 확률변수 X는 평균이 80이고 분산이 16인 정규분포를 따른다. 다음의 확률을 구하여라.

(1) $P(78 < X)$

(2) $P(76 < X < 80)$

(3) $P(72 < X \leqq 86)$

4. 확률변수 X는 평균이 40이고 표준편차는 3인 정규분포를 따른다. 다음의 확률을 구하여라.

(1) $P(37 < X < 43)$

(2) $P(41 < X < 45)$

(3) $P(45 < X)$

5. 확률변수 X는 평균이 10이고 분산이 2인 정규분포를 따른다. 다음을 구하여라.

(1) $P(|X-10| < 3)$

(2) $P(|X-10| > x) = 0.63$일 때 x의 값

6. 확률변수 $X \sim N(\mu, \sigma^2)$일 때 $P(X<5)=0.8$이고 $P(X>0)=0.6$이다. μ와 σ^2을 각각 구하여라.

7. 확률변수 X는 평균이 7.0이고 분산이 0.34인 정규분포를 따른다. 통계 소프트웨어를 이용하여 다음의 확률을 구하여라.

(1) $P(X>8.4)$

(2) $P(6.3<X)$

(3) $P(6.6<X<8.0)$

(4) $P(5.3<X<6.9)$

(5) $P(7.7<X<8.6)$

8. 확률변수 X는 평균이 10이고 표준편차가 1.2인 정규분포를 따른다. 다음 확률변수들의 분포 및 평균과 분산을 구하여라.

(1) $Y=4X$

(2) $Y=X+5$

(3) $Y=2X-3$

9. 확률변수 X는 평균이 5이고 분산이 2인 정규분포를 따른다. 확률변수 X의 누적확률함수 $F(x)$를 스케치하라.

10. 어느 제품의 무게(단위: g)는 평균이 298이고 분산이 1.4인 정규분포를 따른다. 제품의 규격은 300 ± 0.9이다. 통계 소프트웨어를 이용하여 이 제품의 불량률을 구하여라.

11. 전자제품의 전기적 특성이 평균이 0.001이고 표준편차가 9.6×10^{-5}인 정규분포를 따른다. 통계 소프트웨어를 이용하여 이 제품의 전기적 특성이 0.0005와 0.0015 사이에 있을 확률을 구하여라.

12. 확률변수 Z는 표준정규분포를 따른다. 다음의 확률을 구하여라.

(1) $P(-1.7<Z<0.3)$

(2) $P(1.2<Z<2.1)$

(3) $P(-1.9<Z<-0.6)$

13. $Z \sim N(0,\ 1)$이다. 다음의 확률을 구하여라.

(1) $P(Z < 1.64)$

(2) $P(Z > -1.96)$

(3) $P(-3.0 < Z < 3.0)$

14. 확률변수 Z는 평균이 0이고 표준편차가 1인 정규분포를 따른다. 다음을 구하여라.

(1) $P(|Z| > 1.96)$

(2) $P(Z < z) = 0.90$이 되는 z값

(3) $P(|Z| < z) = 0.99$가 되는 z값

15. $Z \sim N(0,\ 1)$일 때 새로운 확률변수 $X = 4Z - 5$인 경우 X의 분포 및 평균과 분산을 구하여라.

16. $X \sim N(100,\ 5^2)$이다. 다음의 확률을 구하여라.

(1) $P(85 < X < 115)$

(2) $P(|X| < 105)$

17. 확률변수 X는 평균이 10이고 분산이 1.6인 정규분포를 따른다. $P(|X| < x) = 0.8$이 되는 x값을 구하여라.

18. 어느 건전지의 수명은 평균이 500일, 표준편차가 50일인 정규분포를 따른다고 한다. 이 건전지를 580일 이상 사용할 수 있는 확률을 구하여라.

19. 볼트 지름의 규격이 2.5 ± 0.01이다. 한 회사에서 생산한 볼트의 지름이 평균은 2.51이고 표준편차는 0.02인 정규분포를 따른다고 한다. 생산된 볼트 중에서 한 개를 검사했을 때 이 규격 범위에 속하는 확률을 구하여라.

20. 18번 문제에서 표준편차가 0.01로 줄어들 경우, 생산된 볼트 중에서 한 개를 검사했을 때 이 규격 범위에 속하는 확률을 구하여라.

21. 볼트의 외경(X_1)은 평균이 25 mm이고 표준편차가 0.05 mm인 정규분포를 따르고, 너트의 내경(X_2)은 평균이 25.25 mm이고 표준편차가 0.06 mm인 정규분포를 따른

다. 두 부품의 간격 $Y = X_2 - X_1$이라고 할 때,

(1) $P(Y \leq 0)$을 구하여라.

(2) $P(0.05 < Y < 0.1)$을 구하여라.

22. 콘크리트 블록의 길이 X는 $X \sim N(30.0,\ 1.44)$의 분포를 따른다고 한다. 20개의 블록을 연속적으로 연결한 경우, 이때 길이는 어떤 분포를 따르는가?

23. 확률변수 X는 $X \sim N(2, 3)$, 확률변수 Y는 $Y \sim N(2, 4)$이고, 확률변수 Z는 $Z \sim N(4, 4)$이며 서로 독립이다. 다음의 확률을 구하여라.

(1) $P(X + Y + Z < 10)$

(2) $P(X - Y - Z < -2)$

(3) $P(|X + 2Y - Z| < 2)$

24. 실리콘 웨이퍼의 두께 X(단위: mm)는 $X \sim N(2.0,\ 0.004)$의 분포를 따른다.

(1) 웨이퍼 10장을 겹쳐 놓았을 때의 두께가 20.5 mm 이상일 확률을 구하여라.

(2) 웨이퍼 10장의 평균 두께가 20.0 mm 이상일 확률을 구하여라.

25. 확률변수 X는 $X \sim N(3, 4)$이다. $P(X > c) = 2P(X < c)$인 c값을 구하여라.

26. 한 회사에서 생산되는 비누 한 개의 무게는 $\mu = 400$ g, $\sigma = 10$ g이다. 비누 10개씩을 작은 상자에 담고, 작은 상자 20개를 큰 상자에 담는다고 한다. 큰 상자의 무게가 82 kg을 초과할 확률을 구하여라.

27. 전기제품의 수명이 1,000시간 이하일 확률은 0.05이다. 500개 검사 제품 중 수명시간이 1,000시간 이하인 것이 20개 미만일 확률을 구하여라.

28. 생산된 전자부품의 길이는 정규분포를 따르고 평균은 199.5 mm, 표준편차는 1.2 mm이며, 이 전자부품의 규격은 200 ± 1.0 mm이다. 이 전자부품의 합격률을 구하여라.

29. 서로 독립인 확률변수 X_1, X_2, X_3는 $X_1 \sim N(19, 12)$, $X_2 \sim N(-5, 8)$, $X_3 \sim N(20, 4)$의 분포를 갖는다. $Y = X_1 - 2X_2 + 4X_3$일 때 Y의 분포를 구하여라.

30. 서로 독립인 확률변수 X_1, X_2, X_3는 $X_1 \sim N(3, 6)$, $X_2 \sim N(-2, 3)$, $X_3 \sim N(12, 7)$의 분포를 갖는다. 다음의 확률을 구하여라.

(1) $P(X_1 + X_2 > 0)$

(2) $P(X_1 + X_2 - 2X_3 < -20)$

(3) $P(4X_1 - 4X_2 + 2X_3 < 25)$

(4) $P(|X_1 + 6X_2 + X_3| > 2)$

(5) $P(|2X_1 - X_2 - 5| < 1)$

31. 다음의 확률에 대하여 각각 정확한 값과 정규분포에 의한 근사값을 구하여라.

(1) $X \sim Bin(12,\ 0.6)$일 때 $P(X \leqq 8)$

(2) $X \sim Bin(15,\ 0.4)$일 때 $P(2 \leqq X \leqq 9)$

(3) $X \sim Bin(20,\ 0.3)$일 때 $P(X \geqq 10)$

(4) X가 모수가 8인 포아송 분포를 따를 때, 즉 $X \sim Poisson(8)$일 때 $P(X > 3)$

(5) X가 모수가 6인 포아송 분포를 따를 때, 즉 $X \sim Poisson(6)$일 때 $P(X \leqq 5)$

32. 확률변수 X는 $\mu = 8$이고 $\sigma = 3.2$인 대수정규분포를 따른다. 다음을 구하여라.

(1) $E(X)$

(2) $V(X)$

(3) $P(100 < X < 100{,}000)$

33. X_1, X_2, X_3, X_4는 상호 독립이며 대수정규분포를 따르고, 각각의 모수가 $\mu = 4$, $\sigma^2 = 1$, $\mu = 3$, $\sigma^2 = 0.5$, $\mu = 2$, $\sigma^2 = 0.4$, $\mu = 1$, $\sigma^2 = 0.01$이다.

(1) $W = e^{1.5} X_1^{2.5} X_2^{0.2} X_3^{0.7} X_4^{3.1}$의 분포를 구하여라.

(2) $P(20{,}000 < W < 600{,}000)$을 구하여라.

CHAPTER 8

표본과 표본분포

CHAPTER OUTLINE

8.1 모집단과 표본 255
8.2 통계량 258
8.3 카이제곱분포 264
8.4 t 분포 267
8.5 F 분포 269
8.6 표본평균분포 272
8.7 표본분산의 분포 274
연습문제 277

사회문제 및 경제 현상을 다루는 경우에 사용되던 용어 모집단(population)이 통계학에서는 연구대상 개체의 총집합이라는 의미로 사용되고 있다.

또한 모집단은 모집단이 가질 수 있는 모든 값들의 분포로 설명되기도 한다. 따라서 모집단은 모든 대상값들의 분포를 의미하는 것이 일반적이다.

만약 모집단의 분포가 평균이 μ이고 분산이 σ^2인 정규분포를 따른다고 가정한다면, 관심의 대상은 평균 μ와 분산 σ^2의 참값이다. 이 두 값은 바로 모집단 분포를 결정하는 상수이므로, 이 두 값을 알면 모집단의 분포를 정확하게 알 수 있고 확률을 정확하게 파악할 수 있으며, 관련된 의사결정을 정확하게 할 수 있다. 그러나 일반적으로 모집단은 아주 많은 개체의 집단으로 모든 개체들의 값을 파악한다는 것이 현실적으로 불가능하다. 통계적 추론(statistical inference)이란 모집단의 분포를 파악하기 위하여 모집단으로부터 모집단을 잘 나타내는 소수의 개체들을 임의로 추출하여 표본(random sample)으로 선택하고, 선택한 표본으로부터 데이터를 수집하며, 수집된 데이터를 이용하여 모집단 분포의 모수에 대하여 연구하는 것이다.

8.1 모집단과 표본

제조회사의 품질관리 활동이란 관리대상이 되는 제품의 품질특성, 즉 제품의 길이, 무게, 강도 등을 정하고, 정기적으로 표본을 선택하여 품질특성값을 측정하며, 다양한 도구들을 이용해 분석을 실시하여 품질이 일관되게 유지되고 있는지를 파악함을 말한다. 이때 생산된 제품 전체의 품질 수준을 유지 및 관리하여 고객만족을 추구하는 것이 주목적이지만 현실적으로 그렇게 할 수 없다. 하루 생산량이 제품에 따라 수천, 수만 개가 될 수 있으므로 모든 제품에 대한 품질 특성을 측정하는 것은 불가능하다. 이 경우 관리대상 제품 전체를 우리는 모집단이라 하고 정의 1.1과 같이 정의하거나 또는 다음과 같이 정의할 수 있다.

[정의 8.1] 모집단

모집단(population)은 연구의 대상이 되는 모든 개체들의 집합이다.

모집단은 구성하는 개체의 수가 유한(finite)이냐 아니면 무한(infinite)이냐에 따라 유한집합 또는 무한집합으로 나누기도 한다. 그러나 모집단은 무한집합이라고 생각하는 것이 일반적이다. 모집단을 구성하는 개체들의 특성을 확률변수 X라 정의하면, 우리의 관심은 확률변수 X의 분포를 파악하는 데 있게 된다. 예를 들면, 제품의 강도를 확률변수 X라 한다든가, 사람의 체중을 확률변수 Y라 하면, 7장에서 설명한 것처럼 대부분의 자연현상 또는 과학실험의 결과는 정규분포를 따르므로 모집단의 분포를 정규분포로 가정하는 것이 일반적이다. 모집단의 분포는 확률변수 X의 분포로 표현할 수 있으며, 만약 확률변수 X는 평균이 μ이고 분산이 σ^2인 정규분포를 따른다면 $X \sim N(\mu,\ \sigma^2)$으로 나타낼 수 있다. 모집단 분포의 평균 μ와 분산 σ^2은 일반적으로 알려져 있지 않으며 연구의 대상이 되는데, 이를 모수라 하고 정의 1.2와 같이 정의하거나 또는 다음과 같이 정의할 수 있다.

[정의 8.2] 모수

모수(parameter)는 모집단의 특성을 나타내는 정보 혹은 값이다.

7장에서 살펴본 것처럼 정규분포는 모수 μ와 σ^2에 의해 분포의 모양이 결정된다. 모집단을 구성하는 개체의 수를 N이라 한다면, 즉 $X_1,\ X_2,\ \cdots,\ X_N$으로 표현할 수 있고, 모평균 μ와 모분산 σ^2은 각각 정의 1.3, 정의 1.8과 같이 정의하거나 또는 다음과 같이 정의할 수 있다.

[정의 8.3] 모평균

$$\mu = \frac{1}{N}\sum_{i=1}^{N} X_i$$

[정의 8.4] 모분산

$$\sigma^2 = \frac{1}{N}\sum_{i=1}^{N}(X_i - \mu)^2$$

예를 들면, 지구 위에 존재하는 모든 사람의 평균 키를 모평균 μ라 하고 키의 분산을 모분산 σ^2이라 한다면 모집단은 인구 전체가 되고, 모평균 μ와 모분산 σ^2의 값을 파악하려면 이 모집단 전체를 조사하면 된다. 그러나 모집단은 일반적으로 무한집합이라고 가정하고 있으며, 모집단이 유한집합인 경우에도 대부분 N이 아주 큰 수이므로 모집단의 전체 조사는 불가능한 것으로 가정한다. 따라서 이 값을 추정하기 위하여 모집단으로부터 개체의 수가 $n(n < N)$개인 표본을 추출하며, 표본의 정의는 정의 1.1과 같이 정의하거나 또는 다음과 같이 정의할 수 있다.

> **[정의 8.5] 표본**
>
> 표본(random sample)은 모집단의 일부 개체들로 구성된 모집단의 부분집합이다.

모집단으로부터 n개의 표본을 선택하는 과정을 랜덤샘플링(random sampling)이라 한다. 모집단을 잘 대표하는 표본을 얻기 위한 많은 샘플링 방법이 있지만 여기에서는 다루지 않기로 한다.

표본에 속한 개체들을 각각 $X_1, X_2, \cdots, X_n$이라고 나타낸다면, X_1은 첫 번째 선택된 개체, X_2는 두 번째 선택된 개체, X_n은 n번째 선택된 개체이다. 다시 세계 인구의 키에 관한 예를 들면, n명의 사람을 선택하는 데 처음 선택된 사람의 키 X_1, 두 번째 선택된 사람의 키 X_2 등으로 표현된다. 모집단으로부터 선택된 이 개체들은 모집단을 나타내는 확률변수 X와 동일한 성질을 갖는다. 따라서 $X_1, X_2, \cdots, X_n$은 서로 독립이면서 모집단의 분포, 즉 $X \sim N(\mu, \sigma^2)$과 동일한 분포를 갖게 된다. 표본의 분포를 다음과 같이 간단하게 표현할 수 있다.

> **[정의 8.6] 표본의 분포**
>
> $$X_i \sim \text{iid } N(\mu, \sigma^2), \quad i = 1, 2, \cdots, n$$

위에서 사용된 iid의 의미는 다음과 같다. 첫 번째 i는 $X_1, X_2, \cdots, X_n$은 서로 독립(independent)임을 나타내고, 다음의 id는 $X_1, X_2, \cdots, X_n$은 모집단과 동일한 분포(identical distribution)를 갖는다는 것을 나타낸다.

예제 8.1 어느 강의 수질 평가를 위한 샘플링은 어떻게 하면 되는가?

풀이 가장 단순한 방법은 이 강의 시작과 끝 지점을 확인하여 총 길이(m)를 구한다.

채취할 지점의 수(n)를 정하고, 총 길이 m을 n으로 나눈 다음(즉, $k=\frac{m}{n}$), 일정한 간격(k)으로 지점을 정해 그 지점에서 정해진 양만큼 강물을 채취하면 된다.

예제 8.2 모든 회사는 고객에게 불량품이 판매되지 않도록 하기 위하여 출고 전에 품질검사를 실시한다. 이 검사는 어떻게 하는가?

풀이 각 회사마다 샘플링 검사 기준을 갖추고 있다. 여기에서는 이 기준에 대한 설명보다는 샘플링 검사 개념만을 설명하기로 한다. 생산된 제품 중에서 n개의 제품을 임의로 선택하여 검사를 실시하고, 검사 결과 불량 제품이 없으면 또는 정해진 기준을 통과하면 합격이라 판단하고 출고를 결정한다.

연습문제 8-1

1. 1일 평균 자동차 주행거리를 조사하려면 어떻게 샘플링을 하면 되는가?

2. 핸드폰을 생산하는 회사에서 제품 검사를 하기 위하여 어떻게 샘플링을 하면 되는가?

3. 대학생 100명에게 대학생활 전반에 대한 설문조사를 하려면 어떻게 샘플링을 하면 되는가?

4. 새로운 음료수를 개발하기 위한 시장조사를 하려면 어떻게 샘플링을 하면 되는가?

5. 철강 제품의 무게(X)는 평균 1,000 kg, 표준편차 10 kg인 정규분포를 따른다고 한다. 검사를 위하여 처음 선택된 제품을 X_1이라 하면, X_1의 분포를 구하여라.

8.2 통계량

모집단의 모평균 μ와 모분산 σ^2을 추정하기 위하여 표본을 필요로 하고, 이러한 표본 $X_1, X_2, \cdots, X_n$을 이용하여 표본평균, 표본분산, 표본표준편차 등 다양한 정보를 얻을 수 있다. 이러한 정보를 통계량이라고 하고 정의 1.2와 같이 정의하거나 또는 다음과 같이 정의할 수 있다.

표 8.1 모수와 통계량 비교

	모수(parameter)	통계량(statistic)
대상 영역	모집단	표본
정의	모집단의 특성	표본의 특성
종류	상수	변수
값	알려져 있지 않음	확률분포 확인 필요

[정의 8.7] 통계량

통계량(statistic)은 표본의 특성을 나타내는 정보 혹은 값

통계량들은 $X_1, X_2, \cdots, X_n$의 함수이고, 구성되는 $X_1, X_2, \cdots, X_n$에 따라 결과가 다르게 나올 수 있기 때문에 통계량은 확률변수이다. 반면에 모수, 즉 모평균 μ와 모분산 σ^2은 모집단의 평균과 분산이므로 모집단이 변하지 않는 한 결과가 다를 수가 없다. 따라서 상수이다. 통계학에서 모수는 상수이고 통계량은 확률변수라는 사실을 잘 알고 있는 것은 매우 중요하다.

표본 $X_1, X_2, \cdots, X_n$을 선택한 다음, 각각의 값을 나타낼 때는 $x_1, x_2, \cdots, x_n$으로 표현하여 구분하고 있다. 즉 $X_1, X_2, \cdots, X_n$은 확률변수이고 $x_1, x_2, \cdots, x_n$은 각 확률변수의 값을 의미한다. 예를 들어, 모집단은 세계 인구의 총 집합이라 하고, 표본으로 1,000명을 임의로 선택하여 체중의 분포에 대하여 관심이 있다고 가정하자. $X_1, X_2, \cdots, X_{1000}$은 각 사람의 체중을 표현하는 확률변수이다. 그런데 각 개인의 체중은 측정하지 않으면 알 수가 없다. 따라서 체중계를 이용하여 측정한 결과가 소위 말하는 데이터가 되는 것이다. x_1은 첫 번째 사람의 체중(X_1)의 측정값을 의미한다. 그러므로 $X_1, X_2, \cdots, X_n$과 $x_1, x_2, \cdots, x_n$의 차이점을 잘 이해해야 한다.

예제 8.3 표본 $X_1, X_2, \cdots, X_n$에서 다음 중 통계량으로서 적합하지 않은 것은 무엇인가?

(1) $X_1 + \mu$　　(2) $\dfrac{X_1 + X_2}{2}$

(3) $X_1^2 + X_2^2 + X_3^2$　　(4) $X_n - X_1$

풀이 (1)은 표본과 모수 μ의 함수이므로 통계량이 아니다. 통계량은 표본 $X_1, X_2, \cdots, X_n$만의 함수이어야 한다.

통계량의 예로서 가장 대표적인 것이 표본평균과 표본분산으로, 표본평균은 정의 1.4와 같이 정의하거나 또는 다음과 같이 정의할 수 있다.

[정의 8.8] 표본평균(sample mean)

$$\overline{X} = \frac{\sum_{i=1}^{n} X_i}{n}$$

$\overline{X}$는 표본 $X_1, X_2, \cdots, X_n$의 중심, 즉 분포의 중심을 나타내는 것이다.

$\overline{X}$의 값은 표본 데이터의 구성에 따라 값이 변하므로 표본평균은 확률변수이다.

예제 8.4

15.3	14.5	16.9	14	14.9	13	15.2	14.2	15.1	13.5
15.2	16	14.4	14.2	14.3	14.2	14.9	13.2	17	15.1
14.5	15.6	14.2	15.1	13.8	14.5	15.9	14.3	15	14.2
13.2	15.4	14.1	14.4	13.8	15.1	15.2	15	15.7	13.6
15.1	12.7	17.6	16.4	15.2	16.4	16.4	14.6	14.3	14.3
16	16.2	15.7	15.6	16	13.9	13.5	13.3	16.1	16.1
15.1	15.7	13.8	16.8	15.7	15.3	14.6	17.3	14.2	16.9
14.5	15.9	13.9	15.6	13.7	13.3	15.6	14.2	14.6	13.7
15.6	16.9	16.7	16.5	18.2	15.9	14	14.2	13.4	15.3
14.5	15.8	16.3	14.7	14.2	15.1	17	15.4	13.1	14.7

위의 데이터를 모집단이라 가정하고, $n=10$ 표본을 선택하여 표본평균을 구하여라.

(1) 15.3 14.5 16.9 14.0 14.9 13.0 15.2 14.2 15.1 13.5

(2) 14.5 15.9 13.9 15.6 13.7 13.3 15.6 14.2 14.6 13.7

(3) 15.1 12.7 17.6 16.4 15.2 16.4 16.4 14.6 14.3 14.3

풀이

(1) $\overline{X} = 14.66$

(2) $\overline{X} = 14.5$

(3) $\overline{X} = 15.3$

앞의 예제에서 선택된 표본의 구성 데이터에 따라 표본평균의 값이 달라진다는 것을 알 수 있다. 표본평균분포는 8.6절에서 자세히 살펴보기로 한다.

표본분산은 정의 1.9와 같이 정의하거나 또는 다음과 같이 정의할 수 있다.

[정의 8.9] 표본분산(sample variance)

$$S^2 = \frac{\sum_{i=1}^{n}(X_i - \overline{X})^2}{n-1}$$

S^2은 표본 X_1, X_2, $\cdots$, X_n이 표본평균 $\overline{X}$를 중심으로 산포하고 있는 정도의 크기를 나타내는 것이다.

S^2의 값은 표본 데이터의 구성에 따라 값이 변하므로 표본분산은 확률변수이다.

모분산 σ^2은 제곱합을 N으로 나누었지만, 표본분산 S^2은 $n-1$로 나눈다는 것을 주의하기 바란다. 표본표준편차는 정의 1.11과 같이 정의하거나 또는 다음과 같이 정의할 수 있다.

[정의 8.10] 표본표준편차(sample standard deviation)

$$S = \sqrt{\frac{\sum_{i=1}^{n}(X_i - \overline{X})^2}{n-1}}$$

예제 8.5 예제 8.4의 표본자료를 이용하여 표본분산과 표본표준편차를 구하여라.

(1) 15.3	14.5	16.9	14.0	14.9	13.0	15.2	14.2	15.1	13.5
(2) 14.5	15.9	13.9	15.6	13.7	13.3	15.6	14.2	14.6	13.7
(3) 15.1	12.7	17.6	16.4	15.2	16.4	16.4	14.6	14.3	14.3

풀이 (1) $S^2 = 1.194$, $S = 1.093$

(2) $S^2 = 0.840$, $S = 0.917$

(3) $S^2 = 2.024$, $S = 1.423$

위 예제에서 선택된 표본의 구성 데이터에 따라 표본분산의 값이 달라진다는 것을 알 수 있다. 표본분산의 분포는 8.7절에서 자세히 살펴보기로 한다.

$X_1, X_2, \cdots, X_n$의 다른 함수, 즉 $X_{(1)} < X_{(2)} < \cdots < X_{(n)}$을 순위 통계량(order statistic)이라고 한다. 이때 가장 작은 순위 통계량 $X_{(1)}$을 최소값, 가장 큰 순위 통계량 $X_{(n)}$을 최대값이라 한다. 최대값과 최소값의 차이를 범위라 하고 정의 1.14와 같이 정의하거나 또는 다음과 같이 정의할 수 있다.

[정의 8.11] 범위(range)

$$R = X_{(n)} - X_{(1)}$$

R은 표본 $X_1, X_2, \cdots, X_n$의 산포를 나타낸다.

예제 8.6 예제 8.4의 표본자료를 이용하여 범위를 구하여라.

(1) 15.3	14.5	16.9	14.0	14.9	13.0	15.2	14.2	15.1	13.5
(2) 14.5	15.9	13.9	15.6	13.7	13.3	15.6	14.2	14.6	13.7
(3) 15.1	12.7	17.6	16.4	15.2	16.4	16.4	14.6	14.3	14.3

풀이
(1) $R = 16.9 - 13.0 = 3.9$
(2) $R = 15.9 - 13.3 = 2.6$
(3) $R = 17.6 - 12.7 = 4.9$

순위 통계량 중에서 중앙에 위치하는 것을 중앙값이라 하고 정의 1.5와 같이 정의하거나 또는 다음과 같이 정의할 수 있다.

[정의 8.12] 중앙값(median)

(1) n이 홀수인 경우 $\tilde{X} = X_{(n+1/2)}$

(2) n이 짝수인 경우 $\tilde{X} = \frac{1}{2}\left[X_{(n/2)} + X_{(n/2)+1}\right]$

예제 8.7 다음의 표본자료를 이용하여 중앙값을 구하여라.

(1) 14.0	14.9	13.0	15.2	14.2	15.1	13.5			
(2) 14.5	15.9	13.9	15.6	13.7	13.3	15.6	14.2	14.6	13.7
(3) 15.1	12.7	17.6	16.4	15.2	16.4	16.4	14.6		

풀이 (1) 14.2

(2) 14.35

(3) 15.8

연습문제 8-2

1. 다음 표본자료를 이용하여 표본평균, 표본분산, 표본표준편차를 구하여라.

19, 21, 18, 23, 14, 21, 30, 17, 22, 29, 18, 16

2. 다음 표본자료는 베어링의 직경을 측정한 것이다.

2.521	2.536	2.529	2.524	2.529	2.523	2.524	2.523	2.531	2.532
2.528	2.538	2.515	2.518	2.528	2.525	2.527	2.524	2.529	2.531
2.532	2.537	2.528	2.527	2.531	2.525	2.519	2.541	2.538	2.527
2.529	2.541	2.543	2.535	2.528	2.525	2.529	2.547	2.536	2.529
2.526	2.534	2.534	2.512	2.539	2.534	2.536	2.523	2.518	2.519

(1) 표본평균을 구하여라.

(2) 표본분산 및 표준편차를 구하여라.

(3) 범위를 구하여라.

(4) 중앙값을 구하여라.

3. 다음 표본자료를 이용하여 아래의 물음에 답하여라.

125 127 140 135 126 120 121 142 151 160 140 125 124 122 121 127
130 131 141 137

(1) 순위 통계량을 구하여라.

(2) $X_{(1)}$을 구하여라.

(3) $X_{(13)}$을 구하여라.

4. 다음 표본자료를 이용하여 아래의 물음에 답하여라.

84 87 83 84 84 85 85 86 87 86 87 84 84 85 88 87 94 85 88 89

(1) 범위를 구하여라.

(2) 표본분산을 구하여라.

5. 다음의 표본자료를 이용하여 아래의 물음에 답하여라.

245 216 183 152 145 190 237 218 248 272 291 275 248 212 189
203 209 227 235 250

(1) 표본평균과 중앙값을 구하여라.

(2) $X_{(20)}$을 제거한 다음 표본평균과 중앙값을 구하여라.

(3) (1)의 결과와 (2)의 결과를 비교하여 설명하여라.

8.3 카이제곱분포

카이제곱분포는 정리 6.4에서 이미 언급하였지만 여기에서 정규분포와의 관련성을 설명하기 위하여 다시 한 번 소개한다.

확률변수 X가 모수 λ와 n인 감마분포를 따르는 경우 밀도함수는 다음과 같다.

$$f(x) = \frac{(\lambda x)^{n-1}}{\Gamma(n)} \lambda e^{-\lambda x}, \quad x > 0,\ \lambda > 0,\ n > 0$$

만약 $n=1$이면 감마분포는 모수가 λ인 지수분포가 되고, $n = \frac{k}{2}$이고 $\lambda = \frac{1}{2}$이면 감마분포는 자유도가 k인 카이제곱분포가 된다.

확률변수 X의 분포가 $X \sim N(\mu, \sigma^2)$이면 $Z = \frac{X-\mu}{\sigma}$의 분포는 $Z \sim N(0, 1)$이다.

그러나 Z^2의 분포는 자유도가 1인 카이제곱분포(chi-square distribution)가 된다. 확률변수 Y는 자유도 k인 카이제곱분포를 따르는 경우 $Y \sim \chi^2_{(k)}$으로 표기하고 Y의 밀도함수는 다음과 같다.

$$f(y) = \frac{1}{2^{\frac{k}{2}} \Gamma\left(\frac{k}{2}\right)} y^{\frac{k}{2}-1} e^{-\frac{y}{2}}, \quad y > 0,\ k = 1,\ 2,\ \cdots$$

그림 8.1은 카이제곱분포의 밀도함수를 자유도(ϕ)에 따라 그림으로 나타낸 것이다.

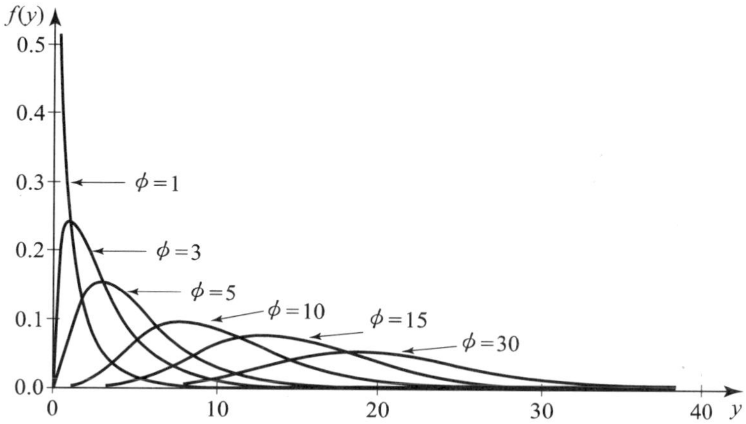

그림 8.1 카이제곱분포 밀도함수

> **[정의 8.14] 표준정규분포와 자유도가 1인 카이제곱분포의 관련성**
>
> $Z \sim N(0, 1)$일 때, $Z^2 \sim \chi^2_{(1)}$이다.

> **[정리 8.1] 표준정규분포와 자유도가 n인 카이제곱분포의 관련성**
>
> $Z_i \sim \text{iid } N(0, 1),\ i = 1, 2, \cdots, n$일 때, $Y = Z_1^2 + Z_2^2 + \cdots + Z_n^2$은 자유도가 n인 카이제곱분포를 따른다고 한다. 즉, $Y \sim \chi^2_{(n)}$이다.

> **[정리 8.2] 서로 독립인 카이제곱분포의 합**
>
> 만약 $Y_1 \sim \chi^2_{(k_1)}$과 $Y_2 \sim \chi^2_{(k_2)}$이 서로 독립이라면, $Y_1 + Y_2 \sim \chi^2_{(k_1 + k_2)}$이다.

$\chi^2_{\alpha,k}$은 자유도가 k인 카이제곱분포에서 $P(\chi^2_k \geq \chi^2_{\alpha,k}) = \alpha$인 경계값(critical value)을 나타낸다. 부록에 있는 카이제곱분포 확률표는 자유도 k인 경우 정해진 α값에 대한 $\chi^2_{\alpha,k}$을 정리한 것이다.

[정리 8.3] 카이제곱분포의 평균과 분산

만약 $Y \sim \chi^2_{(k)}$이라면, $E(Y) = k$와 $V(Y) = 2k$이다.

예제 8.8 확률변수 X가 자유도 15인 카이제곱분포를 따른다. 통계 소프트웨어를 이용하여 $P(X < 12.5)$를 구하여라.

풀이 통계 소프트웨어에서 $df = 15$, $x = 12.5$를 입력하면 $P(X < 12.5) = 0.3591$이다.

예제 8.9 확률변수 X는 자유도 21인 카이제곱분포를 따르고 확률변수 Y는 자유도가 18인 카이제곱분포를 따른다. 만약 X와 Y가 서로 독립이고 $V = X + Y$라고 할 때, $P(V < 27.5)$를 구하여라.

풀이 정리 8.2에 의해 $V \sim \chi^2_{(39)}$이므로 통계 소프트웨어를 이용하면 $P(V < 27.5) = 0.084$이다.

연습문제 8-3

1. 통계 소프트웨어를 이용하여 다음의 확률을 구하여라.

(1) $P(\chi^2_{(15)} > 6.9)$

(2) $P(\chi^2_{(22)} < 15.3)$

(3) $P(\chi^2_{(7)} < 13.2)$

2. 카이제곱분포 확률표를 이용하여 다음 값을 구하여라.

(1) $\chi^2_{0.05, 19}$

(2) $\chi^2_{0.1, 20}$

(3) $\chi^2_{0.01, 10}$

3. $V \sim \chi^2_{(5)}$, $W \sim \chi^2_{(15)}$, $Y \sim \chi^2_{(8)}$이며 상호 독립적이다. 다음의 확률을 구하여라.

(1) $P(V + W < 13.5)$

(2) $P(V + Y < 15.2)$

(3) $P(V + W + Y < 22.7)$

4. $V \sim \chi^2_{(10)}$, $W \sim \chi^2_{(11)}$, $Y \sim \chi^2_{(12)}$이며 상호 독립적이다. 다음을 구하여라.

(1) $E(V+Y)$

(2) $E(W+Y)$

(3) $V(V+W)$

(4) $V(V+W+Y)$

5. 확률변수 Y는 자유도가 k인 카이제곱분포를 따른다고 한다. 만약 Y의 평균은 8, 분산은 16이라고 할 때 자유도 k값을 구하여라.

8.4 *t* 분포

> **[정의 8.15]** *t* 분포
>
> $Z \sim N(0, 1)$과 $V \sim \chi^2_{(k)}$이 서로 독립이면 새로운 변수 $T = \dfrac{Z}{\sqrt{V/k}}$는 자유도가 k인 t 분포를 따른다. 즉, $T \sim t_{(k)}$이다.

자유도가 k인 t 분포의 밀도함수는 다음과 같다.

$$f(t) = \frac{\Gamma[(k+1)/2]}{\sqrt{\pi k}\,\Gamma(k/2)} \times \frac{1}{[(t^2/k)+1]^{(k+1)/2}}, \quad -\infty < t < \infty, \quad k = 1, 2, \cdots$$

그림 8.2는 t 분포의 밀도함수를 나타낸 것이다.

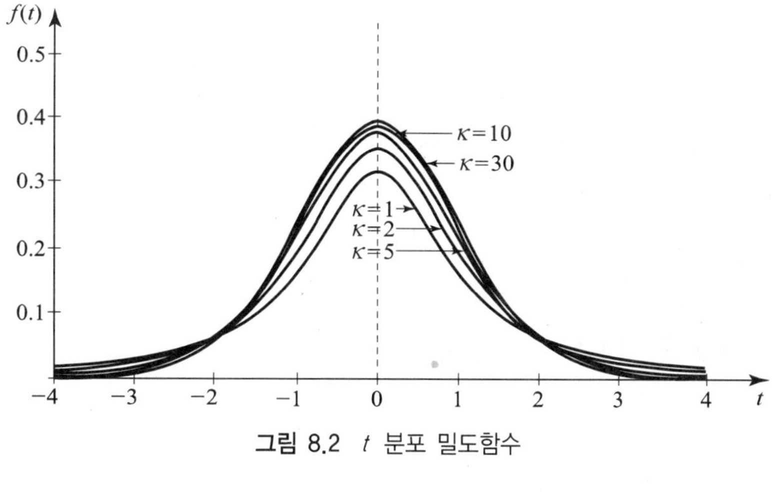

그림 8.2 *t* 분포 밀도함수

확률변수 T가 자유도 k인 t 분포를 따르는 경우 T의 평균과 분산은 다음과 같다.

[정리 8.4] t 분포의 평균과 분산

$T \sim t_{(k)}$이면 $E(T) = 0$이고, $k > 2$이면 $V(T) = \dfrac{k}{k-2}$이다.

t 분포는 자유도가 2보다 큰 경우에만 분산이 존재한다. t 분포의 특징은 표준정규분포처럼 평균 0을 축으로 좌우대칭이지만 표준정규분포보다 낮고 넓게 분포되어 있다. 그러나 t 분포의 자유도가 증가하면 표준정규분포로 수렴한다.

[정리 8.5] 자유도가 n일 때 t 분포

$n \to \infty$ 이면 $t_{(n)} \to N(0,\ 1)$이 된다.

그러나 일반적으로 $n \geq 30$이면 t 분포는 표준정규분포에 근사하다고 판단하고, t 분포의 확률을 구할 때 표준정규분포 확률표를 이용하기도 한다.

$t_{\alpha,k}$는 자유도가 k인 t 분포에서 $P(t_{(k)} \geq t_{\alpha,k}) = \alpha$인 경계값을 나타낸다.

예제 8.10 확률변수 X는 자유도가 25인 t 분포를 따른다. $P(X < 1.96)$을 구하여라.

풀이 통계 소프트웨어를 이용하여 $df = 25$, $x = 1.96$을 입력하면 $P(X < 1.96) = 0.9694$이다.

연습문제 8-4

1. 통계 소프트웨어를 이용하여 다음의 확률을 구하여라.

(1) $P(t_{(7)} < 1.4)$

(2) $P(t_{(22)} > -1.2)$

2. t 분포 확률표를 이용하여 다음 값을 구하여라.

(1) $t_{0.05,18}$

(2) $t_{0.025,\infty}$

3. 통계 소프트웨어를 이용하여 다음의 확률을 구하여라.

(1) $P(-2.3 < t_{(20)} < 1.2)$

(2) $P(0.4 < t_{(30)} < 1.8)$

4. 통계 소프트웨어를 이용하여 다음의 확률을 비교하여라.

(1) $P(t_{(35)} < 1.96)$, $P(Z < 1.96)$

(2) $P(t_{(100)} < 1.96)$, $P(Z < 1.96)$

5. 통계 소프트웨어를 이용하여 다음의 확률을 구하여라.

(1) $P(|t_{(16)}| < 0.85)$

(2) $P(|t_{(22)}| > 1.23)$

8.5 *F* 분포

> **[정의 8.16] *F* 분포**
>
> $V \sim \chi^2_{(k)}$과 $U \sim \chi^2_{(m)}$이 서로 독립이면 새로운 확률변수 $F = \dfrac{V/k}{U/m}$는 자유도가 k, m인 F 분포를 따른다. 즉, $F \sim F_{k,m}$이다.

자유도가 k, m인 F 분포의 밀도함수는 다음과 같다.

$$f(x) = \frac{\Gamma\left(\frac{k+m}{2}\right)k^{k/2}m^{m/2}}{\Gamma\left(\frac{k}{2}\right)\Gamma\left(\frac{m}{2}\right)} \frac{x^{k/2-1}}{(m+kx)^{(k+m)/2}},\ 0 < x < \infty,\ k = 1, 2, \cdots,\ m = 1, 2, \cdots$$

그림 8.3은 F 분포의 밀도함수를 나타낸 것이다.

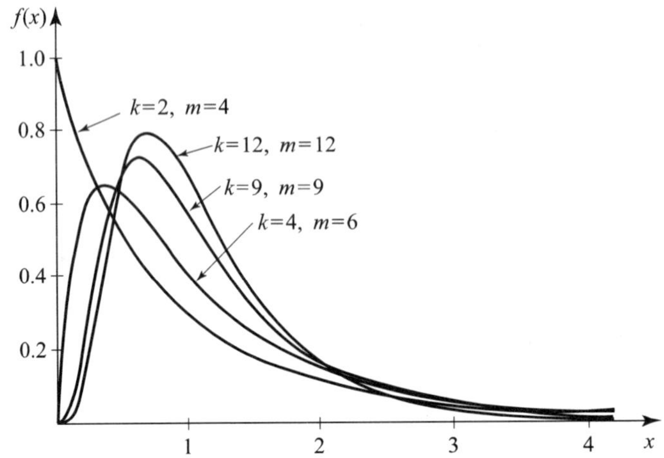

그림 8.3 F 분포 밀도함수

자유도가 k, m인 F 분포의 평균과 분산은 다음과 같다.

[정리 8.6] F 분포의 평균과 분산

$F \sim F_{k,m}$이면, $m > 2$일 때 $E(F) = \dfrac{m}{m-2}$이고,

$m > 4$일 때, $V(F) = \dfrac{2m^2(k+m-2)}{k(m-2)^2(m-4)}$이다.

F 분포는 자유도 m이 2보다 큰 경우에만 평균이 존재하고, 또한 자유도 m이 4보다 큰 경우에만 분산이 존재한다.

$F_{\alpha,k,m}$은 자유도가 k, m인 F 분포에서 $P(F_{k,m} \geq F_{\alpha,k,m}) = \alpha$인 경계값을 나타낸다. F 분포는 $F_{1-\alpha,k,m} = \dfrac{1}{F_{\alpha,m,k}}$과 같은 특성을 갖고 있다. 즉, $F_{0.95,10,20} = \dfrac{1}{F_{0.05,20,10}}$이다. F 분포 확률표는 일반적으로 α값이 0.01, 0.05, 0.1인 경우의 경계값만을 제공하므로, 이 관계식을 이용하면 α값이 0.99, 0.95, 0.9인 경우의 경계값을 구할 수 있다.

예제 8.11 확률변수 X는 자유도가 (10, 20)인 F 분포를 따른다. $P(X < 2.35)$를 구하여라.

풀이 통계 소프트웨어를 이용하여 $df_1 = 10$, $df_2 = 20$, $x = 2.35$을 입력하면 $P(X < 2.35) = 0.95$이다.

예제 8.12 $[t_{(k)}]^2 = F_{1,\,k}$임을 증명하여라.

풀이 정의 8.15의 t 분포의 정의에 의하면 $T = \dfrac{Z}{\sqrt{V/k}} \sim t_{(k)}$이다. $Z^2 \sim \chi^2_{(1)}$이므로 $t_{(k)}$를 제곱하면 정의 8.16의 F 분포의 정의에 의해 $[t_{(k)}]^2 = \dfrac{Z^2}{V/k} = \dfrac{Z^2/1}{V/k} = F \sim F_{1,\,k}$이다. 그러므로 $[t_{(k)}]^2 = F_{1,\,k}$이다.

연습문제 8-5

1. 통계 소프트웨어를 이용하여 다음의 확률을 구하여라.

(1) $P(F_{10,12} < 3.45)$

(2) $P(F_{9,15} > 4.51)$

2. F 분포 확률표를 이용하여 다음의 값을 구하여라.

(1) $F_{0.95,10,20}$

(2) $F_{0.99,15,10}$

3. 통계 소프트웨어를 이용하여 다음의 확률을 구하여라.

(1) $P(1.5 < F_{20,20} < 20.7)$

(2) $P(15.2 < F_{15,15} < 18.3)$

4. 다음의 값을 구하여라.

(1) $F_{0.90,10,20} + F_{0.01,12,14}$

(2) $F_{0.05,20,5} + F_{0.95,5,5}$

5. $F \sim F_{8,16}$일 때 $E(F)$와 $V(F)$를 각각 구하여라.

8.6 표본평균분포

표본 $X_1, X_2, \cdots, X_n \sim \text{iid } N(\mu, \sigma^2)$이라고 가정하면 표본평균 $\overline{X} = \dfrac{\sum_{i=1}^{n} X_i}{n}$는 $X_1, X_2, \cdots, X_n$의 선형결합이므로 정규분포의 특성에 따라 정규분포를 따른다.

> **[정리 8.7] 표본평균분포**
>
> $\overline{X} \sim N\left(\mu, \dfrac{\sigma^2}{n}\right)$이다.

증명

$$E(\overline{X}) = E\left(\frac{\sum_{i=1}^{n} X_i}{n}\right) = \frac{1}{n} E\left(\sum_{i=1}^{n} X_i\right) = \frac{1}{n} \sum_{i=1}^{n} E(X_i) = \frac{1}{n} n\mu = \mu$$

$$V(\overline{X}) = V\left(\frac{\sum_{i=1}^{n} X_i}{n}\right) = \frac{1}{n^2} V\left(\sum_{i=1}^{n} X_i\right) = \frac{1}{n^2} \sum_{i=1}^{n} V(X_i)$$

$$= \frac{1}{n^2}(\sigma^2 + \sigma^2 + \cdots + \sigma^2) = \frac{\sigma^2}{n}$$

여기서 $E(\overline{X}) = \mu$는 표본평균의 값들은 서로 다르지만 모평균 μ 주위에 분포되고 그 중심이 μ라는 것을 의미한다. $V(\overline{X}) = \dfrac{\sigma^2}{n}$은 표본을 구성하는 값들은 서로 다르지만 평균을 구하면, 평균값들 간의 차이는 개별 X_i들 간의 차이보다 작아진다. 즉, 표본평균 $\overline{X}$의 분산 $V(\overline{X})$는 개별 X_i의 분산 σ^2보다 작다. 그리고 표본의 크기 n이 클수록 표본평균의 분산은 작아진다.

예제 8.13 다음은 100개의 자료를 모집단으로, 각 열은 $n=5$인 표본을 정리한 것으로 가정한다.

138.1	110.8	138.7	137.4	125.4
149.3	142.1	105	134	92.3
115.9	135.6	124.2	155	117.4
118.5	116.5	130.2	122.6	100.2
108.2	123.8	117.1	142.4	150.9
102.8	11.2	135	135	145.8
120.4	84.3	112.8	118.5	119.3

132.7	151.1	124	123.9	105.1
136.4	126.2	154.7	127.1	173.2
135	115.4	149.1	138.3	130.4
139.6	127.9	151.1	143.7	110.5
125.3	160.2	130.4	152.4	165.1
145.7	101.8	149.5	113.3	151.8
138.6	139	131.9	140.2	141.1
125.3	114.6	165.1	113.8	139.6
145.7	101	154.6	120.2	117.3
125.9	135.3	121.5	147.9	105
129.7	97.3	130.5	109	150.5
123.4	150	161.6	148.4	154.2
144.8	138.3	119.6	151.8	142.7

각 표본의 평균을 구하고 표본 평균들의 평균과 분산을 구하고, 100개 자료의 평균과 분산을 구한 다음 비교하여라.

풀이 각 표본평균을 구하면 다음과 같다.

130.08	124.54	129.62	117.6	128.48	105.96	111.06	127.36	143.52	133.64
134.56	146.68	132.42	138.16	131.68	127.76	127.12	123.4	147.52	139.44

모집단의 평균 = 130.03, 분산 = 459.6413131
표본평균의 평균 = 130.03, 분산 = 113.3097895
표본평균의 분산이 훨씬 작다.

연습문제 8-6

1. 모집단 분포 $N(100, 16)$에서 $n=25$인 표본을 선택할 때 표본평균의 분포를 구하여라.

2. 한 제품의 길이는 평균 1,200 mm, 표준편차 15 mm인 정규분포를 따른다고 한다. $n=5$인 표본을 선택하였을 때 평균 $\overline{X}$가 1,185 mm보다 작을 확률을 구하여라.

3. 한 회사의 연봉은 평균 5,300만 원, 표준편차 870만 원인 정규분포를 따른다고 한다. 10명의 직원을 표본으로 선택하여 조사한 경우 연봉의 평균이 5,000만 원과 5,500만 원 사이에 있을 확률을 구하여라.

4. 표본의 크기가 n인 표본평균의 분산은 모분산 크기의 $1/n$이다. n이 클수록 표본평균의 분산이 작아지는 이유를 설명하여라.

5. 한국 20대 남성의 키는 평균 173.2 cm, 표준편차 10.5 cm의 정규분포를 따른다고 가정한다. 100명의 20대 남성을 선택하여 키를 측정하였을 때 평균이 175 cm 이상일 확률을 구하여라.

8.7 표본분산의 분포

표본 $X_1, X_2, \cdots, X_n \sim \text{iid } N(\mu, \sigma^2)$일 때, 표본분산(sample variance)은

$$S^2 = \frac{\sum_{i=1}^{n}(X_i - \overline{X})^2}{n-1}$$

이다.

[정리 8.8] 표본분산의 분포

$\dfrac{(n-1)S^2}{\sigma^2} \sim \chi^2_{(n-1)}$ 이다.

증명

$$\frac{\sum_{i=1}^{n}(X_i-\mu)^2}{\sigma^2} = \frac{\sum_{i=1}^{n}(X_i-\overline{X}+\overline{X}-\mu)^2}{\sigma^2} = \frac{1}{\sigma^2}\left[\sum_{i=1}^{n}(X_i-\overline{X})^2 + \sum_{i=1}^{n}(\overline{X}-\mu)^2\right]$$

$\dfrac{\sum_{i=1}^{n}(X_i-\mu)^2}{\sigma^2} = \sum_{i=1}^{n}\left(\dfrac{X_i-\mu}{\sigma}\right)^2$ 이며 이는 $\chi^2_{(n)}$을 따른다.

$\dfrac{1}{\sigma^2}\sum_{i=1}^{n}(\overline{X}-\mu)^2 = \dfrac{n}{\sigma^2}(\overline{X}-\mu)^2 = \left(\dfrac{\overline{X}-\mu}{\sigma/\sqrt{n}}\right)^2$ 이며 이는 $\chi^2_{(1)}$을 따른다.

따라서 카이제곱분포의 특성으로부터 $\dfrac{\sum_{i=1}^{n}(X_i-\overline{X})^2}{\sigma^2} = \dfrac{(n-1)S^2}{\sigma^2}$은 $\chi^2_{(n-1)}$을 따른다는 것을 알 수 있다.

[정리 8.9] 표본분산의 평균

$E(S^2)=\sigma^2$이다.

증명 카이제곱분포의 평균은 자유도이므로 $E\left(\dfrac{(n-1)S^2}{\sigma^2}\right)=n-1$이다.

$\dfrac{(n-1)}{\sigma^2}E(S^2)=n-1$이므로 $E(S^2)=\sigma^2$이다.

예제 8.14 $\dfrac{\overline{X}-\mu}{S/\sqrt{n}}\sim t_{(n-1)}$임을 증명하여라.

풀이 $\dfrac{\overline{X}-\mu}{\sigma/\sqrt{n}}\sim N(0,1)$이고, $\dfrac{(n-1)S^2}{\sigma^2}\sim\chi^2_{(n-1)}$이다.

t 분포의 정의에 의해서 $T=\dfrac{\dfrac{\overline{X}-\mu}{\sigma/\sqrt{n}}}{\sqrt{\dfrac{(n-1)S^2}{\sigma^2}/(n-1)}}\sim t_{(n-1)}$이다.

그런데 $\dfrac{\dfrac{\overline{X}-\mu}{\sigma/\sqrt{n}}}{\sqrt{\dfrac{(n-1)S^2}{\sigma^2}/(n-1)}}=\dfrac{\overline{X}-\mu}{S/\sqrt{n}}$이므로 $\dfrac{\overline{X}-\mu}{S/\sqrt{n}}\sim t_{(n-1)}$이다.

모평균이 μ_1이고 분산이 σ_1^2인 모집단에서 n_1개의 표본을 취했을 때의 표본분산을 S_1^2이라 하고, 모평균이 μ_2이고 분산이 σ_2^2인 모집단에서 n_2개의 표본을 취했을 때의 표본분산을 S_2^2이라 하자. 이때 두 표본분산의 비율 개념인 $\dfrac{S_1^2/\sigma_1^2}{S_2^2/\sigma_2^2}$은 아래의 성질을 갖는다.

[정리 8.10] 표본분산 비율의 분포

두 모집단이 서로 독립적이면, $\dfrac{S_1^2/\sigma_1^2}{S_2^2/\sigma_2^2}\sim F_{n_1-1,n_2-1}$이다.

증명 $\dfrac{(n_1-1)S_1^2}{\sigma_1^2}\sim\chi^2_{(n_1-1)}$과 $\dfrac{(n_2-1)S_2^2}{\sigma_2^2}\sim\chi^2_{(n_2-1)}$이다.

F 분포의 정의에 의하면

$$\frac{\dfrac{(n_1-1)S_1^2}{\sigma_1^2}/(n_1-1)}{\dfrac{(n_2-1)S_2^2}{\sigma_2^2}/(n_2-1)}\sim F_{n_1-1,n_2-1}\text{이다.}$$

정리하면 $\dfrac{S_1^2/\sigma_1^2}{S_2^2/\sigma_2^2} \sim F_{n_1-1, n_2-1}$이 된다.

연습문제 8-7

1. 모집단의 분포는 $N(55,\ 16)$을 따른다. $n=100$인 표본으로부터 계산한 표본분산이 14.3보다 작을 확률을 구하여라.

2. 모집단의 분포는 $N(205,\ 144)$를 따른다. $n=36$인 표본으로부터 계산한 표본분산의 평균과 분산을 구하여라.

3. $n=100$일 때 $P\left(\dfrac{\overline{X}-\mu}{S/\sqrt{n}} < 2.16\right)$을 구하여라.

4. 모집단은 $N(\mu\ ,\sigma^2)$을 따른다. $n=48$인 표본으로부터 계산한 표본평균=2.8, 표본분산=1.22일 때, $P(|\overline{X}-\mu| > 3.0)$을 구하여라.

5. $X_1 \sim N(102, 3.6)$과 $X_2 \sim N(131, 4.8)$은 서로 독립이다. 이때 $n_1=25$인 표본으로부터 구한 분산이 $n_2=25$인 표본으로부터 구한 분산의 1.5배보다 작을 확률을 구하여라.

1. 다음은 표본자료이다.

25.32	25.37	25.28	25.27	25.31	25.25	25.19	25.41	25.38	25.27
25.26	25.34	25.34	25.12	25.39	25.34	25.36	25.23	25.18	25.19
25.28	25.38	25.15	25.18	25.28	25.25	25.27	25.24	25.29	25.31
25.21	25.36	25.29	25.24	25.29	25.23	25.24	25.23	25.31	25.32
25.29	25.41	25.43	25.35	25.28	25.25	25.29	25.47	25.36	25.29

(1) 표본평균을 구하여라.

(2) 표본분산 및 표준편차를 구하여라.

(3) 최소값 및 최대값을 구하여라.

(4) 범위를 구하여라.

(5) 중앙값을 구하여라.

(6) 변동계수를 구하여라.

2. 다음 표본자료를 이용하여 아래의 물음에 답하여라.

표본자료 1: 21 19 20 18 22 18 17 20 19 21

표본자료 2: 0.1 0.8 0.3 0.9 0.8 0.7 0.2 0.4 0.3 0.5

각각의 변동계수를 비교하여라.

3. 확률변수 V는 자유도가 k인 카이제곱분포를 따른다. 다음의 확률을 구하여라.

(1) $k=14$일 때 $P(V>26.119)$

(2) $k=24$일 때 $P(13.848<V<36.415)$

(3) $k=15$일 때 $P(V\leq 27.448)$

(4) $k=6$일 때 $P(V\leq 0.872)$

4. 다음의 값을 카이제곱분포 확률표를 이용하여 구하여라.

(1) $\chi^2_{0.1,10}$

(2) $\chi^2_{0.05,25}$

(3) $\chi^2_{0.95,18}$

(4) $\chi^2_{0.99,15}$

5. $V \sim \chi^2_{(10)}$, $W \sim \chi^2_{(11)}$, $Y \sim \chi^2_{(13)}$이며 상호 독립적이다. 다음의 확률을 구하여라.

(1) $P(20 < V+W < 31)$

(2) $P(V+W+Y > 40)$

(3) $E(V+W+Y)$

(4) $V(V+W+Y)$

6. 다음의 값을 t 분포 확률표를 이용하여 구하여라.

(1) $t_{0.1,7}$

(2) $t_{0.05,21}$

(3) $t_{0.01,24}$

(4) $t_{0.025,18}$

(5) $t_{0.975,28}$

7. 통계 소프트웨어를 이용하여 다음의 확률을 구하여라.

(1) $P(-0.3 < t_{(10)} < 2.2)$

(2) $P(-1.64 < t_{(31)} < 1.64)$

8. 확률변수 W는 자유도가 n_1, n_2인 F 분포를 따른다. 다음의 확률을 구하여라.

(1) $n_1=11$, $n_2=6$일 때 $P(W > 7.79)$

(2) $n_1=6$, $n_2=11$일 때 $P(W > 7.79)$

(3) $n_1=11$, $n_2=6$일 때 $P(W > 4.03)$

(4) $n_1=5$, $n_2=24$일 때 $P(0.221 < W < 2.62)$

9. 다음의 값을 F 분포 확률표를 이용하여 구하여라.

(1) $F_{0.1,9,10}$

(2) $F_{0.05,20,15}$

(3) $F_{0.95, 10, 15}$

10. 어느 부품의 무게는 평균이 1.526 g이고 표준편차는 0.101 g인 정규분포를 따른다고 한다. 표본크기 $n=25$일 때 표본평균의 값이 1.490 g과 1.572 g 사이에 있을 확률을 구하여라.

11. 확률변수 $X \sim N(100, 4)$일 때 표본크기 $n=16$이다. $P(99.5 \leq \overline{X} \leq 100.8)$을 구하여라.

12. 제품의 특성 X는 평균이 75이고 분산이 9인 정규분포를 따른다. 표본크기 $n=10$일 때 표본분산 S^2이 8보다 큰 확률을 구하여라.

13. 확률변수 $X \sim N(3.4, \sigma^2)$이다. 표본크기가 $n=36$이고 표본평균과 표본표준편차를 각각 $\overline{X}$, S라 할 때 새로운 변수 $T = 6(\overline{X} - 3.4)/S$라 정의한다. $P(T < 1.052)$를 구하여라.

14. 모집단 분포 $N(70, 4)$에서 $n=15$인 표본을 선택할 때 표본평균의 분포를 구하여라.

15. 책상용 전기스탠드에서 사용되는 형광등의 길이는 평균 300 mm, 표준편차 5 mm인 정규분포를 따른다고 한다. $n=20$인 표본을 선택하였을 때 평균 $\overline{X}$가 305 mm보다 작을 확률을 구하여라.

16. 모집단의 분포는 $N(32, 6)$을 따른다. $n=25$인 표본으로부터 계산한 표본분산이 30.8보다 작을 확률을 구하여라.

17. 모집단은 $N(\mu, \sigma^2)$을 따른다. $n=30$인 표본으로부터 계산한 표본평균은 1.2, 표본분산은 0.081일 때, $P(|\overline{X} - \mu| < 0)$을 구하여라.

CHAPTER 9

추 정

CHAPTER OUTLINE

9.1 추정의 개념 *283*

9.2 모평균에 대한 추정 *291*

9.3 모평균 차에 대한 추정 *297*

9.4 모비율 및 모비율 차에 대한 추정 *305*

9.5 표본크기의 결정 *310*

9.6 모분산 및 모분산 비에 대한 추정 *313*

연습문제 *318*

모집단 전체를 조사하는 것을 센서스(census)라 하며, 이 말은 과세한다는 뜻의 라틴어인 censere로부터 유래된 것이다. 로마시대에 국가의 규모가 커지면서 과세 목적과 군사 징병 목적을 위해 기원전 5세기 로마의 6대왕 세르비우스툴리우스 시대부터 센서스가 실시되었다. 전수조사가 아니더라도 확률론을 기본으로 하는 기술통계학은 정규분포와 같이 많은 자료, 즉 대표본에 대한 분포와 정리요약에 대한 것이다. 고셋(W. S. Gosset)은 자신이 근무하던 양조장의 실험이 주어진 여건상 소표본에 의지할 수밖에 없었고, 따라서 당시까지의 이론으로로는 정확한 분석 결과를 도출할 수 없었다. 이런 상황을 극복하기 위해 고셋이 제시한 것이 '스튜던트 t 분포(student's t-distribution)'이며, 이 분포의 발견으로 추측통계학이 시작되었다. 관심 대상 모집단에서 일부 표본을 추출하여 이들의 결과에 의해 모집단의 성질을 추론하는 것을 통계적 추론(statistical inference)이라 한다.

9.1 추정의 개념

만일 모집단을 구성하고 있는 모든 자료들이 동일한 값이라면 모집단의 성질을 파악하는 데 오직 한 개의 표본만 추출하는 것으로 충분할 것이다. 그러므로 표본에 의한 통계적 추정은 모집단의 자료들이 산포하기 때문에 필요한 것이다. 또한 모집단의 모든 자료를 조사(전수조사)할 수 있다면 통계적 추정(추론)은 필요치 않다. 왜냐하면 우리는 상수값(constant value)을 갖는 참값 모수를 바로 구할 수 있기 때문이다. 그러나 실제 현상에서는 시간과 비용의 제약으로 인해 전수조사를 하는 경우는 드물다. 결국 가능한 적은 수의 표본으로 모수의 성질을 가능한 정확히 알고자 하는 것이 추정의 목적이다.

통계적 추론의 범주는 분석대상이나 목적에 따라 여러 가지가 있을 수 있으나, 크게 추정(estimation)과 가설검정(hypothesis test)의 두 범주로 구분할 수 있다. 방법론 면에서는 분석대상 집단의 분포형태는 안다고 가정하는 경우에 사용하는 모수적(parametric) 방법과 모르는 경우에 적용하는 비모수적(non-parametric) 방법으로 구분할 수 있다.

9.1.1 점추정과 구간추정

추정은 모집단의 성격을 나타내는 정보들, 즉 모수나 모수들로 구성된 함수에 대해 표본의 자료를 근거로 이를 추측하고자 하는 것이다. 추측결과를 표현함에 있어 가장 이해하기 쉽고 간단한 방법은 모집단의 정보를 하나의 숫자로 표현하는 것이며, 이를 점추정(point estimation)이라고 한다.

예제 9.1 전 사원의 수가 5,000명인 구미전자에서는 사원들의 평균 신장을 알아보기 위해 전체 사원들 중 100명을 조사하였다. 랜덤하게 추출한 100명의 평균 신장은 170.5 cm였다. 이와 같이 대상 모수인 모평균 μ에 대해 그 정보를 하나의 값 '170.5'로 표현하는 것을 점추정이라 한다.

전체(모집단)를 표본이라는 일부로써 추정하면 참값인 모수와 추정값 사이에 차이인 표본오차(sampling error)가 항상 수반된다. 앞의 구미전자 예제에서, 점추정값이 평균 신장의 참값과 일치할 확률은 '0'에 가까울 것이다. 점추정은 제시한 추정값이 얼마나 정확한지를 제시할 수 없으며, 또한 이러한 불확실성에 대한 기준도 제시할 수 없다.

이러한 점추정의 단점을 보완하고 오차개념을 고려하여 모수를 한 개의 값이 아닌 "사원들의 평균 신장은 ($169 \leqq \mu \leqq 172$) 사이에 존재할 확률이 90%이다."와 같이 표시하는 것을 구간추정(interval estimation)이라고 한다.

모수 θ에 대한 구간추정의 결과는 ($a \leqq \theta \leqq b$)로 나타나며, (a, b)를 신뢰구간(confidence interval)이라 하고, a를 신뢰구간의 하한, b를 신뢰구간의 상한이라 한다. 앞서의 언급에서처럼 일부로써 전체를 추정할 때는 항상 표본오차를 수반하게 되므로, 모수 θ가 항상 신뢰구간 (a, b)에 존재한다는 보장은 없다. 따라서 신뢰구간에 더해 모수가 이 구간에 존재할 확률의 지정이 필요하다. 이 확률을 신뢰수준(confidence level)이라 하며, $(1-\alpha)$로 표시한다(여기서 α는 유의수준이며, 이에 대한 설명은 10장 검정에서 다룬다). 신뢰수준의 설정 기준은 없으나 보통 90%, 95%, 99%의 세 가지 중에 하나를 선택하며, 일반적인 경우 95%를 사용한다.

구미전자회사 사원들의 평균 신장에 대한 추정을 구간추정으로 표현하면 $P(169 \leqq \mu \leqq 172) = 0.95$의 형태가 된다. 이때 신뢰수준 95%의 의미는 "평균 신장이 (169, 172) 사이에 존재할 확률이 95%이다."는 아니다.

다시 한 번 모평균을 추정한다면 랜덤추출에 의해 다른 사원들이 표본으로 추출될 것이므로, 표본평균 $\bar{x}$나 표본분산 S^2은 앞의 값과는 다를 것이다. 그러므로 동일한 추정 공식에 대입하더라도, 앞의 (169, 172)와 동일한 구간이 나오지는 않는다.

신뢰수준 95%의 정확한 의미는 그림 9.1에서와 같이 동일크기의 표본크기로 모수에 대해 100번 구간추정을 시행했을 때, 95번 정도는 구간 (a, b) 내에 모수가 포함됨을 의미한다.

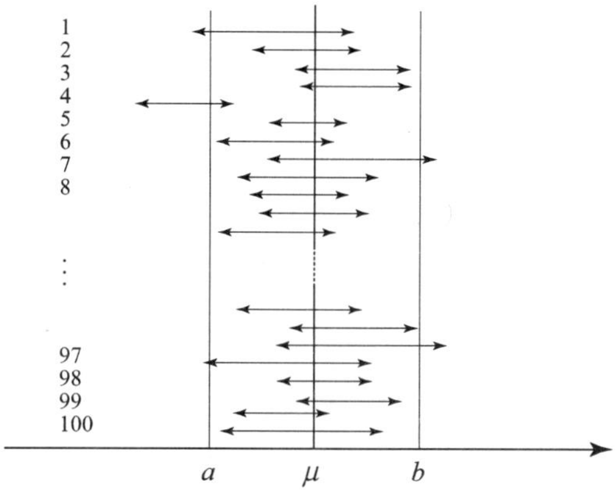

그림 9.1 신뢰구간 95%의 의미

> **[참고]** 신뢰수준 90%, 99% 중에서 어느 것이 더 많은 정보를 주는가?
>
> 신뢰수준 99%가 90%에 비해 신뢰수준이 높으니 좋다고 생각할 수 있다. 신뢰수준을 높이면 추정구간은 넓어진다. 추정은 모집단의 정보를 표본을 통해 알고자 하는 것이다. 추정에 있어 많은 정보량이란 신뢰수준과 더불어 추정구간의 폭도 동시에 고려해야만 한다. 동일한 표본에 대해 분석할 때, 신뢰수준은 높을수록 추정구간의 폭은 좁을수록 정보량이 많은 것이다. 이 중 하나만 가지고는 정보량을 논할 수 없다. 다음의 예제로써 그 의미를 살펴보자.

예제 9.2 사원들의 평균 신장을 알아보기 위해 100명을 뽑아서 측정한 결과, $\bar{x}=$ 171.5 cm($\sigma=2$ cm로 알려져 있다고 가정)이다. 평균 신장의 99% 신뢰구간은 (171.1, 171.9)이며, 95% 신뢰구간은 (171.2, 171.8)이다. 어느 신뢰수준의 정보량이 더 많은가?

풀이 결론은 '동일하다'이다. 추정에서 많은 정보란 높은 신뢰수준과 좁은 신뢰구간의 두 가지 조건을 충족시켜야 한다. 결국 동일한 표본으로 추정하면 설정한 신뢰수준에 무관하게 우리가 얻는 정보량은 동일하다.

위의 예제에서와 같이 동일한 표본으로 구간추정을 할 경우, 95%에 비해 99%는 신뢰수준은 높은 반면 신뢰구간도 넓어져서 정보량이 줄어든다. 신뢰수준만을 고려한다면 재미있는 답을 구할 수 있다. 한 명도 조사하지 않고서 "구미전자 사원들의 신장 모평균은 (10 cm, 300 cm) 사이에 존재할 확률이 100%이다."라고 말할 수 있는 것이다. 신뢰수준

100%란 너무 넓은 구간이다. 너무도 당연하기 때문에 이로부터 우리는 아무 정보도 얻을 수 없다.

9.1.2 추정량의 성질

모수 추정에 사용하는 통계량(statistic)을 추정량(estimator)이라 하며, 이 추정량에 표본의 자료를 대입하여 숫자로 나타낸 것을 추정값(estimate)이라 한다. 앞서 구미전자 사원의 신장 예제에서 알고자 했던 모수는 신장의 모평균 μ이며, 모평균을 표본평균으로 추정했다면 $\overline{X}$가 추정량이고, 171.5 cm가 추정값이다.

위 예제는 모평균을 추정하고자 하는 것이므로 직관적으로 추정량으로 표본평균을 이용했다. 그러나 모평균이라는 것이 많은 자료들을 한 개의 대표값으로 나타내고자 하는 목적에서 정의한 모수이므로, 이러한 대표값 개념으로는 중위수(median)나 최빈값(mode)도 있으며, 평균에서도 산술평균 말고도 기하평균이나 조화평균도 있음을 알고 있다. 그러면 이렇게 여러 가지 통계량들 중에서 어느 것이 보다 정확하게 모평균을 잘 나타낼 것인가? 즉, 보다 좋은 추정량에 대한 기준이 필요하다. 또한, 모수의 성질을 나타낼 수 있는 기존의 통계량들 이외에 표본의 자료들로부터 합리적으로 모수를 추정하는 방법도 생각해야 할 것이다.

이와 같이 보다 좋은 추정량이 되도록 하기 위해서 갖추어야 할 대표적인 두 가지 성질들에 대해 살펴보도록 한다(모수 추정법으로 적률추정법과 최우추정법이 주로 사용되나, 본 교재에서는 이에 대한 설명을 생략한다).

(1) 일치성(consistency)

일반적으로 적은 수의 표본보다 많은 수의 표본으로 추정할수록 우리는 그 결과를 신뢰한다. 이는 직관적으로도 이해할 수 있는 부분이며, 보다 많은 표본으로 추정할수록 추정량 $\hat{\theta}$가 참값인 모수 θ에 접근하는 성질을 말한다.

[정리 9.1] 일치추정량

모수 θ에 대한 n개 표본으로부터의 추정량을 $\hat{\theta}$로 나타낼 때, $\lim_{n\to\infty}\hat{\theta}_n \cong \theta$를 만족하는 추정량을 일치추정량이라 한다.

모평균의 추정량인 표본평균의 경우, 표본평균의 분산은 ${\sigma_{\overline{X}}}^2 = \sigma^2/n$이다. 그러므로 표본크기가 증가할수록 추정량의 산포는 감소하며, 무한히 증가시키면 '0'이 되므로 한

점 μ에 수렴한다. 그러므로 $\overline{X}$는 μ에 대한 일치추정량이다.

(2) 불편성(unbiasedness)

모수 θ의 추정량 $\hat{\theta}$는 확률변수이므로 그 값은 표본자료에 따라 변하게 된다. 예를 들어, 전자회사 사원들의 신장 모평균 μ를 알기 위해 표본크기 $n=50$으로 10번 시도하여 표본평균 $\overline{X}$를 구하면, $\bar{x}_1$, $\bar{x}_2$, …, $\bar{x}_{10}$는 그 값이 다르게 나올 것이다. 그러나 10번이 아니라 무한시행에서의 $\overline{X}$의 평균인 기댓값 $E(\overline{X})$가 참값 μ와 같을 때, 이 추정량을 불편추정량(unbiased estimator)이라 한다.

[정리 9.2] 불편추정량

모수 θ의 추정량을 $\hat{\theta}$로 나타낼 때, $E(\hat{\theta})=\theta$를 만족하는 추정량을 불편추정량이라 한다. 만일 $E(\hat{\theta})\neq\theta$이면, 추정량 $\hat{\theta}$는 편의(biased)되었다고 한다.

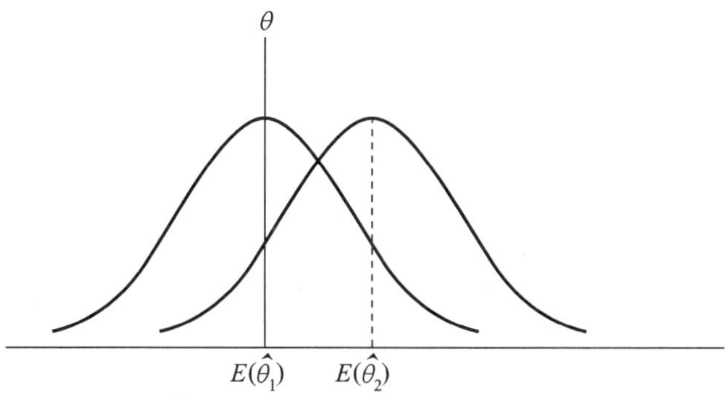

그림 9.2 불편추정량과 편의

그림 9.2에서 θ의 추정량 중 $\hat{\theta}_1$은 불편추정량이며, $\hat{\theta}_2$는 편의추정량이다. 이때 추정량 $\hat{\theta}_2$의 편의는 $[E(\hat{\theta}_2)-\theta]$이다.

[참고]

표본분산의 공식에서 원래 분산의 개념과는 달리, 표본분산의 분모 부분을 표본크기 n이 아닌 자유도 $(n-1)$로 나눔을 배웠다. 이의 이유도 표본분산 S^2이 모분산의 불편추정량이 되도록 하기 위함이다.

일치성과 불편성은 전혀 다른 개념이다. 불편성은 표본크기를 고정시켜 두고서 표본만을 되풀이하여 여러 번 추출한 경우를 말하며, 일치성은 표본수를 점점 증가시키는 경우이다.

예제 9.3 대상 모집단의 모평균을 추정하기 위해 세 개의 표본자료로부터 모평균을 추정하고자 한다. 추정량으로써 다음의 세 가지를 고려할 때 불편성을 갖는 추정량은 어느 것인가?

1) $\hat{\theta}_1 = (X_1 + X_2 + X_3)/3$

2) $\hat{\theta}_2 = (X_1 + 2X_2 + X_3)/\ 4$

3) $\hat{\theta}_3 = (X_1 + X_2 + 2X_3)/\ 5$

풀이 불편성의 정의에 의해 추정량들에 대해 기댓값을 구하면 다음과 같다.

$$E[\hat{\theta}_1] = E[(X_1 + X_2 + X_3)/\ 3] = \mu$$
$$E[\hat{\theta}_2] = E[(X_1 + 2X_2 + X_3)/\ 4] = \mu$$
$$E[\hat{\theta}_3] = E[(X_1 + X_2 + 2X_3)/\ 5] = \frac{4}{5}\mu$$

그러므로 $\hat{\theta}_1$과 $\hat{\theta}_2$가 μ에 대한 불편추정량이다.

(3) 유효성(efficiency)

앞의 예제에서와 같이 하나의 모수 θ에 대한 불편추정량은 여러 가지가 존재할 수 있다. 그러면 이들 불편추정량 중에서 어느 추정량이 보다 모수를 잘 나타내는 것일까? 당연히도 참값으로부터의 차이가 작을수록 좋은 추정량이다. 추정량은 통계량이므로 산포를 취한다. 불편추정량의 경우, 일단 그 중심치는 모수와 일치하므로 그 다음으로는 가능한 참값으로부터의 산포가 작은 추정량이 좋은 추정량이다.

개별 자료들의 산포를 표준편차(SD; Standard Deviation)로 나타내는 것과 같이, 추정량의 표준편차를 표준오차(SE; Standard Error)라 한다.

그림 9.3의 경우 동일한 표본크기에 대해 $\hat{\theta}_1$이 $\hat{\theta}_2$보다는 평균적으로 참값인 모수 θ로부터의 오차가 작으므로[$V(\hat{\theta}_1) < V(\hat{\theta}_2)$], $\hat{\theta}_1$이 $\hat{\theta}_2$에 비해 더 유효(efficient)하다고 한다. 그리고 불편성과 유효성을 동시에 갖는 가장 좋은 추정량을 최소분산불편추정량(minimum variance unbiased estimator)이라 한다.

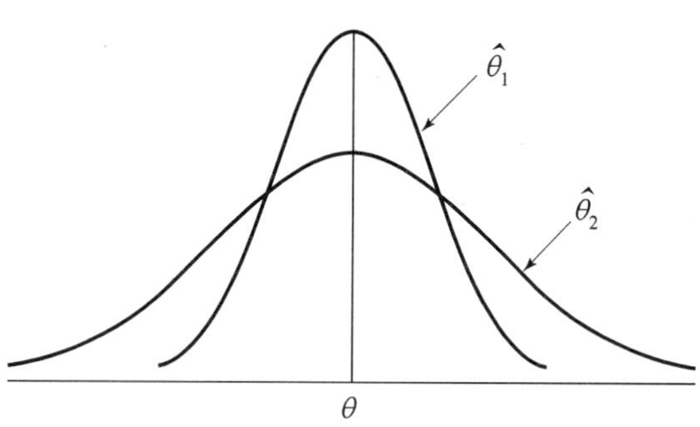

그림 9.3 불편추정량의 유효성 비교

[정리 9.3] 최소분산불편추정량

θ의 불편추정량 $\hat{\theta}_1, \hat{\theta}_2, \cdots$들 중에서 $\min[V(\hat{\theta}_1),\ V(\hat{\theta}_2), \cdots]$를 만족하는 추정량을 모수 θ에 대한 유효추정량 혹은 최소분산불편추정량이라 한다.

두 불편추정량 $\hat{\theta}_1$과 $\hat{\theta}_2$ 간의 상대적 유효성(효율성)을 비교할 때,

$$\text{상대적 효율성} = \frac{V(\hat{\theta}_2)}{V(\hat{\theta}_1)}$$

로 나타낸다. 상대적 효율성 값은 두 추정량의 표준오차가 동일수준이 되기 위해 필요한 표본크기의 비율을 의미한다. 달리 표현하면, 동일한 표본크기하에서 두 추정량 간의 표준오차의 비를 나타낸다. 위 식에서 상대적 효율성이 1보다 크면 기준이 되는 분모의 $\hat{\theta}_1$에 비해 $\hat{\theta}_2$의 효율성이 떨어짐을 의미한다. '동일한 표본크기'라는 조건이 붙는 이유는 중심극한정리의 따름정리에 의해 표본크기가 클수록 표준오차는 작아지기 때문이다.

예제 9.4 예제 9.3의 두 불편추정량 $\hat{\theta}_1$과 $\hat{\theta}_2$ 중 어느 것이 더 효율적인 추정량인가?

풀이

$$V(\hat{\theta}_1) = V\left(\frac{X_1+X_2+X_3}{3}\right) = \frac{1}{3}\sigma^2$$

$$V(\hat{\theta}_2) = V\left(\frac{X_1+2X_2+X_3}{4}\right) = \frac{6}{16}\sigma^2$$

$$\text{상대적 효율성} = \frac{V(\hat{\theta}_2)}{V(\hat{\theta}_1)} = \frac{6\sigma^2/16}{\sigma^2/3} = 1.125$$

그러므로 $\hat{\theta}_1$이 $\hat{\theta}_2$에 대해 더 효율적이다. 상대적 효율성에서 $\hat{\theta}_2$로 μ를 추정할 경우, $\hat{\theta}_2$의 표준오차가 $\hat{\theta}_1$의 표준오차 정도로 작아지려면 $\hat{\theta}_1$보다 12.5%의 관측자료를 더 필요로 한다.

[참고] 크라머-라오 부등식(Cramer-Rao inequality)

"모수 θ에 대한 최소분산추정량이기 위해서는 추정량의 분산이 어느 정도 작아야 하는가?"라는 의문이 생긴다. 모수들에 대해 최소분산을 산정할 수는 없으나, 일부 기준을 아래의 크라머-라오 부등식에서 찾을 수 있다.

$\hat{\theta}$가 모수 θ의 불편추정량일 때, 아래의 부등식이 성립한다.

$$V(\hat{\theta}) \geq \frac{1}{n \cdot E\left[\frac{\partial \ln f(X:\theta)}{\partial \theta}\right]^2}$$

단, $f(X:\theta)$는 $X_1,\ X_2,\ \cdots,\ X_n$의 확률(밀도)함수이다.

연습문제 9-1

1. 표본분산 S^2은 σ^2의 불편추정량이다. 그렇다면 S는 σ의 불편추정량인가?

2. 추정량이 구비해야 할 바람직한 속성에 대해 설명하여라.

3. 우리가 대표값으로 자주 사용하는 표본평균이 불편추정량임을 보여라.

4. 어떤 모집단으로부터 무작위 표본 $X_1,\ X_2,\ X_3$를 추출하였다. 평균을 μ라 할 때, μ의 추정량 $\hat{\mu}_1$과 $\hat{\mu}_2$는 다음과 같다.

$$\hat{\mu}_1 = \frac{X_1 + 2X_2 + 3X_3}{6},\quad \hat{\mu}_2 = \frac{X_1 + 4X_2 + X_3}{6}$$

이 경우 $\hat{\mu}_1,\ \hat{\mu}_2$ 중 어느 것이 더 효율적인가?

5. 지난해 A 회사 신입사원의 몸무게를 조사한 자료에 따르면 표준편차가 4.2 kg이라 한다. 금년도 신입사원의 몸무게를 조사하기 위하여 100명의 신입사원을 조사한 결과 평균 몸무게가 69.6 kg이었다.

(1) 전체 신입사원에 대한 평균 몸무게의 추정값을 구하여라.

(2) 표준오차를 구하여라.

9.2 모평균에 대한 추정

모집단의 성격을 나타내는 가장 중요한 특성 중 첫 번째는 모평균일 것이다. 모평균 μ의 추정량으로서 표본평균 $\overline{X}$를 사용한다. 표본평균 $\overline{X}$는 모평균에 대해 불편성과 유효성을 갖추고 있다. 따라서 $\overline{X}$는 μ의 최소분산불편추정량이며, 타 추정량들에 비해 모평균을 가장 잘 나타낼 수 있다. 모평균 추론에 있어 우선 파악해야 할 것이 두 가지 있다. 첫 번째는 "모집단이 정규분포인가?"이며, 두 번째는 "모집단의 분산을 알고 있는가?"이다.

모집단이 정규분포를 따르지 않는 비정규모집단인 경우에는 표본크기가 충분히 큰 경우(대표본 $n \geqq 30$), 중심극한정리에 의해 표본평균을 정규분포로 근사시킬 수 있다. 소표본의 경우에는 모집단이 정규분포를 따른다는 조건을 전제로 하며, 표준편차 σ의 알고 모름(기지, 미지)에 따라 추정량 $\overline{X}$는 정규분포나 t 분포로 적합시킬 수 있다.

9.2.1 표준편차 기지의 정규모집단인 경우

이 경우는 모평균 추정의 가장 단순한 형태이다. 앞서의 중심극한정리 및 표준정규화 내용으로부터, $\dfrac{\overline{X}-\mu}{\sigma/\sqrt{n}} = Z$임을 알고 있다. 그림 9.4의 표준정규분포에서 중심을 기준으로 $P(-z_{\alpha/2} \leqq Z \leqq z_{\alpha/2}) = 1-\alpha$임은 당연하다. 따라서

$$P(-z_{\alpha/2} \leqq Z \leqq z_{\alpha/2}) = 1-\alpha$$

이며, $\dfrac{\overline{X}-\mu}{\sigma/\sqrt{n}} = Z$에서

$$P\left(-z_{\alpha/2} \leqq \frac{\overline{X}-\mu}{\sigma/\sqrt{n}} \leqq z_{\alpha/2}\right) = 1-\alpha$$

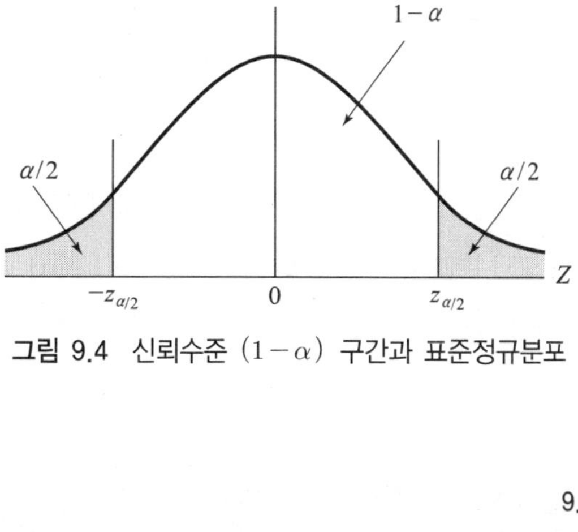

그림 9.4 신뢰수준 $(1-\alpha)$ 구간과 표준정규분포

이다. 앞의 부등식을 μ에 관해 정리하면,

$$P\left(\overline{X}-z_{\alpha/2}\cdot\frac{\sigma}{\sqrt{n}}\leq\mu\leq\overline{X}+z_{\alpha/2}\cdot\frac{\sigma}{\sqrt{n}}\right)=1-\alpha$$

이므로, 모평균 μ에 대한 신뢰수준 $(1-\alpha)$의 신뢰구간은 정리 9.4와 같다.

[정리 9.4] σ 기지의 μ에 대한 추정

$$\overline{X}-z_{\alpha/2}\cdot\frac{\sigma}{\sqrt{n}}\leq\mu\leq\overline{X}+z_{\alpha/2}\cdot\frac{\sigma}{\sqrt{n}}$$

위 식에서 $z_{\alpha/2}\cdot\frac{\sigma}{\sqrt{n}}$를 $(1-\alpha)$의 오차한계(maximum error of estimate)라고 한다.

예제 9.5 한국식품에서 생산하는 골뱅이 통조림의 CTQ 중의 하나는 무게이다. 표시무게가 150 g이며 이에 미달하면 불량 처리되므로 골뱅이 내용물의 주입은 공정평균이 152 g이 되도록 관리하고 있다. 통조림의 평균 무게를 알기 위해 10개의 통조림을 추출하여 무게를 측정한 결과가 다음과 같을 때, 내용물 무게의 모평균을 신뢰구준 95%로 추정하여라. 단, 지금까지 오랜 기간 측정을 통해 통조림 무게는 정규분포를 따르며, 표준편차는 2 g임을 알고 있다.

151, 150, 155, 150, 148, 152, 153, 151, 152, 151 (단위: g)

풀이 개별 자료가 σ 기지의 정규분포를 따르므로 Z 분포를 사용하여 추정한다.

$$\overline{x}=\frac{\sum_{i=1}^{10}x_i}{n}=\frac{1513}{10}=151.3\text{ g},\ \sigma=2.0\text{ g}$$

신뢰수준 95%에서 $(1-\alpha)=0.95$이므로 $\alpha/2=0.025$이며, 부록으로부터 $z_{\alpha/2}=z_{0.025}=1.96$이다. 이를 모평균 추정식에 대입하면,

$$\overline{x}-z_{\alpha/2}\cdot\frac{\sigma}{\sqrt{n}}\leq\mu\leq\overline{x}+z_{\alpha/2}\cdot\frac{\sigma}{\sqrt{n}}$$
$$151.30-1.96\cdot\frac{2}{\sqrt{10}}\leq\mu\leq151.30+1.96\cdot\frac{2}{\sqrt{10}}$$

따라서 통조림 내용물 평균 무게의 95% 신뢰구간은 (150.06, 152.54) g이다.

예제 9.6 예제 9.5의 통조림 내용물 무게에 대한 95.4% 및 99% 오차한계를 구하여라.

풀이 예제 9.5의 통조림 평균 무게의 표준오차는 $\sigma/\sqrt{n}=2/\sqrt{10}=0.63$이며, $z_{0.023}=2$, $z_{0.005}=2.575$이다. 그러므로 95.4% 오차한계는 $2\times0.63=1.26$이며, 99% 오차한계는 $2.575\times0.63=1.62$이다.

9.2.2 표준편차 미지의 정규모집단의 경우

실제의 경우 분석 대상의 모집단의 표준편차를 알고 있는 경우는 많지 않다. 그러므로 σ를 모르는 경우에는 표본으로부터의 표본표준편차를 사용한다.

$X_1, X_2, \cdots, X_n$이 정규모집단 $N(\mu, \sigma^2)$으로부터의 확률표본이며, 이들의 표본평균과 표본분산을 $\overline{X}$와 S^2이라 할 때, σ의 추정량인 표본표준편차는 $S=\sqrt{\sum_{i=1}^{n}(x_i-\overline{x})^2/(n-1)}$이다. 이때 $\dfrac{\overline{X}-\mu}{S/\sqrt{n}}$는 자유도 $(n-1)$의 t 분포를 따른다(t 분포를 이용하기 위해서는 정규모집단이라는 가정을 필요로 한다). 그림 9.5의 t 분포에서 중심을 기준으로 $P(-t_{\alpha/2}\leqq t_{(n-1)}\leqq t_{\alpha/2})=1-\alpha$임은 당연하다. 따라서

$$P(-t_{\alpha/2,\,n-1}\leqq t\leqq t_{\alpha/2,\,n-1})=1-\alpha$$

이며, $t=\dfrac{\overline{X}-\mu}{S/\sqrt{n}}$에서

$$P\left(-t_{\alpha/2,\,n-1}\leqq \frac{\overline{X}-\mu}{S/\sqrt{n}}\leqq t_{\alpha/2,\,n-1}\right)=1-\alpha$$

이다. 위의 부등식을 μ에 관해 정리하면,

$$P\left(\overline{X}-t_{\alpha/2,\,n-1}\cdot\frac{S}{\sqrt{n}}\leqq\mu\leqq\overline{X}+t_{\alpha/2,\,n-1}\cdot\frac{S}{\sqrt{n}}\right)=1-\alpha$$

이므로, 모평균 μ에 대한 신뢰수준 $(1-\alpha)$의 신뢰구간은 정리 9.5와 같다.

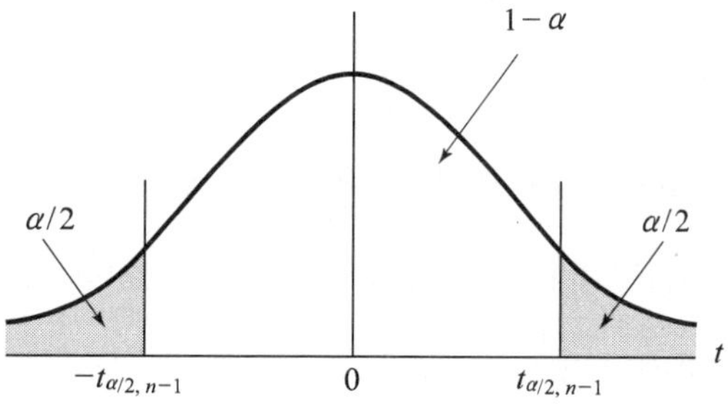

그림 9.5 신뢰수준 $(1-\alpha)$ 구간과 t 분포

> **[정리 9.5] σ 미지의 μ에 대한 추정**
>
> $$\overline{X}-t_{\alpha/2,\,n-1}\cdot\frac{S}{\sqrt{n}}\le\mu\le\overline{X}+t_{\alpha/2,\,n-1}\cdot\frac{S}{\sqrt{n}}$$

예제 9.7 어느 사출회사에서는 새로 주문받은 모델 금형을 제작하여 제품을 생산하기 시작했다. 여러 CTQ 중에서 사출물 직경의 모평균이 설계 목표값과 일치하는지 알아보고자 한다. 측정한 8개 사출물의 직경은 다음과 같다. 단, 설비나 재료는 기존 제품들과 동일하고 안정되어 있어서 직경은 정규분포를 따를 것이 확실하지만, 새 모델이므로 표준편차가 얼마인지는 알려져 있지 않다. 새 모델의 직경의 모평균을 신뢰구준 90%로 추정하여라.

37, 37, 36, 37, 38, 37, 38, 37 (단위: mm)

풀이 자료가 σ 미지의 정규분포를 따르며 소표본이므로 t 분포를 이용한다. 주어진 자료로부터,

$$\bar{x}=\sum_{i=1}^{8}x_i/n=\frac{297}{8}=37.125\text{ mm}$$

$$s^2=\sum_{i=1}^{8}(x_i-\bar{x})^2/(n-1)=\frac{2.875}{7}=0.411\text{ mm}$$

신뢰수준 90%에서 $(1-\alpha)=0.90$이므로, $\alpha/2=0.05$, $t_{\alpha/2,\,n-1}=t_{0.05,\,7}=1.895$이다. 이를 추정식에 대입하면,

$$\bar{x}-t_{\alpha/2,\,n-1}\cdot\frac{s}{\sqrt{n}}\le\mu\le\bar{x}+t_{\alpha/2,\,n-1}\cdot\frac{s}{\sqrt{n}}$$

$$37.152-1.895\cdot\frac{0.641}{\sqrt{8}}\le\mu\le 37.125+1.895\cdot\frac{0.641}{\sqrt{8}}$$

따라서 사출물 직경 모평균의 90% 신뢰구간은 (36.696, 37.554) mm이다.

9.2.3 대표본의 경우

분석 대상 모집단의 분포가 알려져 있지 않은 경우 비모수적 방법을 적용해야 한다. 그러나 표본크기가 $n\ge 30$의 대표본의 경우 중심극한정리에 의해 $\dfrac{\overline{X}-\mu}{S/\sqrt{n}}$는 확률표본 X_i의 정규성 여부 및 표준편차의 알고 모름에 무관하게 근사적으로 $N(0,\,1)$의 정규분포로 간주할 수 있다.

9.2.2절의 σ 미지의 정규모집단의 경우를 모르는 경우 표본표준편차 S를 대입하여 t 분포로써 추정했으나, 표본의 크기가 충분히 크다면 t 분포 대신 Z 분포를 적용해도 그 차이는 무시할 정도이다. 결론적으로 대표본의 경우는 확률표본의 정규성 여부나 σ의 알고 모름에 관계없이 Z 분포를 사용하여 모평균을 추정할 수 있다. 대표본에서의 모평균에 대한 추정은

$$\frac{\overline{X}-\mu}{\sigma/\sqrt{n}} \quad \text{혹은} \quad \frac{\overline{X}-\mu}{S/\sqrt{n}} \simeq Z$$

임을 이용하며, 신뢰수준 $(1-\alpha)$의 추정구간은 정리 9.6과 같다.

[정리 9.6] 대표본의 μ에 대한 추정

$$\overline{X}-z_{\alpha/2}\cdot\frac{\sigma \text{ 혹은 } S}{\sqrt{n}} \leq \mu \leq \overline{X}+z_{\alpha/2}\cdot\frac{\sigma \text{ 혹은 } S}{\sqrt{n}}$$

예제 9.8 어느 조명회사에서는 LCD에 들어가는 냉음극관을 생산하고 있다. 냉음극관의 평균수명(MTTF)은 바이어에게 제시해야 할 중요 특성이다. 가속수명시험(ALT)을 통해 얻은 30개의 자료를 수명 모델에 대입하여 환산한 수명자료는 아래와 같다. 냉음극관 수명의 MTTF를 신뢰수준 99%로 추정하여라. 신제품이므로 충분한 고장자료의 수집은 이루어지지 않은 상태라서 수명의 표준편차는 알려져 있지 않으며, 수명자료가 정규분포를 따르는지도 확인되지 않고 있다.

850 870 860 830 810 850 810 820 830 820
910 820 840 810 850 820 830 820 910 820 (단위: 시간)
840 810 850 820 870 860 830 810 850 810

풀이 대표본에서의 모평균에 대한 추정이므로 Z 분포로 추정한다. 주어진 자료로부터,

$$\overline{x} = 837.67, \quad s = 27.12$$

신뢰수준 99%에서 $(1-\alpha)$ =0.99이므로 $\alpha/2$ =0.005이며, 주어진 부록으로부터 $z_{\alpha/2}=z_{0.005}$ =2.57이다. 이를 위의 모평균 추정식에 대입하면,

$$837.71-2.57\cdot\frac{27.12}{\sqrt{30}}\leq\mu\leq 837.67+2.57\cdot\frac{27.12}{\sqrt{30}}$$

따라서 냉음극관 평균 수명의 99% 신뢰구간은 (824.94, 850.40)시간이다.

연습문제 9-2

1. A시 공인중계사의 월평균 수입(단위: 천원)을 추정하고자 한다. 모집단은 정규분포를 하며, 표준편차(σ)는 700으로 알려져 있다. 25명의 공인중계사들에 대한 확률표본으로부터 $\overline{X}=3500$을 얻었다. 월평균 수입에 대한 95% 신뢰구간을 구하여라.

2. 문제 1에서 σ가 알려져 있지 않다고 가정하고, 표본으로부터 추출된 25명의 회계사들로부터 $S=700$을 얻었다고 하자. 모평균 μ에 대한 95% 신뢰구간을 구하여라.

3. B 제조회사에서 생산하는 컴퓨터의 내구연한이 정규분포를 이룬다고 한다. 10명의 소비자를 대상으로 설문조사한 결과 다음의 자료를 얻었다. 이 회사에서 생산되는 컴퓨터의 평균수명을 95% 신뢰수준에서 추정하여라.

(단위: 년)

5.6	3.6	4.7	6.1	7.1	5.3	2.4	5.6	3.3	3.9

4. C 회사에서 생산하는 제품 중 100개의 제품을 임의로 추출하여 측정한 결과 평균무게는 21.3 kg이고 표준편차는 0.2 kg이었다. 평균무게에 대한 95% 신뢰구간을 구하여라.

5. 작은 수의 표본과 많은 수의 표본에 의한 모평균 구간추정 결과에서의 차이점은 무엇인가?

6. 모집단으로부터 충분히 큰 표본을 뽑아 모평균(μ)에 대한 99% 신뢰구간 (60, 70)을 얻었다. 모평균(μ)의 점추정치와 표준오차를 구하여라.

9.3 모평균 차에 대한 추정

"동일 부품을 생산하는 두 개의 제조라인에서 생산되는 부품들 간에 평균 무게의 차이가 얼마나 될까?"와 같이, 동일 성격을 갖는 서로 다른 집단 간의 비교가 필요한 경우를 흔히 접하게 된다. 이는 두 집단의 모평균을 μ_1과 μ_2라 할 때, 모평균 간의 차 $(\mu_1 - \mu_2)$에 대한 추정 문제이다. 두 집단의 모평균 추론은 앞서의 단일 모평균에 대한 추정에서의 구분 기준인 모표준편차의 알고 모름과 표본크기에 추가하여 두 집단에서의 표본추출방법과 등분산 여부에 의해 나누어진다.

두 모집단에서 모평균 차에 관한 추정은 독립표본과 종속추출에 따라, 그리고 두 집단의 표본크기와 등분산성 여부에 따라 구분된다. 두 집단의 (표본크기, 표본평균, 표본분산)을 각각 $(n_1,\ \overline{X_1},\ S_1^2)$ 및 $(n_2,\ \overline{X_2},\ S_2^2)$으로 표시하기로 한다.

9.3.1 표준편차 기지의 정규모집단이거나 대표본의 경우

두 정규모집단 $N(\mu_1,\ \sigma_1^2)$과 $N(\mu_2,\ \sigma_2^2)$의 확률표본을 각각 $X_{1i},\ X_{2j}(i=1, \cdots, n_1,\ j=1, \cdots, n_2)$라 할 때, 두 집단의 모평균 차 $(\mu_1 - \mu_2)$의 추정량과 표준오차는 다음과 같다.

$$\widehat{\mu_1 - \mu_2} = (\overline{X}_1 - \overline{X}_2)$$

$$V(\overline{X}_1 - \overline{X}_2) = \frac{\sigma_1^2}{n_1} + \frac{\sigma_2^2}{n_2} \text{로부터 } SE(\overline{X}_1 - \overline{X}_2) = \sqrt{\sigma_1^2/n_1 + \sigma_2^2/n_2}$$

만일 두 분산을 모르지만 대표본의 경우, $\widehat{\sigma_1^2} = S_1^2$, $\widehat{\sigma_2^2} = S_2^2$으로 대체한다. 표본평균의 차 $(\overline{X}_1 - \overline{X}_2)$를 표준화시키면,

$$\frac{(\overline{X}_1 - \overline{X}_2) - (\mu_1 - \mu_2)}{\sqrt{\sigma_1^2/n_1 + \sigma_2^2/n_2}} = Z$$

이며, 근사적으로 $N(0, 1)$을 따른다. 그러나 두 모분산을 알더라도 표본크기가 작은 경우에는 두 집단의 자료들이 정규분포를 따른다는 가정을 전제로 하며, 다음 절의 소표본인 경우에 해당된다.

모분산들을 알거나 대표본에서의 모평균 차 $(\mu_1 - \mu_2)$에 대한 신뢰수준 $(1-\alpha)$의 추정은 다음과 같다.

$$P(-z_{\alpha/2} \leq Z \leq z_{\alpha/2}) = 1 - \alpha$$

이며, $\dfrac{(\overline{X}_1-\overline{X}_2)-(\mu_1-\mu_2)}{\sqrt{\sigma_1^2/n_1+\sigma_2^2/n_2}}=Z$에서

$$P\left(-z_{\alpha/2}\leqq\frac{(\overline{X}_1-\overline{X}_2)-(\mu_1-\mu_2)}{\sqrt{\sigma_1^2/n_1+\sigma_2^2/n_2}}\leqq z_{\alpha/2}\right)=1-\alpha$$

이다. 위의 부등식을 $(\mu_1-\mu_2)$에 관해 정리하면,

$$P\left((\overline{X}_1-\overline{X}_2)-z_{\alpha/2}\sqrt{\frac{\sigma_1^2}{n_1}+\frac{\sigma_2^2}{n_2}}\leqq\mu_1-\mu_2\leqq(\overline{X}_1-\overline{X}_2)+z_{\alpha/2}\sqrt{\frac{\sigma_1^2}{n_1}+\frac{\sigma_2^2}{n_2}}\right)$$
$$=1-\alpha$$

이므로, $(\mu_1-\mu_2)$에 대한 신뢰수준 $(1-\alpha)$의 신뢰구간은 정리 9.7과 같다.

[정리 9.7] σ 기지 $(\mu_1-\mu_2)$에 대한 추정

$$(\overline{X}_1-\overline{X}_2)\pm z_{\alpha/2}\sqrt{\frac{\sigma_1^2}{n_1}+\frac{\sigma_2^2}{n_2}}$$

n_1과 n_2가 모두 30개 이상의 대표본의 경우, 중심극한정리에 의해 정규모집단 가정이 필요없다. 또한, 표준편차 미지인 경우에 모분산 σ_1^2과 σ_2^2 대신 표본분산 S_1^2과 S_2^2으로 대체한다. 이 경우 $\dfrac{(\overline{X}_1-\overline{X}_2)-(\mu_1-\mu_2)}{\sqrt{S_1^2/n_1+S_2^2/n_2}}$가 근사적으로 표준정규분포를 하므로 $(\mu_1-\mu_2)$를 위의 식과 동일하게 추정하며, 다음과 같이 나타낼 수 있다.

$$(\overline{X}_1-\overline{X}_2)\pm z_{\alpha/2}\sqrt{\frac{S_1^2}{n_1}+\frac{S_2^2}{n_2}}$$

예제 9.9 리드와이어를 생산하는 어느 금속회사에서는 표면 치밀도를 높이기 위해 약품 조성을 바꾸어 보았다. 조사결과 치밀도는 올라갔으나, 도금 두께가 기존과 달라졌는지를 검토하였다. 기존 조성액에 의한 제품 10본과 새 조성액 제품 15본을 랜덤추출하여 조사한 결과, 평균 도금 두께는 각각 37 μm, 35 μm였다. 도금 두께는 정규분포를 따르며, 분산들은 기존 조성액의 경우 $\sigma_1^2=2.5$, 새 조성액의 경우 $\sigma_2^2=1.8$로 알려져 있다. 두 집단

의 평균 두께 차이에 대해 99% 신뢰구간을 구하여라.

풀이 표준편차 기지의 정규모집단에서의 독립표본에 대한 모평균 차의 추정 예제이므로 표준정규분포를 이용한다.

기존 조성액의 경우 $n_1=10$, $\bar{x}_1=37$, $\sigma_1^2=2.5$이며, 새 조성액의 경우 $n_2=15$, $\bar{x}_2=35$, $\sigma_2^2=1.8$이다. 신뢰수준 99%에서 $(1-\alpha)=0.99$, $\alpha/2=0.005$이므로, $z_{0.026}=2.57$이다. 이를 앞의 공식에 대입하면,

$$(\bar{x}_1-\bar{x}_2) \pm z_{\alpha/2} \cdot \sqrt{\sigma_1^2/n_1+\sigma_2^2/n_2}=(37-35) \pm 2.57 \cdot \sqrt{2.5/10+1.8/15}$$

따라서 평균 도금 두께 차이에 대한 99% 신뢰구간은 (0.436, 3.564) μm이다.

9.3.2 표준편차 미지의 정규모집단 소표본인 경우

소표본에서의 모평균 차에 대한 추정에서는 두 대상 집단이 정규모집단이라는 가정을 필요로 한다. 그리고 두 집단의 분산이 동일하다고 간주할 수 있는 경우(등분산 가정)와 그렇지 못한 두 경우로 나누어 분석한다. 본 절에서는 등분산 가정을 할 수 없는 $\sigma_1^2 \neq \sigma_2^2$의 일반적인 경우에 대해 먼저 설명하고, 이어서 등분산 가정이 가능한 경우에 대해서 소개한다.

X_{1i}, $X_{2j}(i=1, \cdots, n_1,\ j=1, \cdots, n_2)$가 각각 두 정규모집단 $N(\mu_1, \sigma_1^2)$과 $N(\mu_2, \sigma_2^2)$에서 랜덤추출한 확률표본이라 하자. 이들의 표본크기가 30개를 넘지 않는 소표본일 때, 아래의 통계량은 근사적으로 t 분포를 따른다.

$$\frac{(\bar{X}_1-\bar{X}_2)-(\mu_1-\mu_2)}{\sqrt{S_1^2/n_1+S_2^2/n_2}} \simeq t_{(\phi^*)}$$

단, 자유도 ϕ^*는 아래의 식을 통해 산정하는 Satterthwaite가 제시한 수정자유도이다.

$$\phi^* = \frac{(S_1^2/n_1+S_2^2/n_2)^2}{\frac{(S_1^2/n_1)^2}{n_1-1}+\frac{(S_2^2/n_2)^2}{n_2-1}}$$

$$P\left(-t_{\alpha/2,\,\phi^*} \leq t_{(\phi^*)} \leq t_{\alpha/2,\,\phi^*}\right)=1-\alpha$$

이며, $\dfrac{(\bar{X}_1-\bar{X}_2)-(\mu_1-\mu_2)}{\sqrt{S_1^2/n_1+S_2^2/n_2}}=t_{(\phi^*)}$에서

$$P\left(-t_{\alpha/2,\,\phi^*} \le \frac{(\overline{X}_1-\overline{X}_2)-(\mu_1-\mu_2)}{\sqrt{s_1^2/n_1+s_2^2/n_2}} \le t_{\alpha/2,\,\phi^*}\right)=1-\alpha$$

이다. 위의 부등식을 $(\mu_1-\mu_2)$에 관해 정리하면,

$$P\left((\overline{X}_1-\overline{X}_2)-t_{\alpha/2,\,\phi^*}\sqrt{\frac{S_1^2}{n_1}+\frac{S_2^2}{n_2}} \le \mu_1-\mu_2 \le (\overline{X}_1-\overline{X}_2)+t_{\alpha/2,\,\phi^*}\sqrt{\frac{S_1^2}{n_1}+\frac{S_2^2}{n_2}}\right)$$
$$=1-\alpha$$

이므로, $(\mu_1-\mu_2)$에 대한 신뢰수준 $(1-\alpha)$의 신뢰구간은 정리 9.8과 같다.

[정리 9.8] σ 미지 $(\mu_1-\mu_2)$에 대한 추정 – 소표본

$$(\overline{X}_1-\overline{X}_2)\,\pm\,t_{\alpha/2,\,\phi^*}\sqrt{\frac{S_1^2}{n_1}+\frac{S_2^2}{n_2}}$$

예제 9.10 예제 9.9의 리드와이어의 도금 두께 예제에서 모든 상황은 동일하나, 모분산들이 알려지지 않아 표본으로부터 표본분산을 계산하였더니 $s_1^2=1.8$, $s_2^2=3.4$였다. 두 집단의 평균 도금 두께 차이를 신뢰수준 95%로 추정하여라.

풀이 표준편차가 알려져 있지 않고 등분산을 가정하지 못하는 두 정규모집단에서의 소표본에서의 모평균 차에 대한 추정이므로, 수정자유도에 의한 t 분포를 이용하는 예제이다.

기존 조성액 도금 두께의 경우 $n_1=10$, $\overline{x}_1=37$, $s_1^2=1.8$이며, 새 조성액 도금 두께의 경우 $n_2=15$, $\overline{x}_2=35$, $s_2^2=3.4$이다.

수정자유도 ϕ^*는 앞의 식으로부터 $\phi^*=(1.8/10+3.4/15)^2/\left[\frac{(1.8/10)^2}{9}+\frac{(3.4/15)^2}{14}\right]=$ 22.748이며, 이의 정수부분값이 수정자유도이므로 $\phi^*=22$이다. $t_{\alpha/2}(\phi^*)=t_{0.025}(22)$ $=2.074$를 정리 9.8의 식에 대입하면,

$$(\overline{x}_1-\overline{x}_2)\,\pm\,t_{\alpha/2,\,\phi^*}\sqrt{S_1^2/n_1+S_2^2/n_2}$$
$$=(37-35)\pm 2.074\sqrt{1.8/10+3.4/15}$$

따라서 평균 도금 두께 차이에 대한 95% 신뢰구간은 (0.677, 3.323) μm이다.

표준편차 미지의 정규모집단 소표본의 특수 경우로서, 정규모집단의 소표본에서 모분산들이 알려져 있지 않지만 두 분산이 $\sigma_1^2 = \sigma_2^2 = \sigma^2$(등분산)으로 가정할 수 있는 경우에는 효율적인 검정을 실시할 수 있다. 9.3.2절의 통계량 $\frac{(\overline{X}_1 - \overline{X}_2) - (\mu_1 - \mu_2)}{\sqrt{S_1^2/n_1 + S_2^2/n_2}}$는 정확히 t 분포를 따르지 않는다. 그래서 자유도를 수정하여 t 분포로 근사시킨 것이었다.

"모집단의 정보가 없어서 표본이나 실험을 통해 이를 추정하는 데 등분산 가정을 할 수 있는가?"란 의문이 생길 수 있다. 등분산 가정의 경우로서 공정에서 원하는 특성을 얻기 위해 공정변수(인자)들 중 한두 개 인자의 세팅조건을 바꾸었다면, 이 새로운 세팅조건에서의 특성 산포는 기존 조건에서와 비슷하다고 간주해도 무리가 없을 것이다. 이와 같이 등분산 가정은 분석 대상의 성질에 대한 분석자의 사전 지식을 필요로 한다.

9.3.1절의 식에서 $\sigma_1^2 = \sigma_2^2 = \sigma^2$을 가정하면,

$$\frac{(\overline{X}_1 - \overline{X}_2) - (\mu_1 - \mu_2)}{\sqrt{\sigma_1^2/n_1 + \sigma_2^2/n_2}} = \frac{(\overline{X}_1 - \overline{X}_2) - (\mu_1 - \mu_2)}{\sigma\sqrt{1/n_1 + 1/n_2}}$$

이며, σ 대신 표본으로부터의 추정량인 S_p를 사용하면

$$\frac{(\overline{X}_1 - \overline{X}_2) - (\mu_1 - \mu_2)}{S_p\sqrt{1/n_1 + 1/n_2}} = t_{(n_1 + n_2 - 2)}$$

를 따른다. 이때 분산의 합동추정량 S_p^2은 등분산 가정으로부터 두 집단 모두의 표본 $(n_1 + n_2)$개로부터 계산한 공통 모분산 σ^2의 추정량이며, 다음과 같이 나타낼 수 있다.

$$S_p^2 = \frac{(n_1 - 1)S_1^2 + (n_2 - 1)S_2^2}{(n_1 - 1) + (n_2 - 1)}$$

S_p^2의 분자는 두 표본들의 편차제곱들의 합이며, 분모는 두 제곱합들의 자유도의 합이다. 결국, S_p^2은 공통분산 σ^2에 대한 S_1^2과 S_2^2의 가중평균 추정량이다. 소표본이므로 정규모집단이라는 가정을 전제로 한다. 그러므로 등분산 가정하의 모평균 차에 대한 $(1 - \alpha)$의 신뢰구간은 정리 9.9와 같다.

[정리 9.9] σ 미지 $(\mu_1 - \mu_2)$에 대한 추정 – 소표본, 등분산

$$(\overline{X}_1 - \overline{X}_2) \pm t_{\alpha/2,\ n_1 + n_2 - 2} \cdot S_p \cdot \sqrt{\frac{1}{n_1} + \frac{1}{n_2}}$$

예제 9.11 어느 사출회사에서는 LCD용 백라이트 부품인 도광판을 생산하고 있다. 도광판의 변형 축소를 위해 금형의 온도를 현재 28℃에서 30℃로 바꾸었다. 28℃에서 15개, 30℃에서는 12개의 표본을 추출하여 측정한 결과, 28℃에서의 표본평균과 분산은 각기 29 μm, 9 그리고 30℃에서는 각각 25 μm, 8이었다. 두 온도에서 변형의 차이를 신뢰수준 90%로 추정하여라. 단, 도광판의 변형은 정규분포를 따른다고 가정한다.

풀이 표준편차가 알려져 있지 않고, 등분산을 가정하는 두 정규모집단에서의 소표본에 의한 모평균 차에 대한 추정이므로, t 분포를 이용하는 예제이다.

28℃ 금형의 경우 $n_1=15$, $\bar{x}_1=29$, $s_1^2=9$이고, 30℃ 금형의 경우 $n_2=12$, $\bar{x}_2=25$, $s_2^2=8$이며, 부록으로부터 $t_{\alpha/2,\ n_1+n_2-2}=t_{0.05,\ 15+12-2}=2.06$이다.

분산의 합동추정량 S_p^2은 앞의 식으로부터 $S_p^2=\dfrac{(15-1)9+(12-1)8}{(15-1)+(12-1)}=8.56$이므로 $S_p=2.93$이다. 이들을 정리 9.9의 식에 대입하면,

$$(29-25)\pm 2.06\cdot 2.93\cdot \sqrt{1/15+1/12}$$

따라서 금형 온도 28℃와 30℃의 도광판 변형 평균의 차에 대한 90% 신뢰구간은 (1.66, 6.34) μm이다.

9.3.3 대응비교의 경우

본 장에서 지금까지는 표본추출에 있어 두 집단으로부터 각자 랜덤추출, 즉 독립표본추출에 대해 언급하였다. 그러나 표본추출에 있어 상황이 허용된다면, 보다 정밀하게 모평균 차의 추정을 할 수 있다. 아래의 예제로 설명하도록 한다.

예제 9.12 어느 제약회사에서는 새로 개발한 진통제가 기존 제품에 비해 진통시간을 단축시킬 수 있다고 한다. 새 진통제의 평균 진정시간은 기존 진통제에 비해 차가 얼마나 되는가?

위 예제에 지금까지 살펴봤던 독립표본을 적용한다면, 여러 환자들 중에서 기존 진통제를 복용할 환자들과 새 진통제를 복용할 환자들을 뽑아 진정될 때까지의 시간을 측정하여 비교해 볼 수 있을 것이다. 이 경우 "시험할 환자들을 표본추출한 결과 기존 진통제를 복용할 환자 집단에 주로 약효가 느리게 나타나는 사람들이 많이 포함된다면, 두 진통제의 진통시간이 제대로 추정될 수 있는가?"라는 의문점이 발생한다.

실제로 진통시간의 평균의 차이에는 진통제 종류에 의한 효과와 환자들의 차이가 섞여 있으므로 정확한 판단을 내릴 수 없다. 이러한 문제는 확률표본인 진통시간에 영향을 미치는 요소가 진통제의 종류라는 인자(factor) 이외에 이를 적용할 실험환경이 동일하지 않을 때 발생한다.

개별 환자에게 한 번은 기존 진통제를, 또 한 번은 새 진통제를 복용시켜 두 개의 자료를 한 쌍으로 처리하고, 이 쌍들의 차이들을 분석한다면 환자 간의 차이를 최소화할 수 있다. 이와 같이 서로 다른 실험환경의 효과를 배제하기 위해 각 쌍은 랜덤하게 선택하지만, 쌍의 두 실험단위는 동질적으로 처리하여 모집단 간 평균을 비교하는 것을 대응비교(paired comparison)라 한다.

두 집단의 한 쌍의 표본을 $(X_{1i},\ X_{2i})$, 모평균 차 $(\mu_1 - \mu_2) = \mu_D$, 그리고 한 쌍의 차이 $(X_{1i} - X_{2i}) = D_i (i = 1,\ 2,\ \cdots,\ n)$로 나타낼 때, D_i가 정규분포를 따른다는 가정하에서 통계량 $\dfrac{\overline{D} - \mu_D}{S_D / \sqrt{n}}$는 자유도 $(n-1)$의 t 분포를 따른다.

$$\frac{\overline{D} - \mu_D}{S_D / \sqrt{n}} = t_{(n-1)}$$

여기서 $\overline{D} = \dfrac{1}{n}\sum_{i=1}^{n} D_i,\ S_D = \dfrac{1}{n-1}\sum_{i=1}^{n}(D_i - \overline{D})^2$이다.

대응비교에서의 모평균 차 $(\mu_1 - \mu_2) = \mu_D$에 대한 신뢰수준 $(1-\alpha)$의 추정의 절차는 앞서 소표본에서의 모평균 차에 대해 t 분포를 이용하는 절차와 동일하므로 결과는 정리 9.10과 같다.

> **[정리 9.10] 대응비교에서의 $(\mu_1 - \mu_2)$에 대한 추정**
>
> $$\overline{D} \pm t_{\alpha/2,\ n-1} \cdot \frac{S_D}{\sqrt{n}}$$

이 경우에도 D_i가 30개 이상의 쌍으로부터의 대표본이라면 표준정규분포를 적용할 수 있으며, 추정구간은 $\overline{D} \pm z_{\alpha/2} \cdot \dfrac{S_D}{\sqrt{n}}$이다.

예제 9.13 예제 9.12에서 새로이 개발한 진통제는 기존 제품에 비해 진통시간을 단축시킬 수 있다고 한다. 이를 확인하기 위해 10명의 환자를 골라 각 환자에게 기존 진통제와 새 진통제를 투약하였다. 투약 후 진정될 때까지 측정 자료는 아래와 같다. 두 진통제의 평균 진정시간의 차이에 대해 90% 신뢰구간을 구하여라.

(단위: 분)

환자번호	1	2	3	4	5	6	7	8	9	10
기존진통제	2.5	3.7	2.8	4.6	3.5	10.8	4.2	3.9	2.3	4.1
새진통제	2.3	3.2	2.7	4.5	3.1	11.5	3.6	3.1	2.3	3.9
D_i	0.2	0.5	0.1	0.1	0.4	−0.7	0.6	0.8	0	0.2

풀이 두 정규모집단에서 소표본 대응비교 경우의 모평균 차에 대한 추정이므로 t 분포를 이용하는 예제이다.

10개 D_i로부터 $\overline{D} = 0.22$, $S_D = 0.41$, $t_{\alpha/2,\ n-1} = t_{0.05,\ 9} = 1.83$이다. 그러므로

$$\overline{D} \pm t_{\alpha/2,\ n-1} \cdot \frac{S_D}{\sqrt{n}} = 0.22 \pm 1.83 \cdot \frac{0.41}{\sqrt{10}} = 0.22 \pm 0.237$$

그러므로 두 진통제의 평균 진정시간의 차이에 대한 90% 신뢰구간은 (−0.017, 0.457) 분이다.

연습문제 9-3

1. 다음의 두 표본으로부터 S_p^2을 구하여라.

표본 1: 7, 6, 7, 8, 9, 8

표본 2: 4, 7, 3, 8, 7

2. 모분산을 모르는 독립인 두 정규 모집단으로부터 각각 크기 36인 두 표본을 추출하였다. 이때 두 표본의 평균과 분산이 각각 $\overline{x} = 5$, $\overline{y} = 4$, $S_1^2 = 1.5$, $S_2^2 = 1.7$인 결과를 얻었다고 한다. 두 모평균의 차이에 대한 99% 신뢰구간을 구하여라.

3. 사료에 따른 우유생산량을 비교하기 위하여 두 종류의 사료 A, B를 사용하여 젖소를 사육하고, 각각 10마리씩을 임의로 독립표본을 추출하여 우유생산량을 조사한 결과 다음 표와 같은 결과를 얻었다. 사료에 따른 우유생산량의 차이에 대한 95%

신뢰구간을 구하여라. 단, 어떤 종류의 사료를 사용해도 우유생산량은 정규분포에 따른다고 한다.

사료 A	16	19	17	20	21	14	16	17	14	19
사료 B	18	20	17	18	18	22	23	16	17	20

4. 문제 3에서 사료 간의 차이에 대해 대응비교를 위한 조건을 제시하고, 대응비교에 의해 사료 간의 차이를 추정하여라.

5. 독립인 두 정규 모집단 $N(\mu_1, 5)$, $N(\mu_2, 4)$로부터 각각 크기 20과 25인 표본을 추출하여 표본평균을 측정한 결과, 85와 82를 얻었다. 두 모평균의 차이에 대한 95% 신뢰구간을 구하여라.

6. 두 회사에서 생산되는 전구의 평균수명의 차이를 추정하기 위하여 A 회사에서 15개의 전구를 임의로 추출하여 측정한 결과, 평균수명이 4,000시간이고 표준편차는 250시간이었다. 그리고 B 회사에서 10개의 전구를 임의로 추출하여 측정한 결과, 평균수명이 3,600시간이고 표준편차는 220시간이었다. 두 회사에서 생산되는 전구의 평균수명의 차이에 대한 90% 신뢰구간을 구하여라. 단, 전구의 수명은 동일한 모분산을 가지는 정규분포에 따른다고 한다.

9.4 모비율 및 모비율 차에 대한 추정

이산형 자료에서는 모집단에서 부적합률(불량률), 출석률, 찬성비율 등과 같은 모비율 p의 정보가 가장 중요하다. 본 절에서는 모비율의 추정에 대해 단일 모집단과 두 집단 간 모비율 차에 대해 살펴본다. 이산형 자료의 모비율은 이항모집단의 모수이다. 그런데 모비율의 추론에서는 정규분포를 이용한다. 그러므로 모비율에 대한 추론을 위해서는 이항분포를 정규분포로 근사시키는 조건, 즉 충분히 큰 표본크기를 요구한다.

9.4.1 모비율의 경우

무한모집단을 대상으로 n번의 베르누이 시험에서 관심 사상의 출현횟수를 확률변수 X라 할 때, X는 $Bin(n, p)$의 이항분포를 따르며 $\mu = np$, $\sigma^2 = np(1-p)$임을 알고 있다. 우리의 관심은 모비율 p이며, 이의 추정량인 표본비율 $\hat{p}$는 다음과 같다.

$$\hat{p} = X/n$$

추정량 $\hat{p}$는 모비율에 대해 불편성과 크라머-라오 부등식의 분산하한에 해당하는 최소분산불편추정량이다. 모비율의 기댓값과 표준오차는 다음과 같다.

$$E(\hat{p}) = E\left(\frac{X}{n}\right) = \frac{1}{n}E(X) = \frac{1}{n} \cdot np = p$$

$$SE(\hat{p}) = \sqrt{V\left(\frac{X}{n}\right)} = \sqrt{\frac{1}{n^2}V(X)} = \sqrt{\frac{1}{n^2}np(1-p)} = \sqrt{\frac{p(1-p)}{n}}$$

표본크기 n이 $np \geq 5$, $n(1-p) \geq 5$를 만족할 만큼 큰 경우 중심극한정리에 의해 이항분포는 정규분포로 근사시킬 수 있다. 이때 통계량 $(\hat{p}-p)/\sqrt{\frac{p(1-p)}{n}}$는 근사적으로 표준정규분포를 따른다.

$$(\hat{p}-p)/\sqrt{\frac{p(1-p)}{n}} \simeq Z$$

모비율에 대한 추정은 다음과 같이 모평균의 추정과 동일하게 표준정규분포를 이용하여 구할 수 있다.

$$P(-z_{\alpha/2} \leqq Z \leqq z_{\alpha/2}) = 1-\alpha$$

이므로 $Z \simeq (\hat{p}-p)/\sqrt{\frac{p(1-p)}{n}}$ 로부터,

$$P\left(-z_{\alpha/2} \leqq (\hat{p}-p)/\sqrt{\frac{p(1-p)}{n}} \leqq z_{\alpha/2}\right) = 1-\alpha$$

이다. 이를 모비율 p에 대해 정리하면 다음과 같다.

$$P\left(\hat{p} - z_{\alpha/2}\sqrt{\frac{p(1-p)}{n}} \leqq p \leqq \hat{p} + z_{\alpha/2}\sqrt{\frac{p(1-p)}{n}}\right) = 1-\alpha$$

여기서 표준오차 부분에 문제가 있다. 왜냐하면 모비율 p를 몰라서 추정하기 위한 식인데, 이를 결정하려면 p를 알고 있어야 한다는 모순이 발생하기 때문이다. 추정량은 통계량이므로 추정량 안에 미지의 값인 모수가 포함되면 표본에 의한 구간을 산정함에 있어 수치로 나타낼 수 없다. 그러므로 대표본 가정하에서 표준오차 $SE(\hat{p})$에 포함된 p를 $\hat{p}$로 대체한다. 따라서 실제 사용하는 것은 표준오차가 아닌 표준오차 $SE(\hat{p})$의 추정량, 즉

$\widehat{SE}(\hat{p}) = \sqrt{\dfrac{\hat{p}(1-\hat{p})}{n}}$ 이다. 모비율 p에 대한 $(1-\alpha)$의 신뢰구간은 정리 9.11과 같다.

[정리 9.11] 모비율 p에 대한 추정

$$\left(\hat{p} - z_{\alpha/2}\sqrt{\frac{\hat{p}(1-\hat{p})}{n}},\ \hat{p} + z_{\alpha/2}\sqrt{\frac{\hat{p}(1-\hat{p})}{n}}\right)$$

예제 9.14 어느 디스플레이 패널 회사에서는 생산비 절감을 위해 기존에 사용하던 형광체 재료를 바꾸었다. 새 재료를 적용 후, 여러 품질특성치들 중에서 패널의 백색균질도(white uniformity)를 알아보고자 한다. 백색균질도의 평가는 시각에 의한 관능특성이므로 검사자가 양·불량으로 판정한다. 검사한 패널 1,000장 중 25장이 불량이었다. 백색균질도 불량률에 대해 신뢰수준 90%로 추정하여라.

풀이 이 예제는 단일 모비율에 대한 추정이며, 패널의 불량 개수는 이항분포의 정규분포 근사조건을 만족한다. 표본비율과 표준오차는

$$\hat{p} = \frac{X}{n} = \frac{25}{1000} = 0.025$$

$$\widehat{SE}(\hat{p}) = \sqrt{\frac{\hat{p}(1-\hat{p})}{n}} = \sqrt{\frac{0.025(1-0.025)}{1000}} = 0.005$$

이다. 이를 정리 9.11의 식에 대입하면 다음과 같다.

$$\hat{p} - z_{\alpha/2} \cdot \sqrt{\frac{\hat{p}(1-\hat{p})}{n}},\ \hat{p} + z_{\alpha/2} \cdot \sqrt{\frac{\hat{p}(1-\hat{p})}{n}}$$

$$= 0.025 - 1.645\sqrt{\frac{0.025(1-0.025)}{1000}},\ 0.025 + 1.645\sqrt{\frac{0.025(1-0.025)}{1000}}$$

$$= (0.017,\ 0.033)$$

그러므로 새 재료를 사용할 경우, 패널의 백색균질도 부적합률에 대한 90% 신뢰구간은 (1.7, 3.3)%이다.

9.4.2 두 모비율 차에 대한 추정

예를 들어, "특정 정치 현안에 대해 수도권과 지방 간에 지지율의 차가 얼마인가?"와 같이 서로 다른 두 집단의 비율 차를 추정할 경우가 있다. 두 집단으로부터 각각 랜덤표본을 추출하여 모비율 차에 대한 추정방법에 대해 살펴본다.

관심사상의 출현횟수가 각기 $X_1 \sim Bin(n_1, p_1)$, $X_2 \sim Bin(n_2, p_2)$이고 이항모집단의 확률변수일 때, 모비율의 개별 추정량은 다음과 같다.

$$\hat{p}_1 = \frac{X_1}{n_1},\ \hat{p}_2 = \frac{X_2}{n_2}$$

추정 모수는 모비율 차인 $(p_1 - p_2)$이며, 이의 점추정량과 표준오차는 다음과 같이 나타낼 수 있다.

$$\widehat{p_1 - p_2} = \hat{p}_1 - \hat{p}_2 = \frac{X_1}{n_1} - \frac{X_2}{n_2}$$

$$\widehat{SE}(\hat{p}_1 - \hat{p}_2) = \sqrt{\frac{\hat{p}_1(1-\hat{p}_1)}{n_1} + \frac{\hat{p}_2(1-\hat{p}_2)}{n_2}}$$

이항분포의 정규분포 근사화의 대표본 가정하에서, 통계량

$$Z \simeq \frac{(\hat{p}_1 - \hat{p}_2) - (p_1 - p_2)}{\sqrt{\frac{\hat{p}_1(1-\hat{p}_1)}{n_1} + \frac{\hat{p}_2(1-\hat{p}_2)}{n_2}}}$$

는 표준정규분포를 따름을 이용하여 두 모비율 차에 대한 신뢰수준 $(1-\alpha)$의 신뢰구간을 정리 9.12와 같이 구할 수 있다.

[정리 9.12] 모비율 차 $(p_1 - p_2)$에 대한 추정

$$(\hat{p}_1 - \hat{p}_2) \pm z_{\alpha/2} \cdot \sqrt{\frac{\hat{p}_1(1-\hat{p}_1)}{n_1} + \frac{\hat{p}_2(1-\hat{p}_2)}{n_2}}$$

예제 9.15 성체줄기세포 연구에 대한 대한민국과 영국의 국가별 차이를 알아보기 위한 성인 표본조사 결과, 대한민국에서는 2,500명 중 1,950명, 영국에서는 1,800명 중 1,200명이 찬성하였다. 두 국가의 찬성률 차이에 대해 90% 신뢰구간을 구하여라.

풀이 대한민국과 영국의 찬성자 수는 각기 정규분포 근사조건을 만족시킨다. 두 국가의 표본비율은 다음과 같다.

$$\text{대한민국}:\ \hat{p}_1 = \frac{X_1}{n_1} = \frac{1950}{2500} = 0.780$$

$$영 \quad 국: \hat{p}_2 = \frac{X_2}{n_2} = \frac{1200}{1800} = 0.667$$

이를 위의 공식에 대입하면,

$$(\hat{p}_1 - \hat{p}_2) \pm z_{\alpha/2} \cdot \sqrt{\frac{\hat{p}_1(1-\hat{p}_1)}{n_1} + \frac{\hat{p}_2(1-\hat{p}_2)}{n_2}}$$

$$= (0.780 - 0.667) \ \pm 1.645\sqrt{\frac{0.780(1-0.780)}{2500} + \frac{0.667(1-0.667)}{1800}}$$

$$= 0.110 \pm 0.023$$

그러므로 두 국가의 성체줄기세포 연구에 대한 찬성율의 차에 대한 90% 신뢰구간은 (8.7, 13.3)%이다.

연습문제 9-4

1. A시는 30대 남성의 실업률을 추정하고자 한다. 80명의 30대 남성을 임의로 추출하여 조사한 결과 15명이 실업자로 나타났다. A시의 실업률에 대한 95% 신뢰구간을 구하여라.

2. 20대 미혼 여성의 취업현황을 조사하기 위하여 1,000명을 조사한 결과 320명이 취업상태에 있는 것으로 나타났다.

(1) 전체 20대 여성의 취업률에 대한 추정값을 구하여라.

(2) 표준오차를 구하여라.

(3) 90% 오차한계를 구하여라.

3. B 회사에 입사한 사원 중 3년 이내에 이직하는 사원은 이공계 출신이 300명 중 110명이고, 인문사회계 출신은 120명 중 50명이다. 이직률의 차이에 대한 95% 신뢰구간을 구하여라.

4. 100명에게 투여한 백신의 임상결과 76명에게 면역이 발생했을 때 백신의 효능에 대한 99% 신뢰구간을 구하여라.

5. 두 종류의 약품 A, B의 효능을 조사하기 위하여 동일한 조건에 놓인 환자 200명에 A를 투여하고, B를 다른 200명의 환자에게 투여한 결과 각각 165명과 150명이 효과를 얻었다. 두 약품의 효율의 차이에 대한 95% 신뢰구간을 구하여라.

9.5 표본크기의 결정

모수에 대한 추정은 추출한 표본들의 결과에 의해 결정된다. 이때 "그러면 표본을 몇 개나 추출해야 할 것인가?"의 의문에 접하게 된다. 당연하게 모수 θ의 추정에서 표본크기를 크게 할수록 표준오차 $SE(\theta)$는 작아지므로, 오차한계가 작아져서 추정의 정밀도가 높아짐을 알 수 있다. 그러나 일반적으로 분석자는 파괴검사, 실험시간의 제약, 그리고 소요되는 재료비 및 인건비 절감을 위해 가능한 표본크기를 줄이고자 한다.

이제 허용 가능한 최대 오차, 즉 오차한계(maximum error of estimate)가 주어질 때 이를 충족시키기 위한 최소표본크기에 대해 알아본다.

9.5.1 모평균 추정에서의 표본크기 결정

앞의 σ 기지의 정규모집단의 모평균 추정에서 $z_{\alpha/2} \cdot \dfrac{\sigma}{\sqrt{n}}$ 부분을 신뢰수준 $(1-\alpha)$의 오차한계라 하였다. 이 오차한계가 상수 E보다 작아야 한다면(추정구간의 최대폭이 $2E$),

$$z_{\alpha/2} \cdot \frac{\sigma}{\sqrt{n}} \leqq E$$

의 부등식을 만족해야 한다. 이를 표본크기 n에 대해 정리하면, 표본크기 n은 다음 식을 만족하는 최소의 정수이다.

[정리 9.13] 모평균 추정에서의 표본크기

$$n \geqq \left(z_{\alpha/2} \cdot \frac{\sigma}{E}\right)^2$$

위 식에서 우리가 직관적으로 예상할 수 있는 것처럼 산포가 큰 집단일수록, 오차한계 E가 작을수록(높은 정밀도를 요구할수록), 그리고 제1종 오류 α의 확률을 작게 할수록 보다 많은 표본수가 필요함을 알 수 있다. 그리고 이 식을 이용하기 위해서는 유의수준 α와 표준편차 σ를 알아야 한다. 유의수준은 분석자가 원하는 수준으로 지정할 수 있으나, 표준편차는 과거의 경험 자료로부터 구한 값이다.

σ를 모르는 일반적인 경우, 예비표본을 추출하여 표본표준편차 S를 표준편차의 추정치로 사용해야 한다. 이때 분석자는 "그럼 예비 표본크기는 얼마로 할 것인가?"라는 의문에 직면하게 된다. 이에 대한 정답은 없으나 일반적으로 10개 정도를 권하는 경우가

일반적이며, 통계적 추론에 있어 오차항의 자유도를 5 이상 요구하므로 예비 표본크기는 아무리 적어도 6개 이상은 되어야 할 것이다.

예제 9.16 예제 9.5의 통조림 예제에서 통조림 무게의 모평균을 추정하려고 한다. 모평균의 신뢰수준 90%의 오차한계가 0.5 g 이내가 되기 위한 표본크기는 얼마인가? 단, 표준편차는 $\sigma=2$ g으로 알려져 있다고 가정한다.

풀이 신뢰수준 90%로부터 $(1-\alpha)=0.90$이므로 $\alpha/2=0.05$이다. 오차한계 $E=0.5$ g으로부터 다음 식을 만족하는 정수 n을 구하면,

$$n \geq \left(z_{\alpha/2} \cdot \frac{\sigma}{E}\right)^2 = \left(1.645 \cdot \frac{2}{0.5}\right)^2 = 43.2964$$

그러므로 최소 표본크기는 $n=44$이다.

9.5.2 모비율 추정에서의 표본크기 결정

모비율에 관한 추정의 오차한계는 $z_{\alpha/2}\sqrt{\hat{p}(1-\hat{p})/n}$ 이다. 이 오차한계가 상수 E보다 작으려면 $z_{\alpha/2}\sqrt{\hat{p}(1-\hat{p})/n} \leq E$이므로, 이를 만족하는 최소 표본크기는 아래 식을 만족하는 정수이다.

> **[정리 9.14] 모비율 추정에서의 표본크기**
>
> $$n \geq \hat{p}(1-\hat{p})\left(\frac{z_{\alpha/2}}{E}\right)^2$$

여기서 $\hat{p}$는 과거 경험에 의한 모비율 추정량이다. 만일 모비율에 대한 정보가 없을 경우 식 $\hat{p}(1-\hat{p})\left(\frac{z_{\alpha/2}}{E}\right)^2$은 $\hat{p}$에 관한 2차 함수이므로, $\hat{p}=\frac{1}{2}$일 때 $\hat{p}(1-\hat{p})=\frac{1}{4}$로 최대임을 이용하여 다음의 식을 사용할 수 있다.

$$n \geq \frac{1}{4}\left(\frac{z_{\alpha/2}}{E}\right)^2$$

예제 9.17 어느 사출회사에서는 기존보다 높은 정밀도를 갖춘 사출기를 구입하였다. 새로운 사출기에 의한 LCD 백라이트용 도광판의 불량률을 알아보고자 한다. 도광판 불량률에 대해 95% 신뢰수준의 추정을 하려 하며, 오차한계는 2% 이내로 하고자 한다. 이때 필요한 표본크기는 얼마인가?

풀이 새로 도입한 사출기이므로, 이에 대한 도광판의 부적합률은 알려져 있지 않다. 95% 신뢰수준으로부터 $\alpha/2=0.025$, 오차한계 $E=0.02$이다.

$$n \geq \frac{1}{4}\left(\frac{z_{\alpha/2}}{E}\right)^2 = \frac{1}{4}\left(\frac{1.96}{0.02}\right)^2 = 2401$$

을 만족해야 하므로, $n=2401$개의 표본이 필요하다.

예제 9.18 예제 9.17에서 나머지 조건들은 동일하고 사출기 제조업체에서 도광판의 부적합률이 1% 정도라는 정보를 제공하였다면, 주어진 오차한계를 충족시킬 수 있는 표본크기는 얼마인가?

풀이 부적합률에 대한 사전정보 $\hat{p}=0.01$로 알고 있는 경우이다.

$$n \geq \hat{p}(1-\hat{p})\left(\frac{z_{\alpha/2}}{E}\right)^2 = 95.07$$

을 만족해야 하므로, $n=96$개의 표본이 필요하다.

예제 9.17과 9.18로부터 사전 정보의 유무에 의해 검사 개수의 차가 매우 큼을 알 수 있다. 이와 같이 모비율에 대한 사전 정보가 없는 경우는 사전 정보가 있는 경우에 비해 많은 수의 표본을 필요로 한다.

연습문제 9-5

1. 90% 신뢰수준에서 A 대학 학생들의 키에 대한 모평균을 추정할 때, 최대허용오차를 2 cm 이하로 하고자 한다면 표본의 크기를 어느 정도로 해야 하는지 구하여라. 단, 모분산은 8이다.

2. 문제 1에서 최대허용오차를 1 cm 이하로 할 경우의 표본크기를 결정하여라.

3. B 회사에서 생산되는 볼펜 가운데 불량품의 비율을 표본조사하고자 한다. 이때

99% 신뢰구간의 오차한계를 0.05보다 작게 하기 위한 표본의 크기를 구하여라.

4. 문제 3에서 95% 신뢰구간의 오차한계를 0.05보다 작게 하기 위해 적절한 표본크기를 구하여라.

5. 어떤 화학실험에서 구리 침전물량의 표준편차가 4.5 g이라 하자. 이때 모평균에 대한 표본평균의 오차가 1.86 g 이하가 될 확률이 최소한 99%가 되도록 한다면 몇 번의 실험을 반복해야 하는가?

9.6 모분산 및 모분산 비에 대한 추정

모집단의 특성들 중에서 모평균과 함께 중요한 모수가 분산 σ^2일 것이다. 분산은 산포를 나타내는 정보로서도 중요하며, 앞의 모평균의 추정에서도 분산의 알고 모름에 의해 추정에 적용하는 분포가 달라지는 것과 같이 다른 모수 추정에도 영향을 미친다.

산업현장에서도 품질 개념이나 최적조건의 개념으로 과거 세팅 변경, 즉 평균 위주의 개념에서 근래에는 산포 축소 개념으로 전환하였으며, 그 중요성은 다구치의 강건설계(Robust Design)에 이어 식스시그마에서도 강조하는 사항이다.

9.6.1 모분산의 추정

모분산의 추정량으로는 표본분산 S^2을 사용한다. 실제로 S^2은 σ^2에 대한 불편추정량이며 크라머-라오 부등식의 분산하한보다는 큰 산포를 가지나 σ^2의 불편추정량들 중에서는 최소분산을 갖는다. 따라서 S^2은 σ^2에 대한 최소분산불편추정량이다.

X_1, X_2, $\cdots$, X_n이 정규모집단 $N(\mu, \sigma^2)$으로부터의 확률표본일 때, 표본분산은 $S^2 = \sum_{i=1}^{n}(x_i - \overline{x})^2/(n-1)$이며, 통계량 $(n-1)S^2/\sigma^2$이 자유도 $(n-1)$의 카이제곱분포를 따른다.

$$(n-1)S^2/\sigma^2 \sim \chi^2_{n-1}$$

그림 9.5의 카이제곱분포에서

$$P\left(\chi^2_{1-\alpha/2,\ n-1} \leqq \chi^2_{n-1} \leqq \chi^2_{\alpha/2,\ n-1}\right) = 1-\alpha$$

임은 당연하다. 그러므로 χ^2_{n-1}에 $(n-1)S^2/\sigma^2$을 대입하면 다음과 같다.

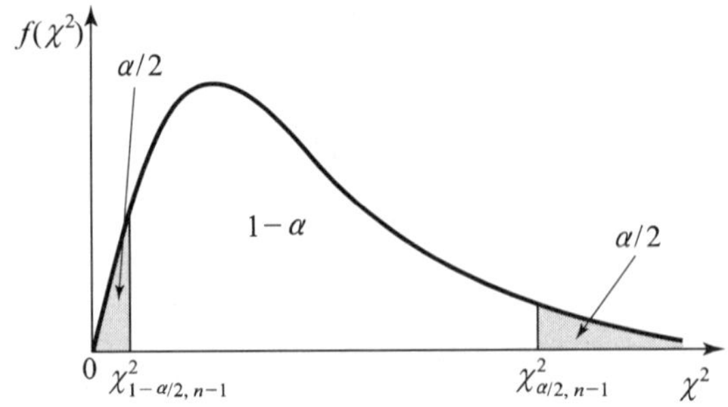

그림 9.6 신뢰수준 $(1-\alpha)$ 구간과 카이제곱분포

$$P\left(\chi^2_{1-\alpha/2,\ n-1} \leqq \frac{(n-1)S^2}{\sigma^2} \leqq \chi^2_{\alpha/2,\ n-1}\right) = 1-\alpha$$

위 식을 σ^2에 대해 정리하면,

$$P\left(\frac{(n-1)S^2}{\chi^2_{\alpha/2,\ n-1}} \leqq \sigma^2 \leqq \frac{(n-1)S^2}{\chi^2_{1-\alpha/2,\ n-1}}\right) = 1-\alpha$$

카이제곱분포는 앞의 모평균과 모비율에 적용한 표준정규분포나 t 분포와는 달리 비대칭 분포함수라서, 신뢰수준 $(1-\alpha)$의 나머지인 α를 이등분하여 각기 $\alpha/2$로 해야 할 근거는 없으나 일반적으로 위와 같이 추정한다. 모분산 σ^2에 대한 $(1-\alpha)$의 신뢰구간은 정리 9.15와 같다.

[정리 9.15] 모분산 σ^2에 대한 추정

$$\left(\frac{(n-1)S^2}{\chi^2_{\alpha/2,\ n-1}},\ \frac{(n-1)S^2}{\chi^2_{1-\alpha/2,\ n-1}}\right)$$

예제 9.19 어느 디스플레이 패널 회사에서는 새로 개발하는 FED 패널에서 요구하는 해상도를 현 설비로서 어느 정도 충족시킬 수 있는지, 즉 공정능력을 알고자 한다. 설계상 주어진 공차는 15 μm이며, 설계목표에의 세팅은 추후 분석을 통해 가능하리라 생각하고 있다. 공정능력을 알아보기 위해 한 장의 패널에서 20개의 셀폭을 측정하였으며 표본분산은 16이었다. 셀폭의 분산에 대해 신뢰수준 99%로 추정하여라.

풀이 예제로부터 $n=20$, $s^2=16$이며, 99% 신뢰수준으로부터 $\alpha/2=0.005$, $(1-\alpha/2)=$

0.995, $\chi^2_{0.005,\ 19} = 38.58$, $\chi^2_{0.995,\ 19} = 6.84$이다.

이 결과를 위의 공식에 대입하여 셀폭의 분산을 신뢰수준 99%로 추정한 결과는 다음과 같다.

$$\left(\frac{(n-1)S^2}{\chi^2_{\alpha/2,\ n-1}},\ \frac{(n-1)S^2}{\chi^2_{1-\alpha/2,\ n-1}}\right) = \left(\frac{(20-1)16}{38.58},\ \frac{(20-1)16}{6.84}\right)$$

그러므로 셀폭의 분산에 대한 99% 신뢰구간은 (7.88, 44.44) μm 이다.

9.6.2 모분산 비의 추정

대부분의 기업들은 부품의 구입에 있어 공급의 안정성이나 가격 협상력 확보 등의 이유로 동일 부품에 대해 한 곳 이상의 협력업체로부터 부품을 공급받는다. 업체별로 부품 산포가 다르다면 조립산업에서는 치수적 특성상 조립이 어려울 것이며, 장치산업에서는 화학적 특성이 안정되지 못하여 공정능력이 떨어질 것이다. 이와 같은 경우, 두 집단의 분산을 비교하는 분산 비에 관한 추정이 필요하다.

S_1^2과 S_2^2이 각각 두 집단 $N(\mu_1,\ \sigma_1^2)$과 $N(\mu_2,\ \sigma_2^2)$의 표본분산일 때, 이들의 표본분산의 비의 개념인 통계량 $\dfrac{S_1^2/\sigma_1^2}{S_2^2/\sigma_2^2}$은 8장에서 소개한 것처럼 자유도 $(n_1-1,\ n_2-1)$의 F 분포를 따른다.

$$F_{n_1-1,\ n_2-1} = \frac{S_1^2/\sigma_1^2}{S_2^2/\sigma_2^2}$$

F 분포는 카이제곱분포와 같은 비대칭 분포이며, $(1-\alpha)$의 신뢰구간은 다음과 같다.

$$P\left(F_{1-\alpha/2,\ n_1-1,\ n_2-1} \leqq F \leqq F_{\alpha/2,\ n_1-1,\ n_2-1}\right) = 1-\alpha$$

$$P\left(F_{1-\alpha/2,\ n_1-1,\ n_2-1} \leqq \frac{S_1^2/\sigma_1^2}{S_2^2/\sigma_2^2} \leqq F_{\alpha/2,\ n_1-1,\ n_2-1}\right) = 1-\alpha$$

$$P\left(\frac{S_1^2/S_2^2}{F_{\alpha/2,\ n_1-1,\ n_2-1}} \leqq \frac{\sigma_1^2}{\sigma_2^2} \leqq \frac{S_1^2/S_2^2}{F_{1-\alpha/2,\ n_1-1,\ n_2-1}}\right) = 1-\alpha$$

그러므로 분산 비 σ_1^2/σ_2^2에 대한 $(1-\alpha)$의 신뢰수준 구간은 정리 9.16과 같다.

[정리 9.16] 분산 비 σ_1^2/σ_2^2에 대한 추정

$$\left(\frac{S_1^2/S_2^2}{F_{\alpha/2,\ n_1-1,\ n_2-1}},\ \frac{S_1^2/S_2^2}{F_{1-\alpha/2,\ n_1-1,\ n_2-1}}\right)$$

8.5절의 F 분포의 $F_{1-\alpha,\ k,\ m}=\dfrac{1}{F_{\alpha,\ m,\ k}}$ 성질을 사용하여 분산 비 σ_1^2/σ_2^2에 대해 정리하면 다음과 같이 나타낼 수도 있다.

$$\left(\frac{S_1^2/S_2^2}{F_{\alpha/2,\ n_1-1,\ n_2-1}},\ F_{\alpha/2,\ n_2-1,\ n_1-1}\cdot S_1^2/S_2^2\right)$$

예제 9.20 어느 플라스틱 제조사에서는 첨가제를 한국회사와 일본회사의 두 곳에서 구매하고 있다. 첨가제의 비중에 대한 분산 비의 신뢰구간을 구하기 위해 두 회사 제품에서 각기 11통에서 시료를 추출하여 비중을 측정하였다. 한국제품의 경우 비중 평균은 1.32, 표본분산은 0.06이고, 일본제품의 비중 평균은 1.33, 표본분산은 0.04이었다. 첨가제의 비중이 정규분포를 따른다고 할 때, 한국산 대 일본산 첨가제의 분산 비에 대한 신뢰수준 95%의 구간을 구하여라.

풀이 예제로부터 $n_1=n_2=11$, $s_1^2=0.06$, $s_2^2=0.04$이며, 부록으로부터 $F_{0.025,\ 10,\ 10}=3.72$, $F_{0.975,\ 10,\ 10}=0.27$이다. 이 계산 결과를 정리 9.16의 식에 대입하면,

$$\left(\frac{S_1^2/S_2^2}{F_{\alpha/2,\ n_1-1,\ n_2-1}},\ \frac{S_1^2/S_2^2}{F_{1-\alpha/2,\ n_1-1,\ n_2-1}}\right)=\left(\frac{0.06/0.04}{F_{0.025,\ 10,\ 10}},\ \frac{0.06/0.04}{F_{0.975,\ 10,\ 10}}\right)$$
$$=(0.403,\ 5.556)$$

따라서 두 첨가제의 분산 비에 대한 95% 신뢰구간은 (0.403, 5.556)이다.

연습문제 9-6

1. A 제품의 두께가 정규분포를 따를 때, 표본 10개를 추출하여 $S^2=5.4$를 얻었다. 모분산 σ^2에 대한 90% 및 95% 신뢰구간을 구하여라.

2. 문제 1에서 $S^2=5.4$가 표본 20개를 추출한 결과라 할 때, 모분산 σ^2에 대한 90% 신뢰구간을 구하여라.

3. 다음은 B 음료회사에서 생산되는 음료수를 분석한 칼로리 자료이다.

15.0 13.0 16.0 14.1 14.1 14.1 15.0 13.0 14.0 14.0

(1) 이 회사에서 음료수의 칼로리에 대한 분산과 표준편차를 점추정하여라.

(2) 음료수의 칼로리가 정규분포를 따른다고 가정할 때 칼로리 함량에 대한 모분산 σ^2의 90% 신뢰구간을 구하여라.

(3) 점추정값이 추정구간 내에서의 위치에 대해 비교하여라.

4. 증권시장에 상장되어 있는 금융업종 주식에 대한 정규시장과 코스닥 시장의 수익률의 분산을 비교하려고 한다. 21개의 정규시장과 11개의 코스닥으로 이루어진 독립표본을 얻어 각각에 대한 표본분산 $S_1^2 = 5.4$와 $S_2^2 = 7.0$을 얻었다. σ_1^2/σ_2^2에 대한 95% 신뢰구간을 구하여라.

REVIEW 연습문제

1. 점추정량이 갖추어야 할 성질들을 나열하고, 왜 필요한지 설명하여라.

2. 추정에 있어 점추정에 비해 구간추정이 갖는 장점에 대해 설명하여라.

3. 확률변수 X가 이항모집단 $Bin(n, p)$를 따른다고 하자. 다음을 구하여라.

(1) $\frac{X}{n}$는 이항모수 p의 불편추정량임을 보여라.

(2) $\frac{X+1}{X+2}$이 이항모수의 불편추정량이 아님을 보여라.

4. 산술평균이 일반적으로 중앙값보다 상대적으로 유효성이 높다는 주장을 검증하기 위해 한 학생이 3개의 주사위를 12번 던지는 실험을 했다. 그 결과는 다음과 같다.

2, 4, 6	5, 3, 5	4, 5, 3	5, 2, 3	6, 1, 5	2, 3, 1
3, 1, 4	5, 5, 2	3, 3, 4	1, 6, 2	3, 3, 3	4, 5, 3

(1) 각각의 중앙값과 평균값을 구하여라.

(2) 중앙값과 평균값 각각의 줄기-잎 그림을 그려라.

(3) (2)의 두 개의 분포를 포함하는 다이어그램을 그리고, 이것이 어떻게 평균값이 일반적으로 중앙값보다 유효성이 높다는 주장을 검증하는지 설명하여라.

5. 신뢰수준과 신뢰구간과의 관계를 설명하여라.

6. 어느 대학에서 신입생들의 평균 IQ지수를 알아보기 위하여 100명의 학생을 랜덤하게 뽑아 IQ 테스트를 한 결과 평균과 표준편차가 각각 다음과 같았다.

$$\bar{x}=102, \quad s=11$$

신입생들의 평균 IQ지수에 대한 95% 신뢰구간을 구하여라.

7. 어느 컴퓨터 부품 회사의 CPU의 소음 정도를 알아보기 위하여 CPU 10개를 랜덤하

게 추출하여 소음을 측정해 본 결과, 다음과 같은 자료를 얻었다. 이 회사 컴퓨터 CPU 평균 소음의 95% 신뢰구간을 구하여라. 단, CPU의 소음은 정규분포를 따른다고 가정한다.

28, 34, 27, 28, 31, 32, 22, 30, 34, 29 (단위: dB)

8. 컴퓨터 부품을 조립하는 데 걸리는 시간의 평균을 추정하기 위해 이 직종에서 근무 중인 40명의 기술자를 대상으로 측정한 결과, 평균이 12.73분이고 표준편차가 2.06분이었다.

(1) $\bar{x}=12.73$이 작업을 위해 요구되는 평균 시간의 점추정값으로 사용될 때, 모평균에 대한 99% 신뢰구간을 구하여라.

(2) 조립시간의 모평균에 대해 98% 신뢰구간을 구하여라.

9. 어느 도시에서 A 신문의 구독률을 조사하기 위하여 500가구를 랜덤하게 추출하여 조사한 결과, 이 중 110가구가 이 신문을 구독하고 있는 것으로 나타났다. A 신문 구독률의 90% 신뢰구간을 구하여라.

10. 대도시에 있는 남자 초등학생의 몸무게와 농촌지역에 있는 남자 초등학생의 몸무게를 비교하기 위하여 두 지역에서 30명을 랜덤하게 뽑아 몸무게를 측정한 결과, 다음과 같은 자료를 얻었다.

대도시 남자 초등학생의 몸무게 : $\bar{x}_1 = 38.5\text{kg}, \quad s_1^2 = 4 \text{ kg}$

농촌지역 남자 초등학생의 몸무게 : $\bar{x}_2 = 36.0\text{kg}, \quad s_2^2 = 3.5 \text{ kg}$

(1) 두 지역 초등학생의 몸무게 차를 점추정하고, 표준오차를 구하여라.

(2) 두 지역 초등학생의 몸무게 차의 90% 신뢰구간을 구하여라.

11. 표본평균 $\overline{X}$의 오차한계를 다음과 같이 줄이기 위해서는 표본크기는 얼마나 증가시켜야 하는가?

(1) 원래 오차한계의 1/2

(2) 원래 오차한계의 1/4

12. 어느 보건소에서는 지역의 5세 여아들의 평균 체중을 알아보려 한다. 신뢰수준 95%로 추정한 결과 오차한계가 0.2 kg 이내가 되도록 하기 위한 표본크기를 구하여라. 단, 표준편차의 사전 정보가 없어 20명의 어린이를 예비 추출한 결과 평균 체중은 10.0 kg, 표본표준편차는 1.2 kg이었다.

13. 어느 화학회사에서는 인증심사를 받기 위해 자료를 준비 중이다. 준비할 자료 중 하나가 플라스틱 필름의 인장력이며, 64개의 표본으로써 신뢰수준 90%로 인장력을 추정하려 한다. 이때 오차한계는 얼마인가? 단, 인장력에 대한 최근 3개월 동안의 $\overline{X}-R$ 관리도는 관리상태였으며, 이를 통해 인장력의 분산을 2.56으로 추정하였다.

14. 자동차 사고 보험비용의 연구에서 특별한 부분의 손상에 관한 80대의 수리비용의 확률표본의 평균은 472,000원이고 표준편차는 62,000이다. 실제 평균 수리비용의 점추정값을 $\bar{x}=472{,}000$원이라 할 때, 추정값의 표준오차가 10,000원이 넘지 않는다고 주장할 수 있는 확률은 얼마인가?

15. S사의 휴대전화는 자사에서 개발한 휴대전화의 자판배열을 사용하면 L사의 휴대폰 자판배열을 사용할 때보다 문자 메시지를 보내는 데 더 짧은 시간이 걸린다고 한다. 이를 알아보기 위해서 휴대전화 사용자 10명을 임의로 뽑아 두 회사의 휴대폰을 이용해서 특정 문구의 문자 메시지를 보내는 데 걸리는 시간을 측정한 결과 다음과 같았다.

(단위: 초)

사용자	1	2	3	4	5	6	7	8	9	10
L사	80.0	79.3	79.1	77.4	81.6	80.1	80.0	81.6	76.3	81.9
S사	73.0	74.6	73.0	72.8	76.0	74.1	75.0	73.3	70.7	74.8

두 회사의 문자 전송시간에 대한 평균 소요시간의 차에 대해 95% 신뢰구간을 구하여라.

16. 어느 도시의 서비스업 종사자 100명의 표본결과, 월평균 급여가 195만 원이며, 표준편차가 19만 원이었다. 이 지역의 모든 서비스업 종사자의 월평균 급여가 190만 원과 200만 원 사이에 있는 신뢰수준은 얼마인가?

17. 9.2.1절의 모평균에 대한 신뢰구간 공식 대신에 다음의 대안적인 공식을 쓸 수도 있다.

$$\bar{x} - z_{\alpha/3} \cdot \frac{\sigma}{\sqrt{n}} \leq \mu \leq \bar{x} + z_{\alpha/3} \cdot \frac{\sigma}{\sqrt{n}}$$

왜 9.2.1절의 공식이 범위가 더 좁으며, 위에 제시한 공식보다 더 적합한지를 설명하여라.

18. 제조한 10개의 베어링의 직경을 조사한 결과, 평균 직경이 0.506 cm이고 표준편차가 0.004 cm였다. 베어링의 직경이 정규모집단으로부터의 표본이라고 가정하고 이들 베어링의 실제 평균 직경에 대한 95% 신뢰구간을 구하여라.

19. 실험실에서 실행된 대기오염에 관한 연구에서 서로 다른 8개의 공기표본으로부터 아래의 벤젠 계열 유기물이 측정되었다.

2.2　1.8　3.1　2.0　2.4　2.0　2.1　1.2 (단위: $\mu g/m^2$)

모집단이 정규분포를 따른다고 가정할 때, 공기표본 내 유기물 함유량의 실제 평균값에 대한 95%의 신뢰구간을 구하여라.

20. 어느 대기업의 지방 공장에 입사한 사원 중 2년 이내에 이직자는 수도권 대학 출신이 250명 중 190명이었고, 지방대학 출신은 200명 중 150명이었다. 이직률의 차에 대한 95% 신뢰구간을 구하여라.

21. 밝기를 측정하는 계측기 두 대의 정밀도를 검사하기 위해, 정지화면의 LCD 모니터의 지정 위치에 대해 계측기 A로 6번, 계측기 B로 5번에 걸쳐 측정한 결과가 다음과 같다.

(단위: cd)

계측기 A	295	285	275	281	301	290
계측기 B	296	290	291	289	292	−

(1) 계측기 A의 정밀도(분산)에 대해 90% 신뢰구간을 구하여라.

(2) 계측기 A와 B의 분산비에 대해 95% 신뢰구간을 구하여라.

(3) (2)의 추정을 위한 전제조건은 무엇인가?

22. 어느 대학 2학년 학생들의 평균 신장을 알아보기 위해 20명의 학생을 랜덤하게 뽑아서 조사한 결과가 다음과 같았다. 2학년 학생들의 평균 신장에 대한 90% 신뢰구간을 구하여라. 단, 학생들의 평균 신장은 정규분포를 따르고 표준편차는 5.3 cm라고 알려져 있다.

(단위: cm)

169.5	172.5	164.8	170.0	168.5	168.8	173.2	170.5	174.3	172.5
176.6	174.6	165.4	162.3	175.1	177.4	170.6	174.6	173.8	187.5

23. 어느 정치 현안에 대한 A지역과 B지역의 찬성자 수를 조사한 결과, A지역은 560명의 조사자 중 295명이, B지역은 350명의 조사자 중 136명이 찬성하였다. 정치 현안에 대한 두 지역의 찬성률의 차에 대한 95% 신뢰구간을 구하여라.

CHAPTER **10**

가설검정

CHAPTER OUTLINE

10.1 검정의 개념 *325*

10.2 모평균에 관한 검정 *335*

10.3 두 집단의 모평균 차에 관한 검정 *343*

10.4 모비율 및 모비율 차의 검정 *351*

10.5 모분산 및 모분산 비의 검정 *355*

연습문제 *359*

가설(hypothesis)이란 사실로서 증명은 안됐지만 추구해 볼만한 가치가 있는 조건을 가진 일종의 추측을 말한다. 가설이 성립되려면 구성내용 자체가 간단명료하게 조건부와 종결부로 이론화되어야 하며 검증이 가능해야 한다. 또한 너무나 당연한 것 또는 인과관계가 분명한 내용은 포함시킬 수 없으며 논의의 여지와 반증이 가능하도록 진술되어야 한다. 가설에 대해 통계적 이론을 배경으로 이의 사실 여부를 증명하는 방법론을 가설검정이라 한다. 추측통계학의 중요 부분인 가설검정의 검정대상에서 일반적으로 알고자 하는 성질은 모집단의 분포나 모수들이다. 가설을 검정하기 위해서는 가설에 포함된 모수의 성질을 충분히 반영하는 검정통계량과 이 통계량의 분포를 필요로 하는데, 이러한 통계적 추론은 피어슨(Karl Pearson) 등이 기여하였으며 피셔(R. A. Fisher)에 의해 집대성되었다.

10.1 검정의 개념

앞의 9장 추정에서 일부의 표본으로부터 모집단의 성질을 추정하는 목적과 방법에 대해 알아보았다. 본 장의 검정 또한 일부의 표본으로부터 모집단의 성질에 대해 판단을 내리는 것이므로, 추정과 검정의 통계적 이론 배경은 동일한 것이다. 우리는 일상적인 생활에서나 업무적인 면에서 항상 선택을 하면서 살아간다. 선택이란 두 가지 이상의 대안에 대한 판단 및 선택을 말한다. 실제의 상황은 아날로그 형태의 연속적이지만, 우리의 선택은 '이것 아니면 저것'과 같이 디지털 형태가 된다. 이러한 선택의 통계적 방법이 검정이며, 다음 예제를 통해 검정에 대한 기본개념을 소개하도록 한다.

예제 10.1 어느 타이어 회사에서 새로 개발한 모델이 기존 모델에 비해 평균 수명이 2,000 km 더 늘어나 45,000 km라고 주장한다. 이를 확인할 수 있는 방법은 무엇인가?

새 타이어 모델의 실제 수명을 알아보기 위해서는 해당 제품에 대해 전수조사하여 그 수명을 측정한다면 평균 수명의 참값, 즉 수명의 모평균을 알 수 있을 것이다. 그러나 전수조사는 대부분 시간적 · 경제적 제약으로 인해 불가능한 경우가 대부분이다. 타이어 예제처럼 검사 형태가 파괴검사의 경우라면 더더욱 그러할 것이다. 따라서 일부의 표본을 추출하여 모수의 성질에 대해 판단을 내리게 되는 것이다.

소비자는 타이어를 교체할 때 가격을 포함한 여러 선택 기준에 의해 기존 모델과 새 모델 중에서 선택할 것이다. 선택의 기준은 '광고의 주장이 사실이냐 아니냐'에 대한 판단이다. 타이어 회사의 주장에 대해 우리가 올바른 판단을 하기 위해서는 무엇을 해야 할 것인가? 당연히도 새 모델에 대한 자료를 모으고 이들 자료에 근거해 판단해야 할 것이다. 이렇게 모수의 성질에 대한 판단에 있어 자료에 근거한 합리적 판단과정을 검정(test)이라 한다.

예제 10.1에서의 판단을 간단히 표현하면, "타이어 회사의 주장이 맞다. 수명이 2,000 km 더 늘었다."와 "2,000 km 더 늘어나지 않았다."의 두 가지가 될 것이다. 이들 상반된 주장들을 가설이라 하며, 귀무가설(null hypothesis)과 대립가설(alternative hypothesis)이라 한다. 판단의 대상은 주로 모집단의 분포나 모수이다.

가설에 포함된 모수의 성질을 설명할 수 있는 통계량에 표본자료들을 대입하여, 그 값의 크기에 따라 두 가설 중 하나를 선택한다. 이렇게 귀무가설과 대립가설 중 어느 하나를 채택하는 데 사용되는 통계량을 검정통계량(test statistic)이라 한다. 예제 10.1에서의 통계량은 표본평균 $\overline{X}$가 검정통계량이다. 검정통계량도 표본에 의해 산정되는 통계량이므로 분포를 취한다. 그러므로 표본평균 $\overline{X}$가 포함된 분포함수를 일반적으로 검정통계량이라 한다.

자료에 근거한 합리적 판단과정이라 했으나, 일부의 자료들로부터 전체를 판단할 때에는 추정에서와 유사하게 잘못 판단할 경우가 존재하며, 제1종 오류(type I error)와 제2종 오류(type II error)의 두 가지가 있다.

검정에 이용되는 검정통계량은 추정과 동일하므로, 수리적 내용은 9장의 추정을 참조하기 바란다.

10.1.1 귀무가설과 대립가설

타이어 회사의 광고를 증명하기 위해서 이를 통계적 가설로 나타낸다면 아래와 같다. 여기서 새 모델의 평균 수명을 μ로 나타내도록 한다.

회사의 주장이 옳다면, $\mu = 45{,}000$ km
그렇지 않은 경우이면, $\mu = 43{,}000$ km (기존 모델과 동일)

먼저 생각해야 할 것은 "두 가설 중에서 어느 것을 귀무가설과 대립가설로 지정할 것인가?"의 문제이다. 이 예제의 경우 조사를 통해서 새 모델의 수명이 늘어났다는 증거가 있다면 이를 인정하고자 하는 것이므로, 이렇게 자료에 근거해 밝히고자 하는 가설을 대립가설로 선정한다.

두 가설에서 주장하는 모수값이 다르므로, 이를 구분하기 위해 각기 귀무가설과 대립가설을 첨자기호 '0'과 '1'을 사용하여 표시한다. 따라서 타이어 예제의 두 가설을 표현하자면 다음과 같다.

$$\text{귀무가설 } H_0 : \mu_0 = 43{,}000 \text{ km}, \quad \text{대립가설 } H_1 : \mu_1 = 45{,}000 \text{ km}$$

우리는 결국 이후 설명할 검정 절차를 거쳐 귀무가설과 대립가설 중에서 하나를 선택할 것이다. 우선 가설이 선택되었을 경우에 대한 해석을 생각해보도록 한다.

타이어 예제에서 대립가설이 선택되었다면, "새 타이어 모델의 평균 수명은 45,000 km 이다."라고 해석한다. 그러나 귀무가설이 선택된 경우의 해석은 "새 타이어 모델의 평균 수명은 45,000 km라는 근거는 없다."가 되어 대립가설의 해석과 같이 깔끔하지 않다.

앞서 언급한 것처럼 검정의 기본개념이 자료를 통해서 밝히고자 하는 대립가설의 증거가 있다면 이를 인정하는 것이며, 만일 증거가 없다면 "귀무가설이 옳다."가 아니라 "대립가설의 증거가 없다."이다. 귀무가설이 채택된 경우의 해석은 영문의 'null'이나 한자 '歸無'에서도 알 수 있듯이, "이번 검정은 없던 일로 하자."이다. 즉, 아무런 결론도 내릴 수 없음을 의미한다.

또한 가설검정의 목적이 주로 새로운 주장이나 이론을 자료를 통해 확인하는 것이므로, 기존의 사실이나 주장을 귀무가설로 설정하고 새로운 이론이나 주장을 대립가설로 설정하는 것이 일반적이다. 이와 같이 기존에 알려진 사실에 대한 반증이나 새로운 이론을 검증하고자 하는 대립가설을 자료를 통해 검증하는 가설검정 절차를 유의성 검증(test of significance)이라고도 한다.

10.1.2 제1종 오류와 제2종 오류

타이어 예제의 두 가설을 그림 10.1에 나타내었다.

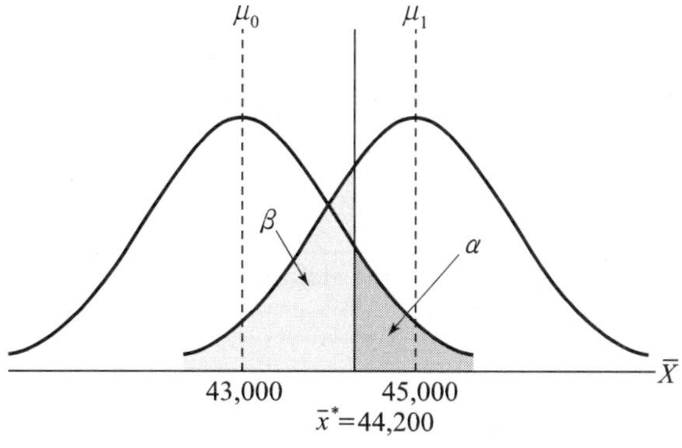

그림 10.1 제1종 오류 α와 제2종 오류 β

타이어 예제의 경우 $\overline{X}$의 값으로 μ_0와 μ_1 사이에 한 값 $\overline{x}^*$를 기준으로 귀무가설과 대립가설을 선택한다고 하자. 이렇게 귀무가설과 대립가설을 구분하는 기준을 임계값이라 한다. 그림 10.1의 경우 표본으로부터의 평균 $\overline{x}$가 임계값 $\overline{x}^*$보다 작을수록 귀무가설을 지지하는 증거가 많은 것이며, 반대로 $\overline{x}$가 임계값보다 커질수록 새 모델의 타이어 평균 수명이 45,000 km라는 대립가설을 지지하는 근거가 우세해진다.

μ_0와 μ_1은 상수로서 그림에서와 같이 확연히 구분할 수 있지만, $\overline{X}$는 확률변수이므로 다른 표본으로 표본평균을 구할 때마다 그 값은 변할 것이다. 다시 말해, 이번 검정에서 사용한 새 모델의 타이어 표본이 아닌 해당 모델의 또 다른 타이어들을 가지고 다시 타이어들의 표본평균 $\overline{X}$를 구한다면, 이전의 값과 동일하게 나온다는 보장은 없다.

따라서 $\overline{x}^*=44{,}200$ km를 임계값으로 정한 상태에서 $\overline{x}=45{,}000$ km로 나왔다 할지라도, 새 모델의 모평균이 μ_0와 μ_1 중에서 어디에 근거한 것인지는 여전히 알 수 없다. 그림 10.1에서와 같이, 새 모델의 타이어 평균 수명의 참값이 43,000 km이어서 귀무가설이 옳은 경우에도 표본조사에서는 타이어 수명이 44,200 km 이상일 확률이 있다. 또한 반대로 대립가설이 '참(true)'이어서 새 모델의 타이어 평균 수명의 참값이 45,000 km이더라도 통계적 우연성에 의해 표본의 평균 수명이 44,200 km 이하일 수도 있다. 따라서 두 경우를 동시에 고려한 합리적인 임계값을 결정해야 한다.

가설들에 대해 우리가 내린 판단에는 두 가지의 오류가 존재할 수 있다(이 오류는 앞서도 언급한 것처럼 표본으로부터의 통계량은 매번 변화하기 때문에 발생하는 것이다). 귀무가설이 참임에도 불구하고 대립가설을 채택함을 제1종 오류(type I error)라 하고, 제1종 오류의 최대허용확률을 α로 나타낸다. 반면에 대립가설이 참임에도 불구하고 귀무가설을 채택함을 제2종 오류(type II error)라 하고, 제2종 오류의 최대허용확률을 β로 나타낸다. 모집단의 실제 상황과 우리가 내리는 판단에 의한 경우들을 표 10.1에 정리해 보았다.

그리고 검정에서는 귀무가설이 기각될 확률인 제1종 오류를 범할 최대허용한계를 유의수준(significant level)이라고 한다. 유의수준 값으로는 정해진 기준은 없지만 일반적으로

표 10.1

	귀무가설을 채택	귀무가설을 기각
귀무가설이 참인 경우	올바른 판단	제1종 오류
귀무가설이 거짓인 경우	제2종 오류	올바른 판단

1%, 5%, 10%가 흔히 사용된다. 즉, 유의수준 10%의 검정법이란 제1종 오류를 범할 확률이 10% 이하인 검정법을 말한다.

예제 10.2 예제 10.1에서 임계값을 $\bar{x}^* = 44{,}200$ km로 결정했을 때,

(1) 새 타이어의 평균 수명이 기존 제품과 차이가 없어서 43,000 km임에도 불구하고 표본평균이 44,200 km 이상일 확률 α를 구하여라.

(2) 새 타이어의 평균 수명이 기존 제품보다 우수하여 45,000 km임에도 불구하고 표본평균이 44,200 km 이하일 확률 β를 구하여라.

단, 새 모델 타이어 30개에 의한 표본표준편차는 3,200 km이다.

풀이 표본크기 $n = 30$, 표본표준편차 $s = 3{,}200$ km에서

(1) 귀무가설이 참이므로 H_0에서 주장하는 $\mu_0 = 43{,}000$을 사용한다.

$$\begin{aligned}\alpha &= P\left(\bar{X} \geq 44{,}200 \mid H_0\right) \\ &= P\left(\frac{\bar{X} - \mu_0}{S/\sqrt{n}} \geq \frac{44{,}200 - 43{,}000}{3{,}200/\sqrt{30}}\right) \\ &= P(Z \geq 2.05) = 0.02\end{aligned}$$

새 타이어가 기존 제품과 동일한 43,000 km의 평균 수명을 갖더라도, 30개 표본으로부터의 평균 수명이 44,200 km 이상 나올 수 있는 확률은 $\alpha = 0.02$이다.

(2) 대립가설이 참이므로 H_1에서 주장하는 $\mu_1 = 45{,}000$을 사용한다.

$$\begin{aligned}\beta &= P(\bar{X} \leq 44{,}200 \mid H_1) \\ &= P\left(\frac{\bar{X} - \mu_1}{S/\sqrt{n}} \leq \frac{44{,}200 - 45{,}000}{3{,}200/\sqrt{30}}\right) \\ &= P(Z \leq -1.37) = 0.08\end{aligned}$$

새 타이어가 회사의 주장처럼 평균 수명이 45,000 km이더라도, 30개 표본으로부터의 평균 수명이 44,200 km 이하로 나올 수 있는 확률은 $\beta = 0.08$이다.

두 가설들에 대한 채택과 기각 판정은 표본자료를 통해 검정절차를 거쳐 내린다. 위의 타이어 예제에서 $\bar{x} = 43{,}500$ km이었다면, 그림 10.1의 임계값이 44,200 km이므로 기준상 "귀무가설을 채택한다(accept)."로 표현한다. 만일 $\bar{x} = 44{,}500$ km이었다면, 대립가설을 채택하게 될 것이다. 그러나 가설채택에 대한 표현 기준은 귀무가설을 위주로 하는 것이 일반적이어서 "귀무가설을 기각한다(reject)."로 표현한다. 그림 10.1에서는 임계값 $\bar{x}^* =$

44,200을 기준으로 ($\overline{X} \leq \overline{x}^*$)의 구간을 귀무가설 채택역(accept region), ($\overline{X} > \overline{x}^*$)의 구간을 귀무가설 기각역(reject region)이라 한다.

예제 10.3 예제 10.2에서의 귀무가설 기각역 '$\overline{X}$>44,200 km' 검정법은 유의수준 5%의 검정법인가?

풀이 예제 10.2의 (1)번 풀이에서 귀무가설 H_0 : μ_0 =43,000 km, 대립가설 H_1: μ_1 = 45,000 km에 대한 제1종 오류의 확률이 α =0.02임을 보였다. 이는 제1종 오류의 확률이 5%를 넘지 않으므로 유의수준 5%의 검정법이다.

검정에서 귀무가설을 기각할 확률(즉, 대립가설을 받아들일 확률)을 검정력(power of test)이라 한다. 이 확률을 구하기 위해서는 예제 10.2에서와 같이 귀무가설이나 대립가설 중 어느 것이 옳다는 가정이 필요하다. 그래야만 검정통계량에 포함된 모수 μ에 대해 μ_0나 μ_1을 대입하여 검정력을 계산할 수 있기 때문이다. 그런데 검정 모수 θ는 미지의 값이므로 검정력은 모수 θ의 변화에 의한 함수이며, 이를 검정력 함수(power of function)라 한다. 예제 10.2의 경우, 귀무가설 기각역이 '$\overline{X}$>44,200 km'이므로 검정력 함수 $\gamma(\mu)$는

$$\begin{aligned}\gamma(\mu) &= P(\overline{X} > 44,200 \mid \mu) \\ &= P\left(\frac{\overline{X}-\mu}{S/\sqrt{n}} > \frac{44,200-\mu}{3,200/\sqrt{30}}\right) \\ &= P\left(z > \frac{44,200-\mu}{3,200/\sqrt{30}}\right)\end{aligned}$$

검정력 함수는 제1종 오류 및 제2종 오류와 직접적으로 연관된다. 예제 10.2의 경우 $\mu = \mu_0$, 즉 μ=43,000 km를 윗식에 대입하면, 검정력은

$$\gamma(\mu = 43,000) = P(\overline{X} > 44,200 \mid \mu = 43,000) = 0.02$$

이며, 이는 모평균이 귀무가설에서의 주장값인 43,000 km임에도 불구하고 귀무가설을 기각할 확률이므로 제1종 오류의 확률이 된다.

만일 위식의 μ에 대립가설에서의 주장값인 45,000 km를 대입한다면, 검정력은

$$\begin{aligned}\gamma(\mu = 45,000) &= P(\overline{X} > 44,200 \mid \mu = 45,000) \\ &= P(Z > -1.37) = 0.92\end{aligned}$$

이다. 이는 대립가설이 참일 때 귀무가설을 기각하는 경우이며, 올바른 판단의 확률이므

로 검정력 $\gamma(\mu) = (1-\beta)$이다. 간단히 $(1-\beta)$를 검정력이라고도 한다.

> **[정리 10.1] 검정력 함수와 제1종 및 제2종 오류**
> 1) 제1종 오류의 확률 $= \gamma(\theta), \quad \theta \in H_0$
> 2) 제2종 오류의 확률 $= 1-\gamma(\theta), \quad \theta \in H_1$

α와 β는 오류이므로 그 값이 작을수록 좋다. 이미 표본크기가 결정된 상태에서 α와 β 중 하나를 줄이기 위해 그림 10.1에서 선택기준인 $\overline{x}^*$의 위치를 왼쪽이나 오른쪽으로 이동시킨다면, 두 오류 중에서 하나는 작아지지만 다른 나머지 오류는 커지게 된다. 따라서 일단 표본크기가 결정되고 나면, 두 오류를 동시에 줄이는 방법은 없다. 두 오류를 동시에 줄이는 방법은 표본의 크기를 크게 하는 것이다. 표본크기 n이 클수록 $\overline{X}$의 표준오차 $S/\sqrt{n}$가 작아져서 그림 10.2에서와 같이 중복되는 부분이 줄어들기 때문이다.

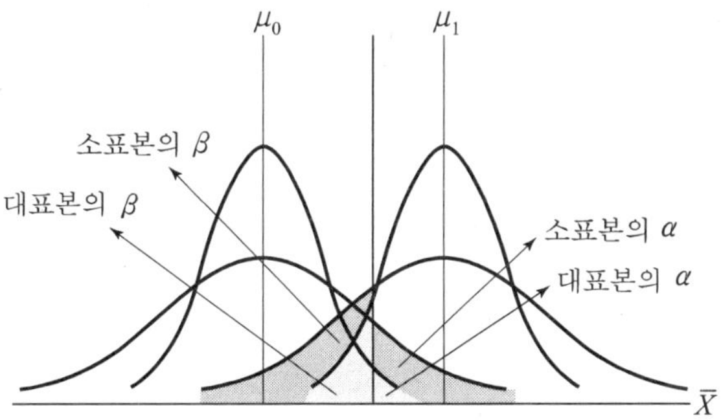

그림 10.2 표본크기에 따른 α와 β의 변화

10.1.3 단순가설과 복합가설

앞의 예제에서 대립가설의 주장형태가 새 타이어 모델의 평균 수명은 45,000 km였다. 즉, 검정하고자 하는 모평균에 대해 '45,000 km'라는 하나의 값을 제시하는 형태였다. 만일, "새로 개발한 모델이 기존 모델의 평균 수명인 43,000 km보다 더 길다."라고 대립가설을 둔다면 이는 어떻게 검정해야 할까?

이를 가설로 만들면, H_0: $\mu_0 = 43{,}000$ km, H_1: $\mu_1 > 43{,}000$ km일 것이다. 이와 같이 검정통계량에 포함된 모수가 단일값으로 주어지지 않고 범위로 주어지는 경우를 복합가설(composite hypothesis)이라 하며, H_0: $\mu_0 = 43{,}000$ km나 H_1: $\mu_1 = 45{,}000$ km와 같이

모수를 단일값으로 지정하는 경우를 단순가설(simple hypothesis)이라 한다.

위 예제의 경우 귀무가설은 $H_0: \mu_0 = 43{,}000$ km의 단순가설이므로 기각역이 결정되어 제1종 오류 α를 산정할 수 있다. 그러나 대립가설 $H_1: \mu_1 > 43{,}000$ km는 μ_1이 지정된 하나의 값이 아니므로 제2종 오류 β의 산정이 불가능하다. 왜냐하면 복합가설 $H_1: \mu_1 > 43{,}000$ km에서는 μ_1이 범위이므로 대립가설에서 주장하는 μ_1에 특정값을 대입하여 분포를 결정할 수 없기 때문이다. 이 점이 검정에서 제1종 오류 α만 지정하는 이유이기도 하다.

> **[참고]**
>
> 만일, $H_1: \mu_1 > 43{,}000$ km하에서 귀무가설을 $H_0: \mu_0 \le 43{,}000$ km와 같이 두 가설을 모두 복합가설로 설정하면 어떻게 될까? $\mu_0 = 43{,}000$ km보다 작은 임의의 값 $\mu_0 = (43{,}000 - \delta)$ km에서의 제1종 오류의 확률은 줄어들 것이다. 그런데 유의수준 α는 제1종 오류의 최대허용확률이므로 주어진 유의수준하에서 $H_0: \mu_0 \leqq 43{,}000$ km는 $H_0: \mu_0 = 43{,}000$ km와 동일한 결과를 나타내게 된다. 따라서 굳이 귀무가설을 $H_0: \mu_0 \leqq 43{,}000$ km와 같이 나타낼 필요는 없다.

10.1.4 단측가설과 양측가설

검정 모수에 대해 방향성이 있어서 대립가설의 형태가 $H_1: \mu_1 < 43{,}000$ km(혹은 $H_1: \mu_1 > 43{,}000$ km)와 같이 일방적으로 큼(혹은 작음)을 밝히고자 하는 경우를 단측가설(one-sided hypothesis)이라 한다. 단측검정에서 부등호의 방향에 따라 $H_1: \theta > \theta_0$의 형태를 우측검정, $H_1: \theta < \theta_0$의 형태를 좌측검정이라 한다. 여기서 θ_0는 귀무가설에서 주장하는 모수값이다.

이와는 달리 공정의 세팅조건이나 제품의 설계 목표치를 벗어나는가를 알고 싶은 경우라면, 대립가설은 $H_1: \theta > a$와 $H_1: \theta < b$를 동시에 갖게 된다. 이를 묶어서 $H_1: \theta \ne \theta_0$로 나타내며, 이를 양측가설(two-sided hypothesis)이라 한다.

단측가설과 양측가설의 선정은 검정을 통해 밝히고자 하는 내용에 따라 분석자가 결정한다.

[정리 10.2] 대립가설의 형태

1) 양측가설 $H_0: \theta = \theta_0$, $H_1: \theta \neq \theta_0$
2) 단측가설(좌측검정) $H_0: \theta = \theta_0$, $H_1: \theta < \theta_0$
3) 단측가설(우측검정) $H_0: \theta = \theta_0$, $H_1: \theta > \theta_0$

예제 10.4 어느 식품회사에서는 복숭아 통조림의 무게를 360 g으로 관리하고 있다. 새로운 주입기를 도입한 후 통조림 공정에 이상이 발생하는가를 알아보고 싶다. 이를 검정하려면 대립가설은?

풀이 대립가설을 세우기 위해서는 분석자가 이 예제에서 밝히고자 하는 '공정 이상'이란 어떤 상태인가를 파악해야 한다. 통조림 무게는 기준 무게 이상이면 내용물 증가로 인한 손실이 발생한다. 또한, 미달의 경우 불량 처리로 인한 손실이 발생하므로 공정 이상은 방향성이 없다. 그러므로 대립가설은 $H_1: \mu_1 \neq 360$의 양측가설이다.

단측 및 양측가설의 기각역을 그림 10.3과 10.4에 나타내었다.

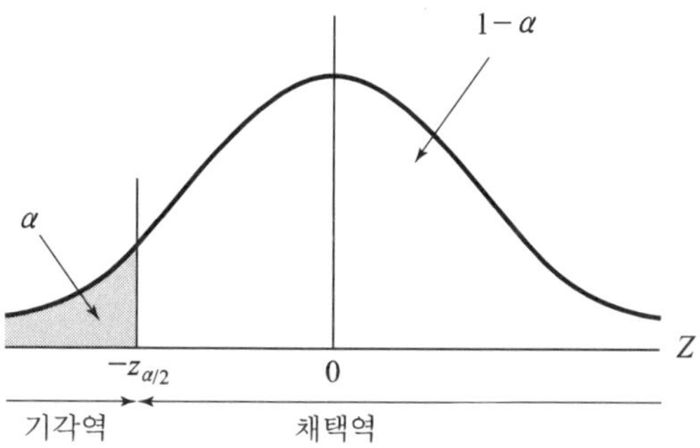

그림 10.3 단측가설(좌측가설)의 기각역
$H_0: \theta = \theta_0$, $H_1: \theta < \theta_0$

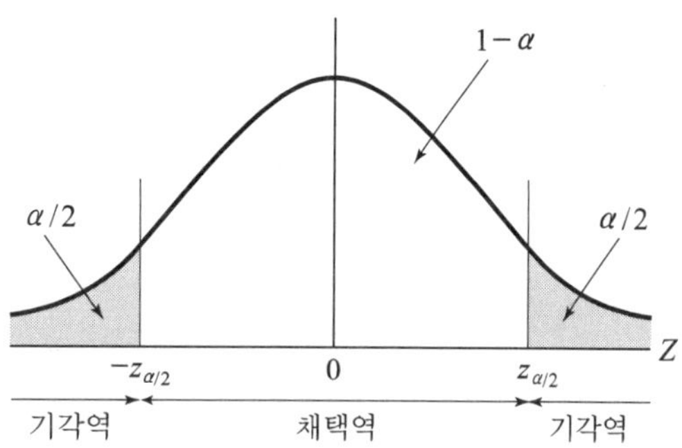

그림 10.4 양측가설의 기각역
$H_0: \theta = \theta_0$, $H_1: \theta \neq \theta_0$

10.1.5 가설검정의 일반 절차

모든 형태의 가설검정에 대한 일반적인 절차는 다음과 같다.

1) 가설 H_0, H_1의 설정
2) 유의수준 α의 선정

3) 검정통계량 선정 및 기각역(임계값) 산정

4) 표본으로부터 검정통계량 값 산정

5) 검정통계량 값과 기각역의 비교 및 판정

가설 설정에서는 분석자가 증빙하고자 하는 내용을 대립가설로 두는 것이 바람직하다. 이는 귀무가설 채택 시 원론적 해석이 '본 검정에서는 아무런 결론을 내릴 수 없음'이기 때문이다.

유의수준 선정에서는 제1종 오류 α와 제2종 오류 β의 결과로 인한 상대적 손실 크기를 고려하여 정한다. 유의수준 α를 작게 할수록 제2종 오류는 커지기 때문이다. 이 때문에 샘플링 검사에서는 제1종 오류를 '생산자 위험(producer's risk)', 제2종 오류를 '소비자 위험(consumer's risk)'이라고 부른다.

판정단계에서 근래에 들어 통계 소프트웨어들의 보급으로 인해 유의수준을 초기에 정하지 않고 검정통계량 값에 의해 산정되는 유의확률 p값의 결과를 보고 판정하는 경향이 높다. p값에 대해서는 추후 설명하도록 한다.

연습문제 10-1

1. "아침형 인간이 저녁형 인간에 비해 학업능력이 뛰어나다."라는 주장에 대해 귀무가설과 대립가설을 설정하여라.

2. 제1종 오류와 제2종 오류의 관계에 대해 간략히 설명하여라.

3. 제1종 오류와 제2종 오류 및 이들과 표본크기와의 관계를 설명하여라.

4. 9장 추정에서의 $(1-\alpha)$의 신뢰수준은 검정의 유의수준 α와 관련되어 있다. 이들 관계를 간략히 설명하여라.

5. 밝히고자 하는 주장을 대립가설을 두고 검정을 실시했으나 귀무가설이 채택되었다. 분석자가 대립가설이 참임에 대한 확신을 가지고 있을 때 자신의 확신을 포기해야만 하는가?

10.2 모평균에 관한 검정

본 절에서는 단일 모집단의 모평균에 대한 검정에 대해 알아본다. 표본크기에 따라 검정의 구분이 이루어지며, 앞서 모평균의 추정과 같이 부차적으로 모집단의 정규성 여부와 표준편차의 알고 모름의 여부에 의해 구분된다.

10.2.1 표준편차 기지의 정규모집단의 경우 혹은 대표본인 경우

모평균에 대한 추론은 앞 장의 추정에서와 동일하게 표본평균 $\overline{X}$와 이의 분포를 사용한다. $X_1, X_2, \cdots, X_n$이 정규모집단 $N(\mu, \sigma^2)$으로부터 랜덤추출한 확률표본일 때, 통계량 $\dfrac{\overline{X}-\mu}{\sigma/\sqrt{n}}$는 표본크기와 무관하게 표준정규분포를 따른다.

그러므로 귀무가설 $H_0 : \mu = \mu_0$를 검정하기 위한 검정통계량은 다음과 같다.

[정리 10.3] σ **기지의 정규모집단의 모평균 검정통계량**

$$Z = \frac{\overline{X}-\mu_0}{\sigma/\sqrt{n}}$$

예제 10.5 어느 조명회사에서는 자사의 냉음극관의 평균 수명이 한국공업규격의 기준인 1,200시간을 초과한다고 주장한다. 소비자단체에서는 이를 검정하기 위해 20개의 표본으로부터 수명을 시험한 결과 $\bar{x}=1,220$시간이었다고 한다. 해당 제품의 그간의 많은 자료로부터 냉음극관의 수명은 정규분포를 따르며 $\sigma=30$임을 알고 있다. 유의수준 5%로 검정하여라.

풀이 귀무가설 $H_0: \mu_0 = 1,200$시간, 대립가설 $H_1: \mu_1 > 1,200$시간

기각역은 유의수준 5%, 그리고 우측검정이므로 그림 10.5와 같다.

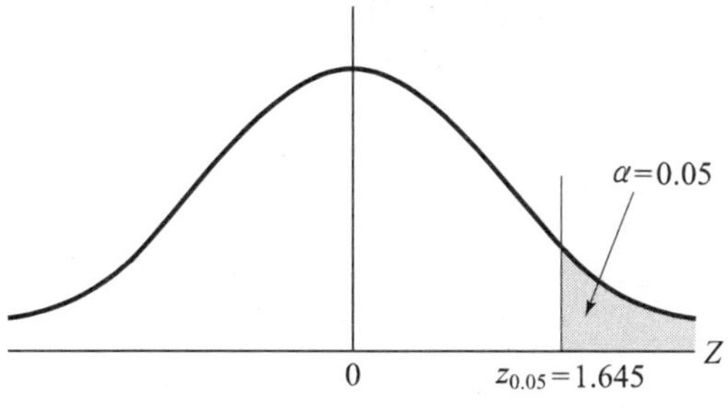

그림 10.5 우측가설의 기각역

정규모집단 σ 기지의 단일 모평균에 대한 검정이므로 검정통계량은

$$Z=\frac{\overline{X}-\mu_0}{\sigma/\sqrt{n}}$$

이며, 검정통계량의 계산값 z는 다음과 같다.

$$z=\frac{\overline{x}-\mu_0}{\sigma/\sqrt{n}}=\frac{1220-1200}{30/\sqrt{20}}=4.47$$

위의 그림에서와 같이 검정통계량의 추정값 z=4.47은 귀무가설 기각역에 속한다. 따라서 냉음극관 평균 수명은 유의수준 5%하에서 1,200시간 이상이라고 할 수 있다.

[참고] 검정통계량의 표현

본 예제의 경우 검정통계량은 Z이다. 그런데 많은 교재에서 Z가 아닌 Z_0로 표현하기도 한다. 그 이유는 검정통계량 추정값 z를 산정할 때, $Z=\frac{\overline{X}-\mu_0}{\sigma/\sqrt{n}}$ 안에 포함되어 있는 모수 μ에 대해 귀무가설에서 선정하는 μ_0값을 사용하기 때문이다.

모든 검정에서 검정통계량 안에 포함된 모수에 대해서는 항상 귀무가설에서 주장하는 값을 사용한다. 이로 인해 우리가 명심할 사항은 "검정은 우선 귀무가설이 옳다고 시작한다."는 것이다. 그리고 표본들에 의한 검정결과가 가정한 귀무가설을 받아들이기엔 희박한 확률이 나올 때 가정했던 귀무가설을 기각하는 것이다.

10.2.2 표준편차 미지의 정규모집단의 경우(소표본)

기존의 많은 연구자들을 통하여 특정 확률변수가 어떤 분포를 따르는가는 많이 알려져 있다. 그러나 정규모집단임을 안다 해도 기존에 많은 자료를 확보하지 않은 이상 표준편차는 모르는 경우가 일반적이다.

$X_1,\ X_2,\ \cdots,\ X_n$이 정규모집단 $N(\mu,\ \sigma^2)$으로부터 랜덤추출한 확률표본이고 S가 정규모집단의 표본표준편차라 할 때, $\frac{\overline{X}-\mu}{S/\sqrt{n}}$는 자유도 $(n-1)$의 t 분포를 따른다.

그러므로 귀무가설 $H_0:\mu=\mu_0$를 검정하기 위한 검정통계량은 다음과 같다.

> **[정리 10.4] σ 미지의 정규모집단의 모평균 검정통계량**
>
> $$t_{(n-1)} = \frac{\overline{X} - \mu_0}{S/\sqrt{n}}$$

만일 정규모집단 가정이 어렵다면, t 분포를 이용한 모평균 검정을 실시할 수 없다. 정규모집단이 아니더라도 표본크기가 30 이상인 대표본인 경우는 중심극한정리에 의해 모평균에 대한 Z 검정을 할 수 있다. 이에 대해서는 다음 절에서 설명한다.

예제 10.6 어느 식품회사에서 복숭아 통조림의 무게를 360 g으로 관리하고 있다. 새로운 주입기를 도입한 후 통조림의 평균 무게가 변했는지 유의수준 10%에서 검정하여라. 16개의 통조림으로부터 표본평균은 359.2 g, 표본표준편차는 3.5 g임을 알았다. 단, 통조림 무게는 정규분포를 따른다.

풀이 귀무가설 H_0: $\mu_0 = 360$ g, 대립가설 H_1: $\mu_1 \neq 360$ g

소표본 정규모집단 σ 미지의 단일 모평균에 대한 검정이므로 검정통계량은 t 분포이다. 유의수준 10%, 그리고 양측가설이므로 기각역은 $t > t_{0.05,\ 15} = 1.753$, $t < -t_{0.05,\ 15} = -1.753$이다.

$\bar{x} = 359.2$ g, $s = 3.5$ g으로부터 검정통계량의 계산값은 다음과 같다.

$$t = \frac{\overline{X} - \mu_0}{S/\sqrt{n}} = \frac{359.2 - 360}{3.5/\sqrt{16}} = -0.91$$

검정통계량의 계산값 -0.91은 채택역에 속한다. 그림 10.6에 기각역과 검정통계량의 계산값을 나타내었다.

그러므로 유의수준 10%하에서 새로운 주입기를 도입한 후 통조림의 평균 무게가 변했다는 근거는 없다.

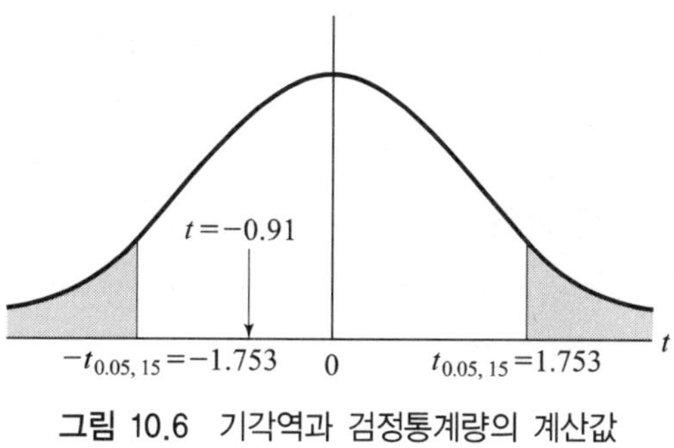

그림 10.6 기각역과 검정통계량의 계산값

10.2.3 대표본인 경우

표본크기가 $n \geq 30$의 대표본인 경우, 중심극한정리에 의해 $\frac{\overline{X}-\mu}{S/\sqrt{n}}$는 개별 자료의 정규성 여부에 관계없이 근사적으로 정규분포 $N(0,\ 1)$로 근사할 수 있음을 추정에서 언급하였다. 결론적으로 모평균에 대한 검정에서 대표본인 경우에는 모집단의 정규성 여부와 표준편차의 알고 모름에 무관하게 표준정규분포를 이용할 수 있다. 이후의 검정절차는 10.2.1절과 동일하다.

$X_1,\ X_2,\ \cdots,\ X_n$이 임의의 모집단으로부터 랜덤추출한 30개 이상의 확률표본일 때, 통계량 $\frac{\overline{X}-\mu}{S/\sqrt{n}}$는 근사적으로 표준정규분포를 따른다.

그러므로 귀무가설 $H_0 : \mu = \mu_0$를 검정하기 위한 검정통계량은 다음과 같다.

[정리 10.5] 대표본인 경우 모평균 검정통계량

$$Z = \frac{\overline{X}-\mu_0}{S/\sqrt{n}}$$

본 절에서는 유의확률 p값에 의한 유의성 판정에 대해 알아보도록 한다. 유의수준을 통상적으로 1%, 5%, 그리고 10%를 사용하기는 하지만 다분히 임의적이다. 그런데 동일한 예의 검정이라도 유의수준 α를 얼마로 지정하는가에 따라 귀무가설이 채택되기도 하고 기각되기도 한다. 따라서 사전에 유의수준을 지정하지 않고, 분석자가 검정대상 문제의 엄격성을 고려하여 판단하게 하는 것이 더욱 바람직하다.

확률변수인 검정통계량의 추정값과 확률 단위인 유의수준은 그 단위가 달라서 직접적인 비교를 할 수 없다. 따라서 기존에는 검정통계량의 분포와 유의수준에 의해 분포표를 이용하여 기각역을 산정한 후 이 기각역과 검정통계량 추정값을 비교하였다. 그러나 이보다는 검정통계량의 계산값을 확률 단위인 유의확률 p값으로 환산함으로써 동일한 확률 단위인 유의수준 α와 비교하는 것이 더 편리하다.

[정리 10.6] 유의확률 p값

귀무가설이 참이란 가정하에 검정통계량 $\hat{\theta}_0$가 이의 표본으로부터의 계산된 값보다 더 바깥쪽 멀리 발생할(즉, 귀무가설을 기각할 수 있는) 확률이다.

p값을 이용하는 방법도 검정통계량의 계산값을 p값으로 환산하는 과정이 필요하지만, 대부분의 통계 소프트웨어들이 이를 지원하므로 변환의 번거로움은 염려치 않아도 된다.

p값에 의한 유의성 판단은 p값이 유의수준 α보다 작을 때 귀무가설을 기각한다. p값의 적용에 대해서는 아래 예제를 참조토록 하며, 이 후의 일부 예제들에서는 유의성 판정 기준을 p값으로 표현하기도 한다.

예제 10.7 A도시 시교육위원은 해당 도시의 올해 고3 수험생들의 수능 성적이 원점수 기준으로 지난해 전국 평균 점수인 400점보다 높다고 주장한다. 학부모회에서는 이를 확인해 보기 위해 50명의 수험생을 랜덤하게 추출하여 조사한 결과, $\bar{x}=407.6$점, $s=21.5$점이었다. 이 시위원의 주장에 대해 유의수준 5%로 검정하여라. 단, 올해 수능시험은 변별력이 별로 좋지 않았다고 평가되고 있다.

풀이 변별력이 좋지 않아 수능시험 성적이 정규분포한다는 근거는 없지만 대표본이므로, 대표본 단일 모평균에 대한 단측가설이다.

$$H_0 : \mu_0 = 400, \quad H_1 : \mu_1 > 400$$

검정통계량의 계산값은 다음과 같다.

$$Z=\frac{\bar{X}-\mu_0}{S/\sqrt{n}}=\frac{407.6-400}{21.5/\sqrt{50}}=2.50$$

p값은 검정통계량의 관측값 z가 귀무가설 기준으로 바깥쪽으로 벗어날 확률이므로, p값$=P(Z \geq 2.50)=0.0062$이다. 따라서 p값이 유의수준 0.05보다 작으므로 귀무가설을 기각한다. 즉, 유의수준 5%하에서 해당 도시의 올해 고3 수험생들의 수능 성적은 400점보다 높다고 할 수 있다. 그림 10.7에 유의수준과 p값을 나타내었다.

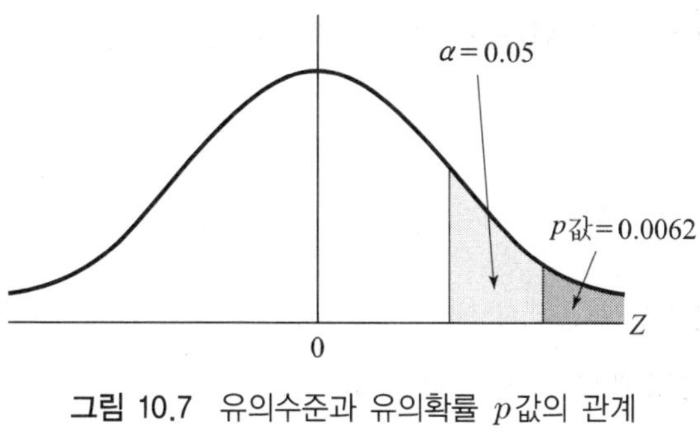

그림 10.7 유의수준과 유의확률 p값의 관계

[참고] p값에 의한 검정의 결론 선택

앞서의 검정절차 두 번째 단계에서 유의수준 α를 지정하였다. 그리고 p값에 의한 검정의 판정 예제를 살펴보았다. 유의수준의 의미와 선택 기준에 대해서는 10.1.2절에서 이미 설명하였다.

만일 유의수준에 대한 언급과 정보가 전혀 없는 경우 p값이 0.07이 나오면 결론을 어떤 방향으로 내려야 할까? 아래의 두 가지 답이 모두 가능할 것이다.

(a) 유의수준 5%하에서 귀무가설을 채택한다(유의하지 않다).

(b) 유의수준 10%하에서 귀무가설을 기각한다(유의하다).

(a)의 경우에는 귀무가설이 채택되므로 "이번 검정에서는 아무런 결론도 내릴 수 없다."가 된다. 그러므로 (b)와 같이 가능한 귀무가설을 기각하는 방향으로 판정하는 것이 바람직하다.

유사한 의미에서 귀무가설을 기각할 때에는 가능한 작은 유의수준을 지정하는 것이 바람직하다. 예를 들어보도록 하자.

p값=0.005인 경우,

(1) 유의수준 1%하에서 귀무가설을 기각한다(유의하다).

(2) 유의수준 5%하에서 귀무가설을 기각한다(유의하다).

두 답이 모두 가능하지만 (1)의 표현이 더 바람직하다. 유의수준 1%를 사용하는 것이 유의 차가 보다 더 확실히 존재함을 의미하기 때문이다.

10.2.4 가설검정과 추정

지금까지 동일한 검정통계량(Z나 t 등과 같은)을 사용하면서도 추정과 가설검정을 별도로 설명했으나, 이들 사이에는 밀접한 관계가 있다. 본 절에서는 양측가설과 추정과의 관계를 설명하고자 한다.

이 관계를 알아보기 위해서 먼저 9.2.2절의 모평균 μ의 $(1-\alpha)100\%$ 신뢰구간을 상기해 보자.

$$\bar{x}-t_{\alpha/2,\, n-1}\cdot\frac{s}{\sqrt{n}}\leqq\mu\leqq\bar{x}+t_{\alpha/2,\, n-1}\cdot\frac{s}{\sqrt{n}}$$

이 구간은 유의수준 α하에서 $H_0:\mu=\mu_0$ 대 $H_1:\mu\neq\mu_1$의 검정을 하는 것과 밀접한 관계가 있다. 이 검정에서의 채택역은 10.2.2절에서와 같이 $-t_{\alpha/2,\, n-1}\leqq t\leqq t_{\alpha/2,\, n-1}$이다.

$-t_{\alpha/2,\ n-1} \leq t \leq t_{\alpha/2,\ n-1}$이므로, $t = \dfrac{\overline{X} - \mu_0}{S/\sqrt{n}}$를 위 부등식에 대입하여 μ_0에 대해 정리하면,

$$\overline{x} - t_{\alpha/2,\ n-1} \cdot \frac{s}{\sqrt{n}} \leq \mu_0 \leq \overline{x} + t_{\alpha/2,\ n-1} \cdot \frac{s}{\sqrt{n}}$$

가 되어 추정에서의 μ가 검정에서는 μ_0로 표현된 것만 다를 뿐 신뢰구간과 일치한다. 결국 모평균 μ의 $(1-\alpha)100\%$ 신뢰구간을 구하여 구간 안에 귀무가설에서의 μ_0가 존재하면 유의수준 α에서 귀무가설을 채택하는 것과 동일하다.

본 절에서 모평균을 예로 추정과 가설검정의 관계를 설명했으나, 이 관계는 두 모평균 간의 차의 추론, 모비율의 검정 및 모비율 차의 추론, 그리고 분산 및 분산 비의 추론에서도 동일하게 적용할 수 있다. 결국 우리가 원하는 정보 형태에 따라 추정과 가설검정을 분리하였으나 이론적 배경은 동일한 것이다.

예제 10.8 예제 9.8에서 대표본 신뢰수준 99%의 모평균에 대한 추정 결과

$$837.67 - 2.57 \cdot \frac{27.12}{\sqrt{30}} \leq \mu \leq 837.67 + 2.57 \cdot \frac{27.12}{\sqrt{30}}$$

에서 냉음극관 평균 수명의 신뢰수준 99% 신뢰구간은 (824.91, 850.42)시간이었다. 동일 예제에 대해 냉음극관 평균 수명의 다음 검정을 실시하여라.

(1) 유의수준 1%하에서 $H_0 : \mu = 830$시간 대 $H_1 : \mu \neq 830$시간

(2) 유의수준 1%하에서 $H_0 : \mu = 860$시간 대 $H_1 : \mu \neq 860$시간

풀이 (1) $\mu_0 = 830$시간은 신뢰구간 (824.91, 850.42)시간에 존재하므로, 유의수준 1%하에서 귀무가설을 채택한다.

(2) $\mu_0 = 860$시간은 신뢰구간 (824.91, 850.42)시간을 벗어나므로, 유의수준 1%하에서 귀무가설을 기각한다.

그림 10.8에 단일 모평균에 대한 가설검정의 경우들에 대해 정리하였다.

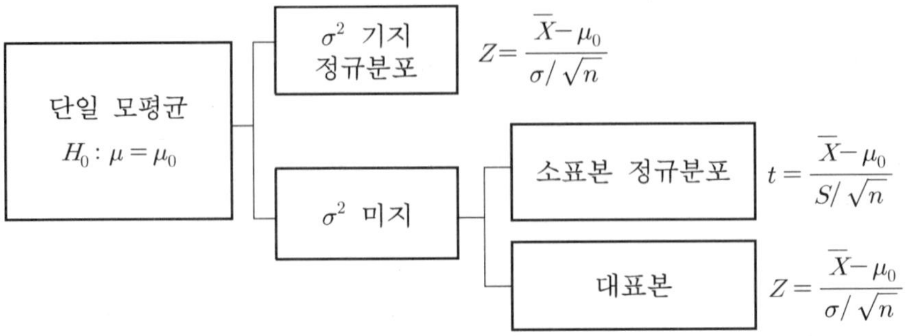

그림 10.8 단일 모평균에 대한 가설검정과 검정통계량

연습문제 10-2

1. $H_0 : \mu = 100$, 대립가설 $H_1 : \mu \neq 100$일 때 $|z_0| = 1.92$였다면, 유의수준 $\alpha = 0.05$에서 $\mu = 100$이라고 할 수 있는가?

2. 문제 1에서 유의수준 $\alpha = 0.10$이면, $\mu \neq 100$이라고 할 수 있는가?

3. 어느 도시의 보건복지과에서는 그 도시의 상수원인 어느 호수의 수질에 관심이 있다고 한다. 수질을 나타내는 하나의 수치로 단위부피당 세균수가 있는데, 그 수가 100마리 이상이면 상수원으로 적합하지 않다고 한다. 취수장 열 군데에서 물을 떠서 조사한 결과 단위부피당 세균수가 다음과 같이 나타났다.

79	90	113	73	81
105	90	92	96	80

이 자료로부터 호수의 단위부피당 평균 세균수(μ)가 100마리보다 적다고 주장할 수 있겠는가? 단, 단위부피당 세균수는 정규분포를 따르며, 표준편차 $\sigma = 5$마리로 알려져 있다.

4. 보고서에 따르면 지난해 가구당 평균 전력사용량은 263 kW라고 한다. 이를 확인하기 위하여 15가구를 임의로 추출하여 전력사용량을 조사한 결과 다음과 같았다. 유의수준 5%에서 이 보고서의 주장이 옳은지를 검정하여라. 단, 가구당 전력사용량은 정규분포를 따른다고 가정한다.

298	252	259	265	247	288	285	257
260	251	285	283	246	267	267	

5. A 통조림회사에서 생산하는 골뱅이 통조림의 내용물 무게는 210 g이라고 표시되어 있다. 이를 확인하기 위하여 36캔을 조사한 결과 내용물의 평균 무게가 211.6 g, 표준편차 4 g인 결과를 얻었다. 1캔의 내용물의 무게가 210 g이라고 할 수 있는지 유의수준 5%에서 단측검정하여라.

6. 지난 해 농촌의 가구당 월 소득(단위: 천 원)은 1500 이상이라고 한다. 이를 검정하기 위해 100가구를 임의로 추출하여 표본평균 1530과 표준편차 180을 얻었다. 이 검정의 유의확률 p값을 구하여라.

10.3 두 집단의 모평균 차에 관한 검정

앞서 두 집단의 모평균 차에 관한 추정에서는 "동일 부품을 생산하는 두 개의 제조라인에서 생산되는 부품들 간에 평균 무게의 차가 얼마나 될까?"라는 질문으로 시작했었다. 그러나 실무 차원에서는 "동일 부품을 생산하는 두 개의 제조라인에서 생산되는 부품들 간에 평균 무게의 차가 있는가?"라는 질문이 우선되어야 한다. 이 질문에 대한 검정 결과 "차이가 있다.", 즉 유의한 경우에 그 차이에 대한 추정절차가 이어진다.

"평균 무게의 차이가 있는가?" 혹은 "평균 차가 δ보다 크다고 할 수 있는가?"란 두 집단의 모평균 간의 차 $(\mu_1 - \mu_2)$가 δ보다 큰지 작은지, 적어도 같지 않은지에 대한 검정이다. 모평균 차에 관한 검정은 두 집단의 ① 표본크기, ② 등분산성, ③ 표본추출 특성 여부(독립표본 혹은 종속표본)에 따라 검정통계량이 달라진다.

10.3.1 표준편차 기지 정규모집단이거나 대표본의 경우(독립표본)

두 정규모집단 $N(\mu_1,\ \sigma_1^2)$과 $N(\mu_2,\ \sigma_2^2)$으로부터 랜덤추출한 확률표본이 각각 X_{1i}, X_{2j} $(i=1,\ \cdots,\ n_1,\ j=1,\ \cdots,\ n_2)$라 할 때, 모수 $(\mu_1 - \mu_2)$의 추정량은 $(\overline{X}_1 - \overline{X}_2)$이며, 분산은 $V(\overline{X}_1 - \overline{X}_2) = \sigma_1^2/n_1 + \sigma_2^2/n_2$이다. 이때 통계량 $\dfrac{(\overline{X}_1 - \overline{X}_2) - (\mu_1 - \mu_2)}{\sqrt{\sigma_1^2/n_1 + \sigma_2^2/n_2}}$는 표준정규분포를 따른다.

그러므로 귀무가설 $H_0 : \mu_1 - \mu_2 = \delta$를 검정하기 위한 검정통계량은 다음과 같다.

[정리 10.7] σ 기지 정규모집단이거나 대표본의 $(\mu_1 - \mu_2)$의 검정통계량

$$Z_0 = \frac{(\overline{X}_1 - \overline{X}_2) - \delta}{\sqrt{\sigma_1^2/n_1 + \sigma_2^2/n_2}}$$

대표본의 경우 정규모집단의 가정은 필요치 않으며, 모분산에 대해서도 표본분산 $\widehat{\sigma_1^2} = S_1^2$, $\widehat{\sigma_2^2} = S_2^2$로 대체 가능하다.

모평균 간 차이가 얼마 이상이라 할 수 있는가가 아닌 단순히 차가 있는지의 검정은 $\delta = 0$의 경우이므로 귀무가설은 $H_0 : \mu_1 - \mu_2 = 0$이며, 검정통계량은 $Z_0 = \dfrac{(\overline{X}_1 - \overline{X}_2)}{\sqrt{\sigma_1^2/n_1 + \sigma_2^2/n_2}}$이다.

예제 10.9 남녀 간에 임금 차이가 있는지를 알아보기 위해 5대 대기업을 대상으로 올해 대졸 신입사원들의 임금을 성별로 조사하였다. 단순랜덤으로 남녀 20명씩 조사한 결과, 남성의 경우 월평균 임금은 156만 원, 여성의 경우 월평균 임금은 145만 원이었다. 임금은 정규분포를 따르며, 임금의 표준편차는 남성은 16만 원, 여성은 9만 원으로 알려져 있다. 남녀 간에 임금 차이가 있는지를 유의수준 10%에서 검정하여라.

풀이 표준편차 기지 정규모집단의 모평균 차에 대한 양측가설이다.

$$H_0 : \mu_1 - \mu_2 = 0, \;\; H_1 : \mu_1 - \mu_2 \neq 0$$

유의수준 $\alpha = 0.10$이므로 기각역은 $|Z| \geq z_{\alpha/2} = 1.96$이다.

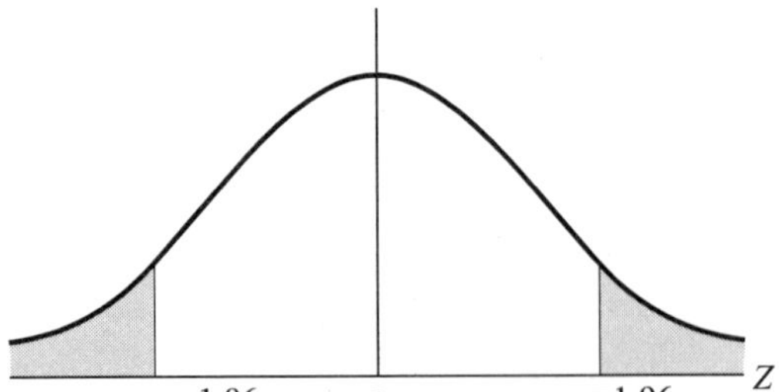

그림 10.9 양측가설의 기각역

검정통계량의 계산값은

$$z = \frac{(\bar{x}_1 - \bar{x}_2) - (\mu_1 - \mu_2)}{\sqrt{\sigma_1^2/n_1 + \sigma_2^2/n_2}} = \frac{156 - 145}{\sqrt{\frac{16^2}{20} + \frac{9^2}{20}}} = 2.68 > 1.96$$

이므로 H_0를 기각한다. 즉, 유의수준 5%하에서 남녀 간에는 임금 차이가 있다고 볼 수 있다.

10.3.2 표준편차 미지 소표본인 경우

모평균 차의 검정에서 독립추출이지만 소표본의 경우에는 두 비교 집단이 반드시 정규모집단이어야 한다는 가정이 필요하다. 분산 σ_1^2과 σ_2^2의 추정량은 각각의 표본분산이다. 만일 정규모집단 가정을 충족하면서 분산들도 알고 있다면, 당연하게도 앞 절의 σ 기지의 경우에 해당하므로 검정통계량은 Z가 될 것이다.

소표본의 모평균 차의 검정은 9.3.2절의 소표본 모평균 차의 추정에서와 같이 "두 정규모집단의 분산이 같다고 가정(등분산 가정)할 수 있는가?"에 따라 두 가지로 구분된다. 본 절에서는 등분산 가정을 할 수 없는 $\sigma_1^2 \neq \sigma_2^2$의 일반적인 경우에 대해 먼저 설명하고, 이어 등분산 가정이 가능한 경우에 대해 설명하도록 한다.

$\sigma_1^2 \neq \sigma_2^2$의 경우 두 정규모집단 $N(\mu_1,\ \sigma_1^2)$과 $N(\mu_2,\ \sigma_2^2)$으로부터 랜덤추출한 확률표본이 각각 $X_{1i},\ X_{2j}(i=1,\ \cdots,\ n_1,\ j=1,\ \cdots,\ n_2)$라 할 때, 통계량 $\dfrac{(\overline{X}_1 - \overline{X}_2) - (\mu_1 - \mu_2)}{\sqrt{S_1^2/n_1 + S_2^2/n_2}}$는 근사적으로 $t_{(\phi^*)}$ 분포를 따른다. 그러므로 귀무가설 $H_0 : \mu_1 - \mu_2 = \delta$를 검정하기 위한 검정통계량은 다음과 같다. 단, 여기서 ϕ^*는 Satterthwaite의 수정자유도이며, 이에 대해서는 9.3.2절에서 설명해 두었다.

[정리 10.8] σ 미지 소표본의 $(\mu_1 - \mu_2)$의 검정통계량

$$t_{(\phi^*)} = \frac{(\overline{X}_1 - \overline{X}_2) - \delta}{\sqrt{S_1^2/n_1 + S_2^2/n_2}}$$

예제 10.10 어느 건강센터에서는 황제 다이어트가 포도 다이어트에 비해 1 kg 이상 더 효과가 있다고 주장하였다. 이를 확인하기 위해 ㈜홀쭉이식품회사에서는 40명의 지원자를 대상으로 20명씩 두 집단으로 랜덤하게 나누고

5주간 실험하였다. 그 결과 포도 다이어트 집단의 경우 평균 감량이 3.3 kg, 표본표준편차는 2.2 kg이었으며, 황제 다이어트 집단은 평균 감량이 4.5 kg, 표본표준편차는 3.2 kg이었다. 유의수준 10%로 이 건강센터의 주장을 검정하여라. 단, 두 방법의 체중감량의 특성상 정규분포는 따르지만 두 집단의 등분산 가정은 곤란하다.

풀이 σ 미지 소표본(독립표본)에서 모평균 차에 대한 단측가설이다.

$$H_0 : \mu_1 - \mu_2 = \delta = 1,\ \ H_1 : \delta > 1$$

검정통계량의 계산값은 다음과 같다.

$$t_{(\phi^*)} = \frac{(\overline{X}_1 - \overline{X}_2) - \delta}{\sqrt{S_1^2/n_1 + S_2^2/n_2}}$$

$$\phi^* = \frac{(S_1^2/n_1 + S_2^2/n_2)^2}{\dfrac{(S_1^2/n_1)}{n_1 - 1} + \dfrac{(S_2^2/n_2)}{n_2 - 1}} = \frac{(2.2^2/20 + 3.2^2/20)}{\dfrac{(2.2^2/20)}{20-1} + \dfrac{(3.2^2/20)}{20-1}} = 19$$

$$t_{(19)} = \frac{4.5 - 3.3}{\sqrt{\dfrac{3.2^2}{20} + \dfrac{2.2^2}{20}}} = 1.382$$

$$p\text{값} = P(t_{19} > 1.382) = 0.089$$

따라서 p값 0.08이 유의수준 0.10보다 작으므로, 유의수준 10%하에서 황제 다이어트가 포도 다이어트보다 1 kg 이상 감량효과가 있다고 할 수 있다.

모평균 차의 검정에서 독립추출 소표본 경우의 또 다른 검정은 $\sigma_1^2 = \sigma_2^2 = \sigma^2$으로 등분산 가정이 가능한 경우이다. 등분산 가정은 서로 다른 두 집단의 분산이 동일하다는 것이므로 함부로 사용하기는 곤란하다. 따라서 대상 모집단이 이 가정을 만족하는 특성을 지녔는지를 면밀히 검토해야 한다.

등분산 가정하의 9.3.2절 모평균 차의 추정을 통해 두 정규모집단 $N(\mu_1,\ \sigma_1^2)$과 $N(\mu_2,\ \sigma_2^2)$으로부터 랜덤추출한 확률표본이 각각 $X_{1i},\ X_{2j}(i = 1,\ \cdots,\ n_1,\ j = 1,\ \cdots,\ n_2)$라 할 때, 통계량 $\dfrac{(\overline{X}_1 - \overline{X}_2) - (\mu_1 - \mu_2)}{S_p\sqrt{1/n_1 + 1/n_2}}$가 자유도 $(n_1 + n_2 - 2)$의 t 분포를 따름을 알고 있다. S_p는 공통 표준편차 σ의 합동추정량이며, 두 집단의 모평균 차의 추정에서 설명한 것처럼 $S_p^2 = \dfrac{(n_1 - 1)S_1^2 + (n_2 - 1)S_2^2}{(n_1 - 1) + (n_2 - 1)}$이다.

그러므로 귀무가설 $H_0 : \mu_1 - \mu_2 = \delta$를 검정하기 위한 검정통계량은 다음과 같다.

[정리 10.9] σ 미지 등분산 소표본의 $(\mu_1 - \mu_2)$의 검정통계량

$$t_{(n_1+n_2-2)} = \frac{(\overline{X}_1 - \overline{X}_2) - \delta}{S_p\sqrt{\dfrac{1}{n_1} + \dfrac{1}{n_2}}}$$

예제 10.11 어느 교육학자는 5세 이상 10세 이하 어린이들의 TV 시청 시간이 1995년에 비해 2005년에 줄었다고 주장한다. 1995년과 2005년에 조사한 TV 시청 시간의 자료는 아래와 같다.

1995년:	2.0	2.5	1.1	2.3	2.1	1.6	1.2	2.1	2.1	1.3	2.1	2.1	1.5
2005년:	1.9	1.8	0.9	1.6	2.0	1.7	1.1	1.1	1.6	2.0	1.4	1.5	1.7

이 교육학자의 주장에 대해 유의수준 2.5%로 검정하여라. 단, 두 시기의 TV 시청 시간은 그 특성상 정규분포를 따르며 등분산 가정을 할 수 있다.

풀이 σ 미지 등분산 소표본 모평균 차의 단측가설의 경우이다.
1995년과 2005년의 TV 시청 시간을 각각 기호 '1'과 '2'로 나타내기로 하면, $n_1 = 13$, $\overline{x_1} = 1.84$, $s_1^2 = 0.202$이며, $n_2 = 13$, $\overline{x_2} = 1.56$, $s_2^2 = 0.124$이다.

$$H_0 : \mu_1 - \mu_2 = \delta = 0,\ \ H_1 : \delta > 0$$

유의수준 $\alpha = 0.025$이고, 기각역은 $t \geq t_{0.025,\ 24} = 2.064$이다.

검정통계량은 $t_{(n_1+n_2-2)} = \dfrac{(\overline{X}_1 - \overline{X}_2) - (\mu_1 - \mu_2)}{S_p\sqrt{1/n_1 + 1/n_2}}$ 이므로

분산의 합동추정량은

$$S_p^2 = \frac{(n_1 - 1)s_1^2 + (n_2 - 1)s_2^2}{n_1 + n_2 - 2} = \frac{12 \cdot 0.202 + 12 \cdot 0.124}{13 + 13 - 2} = 0.16$$

이고 검정통계량의 계산값은 다음과 같다.

$$t_{(13+13-2)} = \frac{(1.84 - 1.56)}{\sqrt{0.16(1/13 + 1/13)}} = 1.79$$

따라서 검정통계량의 계산값이 $t < t_{0.025,\ 24} = 2.604$이므로, 귀무가설 채택역에 존재한다. 그리고 p값 기준에서 판단하면, p값=0.043은 유의수준 0.025보다 크므로 H_0를 채택한다. 따라서 검정결과는 동일함을 알 수 있다. 즉, 유의수준 2.5%에서 어린이들의 TV 시청 시간이 1995년에 비해 2005년에 줄었다는 근거는 없다.

10.3.3 대응비교의 경우(종속표본)

서로 다른 실험환경으로 인해 이의 효과가 비교하고자 하는 인자에 포함되어 나타날 경우 표준오차의 산포가 증가하게 된다. 따라서 추론에 있어 인자의 수준들(즉, 모집단들) 사이의 효과를 구별해 내는 검정력(power of test)이 저하된다.

이 경우 종속추출로 표본을 구하여 모집단 간 비교를 하는 것을 대응비교(paired comparison)라 하며, 이에 대해 9.3.3절에서 언급하였다. 대응비교에 의한 두 집단의 모평균 차의 검정을 쌍체비교라고도 한다.

한 쌍의 표본을 $(X_{1i},\ X_{2i})$, 한 쌍에서의 차 $(X_{1i}-X_{2i})$를 $D_i(i=1,\ 2,\ \cdots,\ n)$, 그리고 모평균 차 $(\mu_1-\mu_2)$를 μ_D로 나타내기로 하자. 이때 D_i가 정규분포를 따른다는 가정하에 $\dfrac{\overline{D}-\mu_D}{S_D/\sqrt{n}}$는 $t_{(n-1)}$ 분포를 따른다.

그러므로 귀무가설 $H_0:\mu_D=\delta$를 검정하기 위한 검정통계량은 다음과 같다.

[정리 10.10] 대응비교 $(\mu_1-\mu_2)$의 검정통계량(종속표본)

$$t_{(n-1)}=\frac{\overline{D}-\delta}{S_D/\sqrt{n}}$$

대응비교에서도 30개 이상의 쌍인 대표본 기준으로 검정할 때에는 $(\overline{D}-\mu_D)/\dfrac{S_D}{\sqrt{n}}$를 표준정규분포 Z로 근사화해도 무관하다.

예제 10.12 목축업을 하는 이 사장은 우유생산량을 늘려준다고 광고하는 두 사료회사의 제품 '엄청나'와 '놀라워'의 효과를 검정하려 한다. 이를 위해 20마리의 젖소를 10마리씩 나누어 1주일간 각 사료를 먹인 후, 우유생산량을 측정한 결과 다음과 같았다. 두 제품은 우유생산량 차이가 있는가?

(단위: kL)

젖소 번호	1	2	3	4	5	6	7	8	9	10
엄청나	8.6	7.5	7.8	10.6	9.8	10.7	11.3	9.5	10.1	9.4
놀라워	8.5	8.6	9.2	11.9	10.5	9.6	11.2	10.1	11.8	9.7
D_i	0.1	−1.1	−1.4	−1.3	−0.7	1.1	0.1	−0.6	−1.7	−0.3

단, 우유생산량은 정규분포를 따른다고 가정하며, 우유생산량에 젖소들의 발육상태에 따른 효과가 교락(confounding)되는 것을 방지하기 위해 동일한 연령과 몸무게를 갖는 두 마리씩 골라 두 집단으로 나누었다.

풀이 대응비교에 의한 모평균 차의 양쪽 검정이다. $(\mu_{엄}-\mu_{높})$을 μ_D라 할 때, 가설은 $H_0:\mu_D=0$ 대 $H_1:\mu_D\neq 0$이다. D_i의 평균과 표준편차는 각각 $\overline{D}=-0.58$, $s_D=0.853$이다. 검정통계량 계산값은 다음과 같다.

$$t_{(n-1)}=\frac{\overline{D}}{s_D/\sqrt{n}}=\frac{-0.58}{0.853/\sqrt{10}}=-2.15$$

$$p\text{값}=P(t_9<-2.15)\times 2=0.06$$

따라서 p값 $=0.06$은 유의수준을 크게 잡아서 $\alpha=0.05$로 설정하더라도 0.05보다 크므로, 유의수준 5%하에서 두 사료의 우유생산량은 차이가 있다는 근거는 없다.

그림 10.10에 두 집단의 모평균 차에 대한 가설검정의 경우들에 대해 정리하였다.

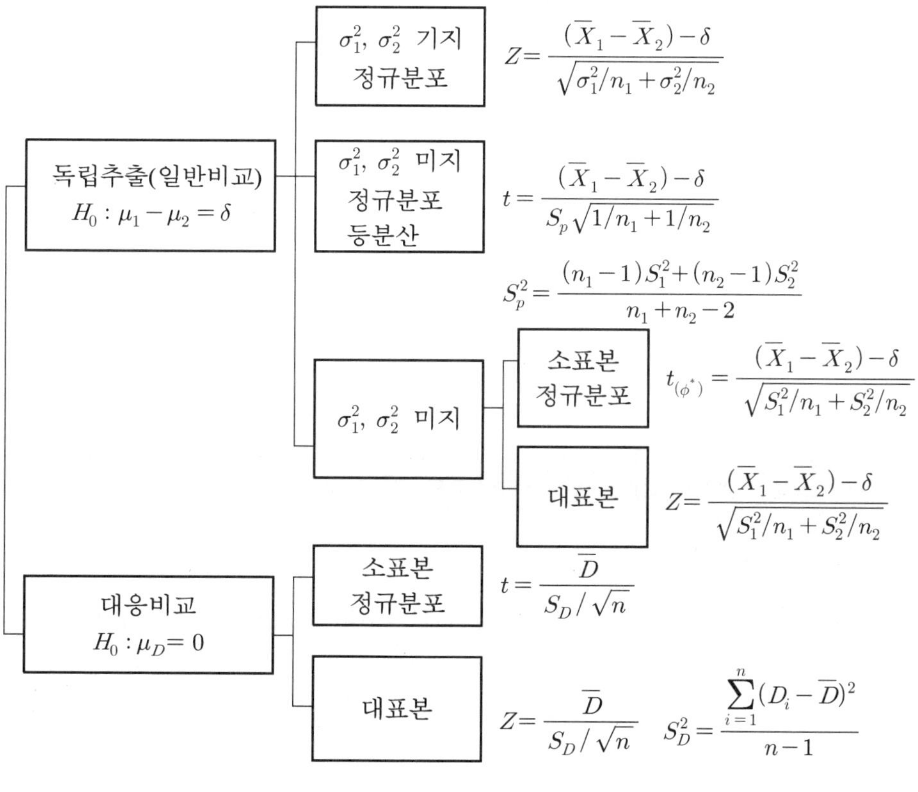

그림 10.10 두 집단의 모평균 차에 대한 가설검정과 검정통계량

연습문제 10-3

1. 두 모집단에 대한 모평균 차의 검정에서 일반비교와 대응비교의 두 방법의 검정력에 대하여 간략히 설명하여라.

2. 도정공정에서 페인트를 분사하는 데 A, B 두 개의 노즐을 사용하고 있다. 분사속도는 정규분포를 따르며, 각각 $\sigma_A^2 = 0.05$, $\sigma_B^2 = 0.08$임을 알고 있다고 하자. 이 두 노즐의 분사속도에 차이가 있는지를 조사하기 위하여 A 노즐에 대해 20회, B 노즐에 대해 25회의 실험을 통해 아래와 같은 자료를 얻었다.

$$\overline{X}_A = 7.8,\ \sigma_A^2 = 0.05, \qquad \overline{X}_B = 7.6,\ \sigma_B^2 = 0.08$$

(1) 두 노즐의 분사속도의 차에 대한 95% 신뢰구간을 구하여라.

(2) 두 노즐의 분사속도에 차이가 있는지를 유의수준 5%로 검정하여라.

3. 정규분포를 다르는 A, B 두 모집단에서 모집단 A로부터 얻은 크기가 10인 표본의 평균과 표준편차가 각각 $\overline{x}_A = 25.5$, $s_A = 1.7$, 모집단 B로부터 얻은 크기가 8인 표본의 평균과 표준편차가 각각 $\overline{x}_B = 29.7$, $s_B = 1.3$이었다. 가설 $H_0 : \mu_1 = \mu_2$ 대 $H_1 : \mu_1 < \mu_2$를 검정하여라($\alpha = 0.05$). 단, 두 집단의 분산은 비슷하다고 가정할 수 있다.

4. 문제 3에서 등분산 가정을 할 수 없는 경우에 대해 가설검정을 실시하여라.

5. 다음과 같이 각각 정규분포를 따르는 짝을 이룬 자료가 주어져 있다고 하자.

x	6	4	7	5	8	7
y	5	4	5	6	8	9

검정통계량 $t = \dfrac{\overline{D}}{S_p/\sqrt{n}}$의 값은 얼마인가? 이때, 자유도는 얼마인가?

10.4 모비율 및 모비율 차의 검정

본 절에서는 모비율의 검정에 대해 단일 모비율과 두 집단 간 모비율 차에 대해 살펴본다. 모비율에 대한 추론에서는 검정통계량이 표준정규분포인 Z이다. 따라서 중심극한정리를 이용한 추론을 위해서는 대표본이란 전제조건을 만족해야 한다.

여기서의 정규분포 근사 조건은 $np \geq 5$, $n(1-p) \geq 5$이다. 이 대표본 조건을 충족하지 못하는 경우, 모비율에 대해 Z를 검정통계량으로 사용할 수 없다. 그 이유는 모비율의 확률변수는 이항분포 $B(n, p)$이므로 대표본 가정을 충족해야만 중심극한정리를 이용할 수 있기 때문이다.

10.2.4절의 가설검정과 추정에서 언급한 것처럼 가설검정과 추정의 이론적 배경이 동일하기 때문에 본 절에서는 결과 위주로 설명하도록 한다. 자세한 사항은 9.4절의 모비율에 대한 추정을 참조하기 바란다.

10.4.1 모비율의 검정

확률변수 X가 이항모집단 $Bin(n, p)$의 관심사상의 출현횟수를 나타낼 때, $\mu = np$, $\sigma^2 = np(1-p)$이다. 이때, X/n로 정의되는 표본비율 $\hat{p}$는 $np \geq 5$, $n(1-p) \geq 5$의 조건 하에서 근사적으로 정규분포 $N(p, p(1-p)/n)$를 따른다.

이를 이용하여 단일 모비율에 대한 $H_0 : p = p_0$를 검정할 수 있으며, 이때의 검정통계량은 다음과 같다.

[정리 10.11] 모비율 p의 검정통계량

$$Z = (\hat{p} - p_0) / \sqrt{\frac{\hat{p}_0(1-\hat{p}_0)}{n}}$$

예제 10.13 어느 인터넷 물류회사에서는 근로자들의 결근율을 12%로 가정하고 시스템을 운용하고 있다. 지난달에 주문처리 지연건수가 많아서 이의 원인이 결근율에 있는지를 검정하고자 한다. 전국 물류창고에 근무하는 사원들 중 200명을 랜덤하게 추출하여 조사한 결과, 지난달의 결근율이 14%였다. 이 회사는 운영시스템을 변경해야 하는가? 유의수준 1%에서 검정하여라.

풀이 단일 모집단의 비율에 대한 양측가설이다. 표본비율 $\hat{p}$는 $np \geq 5$, $n(1-p) \geq 5$의 조건을 만족하므로 중심극한정리를 이용한다.

$$H_0 : p = 0.12, \quad H_1 : p \neq 0.12$$

유의수준 $\alpha = 0.01$이며, 기각역은 $|Z| \geq z_{\alpha/2} = z_{0.005} = 2.576$이다. 검정통계량의 계산값은 다음과 같다.

$$Z = (\hat{p} - p_0) / \sqrt{\frac{\hat{p}_0(1-\hat{p}_0)}{n}}$$
$$= (0.14 - 0.12) / \sqrt{\frac{0.12(1-0.12)}{200}} = 0.87 < 2.576$$
$$p\text{값} = P(Z \geq 0.87) \times 2 = 0.3844$$

따라서 p값=0.3844는 $\alpha = 0.01$보다 크므로 귀무가설을 기각할 수 없다. 즉, 유의수준 1%에서 운영시스템을 변경할 근거는 없다.

[참고]

이 예제에서는 "유의수준 10%에서 운영시스템을 변경할 근거는 없다."로 표현하는 것이 보다 정확한 표현이다. 그 이유는 "유의수준 1%에서 유의하지 않다."인 경우 유의수준 5%나 10%에서는 유의할 수도 있지만, 이 예제에서의 p값이 0.384이므로 "유의수준 10%에서 운영시스템을 변경할 근거는 없다."로 표현한다면 당연히 유의수준 5%나 1%에서는 유의하지 않기 때문이다.

10.4.2 두 모비율 차의 검정

확률변수 X_1과 X_2가 각각 이항모집단 $Bin(n_1, p_1)$과 $Bin(n_2, p_2)$의 관심상의 출현횟수를 나타낼 때, $(p_1 - p_2)$의 추정량과 표준오차는 9.4.2절의 모비율 차의 추정에서와 같이 다음과 같이 나타낼 수 있다.

$$\widehat{p_1 - p_2} = \hat{p}_1 - \hat{p}_2 = \frac{X_1}{n_1} - \frac{X_2}{n_2}$$
$$\widehat{SE}(\hat{p}_1 - \hat{p}_2) = \sqrt{\frac{\hat{p}_1(1-\hat{p}_1)}{n_1} + \frac{\hat{p}_2(1-\hat{p}_2)}{n_2}}$$

n_1, n_2가 충분히 크면 중심극한정리에 의해 표본비율의 차 $(\hat{p}_1 - \hat{p}_2)$는 정규분포

$N\left(p_1 - p_2, \dfrac{\hat{p}_1(1-\hat{p}_1)}{n_1} + \dfrac{\hat{p}_2(1-\hat{p}_2)}{n_2}\right)$를 따른다. 그러므로 귀무가설 $H_0 : p_1 - p_2 = \delta$를 검정하기 위한 검정통계량은 다음과 같다.

> **[정리 10.12] 두 모비율 차 $(p_1 - p_2)$의 검정통계량**
>
> $$Z = \frac{(\hat{p}_1 - \hat{p}_2) - \delta}{\sqrt{\dfrac{\hat{p}_1(1-\hat{p}_1)}{n_1} + \dfrac{\hat{p}_2(1-\hat{p}_2)}{n_2}}}$$

귀무가설이 "두 비율이 같다($p_1 = p_2$)."인 경우는 $(p_1 - p_2) = 0$이므로 검정통계량은 다음과 같이 된다.

$$Z = \frac{(\hat{p}_1 - \hat{p}_2)}{\sqrt{\hat{p}(1-\hat{p})(1/n_1 + 1/n_2)}} \quad (\text{단, } \hat{p} = \frac{X_1 + X_2}{n_1 + n_2})$$

그림 10.11에 모비율에 대한 가설검정의 경우들에 대해 정리하였다.

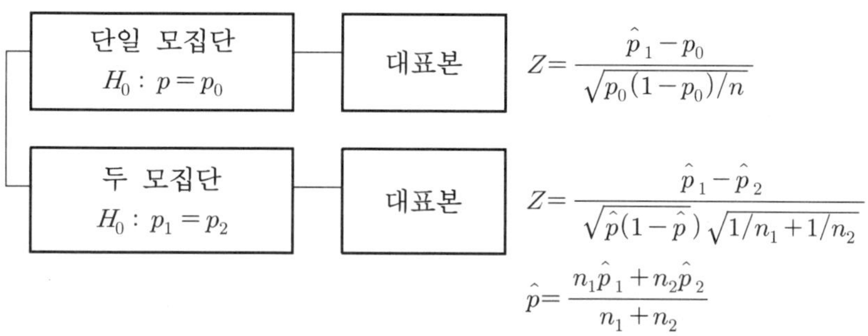

그림 10.11 모비율에 대한 가설검정과 검정통계량

예제 10.14 어느 자동차 부품회사에서는 원가 경쟁력을 높이기 위해 값이 싼 재료로 대체를 고려 중이다. 기존 재료에 비해 직행률(non-adjusted ratio)이 기존 제품에 비해 차이가 나지 않는다면 이를 채택하려 한다. 이의 검정을 위해 기존 재료로 200개, 새 재료로 100개를 조사한 결과, 각각 94%와 92%의 직행률이 나왔다. 이 회사는 재료를 교체해도 되는가? 유의수준 5%에서 검정하여라.

풀이 모비율 차에 대한 한쪽 검정의 예제이다(양쪽 검정으로 오해하기 쉽다).
기존 재료와 새 재료 모두 $np \geq 5$, $n(1-p) \geq 5$의 조건을 만족하므로 이항분포의 정규분포 근사 조건을 충족한다. 기존 재료와 새 재료의 직행률을 각각 p_1과 p_2로 나타낼 때,

$$\hat{p}_0 = \frac{n_1\hat{p}_1 + n_2\hat{p}_2}{n_1 + n_2} = \frac{(200 \cdot 0.94 + 100 \cdot 0.92)}{200 + 100} = 0.93$$

$$H_0 : (p_1 - p_2) = 0, \ H_1 : (p_1 - p_2) > 0$$

유의수준 $\alpha = 0.05$이므로 기각역은 $Z \geq z_\alpha = z_{0.05} = 1.645$이다. 검정통계량 계산값은 다음과 같다.

$$z = \frac{(\hat{p}_1 - \hat{p}_2)}{\sqrt{\hat{p}_0(1-\hat{p}_0)(1/n_1 + 1/n_2)}} = \frac{0.94 - 0.92}{\sqrt{0.93(1-0.93)(1/200 + 1/100)}} = 0.65$$

$$p\text{값} = P(Z \geq 0.65) = 0.2578$$

따라서 p값 $= 0.2578$은 $\alpha = 0.05$보다 크므로 귀무가설을 채택한다. 즉, 유의수준 5%에서 새 제품의 직행률이 작다는 근거는 없으므로 재료 교체를 고려할 수 있다.

연습문제 10-4

1. 확률변수 X가 $Bin(10, 9)$을 따를 때, 10번의 시행동안 3번 이하로 출현하면 $H_0 : p = \frac{1}{2}$을 기각하고 $H_1 : p = \frac{1}{4}$을 채택한다. 검정력 함수를 구하여라.

2. 문제 1에서 제1종 오류와 제2종 오류를 구하여라.

3. 지난해 고등학생의 흡연율이 34%인 것으로 보고되었으나, 올해 100명의 고등학생을 조사한 결과 29명의 학생이 흡연의 경험을 갖는 것으로 조사되었다. 이 결과 고등학생의 흡연율이 감소했다고 주장할 수 있는지 유의수준 5%에서 검정하여라.

4. 문제 3에서 흡연율이 3% 이상 감소했다고 할 수 있는지 유의수준 5%로 검정하여라.

5. 모 정당 지지율에 차이가 있는지 알아보기 위해 두 도시에서 각각 300명씩 임의로 추출하여 지지도를 조사한 결과 A 도시에서 178명, B 도시에서 145명이 지지하는 것으로 조사되었다. 두 도시 간의 지지도에 차이가 있는지 유의수준 0.05에서 검정하여라.

6. 무제 5에서 유의확률 p값을 구하여라.

10.5 모분산 및 모분산 비의 검정

우리는 앞서 두 모평균 차의 검정에서 등분산 가정 여부에 따라 추정량의 적용 분포나 자유도가 달라짐을 보았다. 두 집단의 분산에 대한 비교는 수리적 필요성과 함께 현실적인 자료 분석에서도 매우 중요하다. 식스시그마에서 게이지 R&R을 중요시하는 이유 중 하나도 분산에서 찾을 수 있다. 등분산성을 갖추지 못한 계측기들로써 측정한다면, 분석 결과는 현상을 반영할 수 없는 것은 너무나 자명하다.

본 절의 모분산에 대한 검정에서는 결과 위주로 설명하도록 한다. 이론적 배경에 대한 사항은 9.5절의 모분산에 대한 추정을 참조하기 바란다.

10.5.1 모분산에 대한 검정

$X_1, X_2, \cdots, X_n$이 정규모집단 $N(\mu, \sigma^2)$으로부터 랜덤추출한 확률표본이며, 이들의 표본분산을 $S^2 = \sum_{i=1}^{n}(x_i - \overline{x})^2/(n-1)$이라 할 때, 통계량 $(n-1)S^2/\sigma^2$은 $\chi^2_{(n-1)}$ 분포를 따른다.

그러므로 귀무가설 $H_0 : \sigma^2 = \sigma_0^2$을 검정하기 위한 검정통계량은 다음과 같다.

[정리 10.13] 모분산 σ^2에 대한 검정통계량

$$\chi^2_{(n-1)} = \frac{(n-1)S^2}{\sigma_0^2}$$

예제 10.15 어느 전자회사의 부서장은 앞으로 사원들의 업무평가 정도의 척도로서 개별 담당 공정의 공정능력지수 $C_p = 1.8$ 이상을 제시하였다. PDP의 격벽 형성 공정을 담당하는 김 대리는 자신의 관리항목인 격벽의 높이에 대해 조사한 결과, 설계상 공차 대비 시그마가 0.2 mm 이하가 되어야 함을 알았다. 김 대리가 이를 검정하기 위해 10장의 패널에서 측정한 격벽 높이의 표본분산은 0.035였다. 지금 상황에서 김 대리는 부서장에게 나쁜 업무평가를 받을 수 있는가? 유의수준 $\alpha=0.10$으로 검정하여라.

풀이 김 대리가 "나쁜 평가가 나올 것인가?"라는 보수적 관점에서 검정을 한다면(즉, "표준편차가 0.2 mm 이상인가?"라는 관점) 가설은 다음과 같은 모분산에 대한 단측가설이다.

$$H_0 : \sigma^2 = 0.04, \quad H_1 : \sigma^2 > 0.04$$

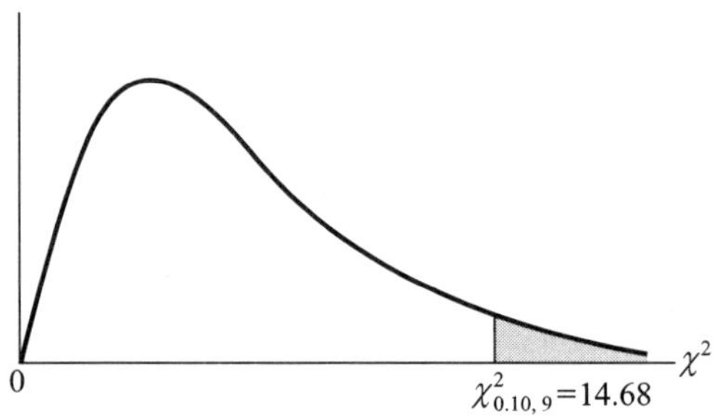

그림 10.12 χ^2_9의 분포

유의수준 $\alpha=0.10$에서 기각역은 $\chi^2 \geqq \chi^2_{0.10,\,9}=14.68$이며, 검정통계량의 계산값은

$$\chi^2_9=\frac{(n-1)S^2}{\sigma_0^2}=\frac{9\cdot 0.035}{0.04}=7.875$$

이므로, 검정통계량의 계산값이 귀무가설 채택역에 존재한다. 그러므로 유의수준 $\alpha=0.10$에서 김 대리가 부서장에게 나쁜 업무평가를 받는다는 근거는 없다.

10.5.2 모분산 비에 대한 검정

$X_{1i},\ X_{2j}(i=1,\ \cdots,\ n_1,\ j=1,\ \cdots,\ n_2)$가 각각 두 정규모집단 $N(\mu_1,\ \sigma_1^2)$과 $N(\mu_2,\ \sigma_2^2)$의 확률표본이라 할 때, 이들로부터의 표본크기, 표본평균, 그리고 표본분산을 각기 $(n_1,\ \overline{X_1},\ S_1^2)$ 및 $(n_2,\ \overline{X_2},\ S_2^2)$으로 표시하자. 이때, 통계량 $\dfrac{S_1^2/\sigma_1^2}{S_2^2/\sigma_2^2}$은 $F(n_1-1,\ n_2-1)$ 분포를 따른다.

그러므로 모분산 비 $\sigma_1^2\,/\,\sigma_2^2$에 대한 검정통계량은 다음과 같다.

> **[정리 10.14] 모분산 비 σ_1^2 / σ_2^2에 대한 검정통계량**
>
> $$F_{n_1-1,\ n_2-1} = \frac{S_1^2/\sigma_1^2}{S_2^2/\sigma_2^2}$$

만일 귀무가설이 $\sigma_1^2 = \sigma_2^2$의 등분산 검정이라면, 검정통계량은 다음과 같다.

$$F_{n_1-1,\ n_2-1} = S_1^2/S_2^2$$

예제 10.16 어떤 화학제품의 주성분 A의 구입을 가격경쟁을 유도하기 위해 두 회사 '갑'과 '을'로부터 구입하고 있다. 두 회사의 원료로 제조한 제품 강도의 산포에 차이가 있는지를 검정하고자 한다. '갑'사의 원료를 사용한 11개 제품과 '을'사의 원료를 사용한 10개 제품을 임의로 추출하여 강도를 측정한 결과, '갑'사의 원료를 사용한 제품의 표본분산은 2.04였으며 '을'사의 경우 표본분산은 1.65였다. 두 회사의 원료로 제조한 제품 강도의 산포가 차이가 있는지를 유의수준 5%로 검정하여라.

풀이 모분산 비에 대한 양측가설이며, 가설의 형태는 $H_0 : \sigma_1^2 = \sigma_2^2$, $H_1 : \sigma_1^2 \neq \sigma_2^2$이다. 양측가설이므로 기각역은 $\alpha/2 = 0.025$에서

$$F \geqq F_{\alpha/2,\ n_1-1,\ n_2-1} = F_{0.025,\ 10,\ 9} = 3.96$$

$$F \leqq F_{1-\alpha/2,\ n_1-1,\ n_2-1} = F_{0.975,\ 10,\ 9} = 0.26$$

이다. 검정통계량은

$$F(10,\ 9) = S_1^2/S_2^2 = 2.04/1.65 = 1.23 < 3.9$$

이므로 0.26과 3.96 사이의 귀무가설 채택역에 존재한다. 즉, 두 원료를 사용한 제품들의 분산은 차이가 있다는 근거는 없다.

연습문제 10-5

1. 정규 모집단으로부터 $n = 20$ 표본을 추출하여 표본분산 $s^2 = 12$를 얻었다. 이 모집단의 분산이 15라고 할 수 있는지 유의수준 0.10으로 검정하여라.

2. 문제 1에서 평균이 알려져 있었고 이를 사용하여 $s^2 = 12$를 얻었을 때, 이 모집단의 분산이 15라고 할 수 있는지 유의수준 0.10으로 검정하여라.

3. 한국에서 수출하는 배의 무게는 표준편차가 2 g을 넘으면 특상품에서 제외된다. 생산한 배들 중에서 임의로 15개를 측정한 결과 다음과 같았다. 이 자료에 따르면 이날 배의 등급은 특상등급을 받을 수 있는지 유의수준 0.05에서 검정하여라. 단, 배의 무게는 정규분포를 따른다.

116 120 117 115 119 117 117 115
118 117 115 113 119 121 117

4. A 초등학교 학생들의 저축액의 표준편차는 200원이다. 이 지역에 있는 한 초등학교 학생들 중에서 10명을 임의로 추출하여 저축액의 표준편차를 구한 결과 280원이었다. 이 초등학교 학생들의 저축액의 표준편차와 다르다고 할 수 있는지 유의수준 0.10에서 검정하여라.

5. 주간과 야간 근무 교대조에 따른 작업시간의 산포가 다른지 알아보기 위해 조사한 결과가 다음과 같다.

근무조	표본크기(명)	분산
주간	31	$S^2_{주간} = 25$
야간	17	$S^2_{야간} = 15$

유의수준 0.01에서 두 모분산에 대한 동질성을 검정하여라. 단, 작업시간은 정규분포로 가정한다.

1. 자동차의 오염방지장치의 설치가 효과가 있는가를 검정한다고 할 때,
   (1) 귀무가설과 대립가설을 설정하여라.
   (2) 어떤 상황에서 각각 제1종 오류와 제2종 오류를 범하게 되는지를 설명하여라.

2. 철강 파이프를 만드는 공정에서 파이프 직경의 목표값은 3.00 inch이다. 지금까지 생산한 파이프 직경의 표준편차는 0.25 inch이다. 공정이 관리 상태인지 확인하기 위해 $n=30$개의 표본을 추출하였으며, 표본평균이 2.92보다 작거나 3.08보다 크면 이상 상태로 판정한다. 이때 아래 물음에 답하여라.
   (1) 귀무가설과 대립가설을 설정하여라.
   (2) 제1종 오류의 확률은 얼마인가?

3. 문제 2에서 파이프 직경의 실제 모평균이 다음과 같을 때 검정력을 계산하여라. 그리고 각 모평균(가로축)에 대한 검정력(세로축)을 그래프로 나타내고 이들 점들을 연결하여라(이를 검정력곡선이라 한다).

   2.800 2.850 2.900 2.950 2.975 3.000 3.025 3.050 3.100
   3.150 3.250 3.050 (단위: inch)

4. 어느 국제항공에서는 운반되는 꾸러미 중에서 40개의 확률표본에 대해 $\mu=30$ kg을 귀무가설로, $\mu<30$ kg를 대립가설로 검정하고자 한다. 모집단의 표준편차는 3 kg이다. 만일 유의수준 0.01로 지정한다면 $\overline{X}$값의 임계값은 얼마인가?

5. 주어진 모집단의 표준편차를 8.4평방미터로 가정하자. 표본크기 100인 확률표본에서 귀무가설이 $\mu=80$평방미터이고 대립가설이 $\mu<80$평방미터인 가설을 검정하고자 한다.
   (1) 만일 $\overline{X}<78.0$평방미터 구간에서 귀무가설이 기각되고 다른 경우에는 귀무가설이 채택된다면, 제1종 오류의 확률은 얼마인가?
   (2) 만일 귀무가설이 $\mu=80$평방미터 대신 $\mu\geq80$평방미터라면, (1)의 값은 어떻게 되는가?

6. 대표본의 귀무가설 $\mu = \mu_0$ 대 대립가설 $\mu < \mu_0$(혹은 $\mu > \mu_0$)를 검정할 때($\mu = \mu_0$에서 제1종 오류의 확률은 α로, $\mu = \mu_1$에서의 제2종 오류의 확률은 β로 표시), 요구되는 표본크기는 다음과 같이 나타낼 수 있다.

$$n = \frac{\sigma^2 (z_\alpha + z_\beta)^2}{(\mu_1 - \mu_0)^2}$$

(1) $\sigma = 4$인 모집단으로부터 얻은 대표본에 대해 귀무가설 $\mu = 40$ 대 대립가설 $\mu < 40$을 검정하려 한다. 만일 $\mu = 38$에서 제1종 오류의 확률이 0.05이고 제2종 오류의 확률이 0.12라고 할 때 필요한 표본크기를 구하여라.

(2) 모집단의 표준편차가 7.2이고 귀무가설 $\mu = 64$ 대 대립가설 $\mu < 64$를 검정하고자 한다. $\mu = 61$에서 만일 α가 0.05이고 β가 0.01이 되려면 표본크기는 얼마나 커야 하는가? 또한, $\overline{X}$의 임계값은 얼마인가?

7. 플라스틱 제품 생산자는 그의 평균 재고량이 1,250개라는 것을 발견하였다. 새로이 도입한 판매정책은 효과적으로 생각되어서, 일일 재고량의 평균이 기존과 여전히 같다는 귀무가설하에서 검정을 하려고 한다. 다음과 같은 경우 어떤 대립가설을 사용하여야 하는가?

(1) 새로운 정책이 평균 일일 재고량에 변화를 주었는지 여부를 알고자 한다.

(2) 새로운 정책이 평균 일일 재고량의 감소에 영향을 주었는지를 증명하고자 한다.

8. 기술적성검사를 위해 확립된 표준들에 따르면 18세의 사람들의 평균은 73.2점이며 표준편차는 8.6점이다. 만약 랜덤으로 추출한 45명의 평균 점수가 76.7점이라면 귀무가설 $\mu = 73.2$점 대 대립가설 $\mu > 73.2$점 검정의 유의확률을 구하여라.

9. 생산시간 중 랜덤으로 64회를 선택하여 자동 형타기로 생산된 부품을 조사하였다. 이 중 양품들의 평균과 표준편차가 $\overline{x} = 1{,}038$, $s = 146$이었다. 유의수준 0.05에서 귀무가설 $\mu = 1{,}000$ 대 대립가설 $\mu > 1{,}000$의 검정에서 귀무가설을 기각할 수 있는가?

10. 노동관리회의에서 어느 공장에서 일하는 노동자들은 통근시간이 평균 32.6분이 걸린다고 한다. 만일 60명의 노동자의 랜덤표본으로부터 통근시간이 33.8분이고 표준편차가 6.1분이라면, 유의수준 0.05에서 귀무가설 $\mu = 32.6$분을 기각할 수 있는가?

11. 서로 다른 생산로트로부터 5파인트의 랜덤표본이 주어질 때, 해당 아이스크림의 지방 성분이 14%를 초과하는지를 검정하려고 한다. 만일 샘플의 평균이 $\bar{x}=14.9\%$이고 표준편차 $\sigma=0.42\%$라면, 귀무가설 $\mu=14\%$에 대해 어떤 결론을 내릴 수 있는가?

12. 엔진 6개의 실험에서 연료 1갤런으로 작동하는 데 각각 24, 28, 21, 23, 32, 그리고 22분이 걸렸다. 만일 제1종 오류의 확률이 기껏해야 0.01이라 할 때, 위의 결과는 1갤런으로 적어도 엔진을 29분 가동시킬 수 있다는 가설에 대한 증거가 될 수 있는가? (정규분포 가정)

13. 어떤 산업 분야에서 "남성이 여성보다 월평균 소득이 8만 원 더 많은가?"에 대해 조사하고자 한다. 남성 60명의 월평균 급여는 230만 원이고 표본표준편차 12만 원이며 반면에 여성 60명의 월평균 급여는 210만 원이고 표본표준편차는 14만 원이라 할 때, 유의수준 0.01에서 어떤 결론을 낼 수 있는가?

14. 두 대의 방적기로부터 나온 나일론실의 견본에 대한 측정 결과, 첫 번째 방적기로부터 생산된 8개 견본의 평균은 9.67데니어이고 표본표준편차는 1.81데니어였다. 반면 두 번째 방적기로부터 생산된 10개 견본의 평균은 7.43데니어이고 표준편차는 1.48데니어였다. 표본모집단은 정규분포를 따르고 등분산이라고 가정할 때, 유의수준 0.05에서 귀무가설 $\mu_1-\mu_2=1.5$ 대 대립가설 $\mu_1-\mu_2>1.5$를 검정하여라. 또 p 값을 구하여라.

15. 다음은 각각 어떤 한정된 기간 동안 두 국가공단 A공단지역 9명과 B공단지역 6명의 산업화학물질 판매자의 판매실적 수치이다.

A국가공단 : 59 68 44 71 63 46 69 54 48
B국가공단 : 50 36 62 52 70 41

표본모집단이 정규분포를 따르고 등분산이 있다고 가정할 때, 유의수준 0.01에서 귀무가설 $\mu_1-\mu_2=0$ 대 대립가설 $\mu_1-\mu_2\neq 0$을 검정하여라.

16. 다음은 두 종류의 마그네슘 합금의 샘플로 얻어진 브리넬 경도이다.

합금 1: 66 63 64 61 64 64 65 64 68 63
합금 2: 71 60 62 63 68 70 64 68 65 66

유의수준 $\alpha = 0.05$에서 귀무가설 $\mu_1 - \mu_2 = 0$ 대 대립가설 $\mu_1 - \mu_2 < 0$을 검정하여라. 단, 두 합금의 경도는 정규분포를 따르지만, 두 분산이 동일하다는 근거는 없다.

17. 체중감량을 위한 운동 효과에 대한 연구에서 16명으로 구성되어진 한 그룹의 사람들은 주어진 프로그램에 따라서 한 달 동안 운동을 하였다. 결과는 다음과 같다.

(단위: 파운드)

운동 전 몸무게	운동 후 몸무게	운동 전 몸무게	운동 후 몸무게
209	196	170	164
178	171	153	152
169	170	183	179
212	207	165	162
180	177	201	199
192	190	179	173
158	159	243	231
180	180	144	140

주어진 프로그램을 실시하면 효과가 있다는 것을 설명하기 위해 유의수준 0.01을 사용하여 검정하여라.

18. 국회 소속 교육위원회에서는 사립대학의 기여 입학제도에 대해 설문을 통해 응답한 180명 중 찬성이 82명, 나머지는 반대였다고 한다. 이 자료로 사립대학의 기여 입학제도를 반대하는 비율이 절반을 넘는지를 판단하고자 한다. 적절한 가설을 세우고, 유의수준 0.05로 검정하여라.

19. 어느 유리회사에서는 두 개의 라인 A와 라인 B를 통해 동일 제품을 생산하는데, 두 라인에서 생산되는 유리제품의 평탄도를 측정하여 규격과 비교하여 양품과 부적합품으로 구분한다고 한다. 평탄도에 의한 두 라인의 부적합률이 차이가 있는지 알아보기 위해 조사한 결과, 라인 A는 200개 제품 중 12개가, 라인 B는 160개 제품 중 8개가 부적합품이었다.

(1) 가설을 세우고 유의수준 0.05로 검정하여라.

(2) 유의확률은 얼마인가?

20. 헬리콥터 모델에 사용되는 베어링의 정밀도는 매우 중요한 특성이라서, 규격으로 직경의 표준편차가 7.0 μm 이내로 지정되어 있다. Q 정밀에서 생산한 10개의 베어링을 임의 추출하여 측정한 결과, 표본표준편차가 6.8 μm였다. Q정밀의 베어링을 사용해도 될지에 대한 판단을 유의수준 5%로 검정하여라. 단, 베어링의 직경은 정규분포임이 알려져 있다.

21. 9개의 부품에 대한 측정치들이 다음과 같이 얻어졌다. 사용자는 부품 측정치들의 분포가 정규분포에 가깝다는 것은 알고 있지만 표준편차는 모르고 있다. 모평균이 5인지를 검정하고, 평균에 대한 90% 신뢰구간을 구하여라.

4.9　5.1　4.6　5.0　5.1　4.7　4.4　4.7　4.6　(단위: g)

22. 어느 골프용품업체에서는 새롭게 개발한 'Big-Shot' 골프클럽을 사용하는 골퍼들이 더 낮은 타수를 칠 수 있다고 광고하고 있다. 이를 알아보기 위해 8명의 골퍼들을 랜덤하게 선택하여 자신들의 가장 최근 타수를 기록하게 하고, 새로운 제품을 한 달간 사용한 후 최근의 타수를 기록하게 하였다. 골퍼들의 스코어는 다음과 같다.

골 퍼	1	2	3	4	5	6	7	8
Score(Old)	89	84	96	82	74	92	85	91
Score(Big-Shot)	83	83	92	84	76	91	80	91

각 골퍼는 클럽 외에 다른 환경은 같고 골프 스코어가 정규분포를 따른다고 가정할 때, 광고주의 주장을 유의수준 0.1로 검정하여라.

23. 어떤 의학약품의 제조에 회사-1과 회사-2의 원료를 사용하고 있다. 두 회사의 각 원료에서 주성분 A의 함량을 알아보기 위해 회사-1 제품 11개, 회사-2 제품 10개를 조사한 결과 다음과 같다. 두 회사의 주성분 A 함량의 분산은 차이가 없는가를 검정하여라.

회사-1 : 80.4　78.2　80.1　77.1　79.6　80.4　81.6　79.9　84.4　80.9　83.1

회사-2 : 80.0　81.2　79.5　78.0　76.1　77.0　80.1　79.9　78.8　80.8

CHAPTER 11

회귀분석

CHAPTER OUTLINE

11.1 단순회귀모형 367

11.2 단순회귀분석과 최소제곱추정량 368

11.3 정규방정식 375

11.4 회귀계수 및 그와 관련된 함수들의 추정과 검정 376

11.5 중회귀모형 383

11.6 모형의 적합성 점검 388

11.7 상관성 390

11.8 상관계수와 회귀 395

연습문제 399

통계분석의 중요한 목적 가운데 하나는 통계적 모형에 근거하여 예측을 하는 것이다. 예를 들면, 어떤 공학자는 섭씨 200도의 온도로 한 시간 동안 오븐에서 어떤 금속표본을 가열하였을 때 금속의 표면에 나타나는 산화물의 양에 관한 연구를 하거나, 금속재질로 만들어진 링에 500 kg의 압력을 가했을 때 변형되는 크기에 관한 연구를 할 수도 있고, 자동차의 타이어가 어느 정도 닳을 때까지 소요되는 거리를 타이어의 두께와 타이어의 재질의 함수로 예측하려 할지 모른다. 일반적으로 그러한 예측들을 하기 위해서는 예측하려는 종속변수의 값과 그 종속변수에 영향을 미치는 하나 또는 둘 이상의 독립변수로 표현되는 종속변수와 독립변수들의 관련식이 필요하다. 11장에서는 이러한 관련식을 찾고 종속변수의 값을 예측하는 데 필요한 통계적 모형을 설명하며, 그 분석기법을 다룬다.

11.1 단순회귀모형

이 절에서는 하나의 종속변수가 하나의 독립변수에 의하여 예측되는 경우를 생각한다. 우선 독립변수가 오차 없이 관측되거나 종속변수의 오차에 비하여 독립변수의 오차가 무시할 만한 크기를 갖는 경우가 많다. 예를 들면, 금속표본의 산화물의 양을 측정할 때 가열하는 온도는 정밀하게 조정할 수 있지만 산화물의 두께의 측정값은 상당한 변동을 갖는다. 그러므로 독립변수가 x값으로 고정되어 있을지라도 종속변수를 반복해서 측정하게 되면 여러 가지 다른 y값을 갖게 된다. 이러한 y값들의 차이는 주로 측정오차나 x값이 고정되어 있을 때 y값에 영향을 미치는 다른 요인들 때문에 발생한다. 뿐만 아니라 같은 온도 x로 같은 시간 동안 금속표본을 가열할지라도 오븐 주위의 상태나 표본의 표면 상태와 같이 여러 조건들의 차이로 인하여 산화물 두께의 측정값 y들은 달라질 수 있다.

이러한 점들을 고려하면 산화물 두께의 측정값 y는 확률변수로서, y의 확률분포는 x에 의존하는 것을 알 수 있다. 그러므로 우리는 x와 y 확률분포의 평균과의 관련성에 관심을 갖게 된다. 이 관련성을 x에 대한 y의 회귀곡선으로 표현할 수 있는데, 우선 그 관련성을 선형으로 간주하면 x에 대한 y의 회귀직선으로 적을 수 있다. 즉, x의 주어진 값에 대하여 y의 분포의 평균을 $\alpha+\beta x$라고 하고 y의 값을 이 평균값으로부터 ϵ만큼 차이를 허용한다면 다음과 같이 쓸 수 있다.

$$y=\alpha+\beta x+\epsilon$$

여기서, ϵ은 확률변수이다. 즉, ϵ값들은 위에서 언급한 바와 같이 측정값들의 오차와 y에 영향을 주는 x 이외의 다른 변수들의 값에 따라 변하게 된다. x에 대한 y의 회귀직선의 예로서, 어떤 장력측정용 링에 다양한 하중을 가했을 때 변형된 값을 측정한다고 가정하자. x는 kg으로 측정된 장력이고 y는 x의 장력을 사용했을 때 변형되는 크기를 백분의 일 센티미터로 나타낼 때, 12개의 측정값을 다음의 표에 정리하였고 자료들을 그림 11.1에 나타내었다.

x	1	2	3	4	5	6	7	8	9	10	11	12
y	16	35	45	64	86	96	106	124	134	156	164	182

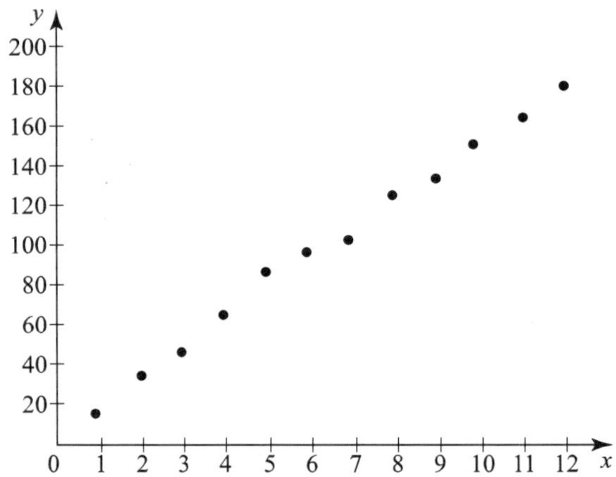

그림 11.1 선형회귀를 나타내는 산점도

그림 11.1로부터 x와 y의 관련성은 선형관계를 가정할 수 있고 위의 표에 나타난 자료들의 범위 내에서 그 관련성을 직선으로 근사시켜서 표현할 수 있다. 그림 11.1과 같이 주어진 자료 x와 y들을 표시한 그림을 산점도 또는 산포도라고 한다.

11.2 단순회귀분석과 최소제곱추정량

이제 관찰된 자료들을 이용하여 단순회귀모형의 α와 β값을 추정할 수 있다면 x와 y의 관계식을 구할 수 있다. 즉, 그림 11.2와 같이 관찰된 자료들의 선형관계를 잘 설명할 수 있는 직선을 찾기 위하여 n개의 관측값 $(x_i,\ y_i)$들이 주어진다면, x에 대한 y의 회귀관계는 직선이고 그 직선은 n개의 관측값들을 가장 잘 적합시키는 직선을 찾으려고 한다. 이것은 단순회귀모형에 있는 α와 β값을 추정하기 위하여 위의 자료를 가장 잘 적합시키는 직선의 방정식을 찾는 문제와 같다. 만약 y를 추측하기 위하여 다음의 식으로 나타냈다고 가정하자.

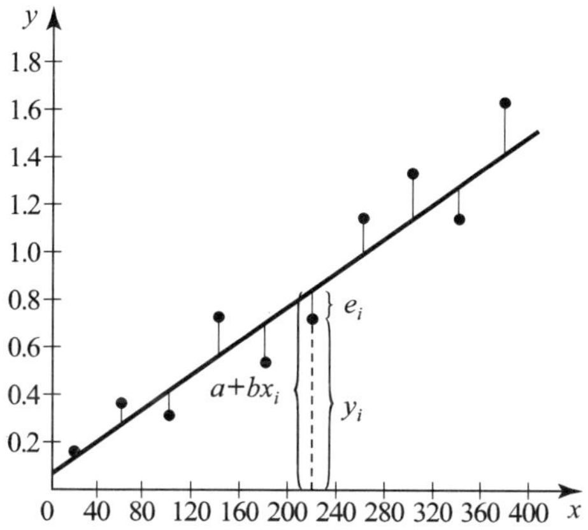

그림 11.2 최소제곱기준을 적용한 직선과 자료와의 수직편차

$$\hat{y} = a + bx$$

여기서, a와 b는 상수이다.

e_i를 주어진 x_i값에 대해서 y의 값을 추측할 때 생기는 오차라고 한다면 e_i는 다음 식과 같이 적을 수 있다.

$$e_i = y_i - \hat{y}_i$$

e_i를 가능하면 가장 작게 하는 상수 a와 b를 결정할 수 있다. 즉, 오차 e_i를 개별적으로 최소화할 수 없기 때문에 오차들의 합인 $\sum_{i=1}^{n} e_i$를 가능한 한 0에 가깝게 만들어야 한다. 그러나 이 오차들의 합은 항상 0이 되므로 다음과 같이 오차 e_i들의 제곱의 합을 최소화하는 상수 a와 b를 결정한다.

$$\sum_{i=1}^{n} e_i^2 = \sum_{i=1}^{n} [y_i - (a + bx_i)]^2$$

그림 11.2에서 이 값은 각 점으로부터 직선까지의 수직거리의 제곱의 합을 최소화하는 것과 같음을 알 수 있다. 이와 같이 주어진 자료들을 가장 잘 적합시키는 직선의 방정식의 a와 b를 찾는 과정을 최소제곱법이라고 부르고, a와 b를 α와 β의 최소제곱추정량이라고 한다. 앞으로 계산의 간편성을 위하여 제곱합이나 교차곱의 합(공변동)을 다음과 같이 표현한다.

$$S_{xx} = \sum_{i=1}^{n} (x_i - \bar{x})^2 = \sum_{i=1}^{n} x_i^2 - \frac{\left(\sum_{i=1}^{n} x_i\right)^2}{n}$$

$$S_{yy} = \sum_{i=1}^{n}(y_i - \overline{y})^2 = \sum_{i=1}^{n} y_i^2 - \frac{\left(\sum_{i=1}^{n} y_i\right)^2}{n}$$

$$S_{xy} = \sum_{i=1}^{n}(x_i - \overline{x})(y_i - \overline{y}) = \sum_{i=1}^{n} x_i y_i - \frac{\left(\sum_{i=1}^{n} x_i\right)\left(\sum_{i=1}^{n} y_i\right)}{n}$$

위의 각각의 표현에서 첫 번째 우변은 각각의 관측값으로부터 각각의 평균의 차이를 제곱한 것을 강조할 때 사용되고, 두 번째 우변은 계산을 간편하게 하기 위해서 사용된다. 최소제곱추정량 a와 b를 제곱의 합과 교차곱의 합을 사용하면 다음과 같이 적을 수 있다.

[정의 11.1] 최소제곱추정량

$$a = \overline{y} - b\overline{x} \quad \text{그리고} \quad b = \frac{S_{xy}}{S_{xx}}$$

여기서 $\overline{x}$와 $\overline{y}$는 각각 x_i와 y_i의 평균을 의미한다. 그러므로 자료들을 가장 잘 적합시키는 최소제곱추정량을 사용한 회귀직선식 $\hat{y}$는 다음과 같다.

[정의 11.2] 추정회귀직선

$$\hat{y} = a + bx$$

여기서 $\hat{y}$는 y의 추정값을 나타내며, 각각의 추정값으로부터 관측값의 차이를 잔차(residual)라고 한다.

[정의 11.3] 잔차

$$\text{관찰값} - \text{추정값} = y_i - \hat{y}_i = y_i - (a + bx_i)$$

그리고 이들 값의 제곱합을 잔차제곱합 또는 오차제곱합이라고 부른다.

[정의 11.4] 잔차제곱합

$$SSE = \text{잔차제곱합} = \sum_{i=1}^{n} (y_i - a - bx_i)^2 = S_{yy} - S_{xy}^2 / S_{xx}$$

예제 11.1 다음은 어떤 추진엔진에서 공기속도와 연료방울을 태우는 기화계수들에 대한 측정값이다.

공기속도 x(cm/sec)	기화계수 y(mm^2/sec)
20	0.18
60	0.37
100	0.35
140	0.78
180	0.56
220	0.75
260	1.18
300	1.36
340	1.17
380	1.65

최소제곱법에 의해 이 자료들을 직선으로 적합시키고 공기속도가 190 cm/sec 일 때 연료방울의 기화계수값을 추정하여라.

풀이 먼저 $n = 10$개의 관측값에 대하여 다음의 값들을 계산한다.

$$\sum_{i=1}^{n} x_i = 2000, \quad \sum_{i=1}^{n} x_i^2 = 532000$$

$$\sum_{i=1}^{n} y_i = 8.35, \quad \sum_{i=1}^{n} x_i y_i = 2175.40$$

$$\sum_{i=1}^{n} y_i^2 = 9.1097$$

그리고 다음의 제곱합과 교차곱을 구한다.

$$S_{xx} = 53200 - (2000)^2/10 = 132000$$

$$S_{xy} = 2175.40 - (2000)(8.35)/10 = 505.40$$

$$S_{yy} = 9.1097 - (8.35)^2/10 = 2.13745$$

따라서 최소제곱추정량은

$$b = \frac{S_{xy}}{S_{xx}} = \frac{505.40}{132000} = 0.00383$$
$$a = \bar{y} - b\bar{x} = \frac{8.35}{10} - 0.00383\frac{2000}{10} = 0.069$$

의 값을 갖는다. 그러므로 이 자료들을 적합시키는 회귀직선식은

$$\hat{y} = 0.069 + 0.00383x$$

가 된다. 그리고 $x = 190$일 때 기화계수의 예측값은

$$\hat{y} = 0.069 + 0.00383(190) = 0.80 \text{ mm}^2/\text{sec}$$

가 된다. 마지막으로 잔차제곱합은

$$S_{yy} - \frac{S_{xy}^2}{S_{xx}} = 2.13745 - \frac{(505.40)^2}{13200} = 0.20238$$

로 계산된다.

이제 최소제곱추정량 a와 b가

$$a = \bar{y} - b\bar{x}, \quad b = \frac{S_{xy}}{S_{xx}}$$

일 때, a와 b의 모든 가능한 값들 가운데서 제곱합

$$S(a, b) = \sum_{i=1}^{n}(y_i - a - bx_i)^2$$

을 최소화하는 것을 보이려고 한다. 잔차에 $b\bar{x} - \bar{y}$를 더하고 빼면 다음과 같다.

$$y_i - a - bx_i = (y_i - \bar{y}) - b(x_i - \bar{x}) + (\bar{y} - a - b\bar{x})$$

이 식의 양변을 제곱하면

$$\begin{aligned}(y_i - a - bx_i)^2 = &(y_i - \bar{y})^2 + b^2(x_i - \bar{x})^2 + (\bar{y} - a - b\bar{x})^2 \\ &- 2b(y_i - \bar{y})(x_i - \bar{x}) - 2b(\bar{y} - a - b\bar{x})(x_i - \bar{x}) \\ &+ 2(y_i - \bar{y})(\bar{y} - a - b\bar{x})\end{aligned}$$

가 되고, 이 식의 양변을 n개의 자료에 대하여 모두 합할 때 $\sum_{i=1}^{n}(x_i - \bar{x}) = 0$과

$\sum_{i=1}^{n}(y_i - \overline{y}) = 0$임을 이용하면 마지막 두 개의 항은 0이 되고 다음과 같이 적을 수 있다.

$$\begin{aligned} S(a,b) &= S_{yy} + b^2 S_{xx} + n(\overline{y} - a - b\overline{x})^2 - 2b S_{xy} \\ &= n(\overline{y} - a - b\overline{x})^2 + \left(b^2 S_{xx} - 2b S_{xy} + \frac{S_{xy}^2}{S_{xx}}\right) + \left(S_{yy} - \frac{S_{xy}^2}{S_{xx}}\right) \\ &= n(\overline{y} - a - b\overline{x})^2 + \left(b\sqrt{S_{xx}} - \frac{S_{xy}}{\sqrt{S_{xx}}}\right)^2 + \left(S_{yy} - \frac{S_{xy}^2}{S_{xx}}\right) \end{aligned}$$

이제 최소제곱합의 원리에 따라 이 제곱합을 최소화하는 a와 b의 값을 선택한다. 우변의 처음 두 개항은 모두 음이 아니고, 세 번째 항은 a와 b의 값의 선택에 영향을 받지 않는다. 두 번째 항은 최소값인 $b = S_{xy}/S_{xx}$를 취함으로써 0이 된다. 그리고 이 b값을 사용하여 $a = \overline{y} - b\overline{x}$를 취함으로써 첫 번째 항은 0이 된다. 그러므로 $a = \overline{y} - b\overline{x}$와 $b = S_{xy}/S_{xx}$는 제곱합 $S(a, b) = \sum_{i=1}^{n}(y_i - a - bx_i)^2$을 최소화하는 최소제곱추정량이 된다. 또한 위의 제곱합을 최소화하게 되면 세 번째 항이 남게 되는데, 바로 이 항이 오차제곱합

$$SSE = S_{yy} - \frac{S_{xy}^2}{S_{xx}}$$

이 된다. 오차 ϵ_i의 분산 σ^2에 대한 추정량으로는 이 오차제곱합을 $(n-2)$로 나눈 값인

$$\widehat{\sigma^2} = \frac{SSE}{n-2} = \frac{\sum_{i=1}^{2}(y_i - a - bx_i)^2}{n-2} \quad \text{또는} \quad s_e^2 = \frac{S_{yy} - S_{xy}^2/S_{xx}}{n-2}$$

을 사용한다. 이 추정량을 평균제곱오차(MSE: mean square error)라고 부른다. 따라서 오차의 표준편차의 추정량은 $\sqrt{MSE}$이다.

연습문제 11-2

1. 반도체의 한 부품을 생산하는 공장의 관리자는 공장의 사용전력은 부품의 생산량에 직접적인 영향을 받는다고 판단하고 있다. 다음은 매월 생산량과 사용전력에 관한 자료이다.

월	생산량(만 개)	사용전력(만 kWh)
1	4.2	2.9
2	3.8	2.5
3	4.7	3.0
4	4.9	3.1
5	5.2	3.5
6	5.7	3.6
7	4.5	3.2
8	4.6	3.0
9	5.1	3.4
10	5.6	3.5
11	5.9	3.7
12	5.3	3.3

(1) 최소제곱법으로 적합시켜서 회귀직선식을 찾아라.

(2) 50,000개의 부품을 생산할 경우 사용전력을 추정하여라.

2. 확률통계 시험성적에 영향을 주는 많은 요인들 가운데서 IQ를 선택하였을 때, 확률통계를 수강하는 학생들 중 10명을 랜덤으로 추출하여 시험성적과 IQ를 정리하였다.

시험성적	87	89	93	85	88	90	90	85	89	85
IQ	105	112	124	102	98	118	135	110	128	107

(1) 최소제곱법을 이용하여 시험성적과 IQ를 적합시키는 회귀직선식을 찾아라.

(2) IQ가 130이라면 확률통계 시험성적은 얼마로 추정할 수 있는가?

3. 다음 자료는 석유를 시추하기 위하여 유정을 팔 때 깊이에 따라서 발생하는 비용을 나타낸 것이다. 비용에 영향을 미치는 여러 가지 원인 가운데 깊이를 중요한 요인으로 고려하였다.

깊이(m)	1700	1750	2000	2200	2600	2700	2800	2900	3000	3100
비용(백만 원)	2600	3300	3200	4700	5800	5700	8000	6800	5000	5600

(1) 회귀직선을 적합시키고 추정회귀식을 찾아라.

(2) 만약 2.5 km 깊이의 유정을 판다면 얼마의 비용이 드는지 예측하여라.

4. 자동차에 사용되는 한 전선은 저항과 온도 사이에 상당한 관련성이 있다고 한다. 다음은 온도를 조절하여 저항이 어떻게 변하는지를 측정한 자료이다. 온도를 이용하여 저항을 예측하려고 한다.

온도(°C)	15	16	18	18	19	20	21	23	24	25
저항(Ω)	59	63	62	63	64	65	69	67	69	70

(1) 위의 자료에 대한 추정회귀식을 찾아라.

(2) 20°C라면 저항의 추정값은 얼마인가?

5. 주어진 자료로부터 다음의 값들을 구하였다.

$$n = 10,\ \sum_{i=1}^{10} x_i = 30,\ \sum_{i=1}^{10} x_i^2 = 100,\ \sum_{i=1}^{10} y_i = 100,\ \sum_{i=1}^{10} x_i y_i = 320,$$
$$\sum_{i=1}^{10} y_i^2 = 1100$$

추정회귀식과 잔차제곱합을 구하여라.

11.3 정규방정식

오차제곱합 $S(a, b) = \sum_{i=1}^{n} (y_i - a - bx_i)^2$이 최소가 되는 필요조건은 식

$$\sum_{i=1}^{n} (y_i - a - bx_i)^2$$

을 a와 b에 관하여 편미분하여 0으로 놓고, 이 연립방정식을 a와 b에 관하여 풀어서 해를 구하면 된다. 위 식을 a와 b에 관하여 편미분하면

$$2\sum_{i=1}^{n} [y_i - (a + bx_i)](-1) = 0$$
$$2\sum_{i=1}^{n} [y_i - (a + bx_i)](-x_i) = 0$$

이 되고, 이 식들을 다시 정리하면 다음과 같이 적을 수 있다. 이와 같이 미지수 a와 b를 포함하는 두 개의 연립방정식을 정규방정식이라고 한다.

[정의 11.5] 정규방정식

$$\sum_{i=1}^{n} y_i = an + b\sum_{i=1}^{n} x_i$$

$$\sum_{i=1}^{n} x_i y_i = a\sum_{i=1}^{n} x_i + b\sum_{i=1}^{n} x_i^2$$

이 식으로부터 계산되는 a와 b는 최소제곱추정량으로서, 최소제곱법을 적용했을 때 주어진 n개의 자료 $(x_i,\ y_i)$들을 가장 잘 적합시키는 직선의 절편과 기울기의 값이 된다.

예제 11.2 예제 11.1의 자료에 대한 정규방정식을 적은 다음, 정규방정식의 a와 b의 값이 최소제곱추정값과 같음을 확인하여라.

풀이 예제 11.1로부터 계산된 $n=10$, $\sum_{i=1}^{n} x_i = 2000$, $\sum_{i=1}^{n} y_i = 8.35$, $\sum_{i=1}^{n} x_i^2 = 532000$, $\sum_{i=1}^{n} x_i y_i = 2175.40$ 값들을 정규방정식에 대입하면 다음과 같다.

$$8.35 = 10a + 2000b$$

$$2175.40 = 2000a + 532000b$$

이 연립방정식을 풀어서 a와 b의 값을 구하면 $a=0.069$와 $b=0.00383$이 된다. 이 값들은 예제 11.1에서 구한 값과 일치한다.

우리가 회귀모형에 나타난 확률변수에 관한 분포들의 가정을 잘 만족시킬 수 있다면 비교적 정확한 회귀직선식의 추정값들을 찾을 수 있다. 가우스 마르코프(Gauss-Markov) 정리에 따르면 y_i에 대하여 선형이고 회귀계수 α와 β의 모든 불편추정량들 가운데서 α와 β의 최소제곱추정량인 a와 b는 가장 작은 분산을 갖는 추정량이다. 즉, 최소제곱추정량 a와 b는 가장 작은 변동을 갖는 믿을만한 추정량이라고 말할 수 있다.

11.4 회귀계수 및 그와 관련된 함수들의 추정과 검정

x와 y의 평균 사이의 관련성이 선형이거나 선형에 충분히 가까울 때는 최소제곱추정법을 사용하여 y에 대한 비교적 좋은 예측값을 구할 수 있다. 이 방법을 적용하기 위해서 몇 가지 가정이 필요하다. 첫째, 자료에 적용할 회귀모형은 x에 대하여 선형이어야 하고 둘째, n개의 확률변수 y_i들은 평균이 $\alpha+\beta x_i$이고 분산이 모두 σ^2으로 같아야 하

며, 정규분포를 하고 서로 독립이어야 한다. 그러므로 이와 같은 회귀모형을 다음과 같이 적을 수 있다.

[정의 11.6] 정규분포를 하는 오차를 갖는 회귀모형

$$y_i = \alpha + \beta x_i + \epsilon_i, \quad i = 1,\ 2,\ \cdots,\ n$$

여기서 오차 ϵ_i들은 평균이 0이고 분산이 σ^2이며, 정규분포를 하는 확률변수들이고 서로 독립이다. 그림 11.3으로부터 여러 가지 x_i값들에 대한 y_i의 분포들을 볼 수 있다.

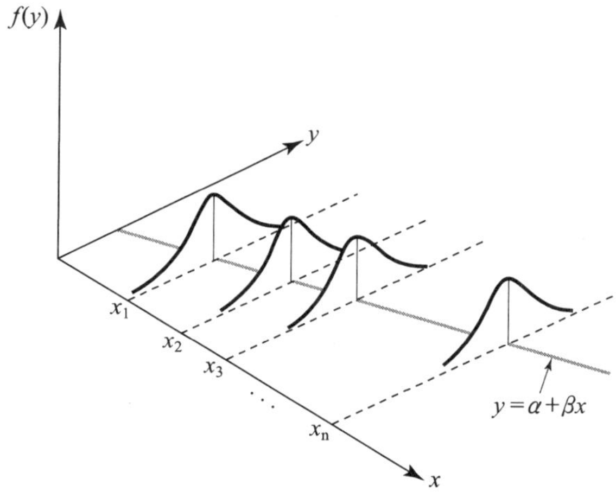

그림 11.3 x_i값들에 대한 y_i의 분포를 나타내는 통계모형의 그림

앞에서 살펴본 바와 같이 α와 β의 최소제곱추정량들의 공식은 다음과 같다.

$$a = \overline{y} - b\,\overline{x}, \quad b = \frac{S_{xy}}{S_{xx}}$$

여기서, S_{xx}와 S_{xy}는 각각 x의 제곱합과 x와 y의 교차곱의 합이다. 앞에서 언급한 분산 σ^2의 추정량은 최소제곱법을 이용하여 회귀직선식으로부터 떨어져 있는 표본의 값들과의 수직거리의 편차를 사용한다. 즉, i번째 편차는 $y_i - \hat{y_i} = y_i - (a + b\,x_i)$이므로 σ^2의 추정량은

$$MSE = \frac{1}{n-2}\sum_{i=1}^{n}[\,y_i - (a + b\,x_i)\,]^2$$

으로 계산된다. 여기서, $\sqrt{MSE}$는 σ^2의 추정량의 표준편차이다. 이 σ^2의 추정량은 σ^2을 불편추정량이 되도록 오차제곱합 또는 잔차제곱합을 $n-2$로 나눈다. 이 추정량을 계산하기 간편하게 정리하면 다음과 같다.

[정리 11.1] σ^2의 추정량

$$MSE = \frac{S_{yy} - (S_{xy})^2 / S_{xx}}{n-2}$$

그리고 앞에서 언급한 여러 가지 가정이 성립한다면 $(n-2)MSE/\sigma^2$은 $n-2$의 자유도를 갖는 카이제곱분포를 하는 확률변수임을 보일 수 있다. 자유도에서 2를 빼는 이유는 최소제곱추정량을 사용한 회귀식에서 두 개의 회귀계수 α와 β를 추정하였기 때문에 표본의 크기 n에서 두 개의 손실이 생기기 때문이다.

y_i의 분포에 관한 가정을 이용하면 회귀계수 α와 β의 최소제곱추정량의 분포에 대한 다음의 정리를 증명할 수 있다.

[정리 11.2] α와 β의 추론에 대한 통계량

다음의 통계량들은 자유도 $n-2$를 갖는, t 분포를 따르는 확률변수들이다.

$$t = \frac{(a-\alpha)}{\sqrt{MSE}} \sqrt{\frac{nS_{xx}}{S_{xx} + n(\bar{x})^2}}, \quad t = \frac{(b-\beta)}{\sqrt{MSE}} \sqrt{S_{xx}}$$

그러므로 회귀계수 α와 β의 신뢰구간을 유도하기 위해서는 t 분포의 양끝 꼬리 부분의 각각 $\alpha/2$에 해당되는 백분위수 값들 $-t_{\alpha/2}$와 $t_{\alpha/2}$를 이용하여 신뢰구간을 구할 수 있다.

[정리 11.3] 회귀계수들의 신뢰구간

α의 신뢰구간: $a \pm t_{\alpha/2}\sqrt{MSE}\sqrt{\frac{1}{n} + \frac{(\bar{x})^2}{S_{xx}}}$

β의 신뢰구간: $b \pm t_{\alpha/2}\sqrt{MSE}\frac{1}{\sqrt{S_{xx}}}$

예제 11.3 예제 11.1의 자료를 이용하여 회귀계수 α에 대한 95% 신뢰구간을 계산하여라.

(풀이) 예제 11.1에서 계산된 값을 이용하면 $n=10$, $\bar{x}=200$, $S_{xx}=132000$, $S_{yy}=2.13745$, $S_{xy}=505.40$이므로

$$MSE=\frac{2.13745-(505.40)^2/13200}{8}=\frac{0.20238}{8}=0.0253$$

이 된다. 그리고 자유도 8을 갖는 t 분포의 제 97.5백분위수는 $t_{0.025}=2.306$이고 $s_e=\sqrt{0.0253}=0.159$이므로 α의 95% 신뢰구간은

$$0.069\pm(2.306)(0.159)\sqrt{\frac{1}{10}+\frac{(200)^2}{132000}}$$

으로 계산된다. 따라서 $-0.164\leqq\alpha\leqq 0.302$가 된다. 여기서 0은 α의 95% 신뢰구간 안에 포함되므로 회귀직선식은 원점을 통과한다고 말할 수 있다.

회귀계수 α와 β의 가설검정에서 회귀직선의 기울기인 회귀계수 β에 대한 가설검정은 매우 중요하다. 여기서 β는 x의 단위증가량에 따른 y의 평균값의 변화량을 의미한다. 그러므로 만약 $\beta=0$이 되면 회귀직선식은 수평선이 되고 x의 변화는 y의 평균값에 아무런 영향을 주지 않게 된다. 그래서 $H_0:\beta=0$의 검정을 '회귀모형의 유의성 검정'이라 한다. 귀무가설 $\beta=\beta_0$에 대한 가설검정은 정리 11.2의 통계량 $t=\frac{(b-\beta)}{\sqrt{MSE}}\sqrt{S_{xx}}$를 사용하여 검정할 수 있다.

예제 11.4 귀무가설 $\beta=0$과 대립가설 $\beta\neq 0$을 유의수준 0.05로 검정하여라.

(풀이)
1. 귀무가설: $\beta=0$
   대립가설: $\beta\neq 0$
2. 유의수준: $\alpha=0.05$
3. 판정기준: $t_{0.025,\ 8}=2.306$이므로 $t<-2.306$ 또는 $t>2.306$이면 귀무가설을 기각한다.
4. 검정통계량값의 계산: 정리 11.2의 공식으로부터 t값은 다음과 같이 계산된다.

$$t=\frac{(0.00383-0)}{0.159}\sqrt{132000}=8.75$$

5. 판정방법: 검정통계량의 계산값 $t=8.75$가 2.306보다 크기 때문에 귀무가설은 기각된다. 그러므로 공기속도와 평균 기화계수 사이에는 선형적인 관련성이 있다고 결론짓는다.

회귀계수 α와 β를 추정과 관련하여 생각하여야 할 또 하나의 추정문제는 회귀직선 $\alpha+\beta x$에 관한 것이다. 즉, 이 값은 주어진 x값에 대한 y의 분포의 평균값, 즉 $E[y|x]$을 의미한다. 만약 $x = x_0$라고 한다면 우리가 추정하려는 값은 $\alpha+\beta x_0$가 되는데, 회귀계수 α와 β값을 모르기 때문에 최소제곱추정량인 a와 b를 사용하여 $a+bx_0$를 그 추정량으로 사용할 수 있고, 이 추정량은 불편추정량임을 보일 수 있다. 그리고 이 추정량의 분산은

$$\sigma^2\left[\frac{1}{n}+\frac{(x_0-\bar{x})^2}{S_{xx}}\right]$$

이 된다. 따라서 설명변수 x의 특정값 x_0에서 반응값 y의 평균인 $\alpha+\beta x_0$의 $100(1-\alpha)\%$ 신뢰한계는 다음과 같다.

[정리 11.4] 평균반응 $\alpha+\beta x_0$의 신뢰한계

$$(a+bx_0)\pm t_{\alpha/2}\cdot\sqrt{MSE}\sqrt{\frac{1}{n}+\frac{(x_0-\bar{x})^2}{S_{xx}}}$$

여기서, $t_{\alpha/2}$의 자유도는 $n-2$이다.

예제 11.5 예제 11.1에서 공기속도가 190 cm/sec일 때 평균 기화계수에 대한 95% 신뢰구간을 계산하여라.

풀이 예제 11.1에서 계산된 값들을 신뢰구간의 공식에 대입하면

$$0.80\pm(2.306)(0.159)\sqrt{\frac{1}{10}+\frac{(190-200)^2}{132000}}$$

이 된다. 그러므로 평균 기화계수 $\alpha+190\beta$에 대한 95% 신뢰구간은 (0.68, 0.92)가 된다.

만약 x_0가 실험 중에 있는 관측값들의 범위 내에 있고 만약 $x=x_0$라고 한다면 y의 값을 예측할 수 있다. 여기서 관측값들이 범위 내에 있어야 하는 이유는 자료들 간의 선형관계가 그 범위 밖에서는 성립하지 않을지도 모르기 때문이다. 공기속도 190 cm/sec는 관측값들의 범위 내에 포함되므로 기화계수의 예측값은 $\hat{y}=0.069+190(0.00383)=0.79$ mm^2/sec가 된다. 관측값들의 범위를 넘어설 때 선형관계를 그대로 적용하게 되는 경우, 어떤 위험이 있는가를 살펴보기 위하여 그림 11.4에 나타난 온도에 대한 전류의 저항과의 관계를 살펴보자(K. Onne(1912) Communications of the Physical Laboratory at

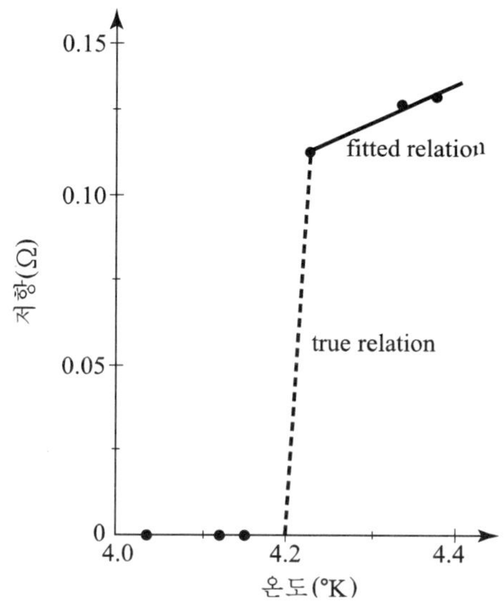

그림 11.4 수은의 표본에서 온도와 저항과의 관계

the University of Leiden, no. 124, unnumbered figure).

그림에서 온도와 저항의 선형관계는 관측값의 범위를 벗어나는 경우 급격히 변화한다. 이 변화를 무시하고 전도율을 예측한다면 선형회귀직선으로부터 4.10°K 온도일 때 아마 0.10 Ω이라고 예측할지 모른다. 그러나 이 값은 4.19°K 온도에서 초전도율을 발견했을 때 Onne이 관찰한 0.0 Ω의 값보다 훨씬 큰 값이다. 즉, 그 물리적 값들에 대한 선형회귀 모형은 관측값들의 범위를 벗어날 때는 급격하게 변화하는 것에 주의해야 한다.

이제 $x=x_0$일 때 미래의 관측값 y가 있으리라고 예상하는 구간을 유도하는 방법에 대하여 알아보자. 앞서의 [정리 11.4]는 x_0에서의 반응값 y_i들의 평균, 즉 $E(y|x_0)$의 신뢰구간이며, 이번에 다루는 것은 x_0에서의 개별 y값들의 신뢰구간에 대한 것이다. 만약 α와 β를 알고 있다면 y는 평균이 $\alpha+\beta x_0$이고 분산이 σ^2인 정규분포를 하는 확률변수라는 사실을 이용한다. 즉, 오차 $y-\alpha-\beta x_0$는 평균이 0이고 분산이 σ^2인 정규분포를 하는 확률변수이다. 그러나 만약 α와 β를 모른다면 y와 a와 b가 모두 확률변수일 때 잔차

[정리 11.5] 미래의 관측값 y에 대한 예측의 한계

$$(a+bx_0)\pm t_{\alpha/2}\cdot\sqrt{MSE}\sqrt{1+\frac{1}{n}+\frac{(x_0-\bar{x})^2}{S_{xx}}}$$

여기서, $t_{\alpha/2}$의 자유도는 $n-2$이다.

$y-a-bx_0$에 대한 분포를 고려해야 하는데, 통계적 이론에 따르면 $x = x_0$일 때 미래의 관측값 y_i에 대한 예측의 한계는 다음과 같다는 것을 보일 수 있다.

예제 11.6 예제 11.1에서 공기속도가 190 cm/sec일 때 기화계수의 관측값 y_i에 대한 95% 예측구간을 계산하여라.

풀이 예제 11.1에서 계산된 값들을 예측구간의 공식에 대입하면

$$0.80 \pm (2.306)(0.159)\sqrt{1+\frac{1}{10}+\frac{(190-200)^2}{132000}}$$

이 된다. 예측의 한계는 $0.80-0.39=0.41$과 $0.80+0.39=1.19$이므로 190 cm/sec의 공기속도에 대한 기화계수의 미래의 관측값에 대한 95% 예측구간은 (0.41, 1.19)이다.

여기서 $x=190$일 때 y의 분포의 평균은 상당히 폭이 좁게 추정할 수 있지만, 미래의 관측값에 대한 예측값을 더 정밀하게 예측하는 것은 어렵다. 심지어 자료의 개수가 무한대로 커질 때에도($n \rightarrow \infty$) 예측한계의 차이는 0으로 접근하지 않는다. 왜냐하면 예측구간의 넓이의 한계는 자료 내에 존재하는 변동성의 측도인 $\sqrt{MSE}$에 달려있기 때문이다. 공식에서 알 수 있듯이 관측값 x_0가 평균값 $\bar{x}$로부터 멀어질수록 예측구간은 점점 더 넓어지게 된다.

예제 11.7 x_0가 평균값 $\bar{x}$로부터 멀어질 때 예측구간의 변화 예제 11.1에서 관측값들의 범위가 벗어날 때에도 여전히 선형관계가 성립한다고 가정할 때, 공기속도가 450 cm/sec인 경우 기화계수의 관측값에 대한 95% 예측구간을 계산하여라.

풀이 예측구간의 공식에 필요한 계산값들을 대입하면

$$1.79 \pm (2.306)(0.159)\sqrt{1+\frac{1}{10}+\frac{(450-200)^2}{132000}}$$

이므로 95% 예측구간은 $(1.33,\ 2.25)$가 된다. 앞 예제의 $2(0.39)=0.78$과 비교하면 이 예측구간의 폭은 훨씬 더 넓은 $2(0.46)=0.92$가 되었다.

연습문제 11-4

1. 11.2절 문제 1의 반도체의 생산량과 사용전력에 관한 자료에서 회귀계수 α에 대한 95% 신뢰구간을 구하여라. 또한 회귀직선식은 원점을 통과하는가에 대한 의미를 설명하여라.

2. 11.2절 문제 1의 반도체의 생산량과 사용전력에 관한 자료에서 공장의 사용전력을 설명하기 위하여 부품의 생산량이 적절한 변수가 되는지 유의수준 1%로 가설을 검정하여라.

3. 11.2절 문제 2의 확률통계 시험성적과 IQ 사이에 선형적인 관련성이 있는지 살펴보려고 한다.

(1) 유의수준 10%로 가설을 검정하여라.

(2) 유의수준 1%로 가설을 검정하여라.

4. 11.2절 문제 3의 석유를 시추하기 위하여 유정을 파는 데 드는 비용 문제에서 2,500 m를 팔 때 평균 비용에 대한 95% 신뢰구간을 구하여라.

5. 11.2절 문제 4의 전선의 저항과 온도의 관련성 문제에서 온도가 20°C일 때 저항에 대한 95% 예측구간을 구하여라.

11.5 중회귀모형

두 개 이상의 독립변수들이 포함된 회귀모형은 종속변수 y의 값을 예측하는 데 사용될 뿐만 아니라, y가 최소 또는 최대가 되는 최적값을 찾을 때에도 사용된다. 이와 같이 회귀모형에서 예측 또는 최적값을 찾는 통계적 방법들을 반응표면분석이라고 한다. 여기서는 두 개 이상의 독립변수들이 포함된 다중회귀모형에 대한 예측을 하려고 한다. 다중회귀모형에서는 r개의 독립변수(혹은 설명변수) $x_j(j=1, \cdots, r)$로 구성된 n개의 관측값들 $y_i(i=1, \cdots, n)$로 구성된 자료들을 사용한다. 여기서, x들은 주어진 값들로서 고정된 값으로 가정하고 y의 값들은 확률변수로 간주한다. 예를 들어, 다양한 조건에 따라 금속들이 부식되는 과정을 연구한다고 가정하면 습도, 철분의 함량, 부식방지를 위한 코팅의 두께, 보관 온도 등이 금속의 부식에 영향을 준다고 볼 수 있다. 그러므로 독립변수가

r개인 경우 y의 분포의 평균값 $E(y)$는

$$\beta_0 + \beta_1 x_1 + \beta_2 x_2 + \cdots + \beta_r x_r$$

로 주어진다. 예를 들어, 독립변수가 두 개인 경우 다중회귀모형은 그림 11.5에 설명된 바와 같이 좌표 (x_{i1}, x_{i2}, y_i)를 갖는 n개의 점들을 적합시키는 평면을 찾는 문제로 볼 수 있다. 회귀계수 $\beta_0, \beta_1, \beta_2$들의 추정값을 구하기 위하여 최소제곱법을 적용하여 관측값 y_i에서 적합시킨 평면까지의 수직거리의 제곱을 최소화하고자 한다.

이것을 수식으로 표현하면

$$\sum_{i=1}^{n} [\, y_i - (\beta_0 + \beta_1 x_1 + \beta_2 x_2)\,]^2$$

이 된다. 그러므로 이 식을 $\beta_0, \beta_1, \beta_2$에 관하여 편미분하여 각각의 식을 0으로 놓고 정리하면 다음의 정규방정식을 구할 수 있다.

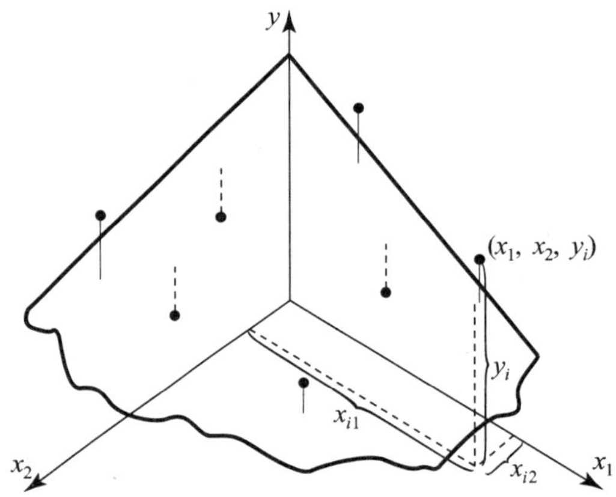

그림 11.5 반응표면

[정리 11.6] $r=2$일 때 중회귀모형에 대한 정규방정식

$$\sum y = n b_0 + b_1 \sum x_1 + b_2 \sum x_2$$
$$\sum x_1 y = b_0 \sum x_1 + b_1 \sum x_1^2 + b_2 \sum x_1 x_2$$
$$\sum x_2 y = b_0 \sum x_2 + b_1 \sum x_1 x_2 + b_2 \sum x_2^2$$

여기서, b_0, b_1, b_2는 각각 $\beta_0, \beta_1, \beta_2$의 최소제곱추정량이고 $\sum x_1$은 $\sum_{i=1}^{n} x_{i1}$, $\sum x_1 x_2$는 $\sum_{i=1}^{n} x_{i1} x_{i2}$, $\sum x_1 y$는 $\sum_{i=1}^{n} x_{i1} y_i$ 등을 의미한다.

예제 11.8 다음은 어떤 합금의 시료의 강도를 측정하기 위하여 시료를 부러뜨리기 위해 비틀은 횟수와 그 합금 시료 안에 섞여 있는 두 가지 금속원소의 백분율에 관한 자료이다. 중회귀모형을 가정하여 최소제곱법으로 중회귀함수(곡면)를 적합시키고, $x_1 = 2.5$와 $x_2 = 12$일 때 그 금속 시료를 부러뜨리기 위해서 몇 회를 비틀어야 하는지 추정하여라.

비틀은 횟수 y	금속원소 A의 백분율 x_1	금속원소 B의 백분율 x_2
41	1	5
49	2	5
69	3	5
65	4	5
40	1	10
50	2	10
58	3	10
57	4	10
31	1	15
36	2	15
44	3	15
57	4	15
19	1	20
31	2	20
33	3	20
43	4	20

풀이 $\sum x_1 = 40$, $\sum x_2 = 200$, $\sum x_1^2 = 120$, $\sum x_1 x_2 = 500$, $\sum x_2^2 = 3000$, $\sum y = 723$, $\sum x_1 y = 1963$, $\sum x_2 y = 8210$을 정규방정식에 대입하면 다음의 식을 구할 수 있다.

$$723 = 16b_0 + 40b_1 + 200b_2$$

$$1963 = 40b_0 + 120b_1 + 500b_2$$

$$8210 = 200b_0 + 500b_1 + 3000b_2$$

이 연립방정식을 풀면 $b_0 = 46.4$, $b_1 = 7.78$, $b_2 = -1.65$이므로 추정회귀함수는

$$\hat{y} = 46.4 + 7.78x_1 - 1.65x_2$$

가 된다. 끝으로 $x_1 = 2.5$와 $x_2 = 12$일 때 그 금속 시료를 부러뜨리기 위해서 비틀어야 하는 횟수를 추정하기 위하여 각각의 값을 추정회귀함수에 대입하면

$$\hat{y} = 46.4 + 7.78(2.5) - 1.65(12)$$
$$= 46.0$$

이 된다. 여기서 b_1은 x_2의 값이 고정되어 있을 때 x_1의 단위 증가에 따른 y의 평균변화량의 추정값이다. b_2도 같은 방법으로 설명된다.

연습문제 11-5

1. 오일의 점도와 베어링에 가해지는 하중은 베어링의 마모에 큰 영향을 미친다고 알려져 있다. 다음의 자료를 이용하여 최소제곱법으로 회귀함수를 추정하여라.

베어링의 마모도 y	오일의 점도 x_1	베어링이 받는 하중 x_2
132	2.5	700
210	10.0	800
150	6.5	600
120	12.0	500
135	20.5	500
160	15.0	600

2. 화장품의 선호도(y)와 습도(x_1)와 향긋함의 정도(x_2)에 관한 실험으로부터 다음의 자료를 구하였다. 중회귀모형에 대한 정규방정식을 이용하여 회귀함수를 추정하여라. 그리고 습도(x_1)와 향긋함(x_2)의 값이 각각 5와 10일 때 선호도에 대한 추정값을 구하여라.

선호도 y	습도 x_1	향긋함의 정도 x_2
65	2	5
72	2	10
62	2	5
75	4	10
70	4	5
85	4	10
70	6	5
84	6	10
86	6	5
85	8	10
90	8	5
95	8	10

3. 작은 규모의 실험연구로부터 다음의 자료를 구하였다. 중회귀모형에 대한 정규방정식을 이용하여 회귀함수를 추정하여라.

	1	2	3	4	5	6
x_1	6	3	10	5	20	10
x_2	30	40	8	40	5	30
y	42	35	75	25	90	50

4. 화공약품이 들어있는 드럼을 창고에 보관하고자 한다. 다음은 화공약품의 드럼의 수(x_1)와 kg 단위로 측정한 총 드럼의 무게(x_2), 창고에 보관하는 데 소요된 총 시간(y)을 분단위로 측정한 자료이다.

	1	2	3	4	5	6	7	8	9	10
x_1	6	15	5	12	11	5	20	10	15	6
x_2	5.2	15.3	4.5	7.2	11.0	4.5	20.0	7.5	10.2	4.8
y	55	150	45	120	100	40	180	90	110	50

$r=2$인 중회귀모형을 가정하고 회귀함수를 추정하여라.

5. 다음 자료는 플라스틱 경도(y)를 강화시키기 위한 두 종류의 첨가제(x_1, x_2)에 대한 실험자료이다. 최소제곱법으로 회귀함수를 추정하고, 추정회귀함수의 추정값 b_1과 b_2에 대한 의미를 설명하여라.

	1	2	3	4	5
x_1	6	3	10	5	20
x_2	30	40	8	40	5
y	42	35	75	25	90

11.6 모형의 적합성 점검

만약 회귀모형이 적절하다면 그 모형을 이용하여 여러 가지 추정을 할 수 있다. 그러기 위해서는 모형이 과연 가정을 잘 만족하는지 점검할 필요가 있다. 두 개의 독립변수를 갖는 회귀모형을 고려하자. ϵ_i를 평균이 0이고 분산이 σ^2인 정규분포를 하며 서로 독립인 확률변수들이라고 할 때, 과연 y_i가 $\beta_0+\beta_1 x_{i1}+\beta_2 x_{i2}+\epsilon_i$와 같은지 살펴보아야 한다. 즉, n개의 잔차들에 대하여 다음과 같은 식을 적을 수 있다.

$$
\begin{aligned}
e_1 &= y_1 - \widehat{y_1} = y_1 - b_0 - b_1 x_{11} - b_2 x_{12} \\
e_2 &= y_2 - \widehat{y_2} = y_2 - b_0 - b_1 x_{21} - b_2 x_{22} \\
&\vdots \\
e_n &= y_n - \widehat{y_n} = y_n - b_0 - b_1 x_{n1} - b_2 x_{n2}
\end{aligned}
$$

가정이 만족되는가를 보기 위하여 이 잔차들과 예측값들을 사용하여 잔차들의 산점도인 잔차도를 그릴 수 있는데, 이 그림은 회귀모형이 가정을 잘 만족하는지 아니면 구조적으로 어떤 이탈된 경향을 보이는지 살펴보는 중요한 도구로 사용된다.

그림 11.6은 잔차도의 여러 가지 형태를 나타낸 것으로, (a)는 잔차값들이 여러 가지 예측값들에 대하여 랜덤하게 흩어져 있고 대략적으로 일정한 폭을 가지므로 회귀모형의

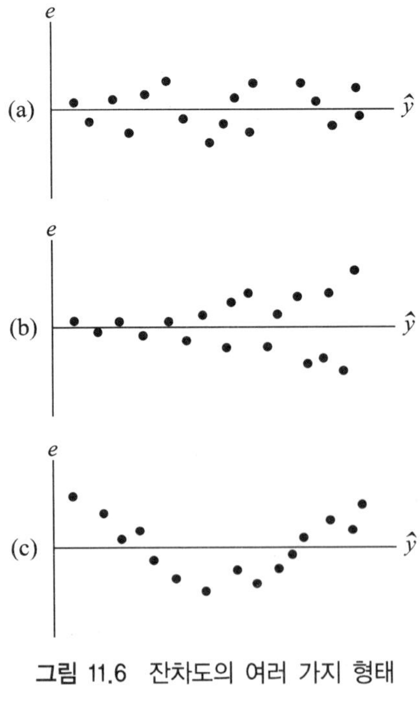

그림 11.6 잔차도의 여러 가지 형태

가정을 잘 만족하는 그림이라고 볼 수 있다. 그러나 (b)는 예측값들이 커짐에 따라 잔차값들의 분산도 같이 증가하므로 가정을 잘 만족하지 못하고 있다. 따라서 주어진 자료를 변형할 필요가 있다. 마지막으로 (c)는 잔차값들이 처음에는 큰 값을 가지다가 감소하고 다시 증가하는 모양을 보이므로 회귀모형 $\beta_0+\beta_1 x_1+\beta_2 x_2$는 적합하지 않고, 그 모형에 x_1^2 또는 x_2^2과 같은 이차항을 포함하는 것이 더 적절할는지 모른다.

또한 시간에 따른 잔차값들의 변화를 보기 위해서는 잔차와 시간의 그림을 그려볼 필요가 있다. 뿐만 아니라 주어진 자료들이 과연 정규분포를 하는가를 보기 위하여 잔차들과 잔차들의 정규점수값을 그린 정규점수그림을 그려볼 필요가 있다. 만약 잔차들이 정규분포를 하면 일직선에 가까운 모양을 보인다. 그림 11.7은 자료들의 잔차와 예측값들을 그린 잔차도로서, 가로축은 예측값 $\hat{y}$를 의미하고 세로축은 잔차 e를 의미한다. 그림 11.8은 잔차와 잔차의 정규점수값을 그린 정규점수그림으로서, 세로축은 잔차 e를 의미하고 가로축은 잔차의 정규점수를 의미한다. 이 그림은 일직선 모양에서 약간 벗어나 곡선의 형태를 보이므로 정규분포가 약간 의심스럽다고 할 수 있다.

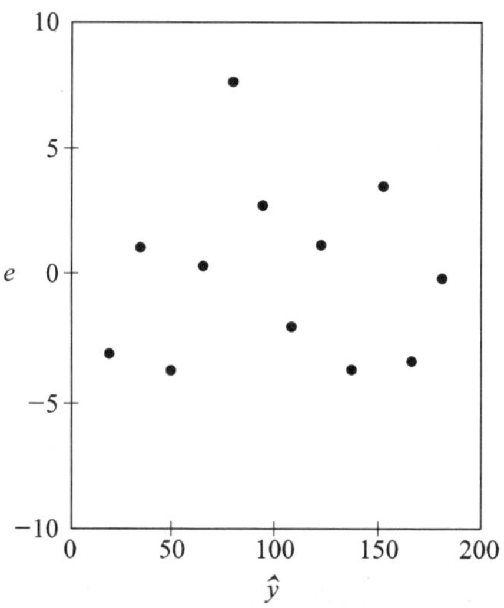

그림 11.7 잔차와 예측값들의 잔차도

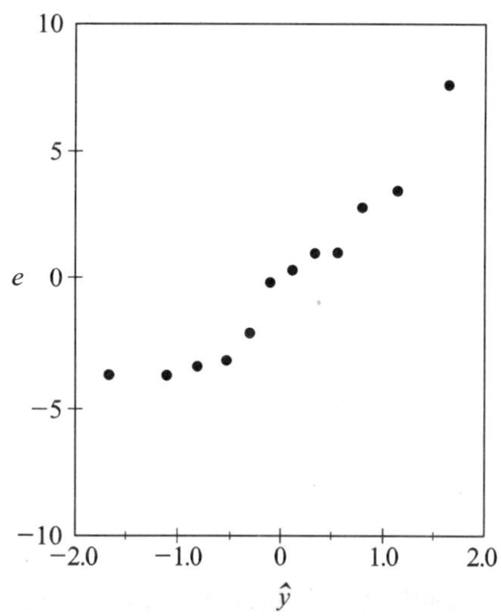

그림 11.8 잔차들의 정규점수그림

연습문제 11-6

1. 11.5절 문제 1의 각 자료에 대하여 잔차 e값을 구하여라.

2. 11.5절 문제 2의 화장품의 선호도(y)와 습도(x_1)와 향긋함의 정도(x_2)에 대한 잔차도를 그리고, 그 잔차도의 모양에 대하여 설명하여라.

3. 11.5절 문제 3의 각 자료에 대하여 잔차 e값을 구하여라.

4. 11.5절 문제 4의 화공약품의 드럼의 수(x_1)와 kg 단위로 측정한 총 드럼의 무게(x_2), 창고에 보관하는 데 소요된 총 시간(y)에 대하여 잔차도를 그리고, 그 잔차도의 모양에 대하여 설명하여라.

5. 11.5절 문제 5의 각 자료에 대하여 잔차 e값을 구하여라.

11.7 상관성

실험 자료들의 경우 y값들뿐만 아니라 x값들도 확률변수로 가정되는 경우가 많이 있다. 예를 들면, 폐수처리공장에서의 투입물과 산출물과의 관계나 알루미늄의 인장강도와 경도 사이의 관계, 또는 어떤 질병의 발생과 대기의 청결도 사이의 관계를 연구하는 경우 등이 여기에 해당될 것이다. 두 확률변수들의 결합밀도가 $f(x,\ y)$이고 $i=1,\ 2,\ \cdots,\ n$에서 n개의 자료를 $(x_i,\ y_i)$라고 가정하면, 이런 자료들의 관련성을 파악하는 것은 상관분석의 문제에 해당된다. 이러한 이변량 자료에서 x와 y의 관련성을 시각적으로 확인하기 위하여 산점도를 사용한다. 그리고 자료들이 일직선에 가깝게 모여 있는 정도를 상관계수로 나타낸다. 표본자료들의 상관계수들은 다음과 같이 표준화된 관측값으로 표현하게 된다.

$$\frac{\text{관측값} - \text{표본평균}}{\text{표본표준편차}} = \frac{x_i - \bar{x}}{s_x}$$

여기서, s_x는 x의 표본표준편차로서 $s_x^2 = \dfrac{\sum_{i=1}^{n}(x-\bar{x})^2}{n-1} = \dfrac{S_{xx}}{n-1}$이다.

표본상관계수 r은 x와 y의 표준화된 변수들의 곱의 합을 $(n-1)$로 나눈 값으로서 다음과 같이 적는다.

[정의 11.7] 표본상관계수

$$r = \frac{1}{n-1}\sum_{i=1}^{n}\left(\frac{x_i - \bar{x}}{s_x}\right)\left(\frac{y_i - \bar{y}}{s_y}\right)$$

x와 y 가운데 하나의 변수가 증가할 때 다른 변수도 증가하는 경향을 갖거나 하나의 변수가 감소할 때 다른 변수도 감소하는 경향을 갖는다면, 표준화된 변수들의 곱은 커지게 되고 상관계수 r은 양수가 될 것이다. 그러나 반대로 하나의 변수가 감소할 때 다른 변수가 증가하거나 하나의 변수가 증가할 때 다른 변수가 감소하게 되면 상관계수 r은 음수가 된다(그림 11.9 참고).

상관계수 r은 -1 이상이고 $+1$ 이하이며, 다음의 성질을 갖는다.

1. r의 크기는 선형 관련성의 크기를 말하며 그 부호는 방향을 나타낸다.
   (1) 모든 $(x_i,\ y_i)$점들이 정확히 양의 기울기를 갖는 일직선 위에 있게 되면 $r=+1$이다.
   (2) 산점도에서 점들의 흩어진 형태가 오른쪽 위에서 왼쪽 아래로 흩어져 있으면 $r>0$이다.
   (3) 산점도에서 점들의 흩어진 형태가 왼쪽 위에서 오른쪽 아래로 흩어져 있으면 $r<0$이다.
   (4) 모든 $(x_i,\ y_i)$점들이 정확히 음의 기울기를 갖는 일직선 위에 있게 되면 $r=-1$이다. r의 값이 -1과 $+1$에 가까우면 매우 강한 선형 관련성이 있음을 나타낸다.
2. r의 값이 0에 가까우면 선형 관련성이 약함을 의미한다. 그리고 매우 강한 곡선형의 관련성이 있을 수도 있다[그림 11.9(f) 참고]. 또한 S_{xx}, S_{xy}, S_{yy}의 정의를 이용하여 r은 다음 정의 11.7과 같이 적을 수 있다.

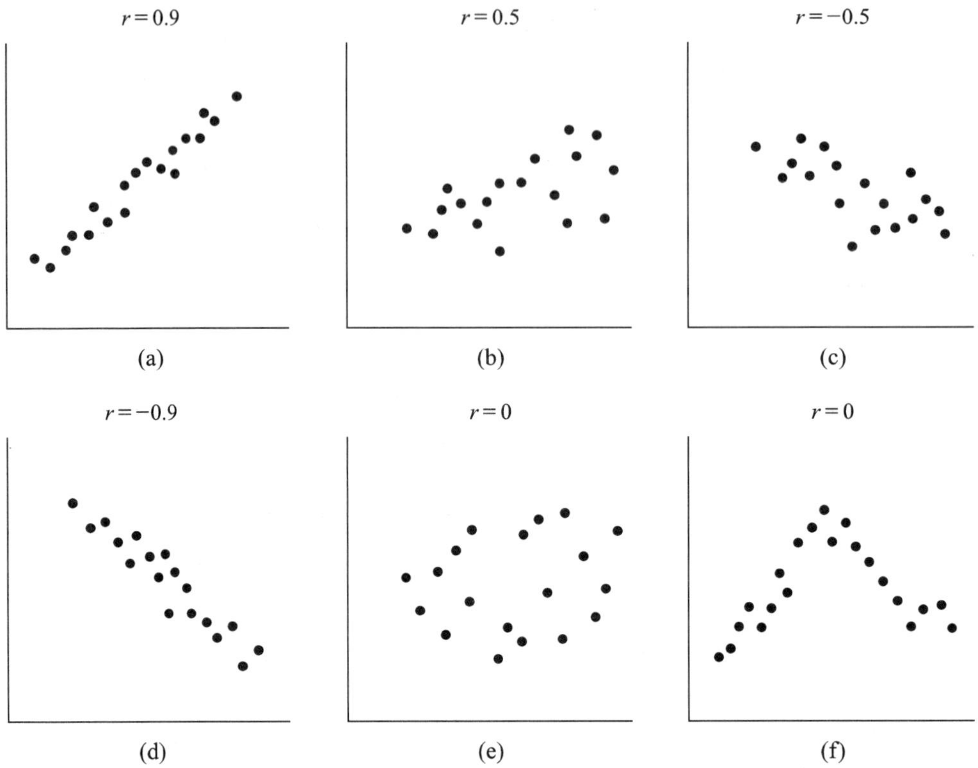

그림 11.9 상관계수 r의 값과 산점도의 관계

[정의 11.8] S_{xx}, S_{xy}, S_{yy}를 사용한 표본상관계수

$$r = \frac{S_{xy}}{\sqrt{S_{xx}\ S_{yy}}}$$

예제 11.9 다음은 10명의 기능공이 오전과 오후에 어느 기계부품을 조립하는 데 걸린 시간을 각각 x와 y로 나타내고 분단위로 측정하여 그 결과를 표로 정리한 것이다. 표본상관계수 r을 계산하여라.

x	y
11.1	10.9
10.3	14.2
12.0	13.8
15.1	21.5
13.7	13.2
18.5	21.1
17.3	16.4
14.2	19.3
14.8	17.4
15.3	19.0

풀이 우선 자료들 사이에 선형 관계가 있는지를 알아보기 위하여 산점도를 그린다 (그림 11.10 참고).

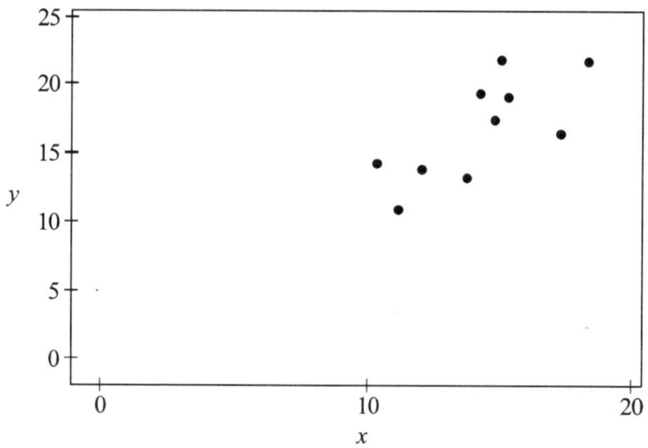

그림 11.10 x와 y의 산점도

표본상관계수를 구하기 위하여 필요한 합과 제곱합 $\sum x = 142.3$, $\sum y = 166.8$, $\sum x^2 = 2085.31$, $\sum xy = 2434.69$, $\sum y^2 = 2897.80$을 계산하였다. 이 값들을 이용하여 제곱합과 교차곱의 합을 구하면

$$S_{xx} = 2085.31 - (142.3)^2/10 = 60.381$$

$$S_{xy} = 2434.69 - (142.3)(166.8)/10 = 61.126$$

$$S_{yy} = 2897.80 - (166.8)^2/10 = 115.576$$

이 되고, 표본상관계수는 계산공식에 의하여

$$r = \frac{61.126}{\sqrt{(60.381)(115.576)}} = 0.732$$

가 된다. r이 양이므로 오전과 오후 늦게 조립하는 데 걸리는 시간은 서로 양의 선형적인 관련성이 있는 것을 알 수 있다. 즉, 오전 작업 시 기계부품을 조립하는 데 시간이 오래 걸리는 사람은 오후 늦게 작업을 하더라도 역시 시간이 많이 걸리고, 오전에 빨리 조립하는 사람은 오후 늦게 작업을 하여도 빨리 조립하는 경향이 있음을 알 수 있다. 그리고 r이 비교적 $+1$에 가깝기 때문에 그림 11.10으로부터 점들이 흩어져 있는 모양이 비교적 좁게 몰려서 나타나는 것을 알 수 있다.

예제 11.10 한 도시의 처리공장에서 중금속이 폐수에 대한 생물학적 처리를 방해하는가에 대한 연구를 하기 위하여, 최신설비를 갖춘 한 처리공장에서 매월 폐수의 유입물과 유출물 속에 포함된 크롬의 양을 측정하였다.

(단위: μg/L)

유입물	250	290	270	100	300	410	110	130	1100
유출물	19	10	17	11	70	60	18	30	180

(1) 산점도를 그려라.

(2) 두 변수의 로그값에 대한 산점도를 그려라.

(3) (1)과 (2)에 대하여 상관계수 r을 계산하여라.

(4) 각각의 경우에 대하여 r의 적절성에 대하여 설명하여라.

풀이 (1), (2) 각각의 값에 대한 산점도는 그림 11.11(a)와 그림 11.11(b)를 참고하여라. 그림 11.11(a)의 x축은 유입물의 값, y축은 유출물의 값을 나타낸다. 그림 11.11(b)의 x축은 유입물의 로그값, y축은 유출물의 로그값을 나타낸다.

(3) 각각의 상관계수를 컴퓨터를 이용하여 계산하면 $r = 0.942$와 $r = 0.747$이 된다.

(4) 주어진 자료를 그대로 사용했을 때 상관계수는 $r = 0.942$이지만 산점도로부터 마지막 관측값 $(1100, 180)$이 다른 자료와 비교해 볼 때 지나치게 커서 상관계수에 큰 영향을 미치므로 이 값을 제거하고 다시 상관계수를 계산하면 $r = 0.578$이 된다. 그러므로 이러한 상황에서는 그림 11.11(b)가 보여주는 바와 같이 주어진 값의 로그값을 취한 뒤 상관계수를 계산한 상관계수 $r = 0.747$이 두 자료의 관계를 설명하는 데 더 적절할 수 있다.

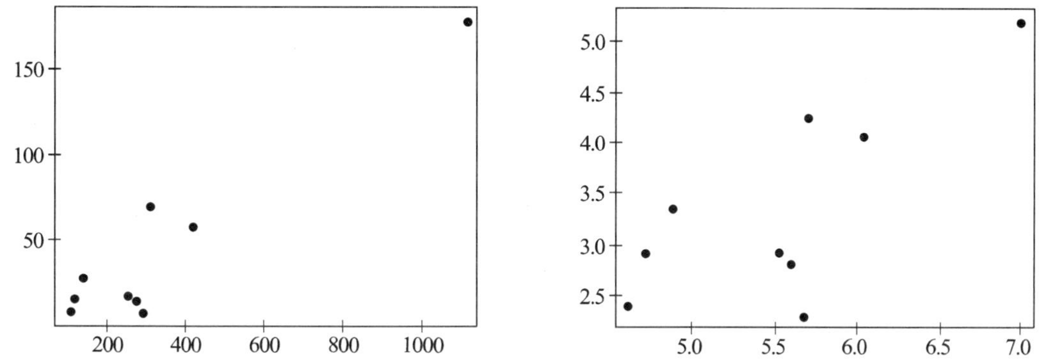

(a) 원자료의 산점도 (b) 자료들의 로그값의 산점도

그림 11.11 원자료와 변환된 자료의 산점도

11.8 상관계수와 회귀

표본상관계수 r과 선형회귀직선 사이에 중요한 관계가 있는데,

$$r = \frac{S_{xy}}{\sqrt{S_{xx}S_{yy}}} = \frac{\sqrt{S_{xx}}}{\sqrt{S_{yy}}}\frac{S_{xy}}{S_{xx}} = \frac{\sqrt{S_{xx}}}{\sqrt{S_{yy}}}\, b$$

의 관계가 존재하므로 표본상관계수 r과 선형회귀직선에서 기울기의 최소제곱추정량 b는 같은 부호를 갖는다. 따라서 최소제곱법으로 적합시킨 경우 x에 의하여 설명되는 y의 변동의 비율이 표본상관계수 r과 관련이 있음을 알 수 있다.

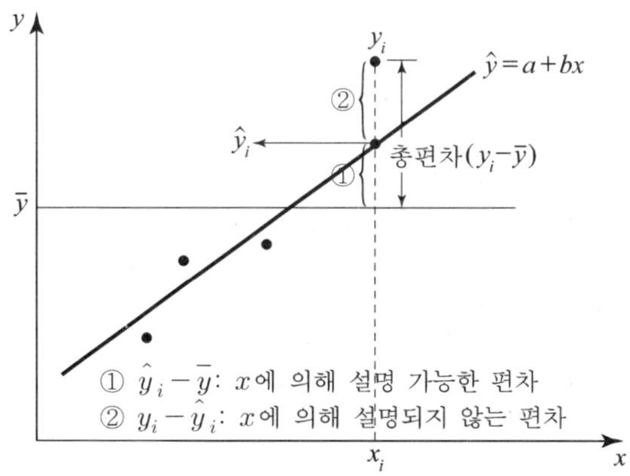

그림 11.12 제곱합의 분해

측정값 y_i들이 $\bar{y}$에 떨어진 정도가 총편차 $(y_i-\bar{y})$이다. 이는 그림 11.12에서와 같이 ①과 ②의 두 개로 분해할 수 있다.

$$y_i-\bar{y}=(\hat{y}_i-\bar{y})+(y_i-\hat{y}_i)$$

이들 편차들의 제곱합을 각기 SST, SSR 그리고 SSE라 하면 다음과 같다.

$$SST=\sum_{i=1}^{n}(y_i-\bar{y})^2=S_{yy}$$

$$SSR=\sum_{i=1}^{n}(\hat{y}_i-\bar{y})^2=S_{xy}^2/S_{xx}$$

$$SSE=\sum_{i=1}^{n}(y_i-\hat{y}_i)^2=SST-SSR$$

따라서 개별 y_i들의 제곱합은 회귀에 의한 제곱합과 오차에 의한 제곱합으로 분해된다.

[정의 11.9] 제곱합의 분해

SST	=	SSR	+	SSE
y의 총제곱합		선형회귀에 의해 설명되는 제곱합		잔차에 의해 설명되는 제곱합 또는 설명되지 않는 제곱합

회귀직선이 자료를 잘 적합시키기 위해서는 회귀에 의한 제곱합 SSR이 총제곱합 SST의 많은 부분을 차지해야 한다. 그러므로 선형 관련성에 의해 설명되는 y의 제곱합의 비율은

$$\frac{\text{회귀에 의한 제곱합}}{y\text{의 총제곱합}}=\frac{SSR}{SST}=\frac{S_{xy}^2}{S_{xx}S_{yy}}=r^2$$

이 된다. 여기서, r은 표본상관계수이다. 요약하면 선형 관련성의 크기는 선형 관련성에 의해 설명되는 y의 제곱합의 비율 r^2으로 측정되고, 이것을 결정계수라고 한다.

[정리 11.7] 결정계수 r^2

독립변수 x의 선형 관련성에 의해 설명되는 y의 제곱합의 비율 $=r^2$

예제 11.11 예제 11.9로부터 오전의 조립시간 x에 의해 설명되는 오후의 조립시간 y의 제곱합의 비율을 계산하여라.

풀이 예제 11.10에서 $r = 0.732$를 구하였다. 따라서 x에 의해 설명되는 y의 제곱합의 비율은 $r^2 = (0.732)^2 = 0.536$이다. 즉, 오후 늦게 조립하는 데 걸리는 시간의 제곱합의 53.6%는 오전 시간에 조립하는 데 걸리는 시간 x에 의해 설명된다.

관련성과 인과관계에 있어서 한 가지 주의해야 할 점이 있다. 우리는 두 변수의 관련성을 알기 위하여 계산한 상관계수만을 보고 두 변수의 관련성이 높은 것을 두 변수의 인과관계에 대한 관련성에 의한 것으로 잘못 판단할 수 있다. 두 변수가 동시에 같은 방향으로 변하는 것은 반드시 두 변수들 사이의 직접적인 관련성을 의미하지는 않는다. 예를 들면, 껌의 연매출액과 미국 내의 다양한 크기의 도시들의 범죄율 사이에 높은 양의 상관관계가 있다고 해서 범죄를 감소시키기 위하여 껌의 판매를 금지시켜야 한다고 결론을 내릴 수는 없다. 왜냐하면 껌과 범죄율의 두 변수의 양의 상관관계가 높은 것은 두 변수에 영향을 끼치는 제3의 변수(인구의 크기)가 있기 때문이다. 이러한 변수를 잠복변수라고 하는데, y에 영향을 미치는 x에 관하여 잘못 결론을 내릴 때에는 이 잠복변수를 간과하기 때문이다.

상관계수를 관련성의 측도로 사용할 때에는 중요한 잠복변수가 계산에 영향을 미치는 가능성을 가급적 피하도록 해야 한다.

연습문제 11-8

1. 11.2절 문제 1의 반도체의 생산량과 사용전력의 문제에서,

(1) 선점도를 그리고, 산점도에 회귀직선식을 그려라.

(2) 결정계수는 얼마인가?

2. 11.2절 문제 2의 시험성적과 IQ 문제에서,

(1) 산점도를 그린 후 회귀직선식을 그려라.

(2) IQ에 의하여 설명되는 확률통계 시험성적의 변동의 비율은 얼마나 되는가? 그리고 그 값의 크기의 적절성과 그 의미에 대하여 설명하여라.

(3) 상관계수를 구하여라.

3. 11.2절 문제 3의 유정의 깊이와 비용 문제에서,

(1) 상관계수를 구하여라.

(2) y의 총제곱합과 선형회귀에 의해 설명되는 제곱합과 잔차에 의해 설명되는 제곱합을 구하여라.

4. 11.2절 문제 4의 전선의 저항과 온도 문제에서,

(1) 산점도와 회귀직선식을 그려라.

(2) 상관계수를 구하여라.

5. 11.5절 문제 4의 화공약품의 드럼의 수(x_1)와 총 드럼의 무게(x_2), 보관 소요시간(y)의 자료에서,

(1) 3차원 산점도를 그려라.

(2) 회귀에 의하여 설명되는 제곱합과 회귀에 의하여 설명되지 않는 제곱합은 얼마인가?

(3) 드럼의 수와 드럼의 무게에 의하여 설명되는 소요시간의 제곱합의 비율은 얼마인가?

1. 어떤 화학회사에서는 화학물질 추출작업의 효율성과 추출작업 시간의 효과를 연구하는 과정에서 다음 표와 같은 자료를 구하였다.

추출작업 시간 x(분)	추출작업의 효율성 y(%)
27	57
45	64
41	80
19	46
35	62
39	72
19	52
49	77
15	57
31	68

(1) 위의 자료에 대한 산점도를 그리고, 자료들이 임의의 직선에 잘 적합되는가를 확인하기 위하여 임의의 직선을 스케치하여라.

(2) 최소제곱법을 사용하여 주어진 자료에 대한 회귀직선식을 찾아라. 그리고 추출작업 시간이 35분일 때 추출작업의 효율성을 예측하여라.

2. 문제 1에서

(1) 화학물질 추출작업의 효율성과 추출작업 시간의 효과의 상관계수를 구하여라.

(2) 최소제곱법으로 회귀직선을 찾을 때 총제곱합과 회귀제곱합, 잔차제곱합을 계산하여라.

(3) 선형회귀모형에 의해 설명되지 않는 비율은 얼마인가? 그리고 그 값은 무엇을 의미하는가?

3. 다음 표에서 x는 1,000파운드의 단위로 어떤 금속표본에 가한 인장강도이고, y는 1/1000인치 단위로 측정하였을 때 늘어난 길이를 나타낸다.

x	1	2	3	4	5	6
y	10	25	40	55	65	70

(1) x에 대한 y의 회귀모형에서 선형이 합리적인가를 보기 위하여 산점도에 추정회귀직선을 그려라.

(2) 추정회귀직선식을 이용하여 인장강도 x가 3,500파운드일 때 늘어난 길이를 예측하여라.

(3) 단위 인장강도(1,000파운드)에 대하여 평균적으로 늘어나는 길이 β의 95% 신뢰구간을 구하여라.

(4) x가 3,500파운드일 때 그 금속표본이 늘어난 길이에 대한 95% 예측구간을 구하여라.

4. 문제 3에서

(1) 상관계수가 $r = \dfrac{\sqrt{S_{xx}}}{\sqrt{S_{yy}}}b$로 계산됨을 보여라.

(2) 오차의 분산인 σ^2의 추정값은 얼마가 되는가?

5. 다음의 표에는 자동차검사소에서 임의로 선발한 6명의 직원들이 근무한 기간을 주 단위로 표시하였고, 그 직원들이 정오부터 오후 2시까지 검사한 차량의 숫자를 포함하고 있다.

근무한 기간 x(주)	검사한 차량의 수 y(대)
2	10
6	20
10	25
4	15
5	20
14	25

(1) x의 값을 사용하여 y를 예측할 수 있는 최소제곱회귀직선을 찾아라.

(2) 8주간 검사소에서 근무한 직원은 주어진 시간대에 얼마나 많은 자동차를 검사하리라고 추정하는가?

(3) 귀무가설 $\beta = 1.2$와 대립가설 $\beta < 1.2$를 유의수준 5%를 사용하여 검정하여라.

6. 문제 5에서

(1) 그 주어진 시간대에 8주간 검사소에서 근무한 직원에 의해 평균 검사된 차량의 95% 신뢰구간을 구하여라.

(2) 그 주어진 시간대에 8주간 검사소에서 근무한 직원에 의해 검사된 차량의 95% 예측구간을 구하여라.

(3) 오차제곱합 $\sum_{i=1}^{n}(y_i - \hat{y_i})^2$을 계산하고 결정계수를 구하여라.

7. 다음은 소규모 회사의 창업 이래 7년간 수익이라고 한다. 이러한 경향이 계속될 때 7차 연도의 수익은 얼마가 되겠는가?

창업 경과 연도 x	1	2	3	4	5	6
수익 y(억 원)	1.5	2.0	2.2	3.0	3.6	4.1

(1) 최소제곱법으로 예측하여라.

(2) 이와 같이 예측할 때 발생할 수 있는 문제점을 설명하여라.

8. 서로 다른 구리의 함량과 annealing 온도를 갖는 12개의 금속 시료에 대하여 경도를 측정한 결과 다음의 결과를 구하였다.

경도	구리 함량(%)	annealing 온도(°C)
49	0.2	800
57	0.2	900
64	0.2	1,000
58	0.5	800
70	0.5	900
83	0.5	1,000
52	0.8	800
76	0.8	900
81	0.8	1,000

(1) x_1을 구리의 함량, x_2를 annealing 온도, y를 경도라고 할 때 다중회귀모형을 가정하고 추정회귀함수를 구하여라.

(2) 구리의 함량이 0.5%, annealing 온도가 1,000°C일 때 경도의 예측값은 얼마나 되는가?

9. 문제 8에서

(1) 구리의 함량은 경도를 예측하기 위한 변수로 적절한지 유의수준 5%로 검정하여라.

(2) annealing 온도는 경도를 예측하기 위한 변수로 적절한지 유의수준 5%로 검정하여라.

10. 다음은 어느 회사에서 근무하는 5명의 직원들에 대한 나이와 대학시절 재학연수, 그리고 연봉에 관한 자료이다.

나이 x_1	대학재학연수 x_2	연봉 y(백만 원)
35	4	52
45	2	65
37	5	58
40	2	60
30	2	50

(1) 주어진 자료에 대한 추정회귀함수를 찾아라.

(2) 나이가 40세이고 대학을 4년간 다닌 직원의 연봉은 얼마로 추정할 수 있는가?

11. 문제 10에서

(1) 결정계수를 구하고 설명하여라.

(2) 오차의 분산 σ^2의 추정값은 얼마가 되는가?

12. 다음은 저항과 저항기에 과부하가 걸렸을 때 끊어지는 데 소요되는 시간에 대한 자료이다.

저항 $x(\Omega)$	끊어진 시간 y(분)
40	30
30	25
45	42
32	31
33	20
46	45
33	29
35	25
45	36
31	39

(1) 산점도를 그려라.

(2) 상관계수를 계산하고 설명하여라.

(3) 상관계수와 제곱합의 공식$(r = \frac{\sqrt{S_{xx}}}{\sqrt{S_{xy}}} b)$을 사용하여 회귀계수 b의 값을 구하여라.

13. 문제 12에서

(1) 회귀직선식을 계산하여라.

(2) 저항기에 과부하가 걸렸을 때 저항은 유의한 설명변수가 되는지 유의수준 5%로 검정하여라.

14. 다음은 어느 물질의 탄소의 양과 투과지수에 대한 22개의 측정값들이다.

탄소량 x(%)	투과지수 y
4	15
6	16
4	19
3	12
5	20
7	25
6	19
8	30

(1) 산점도를 그려라.

(2) 상관계수를 계산하고 설명하여라.

(3) 상관계수와 제곱합의 공식$(r = \frac{\sqrt{S_{xx}}}{\sqrt{S_{xy}}} b)$을 사용하여 회귀계수 b의 값을 구하여라.

15. 문제 14에서

(1) 회귀직선식을 계산하여라.

(2) 위에서 구한 회귀직선식에서 β의 추정값인 b의 의미를 설명하여라.

(3) 탄소량은 충분히 유의하다고 볼 수 있는가?

16. 다음은 전구의 수명을 연장시키기 위하여 전구에 포함되는 물질의 양과 전구의 수명시간을 측정한 자료이다.

전구에 포함되는 물질 x(mg)	10	12	13	16	18	19	20	21
수명시간 y(시간)	750	762	770	780	795	800	805	815

(1) 산점도에 회귀직선식을 그려라.

(2) 상관계수를 $r = \dfrac{S_{xy}}{\sqrt{S_{xx}S_{yy}}}$를 사용하여 구하여라.

17. 문제 16에서

(1) 최소제곱법으로 회귀직선식을 구하여라.

(2) 전구에 포함되는 물질이 15 mg일 때 추정수명시간은 얼마인가?

(3) 전구에 포함되는 물질이 15 mg일 때 추정수명시간의 95% 신뢰구간을 구하여라.

18. 다음은 매주 금요일 오후 4시 부산에서 서울로 KTX를 타고 가는 직장인이 인터넷을 통하여 KTX 좌석을 확인한 결과이다. 금요일 오후 4시까지 남은 시간(x)과 남은 좌석의 숫자(y)를 정리하였다.

금요일 오후 4시까지 남은 시간 x	90	45	30	6	91	53	102	100	60
남은 좌석의 숫자 y	12	11	10	11	10	11	16	15	12

(1) 산점도를 그리고 설명하여라.

(2) 상관계수를 계산하여라.

19. 문제 18에서

(1) 회귀직선식을 찾아라.

(2) 남은 좌석의 숫자를 예측하기 위하여 금요일 오후 4시까지 남은 시간은 적절한 변수가 되는지 유의수준 10%로 가설을 검정하여라.

(3) (2)를 유의수준 5%로 검정하여라.

(4) 결정계수를 계산하여라. 그리고 그 의미와 그 크기와 이유에 대하여 설명하여라.

20. 문제 18에서

(1) 목요일 오후 4시에 KTX 좌석을 확인하면 몇 좌석이 남아있겠는가?

(2) 목요일 오후 4시에 KTX의 남은 좌석에 대한 95% 신뢰구간을 계산하고 설명하여라.

CHAPTER 12

적합도 검정과 비모수적 추론

CHAPTER OUTLINE

12.1 적합도 검정 *407*

12.2 분할표 *410*

12.3 독립성과 동질성의 검정 *412*

12.4 부호검정 *417*

12.5 순위합검정 *420*

12.6 우연성 검정 *426*

12.7 콜모고로프-스미로노프와 앤더슨-달링 검정 *431*

연습문제 *435*

지금까지는 측정자료의 정확한 값을 이용할 수 있는 경우에 대해 추론했으나, 본 장에서는 관측자료가 숫자로 표현되지 않고 단지 그 관측도수만 있는 질적 자료, 즉 범주형 자료에 대해 설명한다.

어떤 현상이나 실험으로부터 발생된 관측값들이 통계이론의 특정한 분포와 얼마나 잘 맞는가를 검정하는 통계적 기법을 적합도 검정이라고 한다. 먼저 2차원의 분류표인 분할표를 알아보고 분할표를 구성하는 속성들의 독립성과 동질성에 대하여 검정하는 절차를 살펴본다.

또한 지금까지는 정규분포나 어떤 특정한 분포를 가정한 후 그 모수들에 대한 검정을 하였다. 그러나 비모수적 추론이란 어떤 특정한 통계적 분포나 모형을 가정하지 않고, 모수들에 관한 추론을 하고 통계적인 질문에 답변해 나가는 과정을 말한다. 따라서 본 장에서는 이러한 적합도 검정과 비모수적 추론의 기본적인 검정들에 대하여 살펴본다.

12.1 적합도 검정

어떤 통계적 실험을 했을 때 실제로 얻어지는 도수들을 관측값이라고 한다면, 적합도 검정이란 실험에서 얻어진 관측값들이 어떤 이론적인 분포나 특정한 패턴을 따르는가에 대한 귀무가설을 검정하는 것을 말한다. 즉, 우리는 관측된 값들의 도수분포와 그에 대응되는 기댓값 또는 이론적인 값들의 도수분포를 비교하려고 한다. 이 검정은 관찰된 값들이 귀무가설의 이론적인 패턴에 얼마나 잘 적합되는가를 보기 위한 검정으로서, 적합도 검정이라고 부른다.

예를 들어 흰콩과 검은콩을 교배하면 다음 세대에서 흰콩 : 점박이콩 : 줄무늬콩 : 검은콩의 출현비율이 1 : 2 : 2 : 1이라는 이론이 있다고 하자. 이를 확인하기 위한 수집본의 결과가 아래 표와 같았다.

	흰콩	점박이콩	줄무늬콩	검은콩	계
관측값 O	98	210	200	92	600
기댓값 E	100	200	200	100	600

이 예제의 범주 수는 흰콩, 점박이콩, 줄무늬콩 그리고 검은콩의 4가지이며, 검정하고자 하는 바는

$$H_0 : p_1 : p_2 : p_3 : p_4 = 1:2:2:1 \left(= \frac{1}{6} : \frac{2}{6} : \frac{2}{6} : \frac{1}{6}\right)$$

이다. 귀무가설이 옳다면 흰콩의 비율이 1/6이므로, 흰콩의 개수는 $600 \times 1/6 = 100$이어야 하며, 이 값이 흰콩의 기댓값 E_1이다. 마찬가지로 점박이콩의 기댓값 $E_2 = 600 \times 2/6 = 200$이다. 동일한 이유에 의해 줄무늬콩과 검은콩의 기댓값은 각기 $E_3 = 200$, $E_4 = 100$이다. 그러나 실제로 관측된 흰콩의 도수는 $O_1 = 98$, 검은콩의 관측도수 $O_2 = 210$ 등과 같이 기댓값과 차이가 있다.

결국, 실험의 결과가 이론과 일치하지 않음이 통계적 우연성에 의한 것인지, 아니면 이론이 틀린 것인지를 검정하는 것이 적합도검정이다. 이 검정을 위해서는 다음의 χ^2 통계량이 사용된다.

[정의 12.1] 적합도 검정을 위한 통계량

$$\chi^2 = \sum_{i=1}^{k} \frac{(O_i - E_i)^2}{E_i} \quad (\text{단, 범주 } i = 1, \cdots, k)$$

이 예제에서의 귀무가설 $H_0 : p_1 : p_2 : p_3 : p_x = \frac{1}{6} : \frac{2}{6} : \frac{2}{6} : \frac{1}{6}$을 위한 검정통계량 값은 다음과 같다.

$$\chi^2 = \sum_{i=1}^{4} \frac{(O_i - E_i)^2}{E_i} = \frac{(98-100)^2}{100} + \frac{(210-200)^2}{200} + \frac{(200-200)^2}{200} + \frac{(92-100)^2}{100}$$
$$= 1.18$$

만일 χ^2 통계량 값이 '0'이라면, 관측도수가 기대도수와 완전히 일치하는 경우이며, 0보다 커질수록 관측값이 이론적 기댓값과 차이가 남을 의미한다. 즉 χ^2 통계량 값이 0에 가까울수록 귀무가설이 옳을 확률이 높아지며, 0보다 커질수록 귀무가설을 기각할 확률이 높아지게 된다.

귀무가설의 채택이나 기각은 앞서 언급한 χ^2 분포와 유의수준 α에 의해 설정되는 임계값에 의해 결정된다.

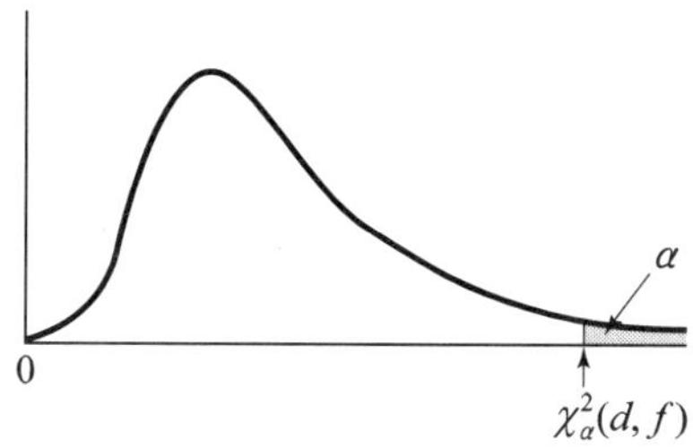

그림 12.1 χ^2 분포

예제의 χ^2 분포 자유도는 4개의 범주에 대한 것이므로 $4-1=3$이며, 유의수준 5%로 적합도검정을 하는 경우 임계값은 부록의 표로부터 $\chi^2_{0.05}(3)=7.815$이다. 따라서 통계량 $1.18<$ 임계값 7.815이므로, '유의수준 5% 하에서 이 실험의 결과가 기존 이론을 따르지 않는다는 근거는 없다.'로 결론지을 수 있다.

참고: χ^2 검정은 각 속성의 기대도수가 5 이하의 경우, χ^2 통계량의 변동이 커서 검정의 신뢰도가 떨어진다.

연습문제 12-1

1. 다음 자료는 휴대전화기의 부품 30개를 수리하는 데 걸리는 시간의 자료이다. 이 자료가 $\lambda=3$인 포아송 분포를 하는지 유의수준 5%로 가설을 검정하여라.

수리시간(시간)	0	1	2	3	4 이상
관측값(개수)	2	3	8	9	8

2. 다음은 정육면체 주사위를 100회 던졌을 때 각 눈금이 나타난 횟수이다. 정육면체 주사위의 각 눈금이 나타날 확률이 균일한지 유의수준 10%로 가설을 검정하여라.

주사위의 눈금	1	2	3	4	5	6
관측값	15	21	16	18	14	16

3. 한 시스템에는 4개의 부품이 들어 있다. 그 부품은 각각 서로 독립적으로 동작하도록 되어 있다. 각 부품들을 각각 50회 동작시킨 결과 다음의 성공횟수를 얻었다. p_i

를 i번째 부품이 성공적으로 동작할 확률이라고 할 경우, 귀무가설 $p_1 = 0.9$, $p_2 = 0.9$, $p_3 = 0.8$, $p_4 = 0.7$이 성립하는지를 유의수준 5%로 검정하여라.

수리시간	1	2	3	4
관측값	40	37	46	42

4. 다음 자료는 전화교환대에서 매 5분마다 걸려오는 전화통화의 수를 말한다. 자료를 수집하기 위하여 모두 50회를 측정하여 정리하였다. 이 자료가 $\lambda = 6$인 포아송 분포를 하는지 유의수준 1%로 가설을 검정하여라.

매 5분마다 걸려오는 전화통화의 수	0	1	2	3	4	5	6	7	8 이상
관측된 횟수	2	5	7	9	10	6	4	4	3

5. 문제 4에서 이 자료가 $\lambda = 3$인 포아송 분포를 하는지 유의수준 1%로 가설을 검정하여라.

12.2 분할표

하나의 원소에 대한 속성들이 두 개 이상의 범주에 대한 정보를 갖는 경우가 있다. 그러한 정보들을 2차원의 분류표로 정리하여 제시하는 경우 분할표, 교차표, 또는 r개의 행과 c개의 열을 갖는 $r \times c$표라고 부른다. 그러한 표들은 근본적으로 다음의 두 가지 경우에 일어난다.

첫째, 각각의 시행에서 두 가지 이상의 가능한 결과를 가지는 여러 모집단으로부터 확률표본을 추출할 때 일어난다. 예를 들면, 서로 다른 소득의 그룹(c개의 열)에 속한 사람들에게 어떤 특정 정치후보자의 지지 여부를 지지한다, 반대한다, 잘 모르겠다로 대답(r개의 행)하도록 요구할 수 있다. 둘째, 한 모집단으로부터 확률표본을 취한 다음 표본에 속한 각각의 원소들을 두 종류의 범주로 분류할 수 있다. 예를 들면, 한 소비자가 여러 자동차들에 대하여 A/S 서비스의 수준과 그 외관에 대하여 각각 매우 좋음, 좋음, 평균, 나쁨으로 분류한다고 가정하자. 그러면 시험하는 모든 차량들은 4×4표의 16개의 셀 가운데 하나로 분류될 것이다.

이러한 두 가지 상황을 r개의 행과 c개의 열을 갖는 $r\times c$표로 분류할 경우 발생하는 근본적인 차이는 다음과 같다. 첫 번째의 경우는 각 열의 합(표본의 크기)이 고정된 반면에 두 번째의 경우는 그 분할표의 총 합계가 고정되었다. 그 결과 우리가 검정하려는 귀무가설에도 서로 차이가 나타나게 된다. 첫 번째의 경우는 i번째 행의 관측값을 구할 확률이 각 열에 대해서 모두 같다는 것을 검정할 수 있다. 즉,

$$p_{i1} = p_{i2} = \cdots = p_{ic}, \quad i = 1,\ 2,\ \cdots,\ r$$

여기서, p_{ij}는 i번째 행과 j번째 열에 있는 관측값을 구할 확률로서, 각 열에 대해서

$$\sum_{i=1}^{r} p_{ij} = 1$$

이 된다. 대립가설은 적어도 한 행에 대해서 확률 p의 값들이 모두 같지 않다고 적는다. 두 번째의 경우에서 귀무가설은 두 가지 분류에 따른 그 확률변수들이 서로 독립이다라고 적는다. 그러므로 p_{ij}는 i번째 행에 속한 값을 구할 확률과 j번째 열에 속한 값을 구할 확률의 곱이 된다. 대립가설은 두 확률변수들은 독립이 아니다라고 적는다.

앞의 두 가지 경우에 대한 상황의 차이에도 불구하고 $r\times c$표의 분석하는 방법은 서로 같다. 먼저 $r\times c$표에 있는 각 셀의 기댓값을 다음과 같이 계산한다.

[정의 12.2] $r\times c$ **표에서 기댓값** E_{ij}

$$E_{ij} = \frac{(i\text{번째 행의 합})\times(j\text{번째 열의 합})}{\text{총 합계}} = p_i \times p_j \times n$$

각 행과 열에 대해서 관측값과 기댓값의 합은 모두 같으므로 분할표에서 E_{ij}에 대하여 $(r-1)(c-1)$개만 직접 계산하면 다른 나머지 값들은 분할표의 행과 열의 합으로부터 계산된 값을 빼서 계산할 수 있다. 다음으로 그 계산된 값들을 다음의 공식에 대입하여 χ^2값을 계산한다.

[정의 12.3] $r\times c$**표 분석을 위한 통계량**

$$\chi^2 = \sum_{i=1}^{r}\sum_{j=1}^{c}\frac{(O_{ij}-E_{ij})^2}{E_{ij}}$$

이 검정통계량을 계산한 결과의 값이 $(r-1)(c-1)$의 자유도를 갖는 χ^2_α값을 초과하면 귀무가설을 기각한다.

12.3 독립성과 동질성의 검정

독립성의 검정은 앞에서 소개된 바와 같이 분할표에 주어진 모집단의 원소들에 대한 두 가지 속성들이 서로 관련이 있는지 없는지를 검정하는 것이다. 즉, 귀무가설은 두 속성들이 서로 독립이라고 적고 대립가설은 두 가지 속성들이 서로 관련이 있는 것으로 적는다. 예를 들면, 사람들이 선호하는 어느 정당이 자신들의 소득과 관련이 있는가를 살펴보기 위하여 검정하려고 한다면 카이제곱 검정통계량을 사용하여 독립성을 검정할 수 있다. 또 다른 예를 든다면, 남자와 여자가 텔레비전의 스포츠중계를 더 좋아하는지 아니면 드라마를 더 좋아하는지를 알려고 할 때도 독립성 검정을 사용할 수 있다.

예제 12.2 한 회사에서는 직원 훈련기간 중 직원들의 성적과 실제 자기 직무의 성공 여부와의 관련성을 결정하기 위하여, 광범위하게 400건의 사례를 표본으로 추출하여 아래의 표와 같이 정리하였다.

		훈련기간 중 직원들의 성적			합계
		평균 미만	평균	평균 초과	
직무의 성공 여부	미달	23	60	29	112
	평균	28	79	60	167
	우수	9	49	63	121
합계		60	188	152	400

훈련기간 중 직원들의 성적과 실제 자기 직무의 성공 여부가 서로 독립이라는 귀무가설을 유의수준 1%로 검정하여라.

풀이 1. 귀무가설: 훈련기간 중 직원들의 성적과 실제 자기 직무의 성공 여부가 서로 독립이다.

대립가설: 훈련기간 중 직원들의 성적과 실제 자기 직무의 성공 여부가 서로 독립이 아니다.

2. 유의수준: $\alpha = 0.01$

3. 판정기준: 자유도는 $(3-1)(3-1)=4$가 되므로 검정통계량의 계산 결과가 유의수준이 0.01이고 자유도가 4인 χ^2값 13.277보다 크면, 즉 $\chi^2 > 13.277$이면 귀무가설을 기각한다.

4. 검정통계량 값의 계산: 우선 처음 두 행의 두 셀에 대한 기댓값을 계산한다.

$$e_{11} = \frac{112 \times 60}{400} = 16.80, \quad e_{12} = \frac{112 \times 188}{400} = 52.64,$$

$$e_{21} = \frac{167 \times 60}{400} = 25.05, \quad e_{22} = \frac{167 \times 188}{400} = 78.49$$

다음으로 처음 두 행의 세 번째 셀들에 대한 기댓값들은 각 행의 합으로부터 각 행의 처음 두 셀들의 합을 빼면 각각

$$112 - (16.80 + 52.64) = 42.56, \; 167 - (25.05 + 78.49) = 63.46$$

이 된다. 세 번째 행에 대한 기댓값도 각 열의 합으로부터 각 열의 처음 두 셀들의 합을 빼면 각각 18.15, 56.87, 45.98이 된다. 그러므로 검정통계량은 다음과 같이 계산된다.

$$\begin{aligned}\chi^2 = & \frac{(23-16.80)^2}{16.80} + \frac{(60-52.64)^2}{52.64} + \frac{(29-42.56)^2}{42.56} \\ & + \frac{(28-25.05)^2}{25.05} + \frac{(79-78.49)^2}{78.49} + \frac{(60-63.46)^2}{63.46} \\ & + \frac{(9-18.15)^2}{18.15} + \frac{(49-56.87)^2}{56.87} + \frac{(63-45.98)^2}{45.98} \\ = & \; 20.179\end{aligned}$$

5. 결론: 검정통계량의 계산값 $\chi^2 = 20.179$가 13.277을 초과하므로 귀무가설은 기각된다. 그러므로 훈련기간 중 직원들의 성적과 실제 자기 직무의 성공 여부가 서로 독립이 아니다라고 결론을 내린다.

자료들이 서로 종속인가 독립인가를 살펴보기 위한 예제로서 예제 12.2를 다시 사용하자.

예제 12.3 예제 12.2를 사용하여 각각의 셀이 카이제곱에 대하여 얼마나 기여를 했는지 살펴보아라.

풀이 우선 분할표의 각각의 관측값 밑에 기댓값을 기록한다.

		훈련기간 중 직원들의 성적			합계
		평균 미만	평균	평균 초과	
직무의 성공 여부	미달	23 16.80	60 52.64	29 42.56	112
	평균	28 25.05	79 78.49	60 63.46	167
	우수	9 18.15	49 56.87	63 45.98	121
합계		60	188	152	400

카이제곱 통계량의 계산값은 다음과 같다.

$$\chi^2 = 2.288 + 1.029 + 4.320 + 0.347 + 0.003 + 0.189 + 4.613 + 1.089 + 6.300$$
$$= 20.179$$

위의 검정통계량의 계산값들 가운데 가장 큰 값들인 6.300, 4.613, 4.320들이 있는 분할표의 해당 셀을 살펴보면, 훈련기간 중 직원들의 성적과 실제 자기 직무의 성공 여부 사이에 양의 관련성이 있음을 발견할 수 있다. 즉, 훈련기간 중 성적이 평균을 초과한 경우와 실제 자기 직무에 우수한 결과를 낸 경우 카이제곱 통계량에 기여한 값이 6.300으로 가장 크다. 반면에 훈련기간 중 성적이 평균을 초과하였으나 실제 자기 직무에서 평균 미달의 결과를 낸 경우와 훈련기간 중 성적이 평균 미만이고 실제 자기 직무에서 우수한 결과를 낸 경우는 기댓값에 비하여 실제 관측값이 다른 셀에 비하여 매우 낮게 나타나는 것을 볼 수 있다.

동질성의 검정은 두 개 또는 두 개 이상의 모집단이 어떤 특성을 갖는 분포에 대하여 서로 동질인가를 검정하는 것이다. 예를 들면, 서로 다른 소득수준에 속하는 가구의 비율이 지역에 따라 같은지 다른지를 검정하려는 경우 동질성 검정을 할 수 있다. 또 다른 예로, 서로 다른 지역에 거주하는 사람들이 특정 상표의 술을 선호하는가 아닌가를 알아볼 때도 동질성 검정을 이용할 수 있다. 수도권 지역에서 150가구와 비수도권 지역에서 250가구를 랜덤하게 추출한 후 소득수준을 조사하고 다양한 소득수준을 세 개의 그룹으로 다음의 표와 같이 나누었다.

	비수도권	수도권	합
고소득가구	70	34	104
중소득가구	80	40	120
저소득가구	100	76	176
합	250	150	400

여기서 열의 합은 고정되어 있다. 즉, 비수도권 지역에서 250가구와 수도권 지역에서 150가구를 먼저 확률표본으로 추출하기로 결정하였다는 것을 의미한다. 그러나 각 행의 합인 104, 120, 176가구는 두 개의 확률표본에 대한 소득을 분류한 결과로서 랜덤하게 결정된 값들이다. 이와 같이 행 또는 열이 고정되었을 때는 동질성 검정을 한다. 한편, 성별과 체벌에 대한 찬반의견에 대한 예제에서는 행의 합과 열의 합은 고정된 값들이 아니다. 분할표에서 300명으로 구성된 하나의 표본을 먼저 추출한 다음 성별과 체벌에 대한 찬반의사에 따라 분류하였다. 즉, 열과 행의 합은 모두 랜덤하게 결정된 상황으로서 두 속성인 성별과 체벌에 대한 찬반의사가 서로 독립인지 아닌지를 검정하였다. 동질성을 검정하는 절차는 독립성을 검정하는 절차와 유사하다.

예제 12.4 앞의 분할표를 이용하여 두 지역에 속한 가구들의 소득의 분포가 서로 유사한지를 유의수준 2.5%로 검정하여라.

풀이

1. 귀무가설: 수도권 지역과 비수도권 지역에 속하는 가구들의 소득의 분포의 비율은 서로 동일하다.
   대립가설: 수도권 지역과 비수도권 지역에 속하는 가구들의 소득의 분포의 비율은 서로 동일하지 않다.
2. 유의수준: $\alpha = 0.025$
3. 판정기준: 자유도는 $(3-1)(2-1) = 2$가 되므로 검정통계량의 값이 유의수준이 0.025이고 자유도가 2인 χ^2값인 7.378보다 크면, 즉 $\chi^2 > 7.378$이면 귀무가설을 기각한다.
4. 검정통계량 값의 계산: 검정통계량 값의 계산은 다음과 같다.

$$\begin{aligned}\chi^2 &= \sum_{i=1}^{3}\sum_{j=1}^{2}\frac{(O_{ij}-E_{ij})^2}{E_{ij}} \\ &= \frac{(70-65)^2}{65}+\frac{(34-39)^2}{39}+\frac{(80-75)^2}{75} \\ &\quad +\frac{(40-45)^2}{45}+\frac{(100-110)^2}{110}+\frac{(76-66)^2}{66} \\ &= 4.339\end{aligned}$$

5. 결론: 검정통계량의 계산값 $\chi^2 = 4.339$가 7.378을 초과하지 못하므로 귀무가설을 기각하지 못한다. 그러므로 수도권 지역과 비수도권 지역에 속하는 가구들의 소득의 분포의 비율은 서로 동일하다라고 결론을 내린다.

연습문제 12-3

1. 일반적으로 학교에서 학생들에게 체벌을 가하는 것이 금지되어 있다. 300명의 성인들을 랜덤으로 추출한 다음 선생님들이 교육 목적을 달성하기 위하여 체벌을 가하는 것에 대한 찬반 여부를 조사하여 다음과 같은 결과를 구하였다.

	찬성	반대	무응답
남자	93	70	12
여자	87	32	6

성별과 체벌에 대한 찬반의견은 서로 독립인지 아닌지 유의수준 1%로 검정하여라.

2. 같은 증상을 치료하는 서로 다른 세 종류의 약에 대한 환자들의 알레르기 반응을 보기 위하여 300명의 임상환자들을 랜덤으로 선발하였다. 알레르기 반응을 검사하기 위하여 각 환자들에게 한 종류의 약을 투여한 후, 환자들의 증상을 각각 심한 알레르기 반응, 약간의 알레르기 반응, 알레르기 반응 없음으로 분류하여 다음의 결과를 얻었다. 세 종류의 약과 환자들의 알레르기 반응이 서로 독립인지 유의수준 5%로 검정하여라.

	심한 알레르기 반응	약간의 알레르기 반응	알레르기 반응 없음
약 A	52	42	15
약 B	42	32	25
약 C	55	25	12

3. 문제 2에서 유의수준 1%로 세 종류의 약과 환자들의 알레르기 반응의 독립성 여부를 검정하여라. 그리고 문제 2의 결과와 문제 3의 결과를 비교하고 설명하여라.

4. 한 컴퓨터 조립회사에서는 세 납품업자로부터 기판을 공급받고 있다. 그 조립회사는 납품받은 기판을 엄격히 검사하여 컴퓨터 조립에 사용하고 있다. 다음은 세 납품업자의 기판을 100개씩 검사한 결과이다. 세 납품업자의 품질들이 서로 비슷하다고 할 수 있는지 유의수준 5%로 검정하여라.

	합격한 기판의 개수	불합격한 기판의 개수
공급자 1	92	8
공급자 2	85	15
공급자 3	98	2

5. 다음 자료는 연령층에 따른 선호하는 술의 형태를 분류한 표이다. 연령층에 따라 선호하는 술의 형태가 변하는지 유의수준 1%로 검정하여라.

	과실주	맥주	소주	양주
20~30대	10	25	35	45
40~50대	25	45	10	20
60대 이상	42	36	10	10

12.4 부호검정

지금까지 우리는 관측값들이 정규분포를 따른다는 가정하에서 여러 가지 추론들을 하였다. 이러한 경우에는 표본에서 이용 가능한 정보들을 추출해서 이용할 수 있었다. 그러나 정규성의 가정이 만족되는 것이 의심스러울 때는 이러한 표준적인 방법들을 사용할 수 없다. 특히 표본의 크기가 작을 때는 자료들이 정규분포를 한다는 것을 입증하는 것은 어려운 일이다. 그러므로 이런 경우에는 관측값들 사이의 순서나 관련성만을 고려하는 비모수검정법을 사용한다. 비모수검정법의 장점은 표준적인 방법들에 대한 가정들이 성립하지 않을 때에도 정확한 추론을 할 수 있고, 자료들이 비대칭의 구조를 갖거나 정규분포의 가정을 만족하지 않을 때에도 비모수검정법에는 영향을 미치지 않는다는 것이다.

이제 단일표본 t 검정, 대응표본 t 검정의 비모수적 방법의 대안으로서 부호검정을 설명한다. 부호검정은 연속적인 값을 가지며 대칭의 형태를 갖는 모집단으로부터 표본을 추출할 때 적용할 수 있는데, 이 경우 평균보다 작은 관측값을 얻을 확률과 평균보다 큰 관측값을 얻을 확률이 각각 $\frac{1}{2}$이 된다. 가설을 설정하기 위하여 모평균의 중앙값인 $\tilde{\mu}$를 사용하여 귀무가설을 표현할 수 있다. 표본의 크기가 n일 때 대립가설에 대하여 귀무가설 $\tilde{\mu} = \tilde{\mu}_0$를 검정하기 위해서 $\tilde{\mu}_0$보다 큰 관측값들을 + 부호로 대체하고 $\tilde{\mu}_0$보다 작은 관측값들을 − 부호로 대체한다. 다음으로 대체된 +와 − 부호들이 $p = \frac{1}{2}$을 갖는 이항실험의 결과라는 귀무가설을 검정한다. 만약 관측값이 $\tilde{\mu}_0$와 같다면 그 값은 버린다. 이러한 종류의 검정을 하기 위해서 표본의 크기가 작을 때는 이항분포표를 사용하여 검정한다.

예제 12.5 다음 자료는 어떤 종류의 가솔린을 분석한 15개의 옥탄값에 대한 확률표본이다.

99.0 102.3 99.8 100.5 99.7 96.2 99.1 102.5

103.3 97.4 100.4 98.9 98.3 98.0 101.6

귀무가설 $\tilde{\mu} = 98.0$과 대립가설 $\tilde{\mu} > 98.0$을 유의수준 1%로 검정하여라.

풀이 위의 자료 가운데서 한 개의 관측값이 98.0과 같으므로 그 값을 가설검정에서 제외시키고 $n = 14$인 표본에 대하여 부호검정을 실시한다.

1. 귀무가설: $\tilde{\mu} = 98.0\left(p = \frac{1}{2}\right)$

   대립가설: $\tilde{\mu} > 98.0\left(p > \frac{1}{2}\right)$

2. 유의수준: $\alpha = 0.01$
3. 판정기준: 판정기준은 + 또는 − 부호의 숫자에 따른다. 만약 + 부호를 사용한다면, x를 + 부호의 숫자라고 할 때 x개 이상의 + 부호를 구할 확률(유의확률)이 0.01 이하가 되면 귀무가설을 기각시킨다.
4. p값(유의확률)의 계산: 98.0보다 크거나 작은 측정값들을 각각 +와 −의 부호로 대체한다면 14개의 관측값들은 다음과 같이 적을 수 있다.

   \+ \+ \+ \+ \+ − \+ \+ \+ − \+ \+ \+ \+

   즉, $x = 12$가 되므로 이항분포표로부터 $n = 14$와 $p = 0.50$일 때 $X \geq 12$의 확률은 $1 - 0.9935 = 0.0065$가 된다.
5. 결론: 유의확률 0.0065가 0.01보다 작으므로 귀무가설은 기각된다. 그러므로 주어진 종류의 가솔린의 옥탄의 중앙값은 98.0을 초과한다고 결론을 내린다.

부호검정은 대응표본 t 검정의 대안으로 사용할 수 있다. 즉, 쌍으로 구성된 각각의 값들이 있을 때 첫 번째 관측값이 두 번째 관측값보다 크면 + 부호, 첫 번째 관측값이 두 번째 관측값보다 작으면 − 부호로 교체하고 두 값들이 서로 같으면 표본에서 제외시킨다.

예제 12.6 다음은 산업안전 프로그램의 도입 전과 후에 대하여 10개의 공장에서 사고로 인한 주당 평균 작업손실시간에 관한 자료이다.

도입 전: 45 73 46 124 33 57 83 34 26 17

도입 후: 36 60 44 119 35 51 77 29 24 11

유의수준 5%를 사용하여 산업안전 프로그램의 효과 여부에 대한 가설을 검정하여라.

풀이

1. 귀무가설: $\widetilde{\mu_D} = 0\left(p = \frac{1}{2}\right)$

   대립가설: $\widetilde{\mu_D} > 0\left(p > \frac{1}{2}\right)$

   여기서 $\widetilde{\mu_D}$는 두 관측값들의 차이에 대한 중앙값을 의미한다.
2. 유의수준: $\alpha = 0.05$
3. 판정기준: x를 + 부호의 숫자라고 할 때 x개 이상의 + 부호를 구할 확률이 0.05 이하가 되면 귀무가설을 기각시킨다.
4. 유의확률의 계산: 쌍으로 구성된 각 관측값들에 대하여 첫 번째 관측값이 두 번째 관측값보다 크면 + 부호, 첫 번째 관측값이 두 번째 관측값보다 작으면 − 부호로 교체한다. 결과는 다음과 같다.

   \+ \+ \+ \+ − \+ \+ \+ \+ \+

   즉, $x = 9$가 되므로 이항분포표로부터 $n = 10$과 $p = 0.50$일 때 $X \geq 9$의 확률은 $1 - 0.9893 = 0.0107$이 된다.
5. 결론: 유의확률 0.0107이 0.05보다 작으므로 귀무가설은 기각되고 산업안전 프로그램이 효과가 있다고 결론을 내린다.

연습문제 12-4

1. 새로 개발된 면제품의 단위면적당 수분 흡수량을 검사하기 위하여 10개 표본을 취하여 수분의 흡수량을 측정하였다.

52.2, 54.5, 59.8, 62.3, 59.9, 65.3, 60.1, 58.3, 62.4, 61.9

면제품의 단위면적당의 수분 흡수량이 60과 차이가 나는지 유의수준 10%로 검정하여라.

2. 문제 1에서 면제품의 단위면적당의 수분 흡수량이 60보다 큰지 유의수준 10%로 검정하여라.

3. 동일한 프로그램을 실행하는 데 걸리는 시간은 컴퓨터의 기능에 따라 차이가 난다. 15명의 학생들에게 본인이 가져온 랩탑에서 그 프로그램을 실행시켜서 걸린 CPU 시간을 초 단위로 측정하였다.

   8.95, 7.99, 10.20, 9.85, 9.66, 11.50, 9.68, 10.40,
   9.33, 9.47, 9.45, 9.85, 9.89, 9.55, 10.02

   학생들이 그 프로그램을 실행하는 데 걸리는 시간이 10초보다 작다고 할 수 있는지 유의수준 10%로 부호검정을 하여라.

4. 다음은 어떤 다이어트 약의 효과를 실험하기 위하여 건강한 남녀 8명을 랜덤으로 선발하여 다이어트 약 복용 전과 복용 후의 체중을 측정한 결과이다.

   복용 전: 65, 78, 60, 58, 71, 55, 84, 69
   복용 후: 62, 75, 61, 54, 71, 54, 80, 68

   다이어트 약의 효과가 있다고 말할 수 있는지 유의수준 5%로 부호검정을 하여라.

5. 문제 4에서 다섯 번째 사람의 체중이 복용 전에는 71 kg이었으나 복용 후 70 kg으로 줄어들었다면 다이어트 약의 효과가 있다고 말할 수 있는지 유의수준 5%로 부호검정을 하여라.

12.5 순위합검정

본 절에서는 이표본 t 검정의 대안으로 사용되는 비모수적 방법인 U 검정과 일원배치 분산분석의 대안으로 사용되는 비모수적 방법인 H 검정을 이용하는 순위합검정법에 대하여 설명한다. 여기서 H 검정은 k개의 표본들이 동일한 모집단으로부터 나왔다는 귀무가설과 동일한 모집단으로부터 나오지 않았다는 대립가설을 검정하는 데 사용된다. 윌콕슨(Wilcoxon) 검정 또는 맨-휘트니(Mann-Whitney) 검정이라고도 불리는 U 검정은 다음과 같이 시행한다.

침전물로부터 생기는 암석의 연구에서 두 종류의 모래를 채취한 후 mm의 단위로 모래의 직경을 측정하여 다음의 결과를 구하였다.

모래 I:	0.63	0.17	0.35	0.49	0.18	0.43	0.12	0.20
	0.47	1.36	0.51	0.45	0.84	0.32	0.40	
모래 II:	1.13	0.54	0.96	0.26	0.39	0.88	0.92	0.53
	1.01	0.48	0.89	1.07	1.11	0.58		

두 종류의 모래가 채취된 모집단들이 서로 동일한지, 아니면 한 모집단이 다른 모집단보다 더 큰 모래 알갱이들을 생성하는지를 결정하려고 한다. X_1을 어느 한 분포를 따르는 확률변수라고 하고, X_2를 두 번째 분포를 따르는 확률변수라고 하자. 만약 다음 부등식에서 어떤 a에 대하여 부등호가 성립하고 모든 a에 대하여 $P(a < X_1) \leqq P(a < X_2)$가 성립하면, 우리는 두 번째 모집단(분포)이 첫 번째 모집단(분포)보다 확률적으로 크다라고 말한다. 이러한 확률적인 순서의 관계를 보기 위하여 단측검정을 시행한다. U 검정을 하기 위하여 위의 두 종류의 모래성분의 자료들을 모두 섞어서 자료의 크기 순서로 정리한 다음, 모래 I에 속하는지 모래 II에 속하는지 각각의 자료 밑에 표시하였다.

0.12	0.17	0.18	0.20	0.26	0.32	0.35	0.39	0.40	0.43
I	I	I	I	II	I	I	II	I	I
0.45	0.47	0.48	0.49	0.51	0.53	0.54	0.58	0.63	0.84
I	I	II	I	I	II	II	II	I	I
0.88	0.89	0.92	0.96	1.01	1.07	1.11	1.13	1.36	
II	II	II	II	II	II	II	II	I	

위와 같은 크기 순서로 정리된 각각의 자료들에 1, 2, 3, ⋯, 29를 할당하면 모래 I에 속하는 값들의 순위들은 1, 2, 3, 4, 6, 7, 9, 10, 11, 12, 14, 15, 19, 20, 29가 되고, 모래 II에 속하는 값들의 순위들은 5, 8, 13, 16, 17, 18, 21, 22, 23, 24, 25, 26, 27, 28이 된다. 이 예제에는 서로 같은 측정값이 없지만 만약 서로 같은 값이 있는 경우에는 할당된 순위들의 평균값을 각각의 같은 측정값에 적는다. 예를 들면, 세 번째와 네 번째의 값이 서로 같다면 세 번째와 네 번째의 값에 각각

$$\frac{3+4}{2}=3.5$$

를 할당한다. 그리고 만약에 아홉 번째와 열 번째, 열한 번째의 값들이 모두 같다면 각각의 값들에

$$\frac{9+10+11}{3}=10$$

을 할당한다. 우리는 여기서 두 표본이 서로 동일한 모집단으로부터 추출된 것인가를 검정하려고 한다. 만약 이 경우라면 두 표본에 할당된 순위들의 평균값들은 서로 유사하여야 한다. 또는 평균 대신에 자료들의 크기를 고려한 두 표본의 값에 할당된 순위들의 합을 비교할 수도 있다. 두 표본에 할당된 순위들의 합을 계산하면 각각 $W_1=162$와 $W_2=273$이 된다. 이 경우 우리는 두 값의 차이가 귀무가설을 기각할 만큼 충분히 큰가를 살펴보아야 한다. 이표본 t 검정에 대한 비모수적 방법의 대안으로 순위합검정이 처음 제안되었을 때는 W_1 또는 W_2를 사용하였으나, 지금은 W_1 또는 W_2를 사용한 다음의 U 통계량을 사용한다. 두 표본의 크기를 각각 n_1과 n_2라고 할 때 편의상 통계량 U_1을 사용한다.

[정의 12.4] U_1과 U_2 통계량

$$U_1 = W_1 - \frac{n_1(n_1+1)}{2}$$

$$U_2 = W_2 - \frac{n_2(n_2+1)}{2}$$

두 표본들이 동일한 모집단으로부터 추출되었다는 귀무가설하에서 U_1은 다음과 같은 평균과 분산을 갖는 확률분포를 한다고 알려져 있다.

[정의 12.5] U_1 통계량의 평균과 분산

$$\mu_{U_1} = \frac{n_1 n_2}{2}$$

$$\sigma^2_{U_1} = \frac{n_1 n_2(n_1+n_2+1)}{12}$$

만약 순위들 가운데 동일한 값들이 있으면 위의 공식의 값들은 근사값이 되지만 동일한 값들이 적다면 이 근사값들을 사용해도 무방하다. n_1과 n_2가 모두 8보다 클 때는 U_1의 확률분포가 정규분포에 근사되므로 두 표본이 동일한 모집단으로부터 추출되었다는 귀무가설의 검정은 다음의 Z값을 이용할 수 있다. 표본의 크기가 작은 경우는 정규근사를 사용할 수 없으므로 검정에 필요한 특별한 표가 필요하다.

[정의 12.6] 대표본의 경우 U 검정을 위한 통계량

$$Z = \frac{U_1 - \mu_{U_1}}{\sigma_{U_1}}$$

그러므로 두 개의 표본이 동일한 모집단으로부터 추출되었는가에 대한 귀무가설과 모집단 2가 모집단 1보다 확률적으로 더 큰 것에 대한 대립가설을 검정한다면, U_1의 작은 값은 W_1의 작은 값과 일치하므로 검정통계량의 계산값 $Z < -z_\alpha$이면 귀무가설을 기각한다. 따라서 모집단 1이 모집단 2보다 확률적으로 더 큰 것에 대한 대립가설은 반대로 $Z > z_\alpha$이면 귀무가설을 기각한다.

예제 12.7 앞에서 언급한 침전물로부터 생기는 모래 알갱이의 문제로부터 두 표본이 동일한 모집단으로부터 추출되었다는 귀무가설과 같은 모집단으로부터 추출되지 않았다는 대립가설을 유의수준 1%로 U 검정을 시행하여라.

풀이

1. 귀무가설: 두 표본이 추출된 모집단은 서로 동일하다.
   대립가설: 두 표본이 추출된 모집단은 서로 동일하지 않다.
2. 유의수준: $\alpha = 0.01$
3. 판정기준: $Z < -2.575$ 또는 $Z > 2.575$이면 귀무가설을 기각한다.
4. 검정통계량의 계산: $n_1 = 15$, $n_2 = 14$이므로 첫 번째 표본의 순위의 합 W_1은

$$W_1 = 1+2+3+4+6+7+9+10+11+12+14+15+19+20+29 = 162$$

가 된다. 그러므로 공식을 이용하여

$$U_1 = 162 - \frac{15 \times 16}{2} = 42$$

$$\mu_{U_1} = \frac{15 \times 14}{2} = 105$$

$$\sigma^2_{U_1} = \frac{15 \times 14 \times 30}{12} = 525$$

와 같이 계산된다. 따라서 Z값은

$$Z = \frac{42-105}{\sqrt{525}} = -2.75$$

가 된다.

5. 결론: $Z=-2.75$는 -2.575보다 작으므로 귀무가설은 기각된다. 그러므로 모래 알갱이가 나타나는 두 표본의 모집단은 서로 동일하지 않다라고 결론을 내린다.

H 검정이라고도 불리는 크루스칼-월리스(Kruskal-Wallis) 검정은 서로 독립인 k개의 확률표본이 동일한 모집단으로부터 나왔는가에 대한 귀무가설을 검정하는 것으로, U 검정을 일반화시킨 것이다. U 검정에서처럼 표본의 모든 관측값들을 모아서 순서대로 정리한 다음 순위를 정한다. 만약 i번째 표본의 n_i개의 관측값들에 의해 부여된 순위의 합을 R_i라 하고 $n=n_1+n_2+\cdots+n_k$라고 한다면, 검정통계량은 다음과 같다.

[정의 12.7] ***H* 검정을 위한 통계량**

$$H = \frac{12}{n(n+1)} \sum_{i=1}^{k} \frac{R_i^2}{n_i} - 3(n+1)$$

귀무가설이 옳을 때 모든 i에 대하여 $n_i > 5$이면 H 검정통계량의 표본분포는 $k-1$의 자유도를 갖는 카이제곱분포로 근사된다. n_i와 k의 작은 값일 경우에는 H 검정통계량의 임계값들에 대한 특별한 표가 필요하다.

예제 12.8 세 가지 처리방법에 따라 철사에 발생하는 부식된 부분의 최대 깊이를 pits($\frac{1}{1000}$인치) 단위로 측정하여 그 방법들을 비교하려고 한다.

방법 A:	77	54	67	74	71	66	
방법 B:	60	41	59	65	62	64	52
방법 C:	49	52	69	47	56		

유의수준 5%를 사용하여 위의 세 표본들이 동일한 모집단으로부터 추출되었는가에 대한 귀무가설을 검정하여여라.

풀이

1. 귀무가설: 세 표본들이 추출된 모집단은 동일하다.
   대립가설: 세 표본들이 추출된 모집단은 동일하지 않다.
2. 유의수준: $\alpha = 0.05$
3. 판정기준: 검정통계량의 계산값이 자유도 2를 갖는 카이제곱분포의 제95백분위수 $\chi^2_{0.05}$의 값인 5.991보다 크면, 즉 $H > 5.991$이면 귀무가설을 기각한다.
4. 검정통계량의 계산: 세 표본의 관측값들을 모두 고려하여 순위를 부여하면,

방법 A:	18	6	14	17	16	13	
방법 B:	9	1	8	12	10	11	4.5
방법 C:	3	4.5	15	2	7		

이 된다. 그러므로 각 표본에 대한 순위의 합을 계산하면 $R_1 = 84$, $R_2 = 55.5$, $R_3 = 31.5$가 되고, 이 값들을 H에 대입하여 계산하면

$$H = \frac{12}{18 \times 19}\left(\frac{84^2}{6} + \frac{55.5^2}{7} + \frac{31.5^2}{5}\right) - 3 \times 19$$

$$= 6.7$$

이 된다.

5. 결론: $H = 6.7$은 5.991보다 크므로 귀무가설은 기각되고, 부식을 방지하기 위한 세 개의 처리방법의 효과가 서로 동일하지 않다고 결론을 내린다.

연습문제 12-5

1. 어떤 작업에 대한 주간 근무자들과 야간 근무자들의 작업속도를 비교하기 위하여 근무자들을 랜덤으로 선발하여 같은 업무를 주고 처리한 시간을 측정하였다. 주간과 야간 근무자들의 처리속도에는 차이가 있는지 유의수준 5%로 순위합검정을 하여라.

(단위: 분)

주간	15	24	16	10	25	12	18	22	
야간	15	19	23	22	27	17	26	24	14

2. 두 종류의 타이어 마모도가 서로 같은가를 알아보기 위하여 여러 종류의 차에 타이어 A와 B를 장착하여 여러 종류의 도로 여건과 주행속도에 따라 타이어 마모도를 실험하였다. 다음은 타이어가 닳은 정도를 mm로 측정한 자료이다. A 타이어가 B 타이어보다 훨씬 많이 닳는지 유의수준 10%로 검정하여라.

A	2.3	2.9	1.8	0.9	1.3	1.9	2.7	2.4	1.1
B	1.7	1.9	2.0	0.7	1.1	2.1	1.9	1.8	1.1

3. 문제 2에서 타이어 B의 세 번째 값 2.0 대신 1.7로 교체되었다고 가정하고 유의수준 5%로 순위합검정을 하여라.

A	2.3	2.9	1.8	0.9	1.3	1.9	2.7	2.4	1.1
B	1.7	1.9	1.7	0.7	1.1	2.1	1.9	1.8	1.1

4. 다음은 오전, 오후, 야간 근무자들의 업무처리시간을 측정하였다. 오전, 오후, 야간 근무자들의 처리속도에는 차이가 있는지 유의수준 5%로 크루스칼-윌리스 검정을 하여라.

오전: 13, 15, 14, 20, 21, 23
오후: 16, 11, 15, 25, 19, 21 (단위: 분)
야간: 17, 19, 23, 16, 27, 28

5. 문제 4에서 표본의 크기를 7명으로 늘려서 오전, 오후, 야간 근무자들의 마지막 측정값으로 각각 16, 24, 30이 추가되었다. 유의수준 5%로 크루스칼-윌리스 검정을 하여라.

12.6 우연성 검정

지금까지 우리는 표본이 랜덤이라는 가정을 많이 사용하여 왔다. 실제로 어떤 표본이 추출된 다음에 그 표본이 랜덤인지 아닌지를 아는 것이 필요한 경우가 있다. 표본이 랜덤하게 추출되었는가 아닌가를 검정하는 방법 가운데 하나는 표본의 값들이 구해진 순서를 이용하는 것이다. 마치 동전을 반복해서 던질 때 앞면과 뒷면이 나타난 결과를 각각 H와 T로 나타낸다면 런(run)은 서로 다른 문자들 사이에 들어 있는 동일한 문자들이 연속적으로 계속된 길이로 정의된다. 예를 들어, 다음의 순서로 동전의 결과를 얻었을 때 연속적인 한 종류의 문자에 밑줄로 각각의 런을 표시한다면 모두 8개의 런이 나타난다.

$$\underline{TT}\ \underline{HH}\ \underline{TT}\ \underline{HHH}\ \underline{T}\ \underline{HHH}\ \underline{TTTT}\ \underline{HHH}$$

n번의 시행에서 포함된 런의 총 개수는 그 순서들의 배열이 랜덤인가 아닌가를 결정하는 데 사용된다. 예를 들면, 뒷면이 10번 연속해서 나타난 다음 앞면이 10번 연속해서 나타나는 2개의 런만 있는 경우를 생각한다면, 앞면이 나타나는 확률이 매번의 시행 때마다 항상 일정하다는 것을 의심하게 된다. 한편, 20번을 연속적으로 동전을 던지는 실험을 할 때 앞면과 뒷면이 번갈아 가면서 나타난다면 그 실험이 과연 독립인지 의심하게 된다. 이 두 가지 경우는 우연성을 충분히 의심할 여지가 있다. 여기서 우연성을 의심한다는 것은 앞면과 뒷면이 나타난 개수가 아니라 앞면과 뒷면이 나타난 순서를 의미한다.

어떤 일련의 연속적인 결과에서 한 종류가 n_1개 있고, 또다른 종류가 n_2개가 있다면 (그리고 n_1과 n_2가 10보다 큰 경우) 런의 개수의 합 u의 표본분포는 다음의 값을 평균과 표준편차로 갖는 정규분포로 근사된다.

[정의 12.8] u의 평균과 표준편차

$$\mu_u = \frac{2n_1n_2}{n_1+n_2}+1$$

$$\sigma_u = \sqrt{\frac{2n_1n_2(2n_1n_2-n_1-n_2)}{(n_1+n_2)^2(n_1+n_2-1)}}$$

그러므로 표본에 있는 부호들의 배열이 랜덤인가에 대한 귀무가설의 검정은 다음의 통계량을 이용할 수 있다.

[정의 12.9] 우연성 검정을 위한 통계량

$$Z = \frac{u-\mu_u}{\sigma_u}$$

그러므로 위의 검정통계량은 표준정규분포로 근사되고 n_1과 n_2가 작을 때는 특별한 표가 필요하다.

예제 12.9 다음은 한 기계에서 생산되어 나오는 제품들을 순서에 따라 정리한 것이다. 여기서, d는 불량품이고 n은 양품을 의미한다.

$$\underline{n\ n\ n\ n\ n}\ \underline{d\ d\ d\ d}\ \underline{n\ n\ n\ n\ n\ n\ n\ n\ n\ n}\ \underline{d\ d}\ \underline{n\ n}\ \underline{d\ d\ d\ d}$$

유의수준 1%로 우연성을 검정하여라.

풀이

1. 귀무가설: 생산제품의 순서는 랜덤이다.
   대립가설: 생산제품의 순서는 랜덤이 아니다.
2. 유의수준: $\alpha = 0.01$
3. 판정기준: $Z < -2.575$ 또는 $Z > 2.575$이면 귀무가설을 기각한다.
4. 검정통계량 값의 계산: $n_1 = 10$, $n_2 = 17$이고 배열에서 모든 런의 수 $u = 6$이므로 u의 평균과 표준편차는 각각

$$\mu_u = \frac{2\times 10\times 17}{10+17} + 1 = 13.59$$

$$\sigma_u = \sqrt{\frac{2\times 10\times 17(2\times 10\times 17 - 10 - 17)}{(10+17)^2(10+17-1)}} = 2.37$$

   이 된다. 따라서 Z값은

$$Z = \frac{6-13.59}{2.37} = -3.20$$

   이다.
5. 결론: 검정통계량의 계산값 $Z = -3.20$이 -2.575보다 작으므로 귀무가설은 기각된다. 따라서 생산제품의 순서는 랜덤이 아니다라고 결론을 내린다. 사실상 런의 총 개수는 기대했던 것보다 훨씬 더 작아서 불량품들이 그룹으로 나타나는 경향이 보인다. 그러므로 생산제품의 공정과정을 잘 아는 작업자는 그 이유에 대해 조사할 필요가 있다.

런을 사용한 검정은 중앙값보다 큰 런의 수와 중앙값보다 작은 런의 수를 계산함으로써 수치자료로 구성된 표본의 우연성을 검정하는 데 사용될 수 있다. 표본의 중앙값보다 큰 관측값을 문자 a로 표시하고 중앙값보다 작은 관측값을 문자 b로 나타낼 때, 주어진 수치자료에 대한 우연성을 검정하기 위해서 a와 b의 개수를 이용할 수 있다. 이 검정방법은 연속적으로 발생하는 작은 표본들의 평균값들을 시간의 흐름에 따라 그래프에 표

시하는 품질관리 분야에서 흔히 사용된다. 런을 사용한 검정은 그러한 수치자료들이 어떤 경향성이 나타내는가를 알아보려고 할 때 사용할 수 있으므로, 심각한 손실이 발생하기 전에 다른 공정 관련 변수나 기계의 세팅을 조절하는 데 사용할 수 있다.

예제 12.10 한 품질관리기사는 교정된 자동선반에서 제조되는 축의 직경에 너무 많은 변화가 일어나지 않는지 연구하고 있다. 다음은 그 선반에서 연속적으로 깎은 40개의 축의 평균 직경이다.

0.261	0.258	0.249	0.251	0.247	0.256	0.250	0.247	0.255	0.243
0.252	0.250	0.253	0.247	0.251	0.243	0.258	0.251	0.245	0.250
0.248	0.252	0.254	0.250	0.247	0.253	0.251	0.246	0.249	0.252
0.247	0.250	0.253	0.247	0.249	0.253	0.246	0.251	0.249	0.253

(단위: 인치)

유의수준 1%를 사용하여 선반에서 제조되는 축의 직경의 값에 자주 변화가 일어난다는 대립가설과 그 값이 우연이다라는 귀무가설을 검정하여라.

풀이

1. 귀무가설: 교정된 자동선반에서 제조되는 값들의 배열은 랜덤이다.
   대립가설: 교정된 자동선반에서 제조되는 값들은 자주 변화하는 양상을 보인다.
2. 유의수준: $\alpha = 0.01$
3. 판정기준: $Z > 2.33$이면 귀무가설을 기각한다.
4. 검정통계량 값의 계산: 40개의 관측값들에 대한 중앙값은 0.250이다. 여기서 0.250과 같은 값은 제외시킨다. 그러므로 0.250보다 큰 값과 작은 값들을 각각 a와 b로 나타내어 그 값들을 다시 배열하면 다음과 같다.

   $$a\,a\,b\,a\,b\,a\,b\,a\,b\,a\,a\,b\,a\,b\,a\,a\,b\,b\,a\,a\,b\,a\,a\,b\,b\,a\,b\,a\,b\,b\,a\,b\,a\,b\,a$$

   위의 배열에서 0.250과 같은 값을 제외한 나머지 35개에 대하여 $n_1 = 19$, $n_2 = 16$, 모든 런의 수 $u = 27$이므로

   $$\mu_u = \frac{2 \times 19 \times 16}{19 + 16} + 1 = 18.37$$

   $$\sigma_u = \sqrt{\frac{2 \times 19 \times 16(2 \times 19 \times 16 - 19 - 16)}{(19+16)^2(19+16-1)}} = 2.89$$

   가 된다. 따라서 Z값은 다음과 같다.

   $$Z = \frac{27 - 18.37}{2.89} = 2.98$$

5. 판정기준: $Z=2.98$은 2.33보다 크므로 선반에서 제조되는 자료들의 배열이 랜덤이다라는 귀무가설을 기각한다. 즉, 배열에서 런의 수 $u=27$이 우리가 우연에 의해서 변화된 값들이라고 예상하기에는 너무 크므로 선반이 너무 자주 교정되었다라고 결론짓는 것이 합리적이다.

연습문제 12-6

1. 다음은 작업장에 출근하는 작업자들의 성별을 도착 순서에 따라 정리한 결과이다. 여기서, M과 F는 각각 남자와 여자를 의미한다. 도착하는 작업자들의 성별이 랜덤이라고 말할 수 있는지 유의수준 10%로 검정하여라.

M, F, M, F, M, M, F, M, M, M, F, F, M, F, M, M, F, F, F, F

2. 문제 1에서 두 번째, 네 번째 작업자가 남자이고, 맨 마지막에 두 사람의 여자 작업자가 더 도착하였다. 도착하는 작업자들의 성별이 랜덤이라고 말할 수 있는지 유의수준 10%로 검정하여라.

3. 다음은 생산라인에서 제조된 볼베어링의 직경을 나타낸 자료이다. 직경의 변화가 랜덤인지 아닌지 유의수준 10%로 우연성 검정을 하여라.

2.41, 2.33, 2.69, 2.78, 2.56, 2.45, 2.99, 2.75, 2.44, 2.68,
2.39, 2.71, 2.33, 2.88, 2.77, 2.42, 2.13, 2.46, 2.49, 2.89 (단위: mm)

4. 문제 3에서 새로운 24개의 자료를 랜덤으로 구하였다. 직경의 변화가 랜덤인지 아닌지 유의수준 10%로 우연성 검정을 하여라.

2.41, 2.33, 2.87, 2.78, 2.90, 2.45, 2.99, 2.70, 2.80, 2.89, 2.80, 2.97,
2.33, 2.88, 2.77, 2.42, 2.13, 2.46, 2.49, 2.89, 2.44, 2.43, 2.22, 2.55

5. $n_1=15$, $n_2=20$, $u=8$, $\alpha=0.01$일 때 우연성 검정에서 귀무가설이 기각되는지 기각되지 않는지 결정하여라.

12.7 콜모고로프-스미로노프와 앤더슨-달링 검정

콜모고로프-스미로노프(Kolmogorov-smirnov) 검정은 누적분포들의 차이에 대한 비모수적 검정방법이다. 콜모고로프-스미로노프 단일표본검정은 관찰된 표본값들의 누적분포가 특정한 연속분포함수와 서로 같은가를 검정하는 일종의 적합도 검정이다. 콜모고로프-스미로노프 이표본검정은 두 개의 관찰된 누적분포가 서로 일치하는가에 대한 검정에 사용된다. 그리고 콜모고로프-스미로노프 이표본검정은 두 개의 서로 독립인 표본들이 동일한 연속분포로부터 나타났는가에 대한 가설을 검정하는 데 사용될 수도 있는데, 자료들의 중심적 위치나 퍼진 정도, 또는 치우친 정도에 따른 모집단의 차이에 매우 민감하다.

콜모고로프-스미로노프 일표본검정은 일반적으로 표본의 크기가 작을 때 적합성의 검정 시 사용하는 카이제곱검정보다 더 효율적일 뿐만 아니라 카이제곱검정을 적용할 수 없는 매우 작은 표본들에 대해서도 사용할 수 있다. 그러나 카이제곱검정은 이산분포에 대해서도 사용할 수 있지만 콜모고로프-스미로노프 검정은 연속분포에서만 사용이 가능하다. 콜모고로프-스미로노프 일표본검정은 어떤 특정한 이론적인 누적분포의 값과 확률표본의 크기가 n인 경험적인 누적분포의 값들 사이의 차이 가운데 최대값을 이용한다. 실제로 검정을 할 때 이러한 차이값이 주어진 유의수준에서 기대하는 값보다 통계적으로 충분히 큰가를 결정하기 위해서 부록에 있는 임계값 D를 이용한다.

예제 12.11 30인치 넓이를 갖는 전기분해용 주석판에 10개의 작은 구멍들이 그 주석판의 한쪽 면으로부터 골고루 분포되어 있는가를 보기 위하여 한쪽 면으로부터 구멍들까지의 거리를 측정하였다.

4.8 14.8 28.2 23.1 4.4 28.7 19.5 2.4 25.0 6.2

위의 결과에 대하여 유의수준 5%로 가설을 검정하여라.

풀이 1. 귀무가설: 주석판을 따라 난 작은 구멍들은 다음의 누적분포함수에 따라 균일하게 분포되어 있다.

$$F(x) = \begin{cases} 0, & x \leqq 0 \\ \dfrac{x}{30}, & 0 < x < 30 \\ 1, & x \geqq 30 \end{cases}$$

여기서 x는 한쪽 끝으로부터 작은 구멍까지의 거리이다.

대립가설: 주석판을 따라 난 작은 구멍들이 균일하게 분포되어 있지 않다.

2. 유의수준: $\alpha = 0.05$
3. 판정기준: D가 경험적 누적분포와 귀무가설에서 가정된 누적분포 사이의 최대 거리라고 할 때 $D > 0.410$이면 귀무가설을 기각한다.

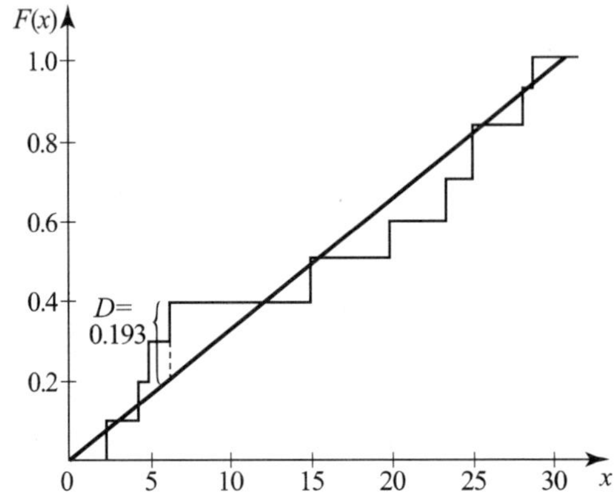

그림 12.1 콜모고로프-스미로노프 검정을 위한 그림

4. D의 계산: 그림 12.1에 그려진 두 개의 누적분포로부터 가장 차이가 많이 나는 값은 $x = 6.2$일 때

$$D = 0.40 - \frac{6.2}{30} = 0.193$$

이다.

5. 결론: $D = 0.193$은 부록에 있는 D의 임계값 0.410을 초과하지 않으므로 귀무가설은 기각되지 않는다. 즉, 주석판을 따라 난 작은 구멍들은 한쪽 끝으로부터 골고루 분포되어 있다라고 결론을 내린다.

경험적 누적분포 F_n와 이론적인 누적분포 F 사이의 차이를 $\sqrt{F(x)(1 - F(x))}$로 나누면 분포의 양쪽 꼬리 부분에 있는 차이를 발견하기가 쉽다. 특히 앤더슨-달링(Anderson-Darling) 검정은 다음의 검정통계량

$$A^2 = \int_{-\infty}^{\infty} [F_n(x) - F(x)]^2 \frac{1}{F(x)(1 - F(x))} f(x)\,dx$$

를 이용한다. 이 통계량의 수치적 계산은 어렵게 보이지만, A^2은

$$A^2 = \frac{\left[\sum_{i=1}^{n} (2i - 1)(\ln(u_i) + \ln(1 - u_{n+1-i}))\right]}{n} - n$$

이 됨을 보일 수 있다. 여기서, $u_i = F(x_{(i)})$는 i번째로 큰 관측값인 $x_{(i)}$의 이론적 누적 분포의 값이다. 가설검정 시 검정통계량 A^2의 값이 충분히 크면 귀무가설을 기각한다. 검정통계량 A^2값의 한 예로, 큰 표본에 대해서 유의수준이 5%일 때 임계값은 2.492이고 1%일 때 임계값은 3.857이다. 이 값들은 매우 정확하여 표본의 크기가 10이 될 때까지도 사용할 수 있다.

예제 12.12 예제 12.11을 이용하여 앤더슨-달링 검정통계량 A^2을 계산하여라.

풀이 가장 작은 관측값은 2.4이므로 $u_1 = F(2.4) = \dfrac{2.4}{30} = 0.08$이 된다. 같은 방법으로 모든 관측값의 순서통계량에 대한 u_i값은 다음과 같다.

2.4	4.4	4.8	6.2	14.8	19.5	23.1
0.08000	0.14667	0.16000	0.20667	0.49333	0.65000	0.77000

25.0	28.2	28.7
0.83333	0.9400	0.95667

그러므로

$$\begin{aligned} A^2 &= -[(2\times 1-1)(\ln(0.08000)+\ln(1-0.95667))+\cdots \\ &\quad +(2\times 10-1)(\ln(0.95667)+\ln(1-0.08000))]/10-10 \\ &= 0.5267 \end{aligned}$$

큰 표본에 대한 임계값을 사용하면 $A^2 = 0.5267$은 2.492보다 작으므로 귀무가설을 기각하지 못한다. 따라서 주석판을 따라 난 작은 구멍들은 한쪽 끝으로부터 균일하게 분포되어 있다라고 결론을 내린다.

연습문제 12-7

1. 다음은 생산라인에서 제조된 축의 표본을 10개 수집하여 측정한 다음 표준화한 후, 크기순서대로 정렬하였다. 이 값들이 표준정규분포를 따른다고 볼 수 있는지 유의수준 5%로 검정하여라.

-2.1, -1.5, -0.8, -0.5, -0.2, 0.4, 1.5, 1.9, 2.5, 2.8

2. 한 전자제품의 수명을 측정하기 위하여 제품 10개를 수집하고 실험결과를 순서대로 정리하였다. 전자제품은 평균 수명이 5개월인 지수분포를 따른다고 할 수 있는지 유의수준 5%로 검정하여라.

1.0, 2.4, 2.9, 3.1, 3.9, 5.6, 7.5, 9.2, 10.3, 12.7 (단위: 개월)

3. 문제 2에서 전자제품은 평균 수명이 2개월인 지수분포를 따른다고 할 수 있는지 유의수준 5%로 검정하여라.

4. 다음은 자동차 외형에 색을 입히는 도장작업에서 페인트의 두께가 일정한가를 알아보기 위하여 작업이 끝난 5개의 패널을 수집하고 두께를 측정한 결과이다.

0.85, 0.76, 0.81, 0.73, 0.86 (단위: mm)

(1) 경험적 누적분포 F_n를 그려라.

(2) 이론적인 누적분포 F를 적고 그려라.

5. 문제 5에서 페인트가 균일하게 자동차의 외벽에 칠해졌는지 유의수준 10%로 가설을 검정하여라.

1. 한 품질관리기사는 어느 조립라인에서 조립이 완성된 트랙터들 가운데서 5개의 트랙터($n=5$)를 200일 연속으로 추출하였다. 그 결과는 다음과 같다.

조정을 필요로 하는 트랙터의 수	날짜의 수
0	95
1	67
2	21
3	15
4	2

이 조립라인에서 완성되는 모든 트랙터의 10%는 조정이 필요하다고 주장하는 가설을 검정하기 위해서 이항분포표를 사용하여 기댓값을 계산하고, 유의수준 1%로 카이제곱검정을 하여라.

2. 문제 1에서 모든 트랙터의 20%가 조정이 필요로 하다고 주장한다면 이항분포표를 사용하여 위의 표에 대한 기댓값을 계산하고, $n=5$, $p=0.2$인 이항분포가 이 상황에 적합한 모형인가를 유의수준 1%로 검정하여라.

3. 12.1절 문제 1의 휴대폰 문제에서 그 분포의 평균은 약 2.6이 되는지 보여라. 그리고 $\lambda=2$인 포아송 분포가 잘 적합되는지 유의수준 5%로 검정하여라.

수리시간(시간)	0	1	2	3	4 이상
관측값(개수)	2	3	8	9	8

4. 다음은 한 회사의 창고에 매시간 도착하는 트럭의 수에 대한 분포이다.

시간당 도착하는 트럭의 수	도수
0	25
1	90
2	240
3	70
4	25

이 분포에 대한 평균을 구하여라. 그 평균값을 포아송 분포의 λ값으로 놓고 유의수준 1%로 적합도 검정을 하여라.

5. 다음은 자동차 배출가스 가운데 나타나는 아황산가스의 분포로서, 표본평균과 표본표준편차는 $\overline{x} = 25$, $s = 5$이다.

계급의 한계(톤)	빈도
10 미만	7
10 이상 16 미만	16
16 이상 22 미만	25
22 이상 28 미만	41
28 이상 34 미만	32
34 이상 40 미만	18
40 이상	11
합계	150

주어진 자료가 정규분포로부터 추출한 확률표본이라는 귀무가설을 유의수준 5%로 검정하여라. 그리고 이 카이제곱검정에 대한 자유도가 $k-3$이 되는지 설명하여라. 여기서, k는 카이제곱 통계량에서 항의 수이다.

6. 생산된 190개의 라디오에 대하여 소리 재생의 충실도와 방송국 주파수에 대한 일치성(선택도)을 조사하여 다음과 같은 표를 구하였다.

		충실도		
		낮음	평균	높음
일치성	낮음	9	22	26
	평균	24	37	17
	높음	23	23	19

유의수준 1%를 사용하여 충실도와 일치성이 서로 독립인지 검정하여라.

7. 많은 장애인 작업자를 고용하고 있는 한 전자회사에서는 장애가 그들의 작업수행능력에 영향을 미치는지 알려고 한다. 다음의 표를 보고 유의수준 5%를 사용하여 장애가 작업수행능력에 영향을 미치는지 아닌지를 검정하여라.

		작업수행능력		
		평균 이상	평균	평균 이하
장애의 종류	시각장애	12	32	16
	청각장애	19	32	17
	장애 없음	23	36	13

8. 어느 큰 전자회사는 두 개의 업체로부터 부품을 납품받고 있다. 그 회사의 품질관리부서에서는 이 두 업체가 납품하는 부품의 불량품과 양품이 같은 분포를 하는지 알려고 한다. 품질검사관은 A업체로부터 300개의 부품과 B업체로부터 400개의 부품을 랜덤으로 추출하여 불량품과 양품을 조사하여 다음의 표를 구하였다. 유의수준 5%를 사용하여 두 업체가 납품하는 부품의 불량품과 양품의 분포가 서로 같은지 검정하여라.

	업체 A	업체 B
양품	195	291
불량품	96	197

9. 한 회사에서는 몇 개월 전 새 제품을 시판하였다. 관리부서에서는 이 상품에 대한 각 지역별 고객들의 반응을 결정하려고 한다. 지역을 4개로 나누어 각 지역별로 이 상품 사용자들을 랜덤으로 추출하여 고객들의 반응을 조사한 결과 다음과 같은 표

를 구하였다. 이 상품에 대한 고객들의 반응이 4개의 지역에 대하여 서로 동일한지 유의수준 1%로 검정하여라.

	A	B	C	D
긍정	175	132	187	146
부정	112	178	124	165

10. 한 연구소에서는 대학생들을 대상으로 어떤 정보매체들을 선호하는가를 조사하였다. 남학생과 여학생들을 랜덤으로 각각 500명씩 선발하여 조사한 결과는 다음의 표와 같다. 유의수준 10%로 남학생과 여학생들이 선호하는 정보매체들의 분포가 서로 같은지 검정하여라.

	정보매체				
	인터넷	TV	휴대전화	라디오	기타
남학생	213	57	196	24	10
여학생	196	75	187	35	7

11. 가죽과 금속 사이의 마찰계수에 관한 20개의 실험자료를 다음과 같이 구하였다.

2.1, 2.7, 2.6, 2.9, 2.3, 2.2, 2.1, 2.6, 2.7, 2.8,
2.5, 2.4, 2.7, 2.1, 2.3, 2.8, 2.7, 2.4, 2.2, 2.0

유의수준 5%를 사용하여 귀무가설 $\tilde{\mu} = 2.15$와 대립가설 $\tilde{\mu} \neq 2.15$에 대한 부호검정을 시행하여라.

11. 다음은 한 금속표본의 인장강도에 대한 실험결과이다. 귀무가설 $\tilde{\mu} = 12.1$과 대립가설 $\tilde{\mu} > 12.1$의 부호검정을 유의수준 5%를 사용해서 시행하여라.

12.5, 12.9, 13.4, 13.7, 11.7, 11.4, 12.4, 13.6, 11.5, 12.1, 12.0, 13.6, 13.9, 12.8, 11.9

13. 다음은 여러 가지 실내장식 소재들이 화염에 닿을 때 점화되는 시간을 100분의 1초 단위로 나타낸 자료이다.

2.55	2.50	4.01	6.34	5.81	3.32
2.02	5.91	4.62	5.28	3.25	4.87
4.50	6.29	3.65	5.64	6.17	2.53
7.39	6.41	5.08	6.91	4.99	6.29

귀무가설 $\tilde{\mu} = 5.99$와 대립가설 $\tilde{\mu} < 5.99$의 부호검정을 유의수준 5%를 사용하여 시행하여라.

14. 다음은 2명의 작업자가 15일간 작업 도중 생산한 불량품의 개수이다.

작업자 A: 2, 6, 4, 5, 1, 0, 5, 2, 3, 4, 1, 2, 0, 6, 3
작업자 B: 2, 9, 5, 6, 2, 3, 7, 5, 4, 6, 0, 3, 4, 5, 3

부호검정을 사용하여 작업자 B가 생산하는 불량품의 개수가 더 많은지 유의수준 5%로 가설을 검정하여라.

15. 다음은 15명의 남자와 12명의 여자가 어떤 구직을 위한 지원서를 작성하는 데 걸리는 시간을 분 단위로 표시한 자료이다.

남자 : 17.5 21.0 18.0 20.8 19.5 20.2 20.0 19.2 21.8
19.7 17.7 19.1 18.9 17.4 19.9

여자 : 19.6 18.8 19.3 17.6 21.5 17.3 20.3 19.4 20.7
19.8 20.9 18.6

위의 두 표본은 같은 모집단으로부터 추출되었다는 귀무가설과 두 모집단은 서로 같지 않다라는 대립가설에 대한 U 검정을 유의수준 5%로 시행하여라.

16. 다음은 오전 근무자와 오후 근무자의 작업 실적을 비교하기 위해 각각 13명씩 랜덤으로 추출한 자료이다.

오전 근무자 : 63 72 29 58 81 65 79 57 40 76 47 55 60
오후 근무자 : 41 32 26 43 78 49 39 56 15 54 18 66 64

오전과 오후 근무자들의 작업 실적은 거의 대등하다고 볼 수 있는지 유의수준 5%로 U 검정을 시행하여라.

17. 다음은 과거 6일을 랜덤으로 골라서 세 개의 공장에서 근무하는 작업자들의 결근 수를 조사한 자료이다.

A: 3 6 4 5 7 9

B: 7 4 9 6 9 10

C: 9 7 12 5 17 9

세 개의 공장 작업자들의 결근 수가 동일하다고 볼 수 있는지 유의수준 5%로 H 검정을 시행하여라.

18. 다음은 제조되는 제품의 합격과 불합격을 각각 P와 F로 표시하여 최근 생산된 30개의 제품들을 순서대로 정리한 결과이다.

$P\ F\ P\ F\ F\ F\ F\ P\ P\ F\ F\ F\ F\ P\ F\ F\ P\ P\ P\ F\ P\ P\ F\ F\ P\ P\ P\ P\ P\ F$

P와 F의 순서가 랜덤인지를 유의수준 5%로 검정하여라.

19. 다음은 24개의 연속적인 조업시간 동안 한 기계에서 발생되는 불량품의 숫자를 나타낸 것이다. 유의수준 1%로 우연성을 검정하여라.

13 24 17 18 14 16 11 19 15 23 14 20 18 16 18 21 15 17 19 12 17 17 14 15

20. 어떤 진동실험에서 한 항공기의 부품은 구조적으로 파손될 때까지 심한 진동에 견디도록 설계되어 있다. 분 단위로 측정된 부품이 파손될 때까지의 시간은 다음과 같다. 다음 자료가 평균 $\mu = 10$을 갖는 지수분포로부터 나온 표본으로 볼 수 있는지 유의수준 5%를 사용하여 검정하여라.

2.5 9.3 3.8 12.8 17.9 5.8 20.1 10.9 9.9
12.9 6.7 3.7 7.9 12.1 11.4 15.4 8.5 11.9

21. 다음은 섭씨로 측정한 어떤 실리콘 혼합물의 끓는점에 대한 15개 자료들이다.

140 165 150 122 138 147 173 136 145 152
160 143 126 131 156

위의 끓는점들이 평균 $\mu = 150$도, 표준편차 $\sigma = 10$도를 갖는 정규분포로부터 추출된 값들인지 아닌지 유의수준 1%로 콜모고로프-스미로노 검정을 시행하여라.

APPENDIX

부 록

CHAPTER OUTLINE

I 확률(밀도)함수, 평균, 분산 및 적률생성함수 *442*

I.1 이산형 분포

I.2 연속형 분포

II 통계 분포표 *444*

II.1 이항분포표

II.2 포아송 분포표

II.3 표준정규분포표

II.4 t 분포표

II.5 χ^2 분포표

II.6 F 분포표

II.7 맨-휘트니 검정통계량 U의 분포표

II.8 윌콕슨 부호순위 검정통계량 T의 임계값

II.9 런 검정통계량 R의 분포표

II.10 스피어맨 순위상관계수 검정통계량 R^*의 임계값

III Review 연습문제(홀수) 정답 *476*

부록 I 확률(밀도)함수, 평균, 분산 및 적률생성함수

표 I.1 이산형 분포

분포	확률(밀도)함수	평균	분산	적률생성함수
이항분포	$p(x)=\binom{n}{x}p^x(1-p)^{n-x}$; $x=0, 1, \cdots, n$	np	$np(1-p)$	$[pe^t+(1-p)^n]$
기하분포	$p(x)=p(1-p)^{x-1}$; $x=1, 2, \cdots$	$\frac{1}{p}$	$\frac{1-p}{p^2}$	$\frac{pe^t}{1-(1-p)e^t}$
초기하분포	$p(x)=\frac{\binom{r}{x}\binom{N-r}{n-x}}{\binom{N}{n}}$; $n \le r$이면 $x=0, 1, \cdots, n$ $n > r$이면 $x=0, 1, \cdots, r$	$\frac{nr}{N}$	$n\left(\frac{r}{N}\right)\left(\frac{N-r}{N}\right)\left(\frac{N-n}{N-1}\right)$	
포아송 분포	$p(x)=\frac{e^{-\lambda}\lambda^x}{x!}$; $x=0, 1, 2, \cdots$	λ	λ	$\exp[\lambda(e^t-1)]$
음이항분포	$p(x)=\binom{x-1}{r-1}p^x(1-p)^{x-r}$; $x=r, \ r+1, \ \cdots$	$\frac{r}{p}$	$\frac{r(1-p)}{p^2}$	$\left[\frac{pe^t}{1-(1-p)e^t}\right]^r$
다항분포	$p(x_1, \cdots, x_k)=\frac{n!}{x_1!, \cdots, x_k!}p_1^{x_1}, \cdots, p_k^{x_k}$ $\sum x_i = n$	np_i	$np_i(1-p_i)$	$(p_1e^{t_1}+ \cdots +p_{k-1}e^{t_{k-1}}+p_k)^n$

표 I.2 연속형 분포

분포	확률(밀도)함수	평균	분산	적률생성함수
일양분포	$f(x)=\dfrac{1}{\theta_2-\theta_1}$; $\theta_1 \leqq x \leqq \theta_2$	$\dfrac{\theta_1+\theta_2}{2}$	$\dfrac{(\theta_2-\theta_1)^2}{12}$	$\dfrac{e^{t\theta_2}-e^{t\theta_1}}{t(\theta_2-\theta_1)}$
정규분포	$f(x)=\dfrac{1}{\sigma\sqrt{2\pi}}\exp\left[-\left(\dfrac{1}{2\sigma^2}\right)(x-\mu)^2\right]$	μ	σ^2	$\exp\left(\mu t+\dfrac{t^2\sigma^2}{2}\right)$
지수분포	$f(x)=\dfrac{1}{\beta}e^{-x/\beta}$; $\beta>0$	β	β^2	$(1-\beta t)^{-1}$
감마분포	$f(x)=\left[\dfrac{1}{\Gamma(\alpha)\beta^\alpha}\right]x^{\alpha-1}e^{-x/\beta}$; $0<x<\infty$	$\alpha\beta$	$\alpha\beta^2$	$(1-\beta t)^{-\alpha}$
χ^2 분포	$f(x^2)=\dfrac{(x^2)^{(\nu/2)-1}e^{-x^2/2}}{2^{\nu/2}\Gamma(\nu/2)}$	ν	2ν	$(1-2t)^{-\nu/2}$
베타분포	$f(x)=\left[\dfrac{\Gamma(\alpha+\beta)}{\Gamma(\alpha)\Gamma(\beta)}\right]x^{\alpha-1}(1-x)^{\beta-1}$; $0<x<1$	$\dfrac{\alpha}{\alpha+\beta}$	$\dfrac{\alpha\beta}{(\alpha+\beta)^2(\alpha+\beta+1)}$	
와이블분포	$f(x)=\alpha\lambda x^{\alpha-1}e^{-\lambda x^\alpha}$; $x>0,\ \lambda>0$	$\lambda^{-\frac{1}{\alpha}}\Gamma\left(\dfrac{1}{\alpha}+1\right)$	$\lambda^{-\frac{2}{\alpha}}\left\{\Gamma\left(\dfrac{2}{\alpha}+1\right)-\left[\Gamma\left(\dfrac{1}{\alpha}+1\right)\right]^2\right\}$	
대수정규분포	$f(x)=\dfrac{1}{\sqrt{2\pi}\,\sigma x}e^{-\frac{\ln(x-\mu)^2}{2\alpha^2}}$; $x>0$	$e^{\mu+\frac{\sigma^2}{2}}$	$e^{2\mu+\sigma^2}(e^{\sigma^2}-1)$	

부록 II 통계 분포표

표 II.1 이항분포표

$$P\{X \leqq a\} = \sum_{x=0}^{a} \binom{n}{x} p^x (1-p)^{n-x}, \ a = 0, 1, \cdots, n-1$$

n	a	p									
		0.05	0.1	0.15	0.2	0.25	0.3	0.35	0.4	0.45	0.5
2	0	0.9025	0.8100	0.7225	0.6400	0.5625	0.4900	0.4225	0.3600	0.3025	0.2500
	1	0.9975	0.9900	0.9775	0.9600	0.9375	0.9100	0.8775	0.8400	0.7975	0.7500
3	0	0.8574	0.7290	0.6141	0.5120	0.4219	0.3430	0.2746	0.2160	0.1664	0.1250
	1	0.9928	0.9720	0.9392	0.8960	0.8438	0.7840	0.7183	0.6480	0.5748	0.5000
	2	0.9999	0.9990	0.9966	0.9920	0.9844	0.9730	0.9571	0.9360	0.9089	0.8750
4	0	0.8145	0.6561	0.5220	0.4096	0.3164	0.2401	0.1785	0.1296	0.0915	0.0625
	1	0.9860	0.9477	0.8905	0.8192	0.7383	0.6517	0.5630	0.4752	0.3910	0.3125
	2	0.9995	0.9963	0.9880	0.9728	0.9492	0.9163	0.8735	0.8208	0.7585	0.6875
	3	1.0000	0.9999	0.9995	0.9984	0.9961	0.9919	0.9850	0.9744	0.9590	0.9375
5	0	0.7738	0.5905	0.4437	0.3277	0.2373	0.1681	0.1160	0.0778	0.0503	0.0313
	1	0.9774	0.9185	0.8352	0.7373	0.6328	0.5282	0.4284	0.3370	0.2562	0.1875
	2	0.9988	0.9914	0.9734	0.9421	0.8965	0.8369	0.7648	0.6826	0.5931	0.5000
	3	1.0000	0.9995	0.9978	0.9933	0.9844	0.9692	0.9460	0.9130	0.8688	0.8125
	4		1.0000	0.9999	0.9997	0.9990	0.9976	0.9947	0.9898	0.9815	0.9688
6	0	0.7351	0.5314	0.3771	0.2621	0.1780	0.1176	0.0754	0.0467	0.0277	0.0156
	1	0.9672	0.8857	0.7765	0.6554	0.5339	0.4202	0.3191	0.2333	0.1636	0.1094
	2	0.9978	0.9842	0.9527	0.9011	0.8306	0.7443	0.6471	0.5443	0.4415	0.3438
	3	0.9999	0.9987	0.9941	0.9830	0.9624	0.9295	0.8826	0.8208	0.7447	0.6562
	4	1.0000	0.9999	0.9996	0.9984	0.9954	0.9891	0.9777	0.9590	0.9308	0.8906
	5		1.0000	1.0000	0.9999	0.9998	0.9993	0.9982	0.9959	0.9917	0.9844
7	0	0.6983	0.4783	0.3206	0.2097	0.1335	0.0824	0.0490	0.0280	0.0152	0.0078
	1	0.9556	0.8503	0.7166	0.5767	0.4449	0.3294	0.2338	0.1586	0.1024	0.0625
	2	0.9962	0.9743	0.9262	0.8520	0.7564	0.6471	0.5323	0.4199	0.3164	0.2266
	3	0.9998	0.9973	0.9879	0.9667	0.9294	0.8740	0.8002	0.7102	0.6083	0.5000
	4	1.0000	0.9998	0.9988	0.9953	0.9871	0.9712	0.9444	0.9037	0.8471	0.7734
	5		1.0000	0.9999	0.9996	0.9987	0.9962	0.9910	0.9812	0.9643	0.9375
	6			1.0000	1.0000	0.9999	0.9998	0.9994	0.9984	0.9963	0.9922
8	0	0.6634	0.4305	0.2725	0.1678	0.1001	0.0576	0.0319	0.0168	0.0084	0.0039
	1	0.9428	0.8131	0.6572	0.5033	0.3671	0.2553	0.1691	0.1064	0.0632	0.0352
	2	0.9942	0.9619	0.8948	0.7969	0.6785	0.5518	0.4278	0.3154	0.2201	0.1445
	3	0.9996	0.9950	0.9786	0.9437	0.8862	0.8059	0.7064	0.5941	0.4770	0.3633
	4	1.0000	0.9996	0.9971	0.9896	0.9727	0.9420	0.8939	0.8263	0.7396	0.6367
	5		1.0000	0.9998	0.9988	0.9958	0.9887	0.9747	0.9502	0.9115	0.8555
	6			1.0000	0.9999	0.9996	0.9987	0.9964	0.9915	0.9819	0.9648
	7				1.0000	1.0000	0.9999	0.9998	0.9993	0.9983	0.9961

표 II.1 (계속)

n	a	p									
		0.05	0.1	0.15	0.2	0.25	0.3	0.35	0.4	0.45	0.5
9	0	0.6302	0.3874	0.2316	0.1342	0.0751	0.0404	0.0207	0.0101	0.0046	0.0020
	1	0.9288	0.7748	0.5995	0.4362	0.3003	0.1960	0.1211	0.0705	0.0385	0.0195
	2	0.9916	0.9470	0.8591	0.7382	0.6007	0.4628	0.3373	0.2318	0.1495	0.0898
	3	0.9994	0.9917	0.9661	0.9144	0.8343	0.7297	0.6089	0.4826	0.3614	0.2539
	4	1.0000	0.9991	0.9944	0.9804	0.9511	0.9012	0.8283	0.7334	0.6214	0.5000
	5		0.9999	0.9994	0.9969	0.9900	0.9747	0.9464	0.9006	0.8342	0.7461
	6		1.0000	1.0000	0.9997	0.9987	0.9957	0.9888	0.9750	0.9502	0.9102
	7				1.0000	0.9999	0.9996	0.9986	0.9962	0.9909	0.9805
	8					1.0000	1.0000	0.9999	0.9997	0.9992	0.9980
10	0	0.5987	0.3487	0.1969	0.1074	0.0563	0.0282	0.0135	0.0060	0.0025	0.0010
	1	0.9139	0.7361	0.5443	0.3758	0.2440	0.1493	0.0860	0.0464	0.0233	0.0107
	2	0.9885	0.9298	0.8202	0.6778	0.5256	0.3828	0.2616	0.1673	0.0996	0.0547
	3	0.9990	0.9872	0.9500	0.8791	0.7759	0.6496	0.5138	0.3823	0.2660	0.1719
	4	0.9999	0.9984	0.9901	0.9672	0.9219	0.8497	0.7515	0.6331	0.5044	0.3770
	5	1.0000	0.9999	0.9986	0.9936	0.9803	0.9527	0.9051	0.8338	0.7384	0.6230
	6		1.0000	0.9999	0.9991	0.9965	0.9894	0.9740	0.9452	0.8980	0.8281
	7			1.0000	0.9999	0.9996	0.9984	0.9952	0.9877	0.9726	0.9453
	8				1.0000	1.0000	0.9999	0.9995	0.9983	0.9955	0.9893
	9						1.0000	1.0000	0.9999	0.9997	0.9990
11	0	0.5688	0.3138	0.1673	0.0859	0.0422	0.0198	0.0088	0.0036	0.0014	0.0005
	1	0.8981	0.6974	0.4922	0.3221	0.1971	0.1130	0.0606	0.0302	0.0139	0.0059
	2	0.9848	0.9104	0.7788	0.6174	0.4552	0.3127	0.2001	0.1189	0.0652	0.0327
	3	0.9984	0.9815	0.9306	0.8389	0.7133	0.5696	0.4256	0.2963	0.1911	0.1133
	4	0.9999	0.9972	0.9841	0.9496	0.8854	0.7897	0.6683	0.5328	0.3971	0.2744
	5	1.0000	0.9997	0.9973	0.9883	0.9657	0.9218	0.8513	0.7535	0.6331	0.5000
	6		1.0000	0.9997	0.9980	0.9924	0.9784	0.9499	0.9006	0.8262	0.7256
	7			1.0000	0.9998	0.9988	0.9957	0.9878	0.9707	0.9390	0.8867
	8				1.0000	0.9999	0.9994	0.9980	0.9941	0.9852	0.9673
	9					1.0000	1.0000	0.9998	0.9993	0.9978	0.9941
	10							1.0000	1.0000	0.9998	0.9995
12	0	0.5404	0.2824	0.1422	0.0687	0.0317	0.0138	0.0057	0.0022	0.0008	0.0002
	1	0.8816	0.6590	0.4435	0.2749	0.1584	0.0850	0.0424	0.0196	0.0083	0.0032
	2	0.9804	0.8891	0.7358	0.5583	0.3907	0.2528	0.1513	0.0834	0.0421	0.0193
	3	0.9978	0.9744	0.9078	0.7946	0.6488	0.4925	0.3467	0.2253	0.1345	0.0730
	4	0.9998	0.9957	0.9761	0.9274	0.8424	0.7237	0.5833	0.4382	0.3044	0.1938
	5	1.0000	0.9995	0.9954	0.9806	0.9456	0.8822	0.7873	0.6652	0.5269	0.3872
	6		0.9999	0.9993	0.9961	0.9857	0.9614	0.9154	0.8418	0.7393	0.6128
	7		1.0000	0.9999	0.9994	0.9972	0.9905	0.9745	0.9427	0.8883	0.8062
	8			1.0000	0.9999	0.9996	0.9983	0.9944	0.9847	0.9644	0.9270
	9				1.0000	1.0000	0.9998	0.9992	0.9972	0.9921	0.9807
	10						1.0000	0.9999	0.9997	0.9989	0.9968
	11							1.0000	1.0000	0.9999	0.9998

표 II.1 (계속)

n	a	p									
		0.05	0.1	0.15	0.2	0.25	0.3	0.35	0.4	0.45	0.5
13	0	0.5133	0.2542	0.1209	0.0550	0.0238	0.0097	0.0037	0.0013	0.0004	0.0001
	1	0.8646	0.6213	0.3983	0.2336	0.1267	0.0637	0.0296	0.0126	0.0049	0.0017
	2	0.9755	0.8661	0.6920	0.5017	0.3326	0.2025	0.1132	0.0579	0.0269	0.0112
	3	0.9969	0.9658	0.8820	0.7473	0.5843	0.4206	0.2783	0.1686	0.0929	0.0461
	4	0.9997	0.9935	0.9658	0.9009	0.7940	0.6543	0.5005	0.3530	0.2279	0.1334
	5	1.0000	0.9991	0.9925	0.9700	0.9198	0.8346	0.7159	0.5744	0.4268	0.2905
	6		0.9999	0.9987	0.9930	0.9757	0.9376	0.8705	0.7712	0.6437	0.5000
	7		1.0000	0.9998	0.9988	0.9944	0.9818	0.9538	0.9023	0.8212	0.7095
	8			1.0000	0.9998	0.9990	0.9960	0.9874	0.9679	0.9302	0.8666
	9				1.0000	0.9999	0.9993	0.9975	0.9922	0.9797	0.9539
	10					1.0000	0.9999	0.9997	0.9987	0.9959	0.9888
	11						1.0000	1.0000	0.9999	0.9995	0.9983
	12								1.0000	1.0000	0.9999
14	0	0.4877	0.2288	0.1028	0.0440	0.0178	0.0068	0.0024	0.0008	0.0002	0.0001
	1	0.8470	0.5846	0.3567	0.1979	0.1010	0.0475	0.0205	0.0081	0.0029	0.0009
	2	0.9699	0.8416	0.6479	0.4481	0.2811	0.1608	0.0839	0.0398	0.0170	0.0065
	3	0.9958	0.9559	0.8535	0.6982	0.5213	0.3552	0.2205	0.1243	0.0632	0.0287
	4	0.9996	0.9908	0.9533	0.8702	0.7415	0.5842	0.4227	0.2793	0.1672	0.0898
	5	1.0000	0.9985	0.9885	0.9561	0.8883	0.7805	0.6405	0.4859	0.3373	0.2120
	6		0.9998	0.9978	0.9884	0.9617	0.9067	0.8164	0.6925	0.5461	0.3953
	7		1.0000	0.9997	0.9976	0.9897	0.9685	0.9247	0.8499	0.7414	0.6047
	8			1.0000	0.9996	0.9978	0.9917	0.9757	0.9417	0.8811	0.7880
	9				1.0000	0.9997	0.9983	0.9940	0.9825	0.9574	0.9102
	10					1.0000	0.9998	0.9989	0.9961	0.9886	0.9713
	11						1.0000	0.9999	0.9994	0.9978	0.9935
	12							1.0000	0.9999	0.9997	0.9991
	13								1.0000	1.0000	0.9999
15	0	0.4633	0.2059	0.0874	0.0352	0.0134	0.0047	0.0016	0.0005	0.0001	0.0000
	1	0.8290	0.5490	0.3186	0.1671	0.0802	0.0353	0.0142	0.0052	0.0017	0.0005
	2	0.9638	0.8159	0.6042	0.3980	0.2361	0.1268	0.0617	0.0271	0.0107	0.0037
	3	0.9945	0.9444	0.8227	0.6482	0.4613	0.2969	0.1727	0.0905	0.0424	0.0176
	4	0.9994	0.9873	0.9383	0.8358	0.6865	0.5155	0.3519	0.2173	0.1204	0.0592
	5	0.9999	0.9978	0.9832	0.9389	0.8516	0.7216	0.5643	0.4032	0.2608	0.1509
	6	1.0000	0.9997	0.9964	0.9819	0.9434	0.8689	0.7548	0.6098	0.4522	0.3036
	7		1.0000	0.9994	0.9958	0.9827	0.9500	0.8868	0.7869	0.6535	0.5000
	8			0.9999	0.9992	0.9958	0.9848	0.9578	0.9050	0.8182	0.6964
	9			1.0000	0.9999	0.9992	0.9963	0.9876	0.9662	0.9231	0.8491
	10				1.0000	0.9999	0.9993	0.9972	0.9907	0.9745	0.9408
	11					1.0000	0.9999	0.9995	0.9981	0.9937	0.9824
	12						1.0000	0.9999	0.9997	0.9989	0.9963
	13							1.0000	1.0000	0.9999	0.9995
	14									1.0000	1.0000

표 II.1 (계속)

n	a	p									
		0.05	0.1	0.15	0.2	0.25	0.3	0.35	0.4	0.45	0.5
16	0	0.4401	0.1853	0.0743	0.0281	0.0100	0.0033	0.0010	0.0003	0.0001	0.0000
	1	0.8108	0.5147	0.2839	0.1407	0.0635	0.0261	0.0098	0.0033	0.0010	0.0003
	2	0.9571	0.7892	0.5614	0.3518	0.1971	0.0994	0.0451	0.0183	0.0066	0.0021
	3	0.9930	0.9316	0.7899	0.5981	0.4050	0.2459	0.1339	0.0651	0.0281	0.0106
	4	0.9991	0.9830	0.9209	0.7982	0.6302	0.4499	0.2892	0.1666	0.0853	0.0384
	5	0.9999	0.9967	0.9765	0.9183	0.8103	0.6598	0.4900	0.3288	0.1976	0.1051
	6	1.0000	0.9995	0.9944	0.9733	0.9204	0.8247	0.6881	0.5272	0.3660	0.2272
	7		0.9999	0.9989	0.9930	0.9729	0.9256	0.8406	0.7161	0.5629	0.4018
	8		1.0000	0.9998	0.9985	0.9925	0.9743	0.9329	0.8577	0.7441	0.5982
	9			1.0000	0.9998	0.9984	0.9929	0.9771	0.9417	0.8759	0.7728
	10				1.0000	0.9997	0.9984	0.9938	0.9809	0.9514	0.8949
	11					1.0000	0.9997	0.9987	0.9951	0.9851	0.9616
	12						1.0000	0.9998	0.9991	0.9965	0.9894
	13							1.0000	0.9999	0.9994	0.9979
	14								1.0000	0.9999	0.9997
	15									1.0000	1.0000
17	0	0.4181	0.1668	0.0631	0.0225	0.0075	0.0023	0.0007	0.0002	0.0000	0.0000
	1	0.7922	0.4818	0.2525	0.1182	0.0501	0.0193	0.0067	0.0021	0.0006	0.0001
	2	0.9497	0.7618	0.5198	0.3096	0.1637	0.0774	0.0327	0.0123	0.0041	0.0012
	3	0.9912	0.9174	0.7556	0.5489	0.3530	0.2019	0.1028	0.0464	0.0184	0.0064
	4	0.9988	0.9779	0.9013	0.7582	0.5739	0.3887	0.2348	0.1260	0.0596	0.0245
	5	0.9999	0.9953	0.9681	0.8943	0.7653	0.5968	0.4197	0.2639	0.1471	0.0717
	6	1.0000	0.9992	0.9917	0.9623	0.8929	0.7752	0.6188	0.4478	0.2902	0.1662
	7		0.9999	0.9983	0.9891	0.9598	0.8954	0.7872	0.6405	0.4743	0.3145
	8		1.0000	0.9997	0.9974	0.9876	0.9597	0.9006	0.8011	0.6626	0.5000
	9			1.0000	0.9995	0.9969	0.9873	0.9617	0.9081	0.8166	0.6855
	10				0.9999	0.9994	0.9968	0.9880	0.9652	0.9174	0.8338
	11				1.0000	0.9999	0.9993	0.9970	0.9894	0.9699	0.9283
	12					1.0000	0.9999	0.9994	0.9975	0.9914	0.9755
	13						1.0000	0.9999	0.9995	0.9981	0.9936
	14							1.0000	0.9999	0.9997	0.9988
	15								1.0000	1.0000	0.9999
	16										1.0000
18	0	0.3972	0.1501	0.0536	0.0180	0.0056	0.0016	0.0004	0.0001	0.0000	0.0000
	1	0.7735	0.4503	0.2241	0.0991	0.0395	0.0142	0.0046	0.0013	0.0003	0.0001
	2	0.9419	0.7338	0.4797	0.2713	0.1353	0.0600	0.0236	0.0082	0.0025	0.0007
	3	0.9891	0.9018	0.7202	0.5010	0.3057	0.1646	0.0783	0.0328	0.0120	0.0038
	4	0.9985	0.9718	0.8794	0.7164	0.5187	0.3327	0.1886	0.0942	0.0411	0.0154
	5	0.9998	0.9936	0.9581	0.8671	0.7175	0.5344	0.3550	0.2088	0.1077	0.0481
	6	1.0000	0.9988	0.9882	0.9487	0.8610	0.7217	0.5491	0.3743	0.2258	0.1189
	7		0.9998	0.9973	0.9837	0.9431	0.8593	0.7283	0.5634	0.3915	0.2403
	8		1.0000	0.9995	0.9957	0.9807	0.9404	0.8609	0.7368	0.5778	0.4073
	9			0.9999	0.9991	0.9946	0.9790	0.9403	0.8653	0.7473	0.5927

표 II.1 (계속)

n	a	p 0.05	0.1	0.15	0.2	0.25	0.3	0.35	0.4	0.45	0.5
	10			1.0000	0.9998	0.9988	0.9939	0.9788	0.9424	0.8720	0.7597
	11				1.0000	0.9998	0.9986	0.9938	0.9797	0.9463	0.8811
	12					1.0000	0.9997	0.9986	0.9942	0.9817	0.9519
	13						1.0000	0.9997	0.9987	0.9951	0.9846
	14							1.0000	0.9998	0.9990	0.9962
	15								1.0000	0.9999	0.9993
	16									1.0000	0.9999
	17										1.0000
20	0	0.3585	0.1216	0.0388	0.0115	0.0032	0.0008	0.0002	0.0000	0.0000	0.0000
	1	0.7358	0.3917	0.1756	0.0692	0.0243	0.0076	0.0021	0.0005	0.0001	0.0000
	2	0.9245	0.6769	0.4049	0.2061	0.0913	0.0355	0.0121	0.0036	0.0009	0.0002
	3	0.9841	0.8670	0.6477	0.4114	0.2252	0.1071	0.0444	0.0160	0.0049	0.0013
	4	0.9974	0.9568	0.8298	0.6296	0.4148	0.2375	0.1182	0.0510	0.0189	0.0059
	5	0.9997	0.9887	0.9327	0.8042	0.6172	0.4164	0.2454	0.1256	0.0553	0.0207
	6	1.0000	0.9976	0.9781	0.9133	0.7858	0.6080	0.4166	0.2500	0.1299	0.0577
	7		0.9996	0.9941	0.9679	0.8982	0.7723	0.6010	0.4159	0.2520	0.1316
	8		0.9999	0.9987	0.9900	0.9591	0.8867	0.7624	0.5956	0.4143	0.2517
	9		1.0000	0.9998	0.9974	0.9861	0.9520	0.8782	0.7553	0.5914	0.4119
	10			1.0000	0.9994	0.9961	0.9829	0.9468	0.8725	0.7507	0.5881
	11				0.9999	0.9991	0.9949	0.9804	0.9435	0.8692	0.7483
	12				1.0000	0.9998	0.9987	0.9940	0.9790	0.9420	0.8684
	13					1.0000	0.9997	0.9985	0.9935	0.9786	0.9423
	14						1.0000	0.9997	0.9984	0.9936	0.9793
	15							1.0000	0.9997	0.9985	0.9941
	16								1.0000	0.9997	0.9987
	17									1.0000	0.9998
	18										1.0000

표 II.2 포아송 분포표

$$P(X \leqq a) = \sum_{x=0}^{a} \frac{e^{-\lambda}\lambda^{x}}{x!}$$

λ \ a	0	1	2	3	4	5	6	7	8	9
0.02	0.980	1.000								
0.04	0.961	0.999	1.000							
0.06	0.942	0.998	1.000							
0.08	0.923	0.997	1.000							
0.10	0.905	0.995	1.000							
0.15	0.861	0.990	0.999	1.000						
0.20	0.819	0.982	0.999	1.000						
0.25	0.779	0.974	0.998	1.000						
0.30	0.741	0.963	0.996	1.000						
0.35	0.705	0.951	0.994	1.000						
0.40	0.670	0.938	0.992	0.999	1.000					
0.45	0.638	0.925	0.989	0.999	1.000					
0.50	0.607	0.910	0.986	0.998	1.000					
0.55	0.577	0.894	0.982	0.998	1.000					
0.60	0.549	0.878	0.977	0.997	1.000					
0.65	0.522	0.861	0.972	0.996	0.999	1.000				
0.70	0.497	0.844	0.966	0.994	0.999	1.000				
0.75	0.472	0.827	0.959	0.993	0.999	1.000				
0.80	0.449	0.809	0.953	0.991	0.999	1.000				
0.85	0.427	0.791	0.945	0.989	0.998	1.000				
0.90	0.407	0.772	0.937	0.987	0.998	1.000				
0.95	0.387	0.754	0.929	0.984	0.997	1.000				
1.00	0.368	0.736	0.920	0.981	0.996	0.999	1.000			
1.1	0.333	0.699	0.900	0.974	0.995	0.999	1.000			
1.2	0.301	0.663	0.879	0.966	0.992	0.998	1.000			
1.3	0.273	0.627	0.857	0.957	0.989	0.998	1.000			
1.4	0.247	0.592	0.833	0.946	0.986	0.997	0.999	1.000		
1.5	0.223	0.558	0.809	0.934	0.981	0.996	0.999	1.000		
1.6	0.202	0.525	0.783	0.921	0.976	0.994	0.999	1.000		
1.7	0.183	0.493	0.757	0.907	0.970	0.992	0.998	1.000		
1.8	0.165	0.463	0.731	0.891	0.964	0.990	0.997	0.999	1.000	
1.9	0.150	0.434	0.704	0.875	0.956	0.987	0.997	0.999	1.000	
2.0	0.135	0.406	0.677	0.857	0.947	0.983	0.995	0.999	1.000	

표 II.2 (계속)

λ \ a	0	1	2	3	4	5	6	7	8	9
2.2	0.111	0.355	0.623	0.819	0.928	0.975	0.993	0.998	1.000	
2.4	0.091	0.308	0.570	0.779	0.904	0.964	0.988	0.997	0.999	1.000
2.6	0.074	0.267	0.518	0.736	0.877	0.951	0.983	0.995	0.999	1.000
2.8	0.061	0.231	0.469	0.692	0.848	0.935	0.976	0.992	0.998	0.999
3.0	0.050	0.199	0.423	0.647	0.815	0.916	0.966	0.988	0.996	0.999
3.2	0.041	0.171	0.380	0.603	0.781	0.895	0.955	0.983	0.994	0.998
3.4	0.033	0.147	0.340	0.558	0.744	0.871	0.942	0.977	0.992	0.997
3.6	0.027	0.126	0.303	0.515	0.706	0.844	0.927	0.969	0.988	0.996
3.8	0.022	0.107	0.269	0.473	0.668	0.816	0.909	0.960	0.984	0.994
4.0	0.018	0.092	0.238	0.433	0.629	0.785	0.889	0.949	0.979	0.992
4.2	0.015	0.078	0.210	0.395	0.590	0.753	0.867	0.936	0.972	0.989
4.4	0.012	0.066	0.185	0.359	0.551	0.720	0.844	0.921	0.964	0.985
4.6	0.010	0.056	0.163	0.326	0.513	0.686	0.818	0.905	0.955	0.980
4.8	0.008	0.048	0.143	0.294	0.476	0.651	0.791	0.887	0.944	0.975
5.0	0.007	0.040	0.125	0.265	0.440	0.616	0.762	0.867	0.932	0.968
5.2	0.006	0.034	0.109	0.238	0.406	0.581	0.732	0.845	0.918	0.960
5.4	0.005	0.029	0.095	0.213	0.373	0.546	0.702	0.822	0.903	0.951
5.6	0.004	0.024	0.082	0.191	0.342	0.512	0.670	0.797	0.886	0.941
5.8	0.003	0.021	0.072	0.170	0.313	0.478	0.638	0.771	0.867	0.929
6.0	0.002	0.017	0.062	0.151	0.285	0.446	0.606	0.744	0.847	0.916

	10	11	12	13	14	15	16
2.8	1.000						
3.0	1.000						
3.2	1.000						
3.4	0.999	1.000					
3.6	0.999	1.000					
3.8	0.998	0.999	1.000				
4.0	0.997	0.999	1.000				
4.2	0.996	0.999	1.000				
4.4	0.994	0.998	0.999	1.000			
4.6	0.992	0.997	0.999	1.000			
4.8	0.990	0.996	0.999	1.000			
5.0	0.986	0.995	0.998	0.999	1.000		
5.2	0.982	0.993	0.997	0.999	1.000		
5.4	0.977	0.990	0.996	0.999	1.000		
5.6	0.972	0.988	0.995	0.998	0.999	1.000	
5.8	0.965	0.984	0.993	0.997	0.999	1.000	
6.0	0.957	0.980	0.991	0.996	0.999	0.999	1.000

표 II.2 (계속)

λ \ a	0	1	2	3	4	5	6	7	8	9
6.2	0.002	0.015	0.054	0.134	0.259	0.414	0.574	0.716	0.826	0.902
6.4	0.002	0.012	0.046	0.119	0.235	0.384	0.542	0.687	0.803	0.886
6.6	0.001	0.010	0.040	0.105	0.213	0.355	0.511	0.658	0.780	0.869
6.8	0.001	0.009	0.034	0.093	0.192	0.327	0.480	0.628	0.755	0.850
7.0	0.001	0.007	0.030	0.082	0.173	0.301	0.450	0.599	0.729	0.830
7.2	0.001	0.006	0.025	0.072	0.156	0.276	0.420	0.569	0.703	0.810
7.4	0.001	0.005	0.022	0.063	0.140	0.253	0.392	0.539	0.676	0.788
7.6	0.001	0.004	0.019	0.055	0.125	0.231	0.365	0.510	0.648	0.765
7.8	0.000	0.004	0.016	0.048	0.112	0.210	0.338	0.481	0.620	0.741
8.0	0.000	0.003	0.014	0.042	0.100	0.191	0.313	0.453	0.593	0.717
8.5	0.000	0.002	0.009	0.030	0.074	0.150	0.256	0.386	0.523	0.653
9.0	0.000	0.001	0.006	0.021	0.055	0.116	0.207	0.324	0.456	0.587
9.5	0.000	0.001	0.004	0.015	0.040	0.089	0.165	0.269	0.392	0.522
10.0	0.000	0.000	0.003	0.010	0.029	0.067	0.130	0.220	0.333	0.458

	10	11	12	13	14	15	16	17	18	19
6.2	0.949	0.975	0.989	0.995	0.998	0.999	1.000			
6.4	0.939	0.969	0.986	0.994	0.997	0.999	1.000			
6.6	0.927	0.963	0.982	0.992	0.997	0.999	0.999	1.000		
6.8	0.915	0.955	0.978	0.990	0.996	0.998	0.999	1.000		
7.0	0.901	0.947	0.973	0.987	0.994	0.998	0.999	1.000		
7.2	0.887	0.937	0.967	0.984	0.993	0.997	0.999	0.999	1.000	
7.4	0.871	0.926	0.961	0.980	0.991	0.996	0.998	0.999	1.000	
7.6	0.854	0.915	0.954	0.976	0.989	0.995	0.998	0.999	1.000	
7.8	0.835	0.902	0.945	0.971	0.986	0.993	0.997	0.999	1.000	
8.0	0.816	0.888	0.936	0.966	0.983	0.992	0.996	0.998	0.999	1.000
8.5	0.763	0.849	0.909	0.949	0.973	0.986	0.993	0.997	0.999	0.999
9.0	0.706	0.803	0.876	0.926	0.959	0.978	0.989	0.995	0.998	0.999
9.5	0.645	0.752	0.836	0.898	0.940	0.967	0.982	0.991	0.996	0.998
10.0	0.583	0.697	0.792	0.864	0.917	0.951	0.973	0.986	0.993	0.997

	20	21	22
8.5	1.000		
9.0	1.000		
9.5	0.999	1.000	
10.0	0.998	0.999	1.000

표 II.2 (계속)

λ \ a	0	1	2	3	4	5	6	7	8	9
10.5	0.000	0.000	0.002	0.007	0.021	0.050	0.102	0.179	0.279	0.397
11.0	0.000	0.000	0.001	0.005	0.015	0.038	0.079	0.143	0.232	0.341
11.5	0.000	0.000	0.001	0.003	0.011	0.028	0.060	0.114	0.191	0.289
12.0	0.000	0.000	0.001	0.002	0.008	0.020	0.046	0.090	0.155	0.242
12.5	0.000	0.000	0.000	0.002	0.005	0.015	0.035	0.070	0.125	0.201
13.0	0.000	0.000	0.000	0.001	0.004	0.011	0.026	0.054	0.100	0.166
13.5	0.000	0.000	0.000	0.001	0.003	0.008	0.019	0.041	0.079	0.135
14.0	0.000	0.000	0.000	0.000	0.002	0.006	0.014	0.032	0.062	0.109
14.5	0.000	0.000	0.000	0.000	0.001	0.004	0.010	0.024	0.048	0.088
15.0	0.000	0.000	0.000	0.000	0.001	0.003	0.008	0.018	0.037	0.070

	10	11	12	13	14	15	16	17	18	19
10.5	0.521	0.639	0.742	0.825	0.888	0.932	0.960	0.978	0.988	0.994
11.0	0.460	0.579	0.689	0.781	0.854	0.907	0.944	0.968	0.982	0.991
11.5	0.402	0.520	0.633	0.733	0.815	0.878	0.924	0.954	0.974	0.986
12.0	0.347	0.462	0.576	0.682	0.772	0.844	0.899	0.937	0.963	0.979
12.5	0.297	0.406	0.519	0.628	0.725	0.806	0.869	0.916	0.948	0.969
13.0	0.252	0.353	0.463	0.573	0.675	0.764	0.835	0.890	0.930	0.957
13.5	0.211	0.304	0.409	0.518	0.623	0.718	0.798	0.861	0.908	0.942
14.0	0.176	0.260	0.358	0.464	0.570	0.669	0.756	0.827	0.883	0.923
14.5	0.145	0.220	0.311	0.413	0.518	0.619	0.711	0.790	0.853	0.901
15.0	0.118	0.185	0.268	0.363	0.466	0.568	0.664	0.749	0.819	0.875

	20	21	22	23	24	25	26	27	28	29
10.5	0.997	0.999	0.999	1.000						
11.0	0.995	0.998	0.999	1.000						
11.5	0.992	0.996	0.998	0.999	1.000					
12.0	0.988	0.994	0.997	0.999	0.999	1.000				
12.5	0.983	0.991	0.995	0.998	0.999	0.999	1.000			
13.0	0.975	0.986	0.992	0.996	0.998	0.999	1.000			
13.5	0.965	0.980	0.989	0.994	0.997	0.998	0.999	1.000		
14.0	0.952	0.971	0.983	0.991	0.995	0.997	0.999	0.999	1.000	
14.5	0.936	0.960	0.976	0.986	0.992	0.996	0.998	0.999	0.999	1.000
15.0	0.917	0.947	0.967	0.981	0.989	0.994	0.997	0.998	0.999	1.000

표 II.2 (계속)

λ \ a	4	5	6	7	8	9	10	11	12	13
16	0.000	0.001	0.004	0.010	0.022	0.043	0.077	0.127	0.193	0.275
17	0.000	0.001	0.002	0.005	0.013	0.026	0.049	0.085	0.135	0.201
18	0.000	0.000	0.001	0.003	0.007	0.015	0.030	0.055	0.092	0.143
19	0.000	0.000	0.001	0.002	0.004	0.009	0.018	0.035	0.061	0.098
20	0.000	0.000	0.000	0.001	0.002	0.005	0.011	0.021	0.039	0.066

	14	15	16	17	18	19	20	21	22	23
16	0.368	0.467	0.566	0.659	0.742	0.812	0.868	0.911	0.942	0.963
17	0.281	0.371	0.468	0.564	0.655	0.736	0.805	0.861	0.905	0.937
18	0.208	0.287	0.375	0.469	0.562	0.651	0.731	0.799	0.855	0.899
19	0.150	0.215	0.292	0.378	0.469	0.561	0.647	0.725	0.793	0.849
20	0.105	0.157	0.221	0.297	0.381	0.470	0.559	0.644	0.721	0.787

	24	25	26	27	28	29	30	31	32	33
16	0.978	0.987	0.993	0.996	0.998	0.999	0.999	1.000		
17	0.959	0.975	0.985	0.991	0.995	0.997	0.999	0.999	1.000	
18	0.932	0.955	0.972	0.983	0.990	0.994	0.997	0.998	0.999	1.000
19	0.893	0.927	0.951	0.969	0.980	0.988	0.993	0.996	0.998	0.999
20	0.843	0.888	0.922	0.948	0.966	0.978	0.987	0.992	0.995	0.997

	34	35	36
19	0.999	1.000	
20	0.999	0.999	1.000

표 II.3 표준정규분포표

$$P(Z \geqq z_\alpha) = \int_{z_\alpha}^{\infty} \frac{1}{\sqrt{2\pi}} e^{-x^2/2} dx = \alpha$$

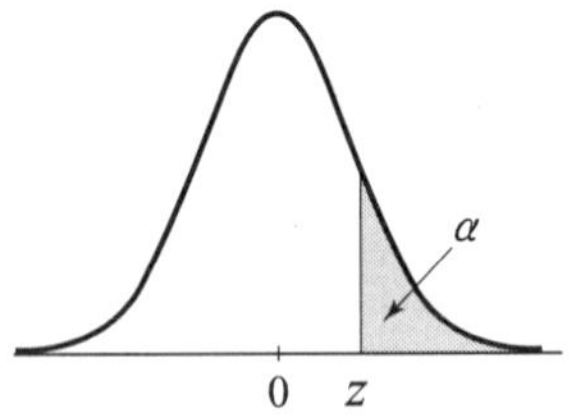

z_α	0.00	0.01	0.02	0.03	0.04	0.05	0.06	0.07	0.08	0.09
0.0	0.5000	.4960	.4920	.4880	.4840	.4801	.4761	.4721	.4681	0.4641
0.1	0.4602	.4562	.4522	.4483	.4443	.4404	.4364	.4325	.4286	0.4247
0.2	0.4207	.4168	.4129	.4090	.4052	.4013	.3974	.3936	.3897	0.3859
0.3	0.3821	.3783	.3745	.3707	.3669	.3632	.3594	.3557	.3520	0.3483
0.4	0.3446	.3409	.3372	.3336	.3300	.3264	.3228	.3192	.3156	0.3121
0.5	0.3085	.3050	.3015	.2981	.2946	.2912	.2877	.2843	.2810	0.2776
0.6	0.2743	.2709	.2676	.2643	.2611	.2578	.2546	.2514	.2483	0.2451
0.7	0.2420	.2389	.2358	.2327	.2296	.2266	.2236	.2206	.2177	0.2148
0.8	0.2119	.2090	.2061	.2033	.2005	.1977	.1949	.1922	.1894	0.1867
0.9	0.1841	.1814	.1788	.1762	.1736	.1711	.1685	.1660	.1635	0.1611
1.0	0.1587	.1562	.1539	.1515	.1492	.1469	.1446	.1423	.1401	0.1379
1.1	0.1357	.1335	.1314	.1292	.1271	.1251	.1230	.1210	.1190	0.1170
1.2	0.1151	.1131	.1112	.1093	.1075	.1056	.1038	.1020	.1003	0.0985
1.3	0.0968	.0951	.0934	.0918	.0901	.0885	.0869	.0853	.0838	0.0823
1.4	0.0808	.0793	.0778	.0764	.0749	.0735	.0721	.0708	.0694	0.0681
1.5	0.0668	.0655	.0643	.0630	.0618	.0606	.0594	.0582	.0571	0.0559
1.6	0.0548	.0537	.0526	.0516	.0505	.0495	.0485	.0475	.0465	0.0455
1.7	0.0446	.0436	.0427	.0418	.0409	.0401	.0392	.0384	.0375	0.0367
1.8	0.0359	.0351	.0344	.0336	.0329	.0322	.0314	.0307	.0301	0.0294
1.9	0.0287	.0281	.0274	.0268	.0262	.0256	.0250	.0244	.0239	0.0233
2.0	0.0228	.0222	.0217	.0212	.0207	.0202	.0197	.0192	.0188	0.0183
2.1	0.0179	.0174	.0170	.0166	.0162	.0158	.0154	.0150	.0146	0.0143
2.2	0.0139	.0136	.0132	.0129	.0125	.0122	.0119	.0116	.0113	0.0110
2.3	0.0107	.0104	.0102	.0099	.0096	.0094	.0091	.0089	.0087	0.0084
2.4	0.0082	.0080	.0078	.0075	.0073	.0071	.0069	.0068	.0066	0.0064
2.5	0.0062	.0060	.0059	.0057	.0055	.0054	.0052	.0051	.0049	0.0048
2.6	0.0047	.0045	.0044	.0043	.0041	.0040	.0039	.0038	.0037	0.0036
2.7	0.0035	.0034	.0033	.0032	.0031	.0030	.0029	.0028	.0027	0.0026
2.8	0.0026	.0025	.0024	.0023	.0023	.0022	.0021	.0021	.0020	0.0019
2.9	0.0019	.0018	.0018	.0017	.0016	.0016	.0015	.0015	.0014	0.0014
3.0	0.00135									
3.5	0.000233									
4.0	0.0000317									
4.5	0.00000340									
5.0	0.000000287									

표 II.4 t 분포표

$P(T > t_\alpha) = \alpha$

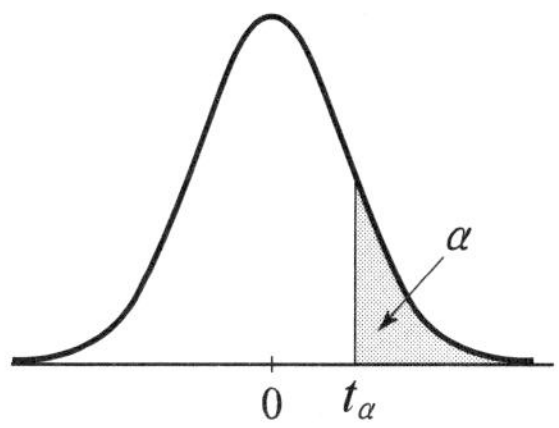

자유도	$t_{0.100}$	$t_{0.025}$	$t_{0.005}$
1	3.078	12.706	63.657
2	1.886	4.303	9.925
3	1.638	3.182	5.841
4	1.533	2.776	4.604
5	1.476	2.571	4.032
6	1.440	2.447	3.707
7	1.415	2.365	3.499
8	1.397	2.306	3.355
9	1.383	2.262	3.250
10	1.372	2.228	3.169
11	1.363	2.201	3.106
12	1.356	2.179	3.055
13	1.350	2.160	3.012
14	1.345	2.145	2.977
15	1.341	2.131	2.947
16	1.337	2.120	2.921
17	1.333	2.110	2.898
18	1.330	2.101	2.878
19	1.328	2.093	2.861
20	1.325	2.086	2.845
21	1.323	2.080	2.831
22	1.321	2.074	2.819
23	1.319	2.069	2.807
24	1.318	2.064	2.797
25	1.316	2.060	2.787
26	1.315	2.056	2.779
27	1.314	2.052	2.771
28	1.313	2.048	2.763
29	1.311	2.045	2.756
120	1.289	1.980	2.617
∞	1.282	1.960	2.576

표 II.5 χ^2 분포표

$P(\chi^2 \geq \chi^2_\alpha) = \alpha$

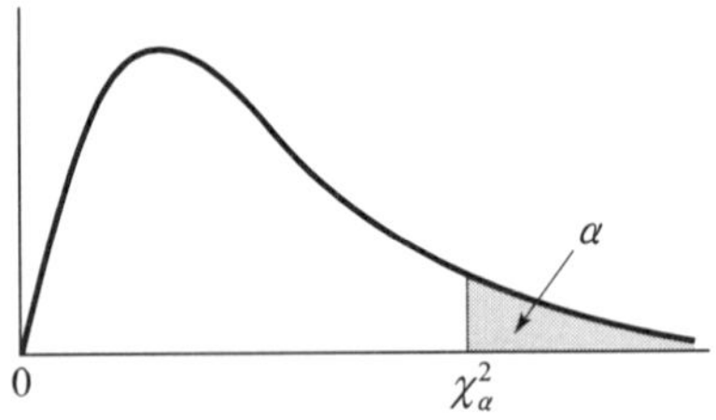

자유도	$\chi^2_{0.995}$	$\chi^2_{0.990}$	$\chi^2_{0.975}$	$\chi^2_{0.950}$	$\chi^2_{0.900}$
1	.0000393	.0001571	.000982	.00393	.0158
2	.0100	.0201	.0506	.103	.211
3	.0717	.115	.216	.352	.584
4	.207	.297	.484	.711	1.064
5	.412	.554	.831	1.145	1.610
6	.676	.872	1.237	1.635	2.204
7	.989	1.239	1.690	2.167	2.833
8	1.344	1.646	2.180	2.733	3.490
9	1.735	2.088	2.700	3.325	4.168
10	2.156	2.558	3.247	3.940	4.865
11	2.603	3.053	3.816	4.575	5.578
12	3.074	3.571	4.404	5.226	6.304
13	3.565	4.107	5.009	5.892	7.042
14	4.075	4.660	5.629	6.571	7.790
15	4.601	5.229	6.262	7.261	8.547
16	5.142	5.812	6.908	7.962	9.312
17	5.697	6.408	7.564	8.672	10.085
18	6.265	7.015	8.231	9.390	10.865
19	6.844	7.633	8.907	10.117	11.651
20	7.434	8.260	9.591	10.851	12.443
21	8.034	8.897	10.283	11.591	13.240
22	8.643	9.542	10.982	12.338	14.041
23	9.260	10.196	11.689	13.091	14.848
24	9.886	10.856	12.401	13.848	15.659
25	10.520	11.524	13.120	14.611	16.473
26	11.160	12.198	13.844	15.379	17.292
27	11.808	12.879	14.573	16.151	18.114
28	12.461	13.565	15.308	16.928	18.939
29	13.121	14.256	16.047	17.708	19.768
30	13.787	14.953	16.791	18.493	20.599

표 II.5 (계속)

$\chi^2_{0.100}$	$\chi^2_{0.050}$	$\chi^2_{0.025}$	$\chi^2_{0.010}$	$\chi^2_{0.005}$	자유도
2.706	3.841	5.024	6.635	7.879	1
4.605	5.991	7.378	9.210	10.597	2
6.251	7.815	9.348	11.345	12.838	3
7.779	9.488	11.143	13.277	14.860	4
9.236	11.070	12.832	15.086	16.750	5
10.645	12.592	14.449	16.812	18.548	6
12.017	14.067	16.013	18.475	20.278	7
13.362	15.507	17.535	20.090	21.955	8
14.684	16.919	19.023	21.666	23.589	9
15.987	18.307	20.483	23.209	25.188	10
17.275	19.675	21.920	24.725	26.757	11
18.549	21.026	23.337	26.217	28.300	12
19.812	22.362	24.736	27.688	29.819	13
21.064	23.685	26.119	29.141	31.319	14
22.307	24.996	27.488	30.578	32.801	15
23.542	26.296	28.845	32.000	34.267	16
24.669	27.587	30.191	33.409	35.718	17
25.989	28.869	31.526	34.805	37.156	18
27.204	30.144	32.852	36.191	38.582	19
28.412	31.410	34.170	37.566	39.997	20
29.615	32.671	35.479	38.932	41.401	21
30.813	33.924	36.781	40.289	42.796	22
32.007	35.172	38.076	41.638	44.181	23
33.196	36.415	39.364	42.980	45.558	24
34.382	37.652	40.646	44.314	46.928	25
35.563	38.885	41.923	45.642	48.290	26
36.741	40.113	43.194	46.963	49.645	27
37.916	41.337	44.461	48.278	50.993	28
39.087	42.557	45.722	49.588	52.336	29
40.256	43.773	46.979	50.892	53.672	30

표 II.6 F 분포표

$P(F \geq F_{\alpha}) = \alpha$

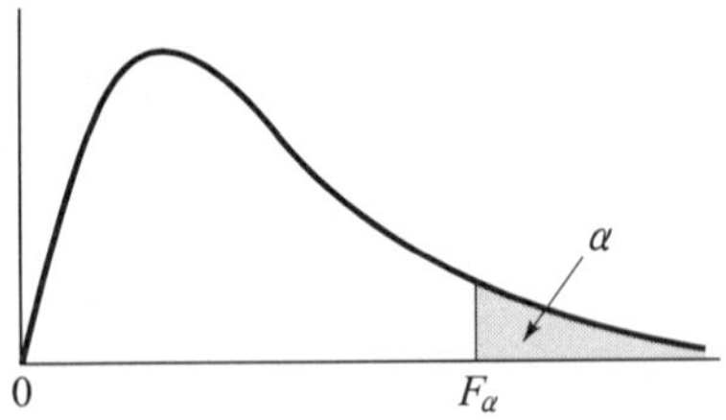

분모의 자유도	분자의 자유도									
	α	1	2	3	4	5	6	7	8	9
1	.100	39.86	49.50	53.59	55.83	57.24	58.20	58.91	59.44	59.86
	.050	161.4	199.5	215.7	224.6	230.2	234.0	236.8	238.9	240.5
	.025	647.8	799.5	864.2	899.6	921.8	937.1	948.2	956.6	963.3
	.010	4052	4999.5	5403	5625	5764	5859	5928	5982	6022
	.005	16211	20000	21615	22500	23056	23437	23715	23925	24091
2	.100	8.53	9.00	9.16	9.24	9.29	9.33	9.35	9.37	9.38
	.050	18.51	19.00	19.16	19.25	19.30	19.33	19.35	19.37	19.38
	.025	38.51	39.00	39.17	39.25	39.30	39.33	39.36	39.37	39.39
	.010	98.50	99.00	99.16	99.25	99.30	99.33	99.36	99.37	99.39
	.005	198.5	199.0	199.2	199.2	199.3	199.3	199.4	199.4	199.4
3	.100	5.54	5.46	5.39	5.34	5.31	5.28	5.27	5.25	5.24
	.050	10.13	9.55	9.28	9.12	9.01	8.94	8.89	8.85	8.81
	.025	17.44	16.04	15.44	15.10	14.88	14.73	14.62	14.54	14.47
	.010	34.12	30.82	29.46	28.71	28.24	27.91	27.67	27.49	27.35
	.005	55.55	49.80	47.47	46.19	45.39	44.84	44.43	44.13	43.88
4	.100	4.54	4.32	4.19	4.11	4.05	4.01	3.98	3.95	3.94
	.050	7.71	6.94	6.59	6.39	6.26	6.16	6.09	6.04	6.00
	.025	12.22	10.65	9.98	9.60	9.36	9.20	9.07	8.98	8.90
	.010	21.20	18.00	16.69	15.98	15.52	15.21	14.98	14.80	14.66
	.005	31.33	26.28	24.26	23.15	22.46	21.97	21.62	21.35	21.14
5	.100	4.06	3.78	3.62	3.52	3.45	3.40	3.37	3.34	3.32
	.050	6.61	5.79	5.41	5.19	5.05	4.95	4.88	4.82	4.77
	.025	10.01	8.43	7.76	7.39	7.15	6.98	6.85	6.76	6.68
	.010	16.26	13.27	12.06	11.39	10.97	10.67	10.46	10.29	10.16
	.005	22.78	18.31	16.53	15.56	14.94	14.51	14.20	13.96	13.77
6	.100	3.78	3.46	3.29	3.18	3.11	3.05	3.01	2.98	2.96
	.050	5.99	5.14	4.76	4.53	4.39	4.28	4.21	4.15	4.10
	.025	8.81	7.26	6.60	6.23	5.99	5.82	5.70	5.60	5.52
	.010	13.75	10.92	9.78	9.15	8.75	8.47	8.26	8.10	7.98
	.005	18.63	14.54	12.92	12.03	11.46	11.07	10.79	10.57	10.39
7	.100	3.59	3.26	3.07	2.96	2.88	2.83	2.78	2.75	2.72
	.050	5.59	4.74	4.35	4.12	3.97	3.87	3.79	3.73	3.68
	.025	8.07	6.54	5.89	5.52	5.29	5.12	4.99	4.90	4.82
	.010	12.25	9.55	8.45	7.85	7.46	7.19	6.99	6.84	6.72
	.005	16.24	12.40	10.88	10.05	9.52	9.16	8.89	8.68	8.51

표 II.6 (계속)

분자의 자유도											분모의 자유도
10	12	15	20	24	30	40	60	120	∞	α	
60.19	60.71	61.22	61.74	62.00	62.26	62.53	62.79	63.06	63.33	.100	1
241.9	243.9	245.9	248.0	249.1	250.1	251.1	252.2	253.3	254.3	.050	
968.6	976.7	984.9	993.1	997.2	1001	1006	1010	1014	1018	.025	
6056	6106	6157	6209	6235	6261	6286	6313	6339	6366	.010	
24224	24426	24630	24836	24940	25044	25148	25253	25359	25465	.005	
9.39	9.41	9.42	9.44	9.45	9.46	9.47	9.47	9.48	9.49	.100	2
19.40	19.41	19.43	19.45	19.45	19.46	19.47	19.48	19.49	19.50	.050	
39.40	39.41	39.43	39.45	39.46	39.46	39.47	39.48	39.49	39.50	.025	
99.40	99.42	99.43	99.45	99.46	99.47	99.48	99.48	99.49	99.50	.010	
199.4	199.4	199.4	199.4	199.5	199.5	199.5	199.5	199.5	199.5	.005	
5.23	5.22	5.20	5.18	5.18	5.17	5.16	5.15	5.14	5.13	.100	3
8.79	8.74	8.70	8.66	8.64	8.62	8.59	8.57	8.55	8.53	.050	
14.42	14.34	14.25	14.17	14.12	14.08	14.04	13.99	13.95	13.90	.025	
27.23	27.05	26.87	26.69	26.60	26.50	26.41	26.32	26.22	26.13	.010	
43.69	43.39	43.08	42.78	42.62	42.47	42.31	42.15	41.99	41.83	.005	
3.92	3.90	3.87	3.84	3.83	3.82	3.80	3.79	3.78	3.76	.100	4
5.96	5.91	5.86	5.80	5.77	5.75	5.72	5.69	5.66	5.63	.050	
8.84	8.75	8.66	8.56	8.51	8.46	8.41	8.36	8.31	8.26	.025	
14.55	14.37	14.20	14.02	13.93	13.84	13.75	13.65	13.56	13.46	.010	
20.97	20.70	20.44	20.17	20.03	19.89	19.75	19.61	19.47	19.32	.005	
3.30	3.27	3.24	3.21	3.19	3.17	3.16	3.14	3.12	3.10	.100	5
4.74	4.68	4.62	4.56	4.53	4.50	4.46	4.43	4.40	4.36	.050	
6.62	6.52	6.43	6.33	6.28	6.23	6.18	6.12	6.07	6.02	.025	
10.05	9.89	9.72	9.55	9.47	9.38	9.29	9.20	9.11	9.02	.010	
13.62	13.38	13.15	12.90	12.78	12.66	12.53	12.40	12.27	12.14	.005	
2.94	2.90	2.87	2.84	2.82	2.80	2.78	2.76	2.74	2.72	.100	6
4.06	4.00	3.94	3.87	3.84	3.81	3.77	3.74	3.70	3.67	.050	
5.46	5.37	5.27	5.17	5.12	5.07	5.01	4.96	4.90	4.85	.025	
7.87	7.72	7.56	7.40	7.31	7.23	7.14	7.06	6.97	6.88	.010	
10.25	10.03	9.81	9.59	9.47	9.36	9.24	9.12	9.00	8.88	.005	
2.70	2.67	2.63	2.59	2.58	2.56	2.54	2.51	2.49	2.47	.100	7
3.64	3.57	3.51	3.44	3.41	3.38	3.34	3.30	3.27	3.23	.050	
4.76	4.67	4.57	4.47	4.42	4.36	4.31	4.25	4.20	4.14	.025	
6.62	6.47	6.31	6.16	6.07	5.99	5.91	5.82	5.74	5.65	.010	
8.38	8.18	7.97	7.75	7.65	7.53	7.42	7.31	7.19	7.08	.005	

표 II.6 (계속)

분모의 자유도	분자의 자유도									
	α	1	2	3	4	5	6	7	8	9
8	.100	3.46	3.11	2.92	2.81	2.73	2.67	2.62	2.59	2.56
	.050	5.32	4.46	4.07	3.84	3.69	3.58	3.50	3.44	3.39
	.025	7.57	6.06	5.42	5.05	4.82	4.65	4.53	4.43	4.36
	.010	11.26	8.65	7.59	7.01	6.63	6.37	6.18	6.03	5.91
	.005	14.69	11.04	9.60	8.81	8.30	7.95	7.69	7.50	7.34
9	.100	3.36	3.01	2.81	2.69	2.61	2.55	2.51	2.47	2.44
	.050	5.12	4.26	3.86	3.63	3.48	3.37	3.29	3.23	3.18
	.025	7.21	5.71	5.08	4.72	4.48	4.32	4.20	4.10	4.03
	.010	10.56	8.02	6.99	6.42	6.06	5.80	5.61	5.47	5.35
	.005	13.61	10.11	8.72	7.96	7.47	7.13	6.88	6.69	6.54
10	.100	3.29	2.92	2.73	2.61	2.52	2.46	2.41	2.38	2.35
	.050	4.96	4.10	3.71	3.48	3.33	3.22	3.14	3.07	3.02
	.025	6.94	5.46	4.83	4.47	4.24	4.07	3.95	3.85	3.78
	.010	10.04	7.56	6.55	5.99	5.64	5.39	5.20	5.06	4.94
	.005	12.83	9.43	8.08	7.34	6.87	6.54	6.30	6.12	5.97
11	.100	3.23	2.86	2.66	2.54	2.45	2.39	2.34	2.30	2.27
	.050	4.84	3.98	3.59	3.36	3.20	3.09	3.01	2.95	2.90
	.025	6.72	5.26	4.63	4.28	4.04	3.88	3.76	3.66	3.59
	.010	9.65	7.21	6.22	5.67	5.32	5.07	4.89	4.74	4.63
	.005	12.23	8.91	7.60	6.88	6.42	6.10	5.86	5.68	5.54
12	.100	3.18	2.81	2.61	2.48	2.39	2.33	2.28	2.24	2.21
	.050	4.75	3.89	3.49	3.26	3.11	3.00	2.91	2.85	2.80
	.025	6.55	5.10	4.47	4.12	3.89	3.73	3.61	3.51	3.44
	.010	9.33	6.93	5.95	5.41	5.06	4.82	4.64	4.50	4.39
	.005	11.75	8.51	7.23	6.52	6.07	5.76	5.52	5.35	5.20
13	.100	3.14	2.76	2.56	2.43	2.35	2.28	2.23	2.20	2.16
	.050	4.67	3.81	3.41	3.18	3.03	2.92	2.83	2.77	2.71
	.025	6.41	4.97	4.35	4.00	3.77	3.60	3.48	3.39	3.31
	.010	9.07	6.70	5.74	5.21	4.86	4.62	4.44	4.30	4.19
	.005	11.37	8.19	6.93	6.23	5.79	5.48	5.25	5.08	4.94
14	.100	3.10	2.73	2.52	2.39	2.31	2.24	2.19	2.15	2.12
	.050	4.60	3.74	3.34	3.11	2.96	2.85	2.76	2.70	2.65
	.025	6.30	4.86	4.24	3.89	3.66	3.50	3.38	3.29	3.21
	.010	8.86	6.51	5.56	5.04	4.69	4.46	4.28	4.14	4.03
	.005	11.06	7.92	6.68	6.00	5.56	5.26	5.03	4.86	4.72

표 II.6 (계속)

분자의 자유도											분모의 자유도
10	12	15	20	24	30	40	60	120	∞	α	
2.54	2.50	2.10	2.42	2.40	2.38	2.36	2.34	2.32	2.29	.100	8
3.35	3.28	2.62	3.15	3.12	3.08	3.04	3.01	2.97	2.93	.050	
4.30	4.20	3.18	4.00	3.95	3.89	3.84	3.78	3.73	3.67	.025	
5.81	5.67	4.01	5.36	5.28	5.20	5.12	5.03	4.95	4.86	.010	
7.21	7.01	4.72	6.61	6.50	6.40	6.29	6.18	6.06	5.95	.005	
2.42	2.38	2.05	2.30	2.28	2.25	2.23	2.21	2.18	2.16	.100	9
3.14	3.07	2.53	2.94	2.90	2.86	2.83	2.79	2.75	2.71	.050	
3.96	3.87	3.05	3.67	3.61	3.56	3.51	3.45	3.39	3.33	.025	
5.26	5.11	3.82	4.81	4.73	4.65	4.57	4.48	4.40	4.31	.010	
6.42	6.23	4.46	5.83	5.73	5.62	5.52	5.41	5.30	5.19	.005	
2.32	2.28	2.01	2.20	2.18	2.16	2.13	2.11	2.08	2.06	.100	10
2.98	2.91	2.46	2.77	2.77	2.70	2.66	2.62	2.58	2.54	.050	
3.72	3.62	2.95	3.42	3.37	3.31	3.26	3.20	3.14	3.08	.025	
4.85	4.71	3.66	4.41	4.33	4.25	4.17	4.08	4.00	3.91	.010	
5.85	5.66	4.25	5.27	5.17	5.07	4.97	4.86	4.75	4.64	.005	
2.25	2.21	2.46	2.12	2.10	2.08	2.05	2.03	2.00	1.97	.100	11
2.85	2.79	3.22	2.65	2.61	2.57	2.53	2.49	2.45	2.40	.050	
3.53	3.43	4.10	3.23	3.17	3.12	3.06	3.00	2.94	2.88	.025	
4.54	4.40	5.52	4.10	4.02	3.94	3.86	3.78	3.69	3.60	.010	
5.42	5.24	6.81	4.86	4.76	4.65	4.55	4.44	4.34	4.23	.005	
2.19	2.15	2.34	2.06	2.04	2.01	1.99	1.96	1.93	1.90	.100	12
2.75	2.69	3.01	2.54	2.51	2.47	2.43	2.38	2.34	2.30	.050	
3.37	3.28	3.77	3.07	3.02	2.96	2.91	2.85	2.79	2.72	.025	
4.30	4.16	4.96	3.86	3.78	3.70	3.62	3.54	3.45	3.36	.010	
5.09	4.91	6.03	4.53	4.43	4.33	4.23	4.12	4.01	3.90	.005	
2.14	2.10	2.24	2.01	1.98	1.96	1.93	1.90	1.88	1.85	.100	13
2.67	2.60	2.85	2.46	2.42	2.38	2.34	2.30	2.25	2.21	.050	
3.25	3.15	3.52	2.95	2.89	2.84	2.78	2.72	2.66	2.60	.025	
4.10	3.96	4.56	3.66	3.59	3.51	3.43	3.34	3.25	3.17	.010	
4.82	4.64	5.47	4.27	4.17	4.07	3.97	3.87	3.76	3.65	.005	
2.10	2.05	2.17	1.96	1.94	1.91	1.89	1.86	1.83	1.80	.100	14
2.60	2.53	2.72	2.39	2.35	2.31	2.27	2.22	2.18	2.13	.050	
3.15	3.05	3.33	2.84	2.79	2.73	2.67	2.61	2.55	2.49	.025	
3.94	3.80	4.25	3.51	3.43	3.35	3.27	3.18	3.09	3.00	.010	
4.60	4.43	5.05	4.06	3.96	3.86	3.76	3.66	3.55	3.44	.005	

표 II.6 (계속)

분모의 자유도	분자의 자유도									
	α	1	2	3	4	5	6	7	8	9
15	.100	3.07	2.70	2.49	2.36	2.27	2.21	2.16	2.12	2.09
	.050	4.54	3.68	3.29	3.06	2.90	2.79	2.71	2.64	2.59
	.025	6.20	4.77	4.15	3.80	3.58	3.41	3.29	3.20	3.12
	.010	8.68	6.36	5.42	4.89	4.56	4.32	4.14	4.00	3.89
	.005	10.80	7.70	6.48	5.80	5.37	5.07	4.85	4.67	4.54
16	.100	3.05	2.67	2.46	2.33	2.24	2.18	2.13	2.09	2.06
	.050	4.49	3.63	3.24	3.01	2.85	2.74	2.66	2.59	2.54
	.025	6.12	4.69	4.08	3.73	3.50	3.34	3.22	3.12	3.05
	.010	8.53	6.23	5.29	4.77	4.44	4.20	4.03	3.89	3.78
	.005	10.58	7.51	6.30	5.64	5.21	4.91	4.69	4.52	4.38
17	.100	3.03	2.64	2.44	2.31	2.22	2.15	2.10	2.06	2.03
	.050	4.45	3.59	3.20	2.96	2.81	2.70	2.61	2.55	2.49
	.025	6.04	4.62	4.01	3.66	3.44	3.28	3.16	3.06	2.98
	.010	8.40	6.11	5.18	4.67	4.34	4.10	3.93	3.79	3.68
	.005	10.38	7.35	6.16	5.50	5.07	4.78	4.56	4.39	4.25
18	.100	3.01	2.62	2.42	2.29	2.20	2.13	2.08	2.04	2.00
	.050	4.41	3.55	3.16	2.93	2.77	2.66	2.58	2.51	2.46
	.025	5.98	4.56	3.95	3.61	3.38	3.22	3.10	3.01	2.93
	.010	8.29	6.01	5.09	4.58	4.25	4.01	3.84	3.71	3.60
	.005	10.22	7.21	6.03	5.37	4.96	4.66	4.44	4.28	4.14
19	.100	2.99	2.61	2.40	2.27	2.18	2.11	2.06	2.02	1.98
	.050	4.38	3.52	3.13	2.90	2.74	2.63	2.54	2.48	2.42
	.025	5.92	4.51	3.90	3.56	3.33	3.17	3.05	2.96	2.88
	.010	8.18	5.93	5.01	4.50	4.17	3.94	3.77	3.63	3.52
	.005	10.07	7.09	5.92	5.27	4.85	4.56	4.34	4.18	4.04
20	.100	2.97	2.59	2.38	2.25	2.16	2.09	2.04	2.00	1.96
	.050	4.35	3.49	3.10	2.87	2.71	2.60	2.51	2.45	2.39
	.025	5.87	4.46	3.86	3.51	3.29	3.13	3.01	2.91	2.84
	.010	8.10	5.85	4.94	4.43	4.10	3.87	3.70	3.56	3.46
	.005	9.94	6.99	5.82	5.17	4.76	4.47	4.26	4.09	3.96
21	.100	2.96	2.57	2.36	2.23	2.14	2.08	2.02	1.98	1.95
	.050	4.32	3.47	3.07	2.84	2.68	2.57	2.49	2.42	2.37
	.025	5.83	4.42	3.82	3.48	3.25	3.09	2.97	2.87	2.80
	.010	8.02	5.78	4.87	4.37	4.04	3.81	3.64	3.51	3.40
	.005	9.83	6.89	5.73	5.09	4.68	4.39	4.18	4.01	3.88

표 II.6 (계속)

분자의 자유도											분모의 자유도
10	12	15	20	24	30	40	60	120	∞	α	
2.06	2.02	1.97	1.92	1.90	1.87	1.85	1.82	1.79	1.76	.100	15
2.54	2.48	2.40	2.33	2.29	2.25	2.20	2.16	2.11	2.07	.050	
3.06	2.96	2.86	2.76	2.70	2.64	2.59	2.52	2.46	2.40	.025	
3.80	3.67	3.52	3.37	3.29	3.21	3.13	3.05	2.96	2.87	.010	
4.42	4.25	4.07	3.88	3.79	3.69	3.58	3.48	3.37	3.26	.005	
2.03	1.99	1.94	1.89	1.87	1.84	1.81	1.78	1.75	1.72	.100	16
2.49	2.42	2.35	2.28	2.24	2.19	2.15	2.11	2.06	2.01	.050	
2.99	2.89	2.79	2.68	2.63	2.57	2.51	2.45	2.38	2.32	.025	
3.69	3.55	3.41	3.26	3.18	3.10	3.02	2.93	2.84	2.75	.010	
4.27	4.10	3.92	3.73	3.64	3.54	3.44	3.33	3.22	3.11	.005	
2.00	1.96	1.91	1.86	1.84	1.81	1.78	1.75	1.72	1.69	.100	17
2.45	2.38	2.31	2.23	2.19	2.15	2.10	2.06	2.01	1.96	.050	
2.92	2.82	2.72	2.62	2.56	2.50	2.44	2.38	2.32	2.25	.025	
3.59	3.46	3.31	3.16	3.08	3.00	2.92	2.83	2.75	2.65	.010	
4.14	3.97	3.79	3.61	3.51	3.41	3.31	3.21	3.10	2.98	.005	
1.98	1.93	1.89	1.84	1.81	1.78	1.75	1.72	1.69	1.66	.100	18
2.41	2.34	2.27	2.19	2.15	2.11	2.06	2.02	1.97	1.92	.050	
2.87	2.77	2.67	2.56	2.50	2.44	2.38	2.32	2.26	2.19	.025	
3.51	3.37	3.23	3.08	3.00	2.92	2.84	2.75	2.66	2.57	.010	
4.03	3.86	3.68	3.50	3.40	3.30	3.20	3.10	2.99	2.87	.005	
1.96	1.91	1.86	1.81	1.79	1.76	1.73	1.70	1.67	1.63	.100	19
2.38	2.31	2.23	2.16	2.11	2.07	2.03	1.98	1.93	1.88	.050	
2.82	2.72	2.62	2.51	2.45	2.39	2.33	2.27	2.20	2.13	.025	
3.43	3.30	3.15	3.00	2.92	2.84	2.76	2.67	2.58	2.49	.010	
3.93	3.76	3.59	3.40	3.31	3.21	3.11	3.00	2.89	2.78	.005	
1.94	1.89	1.84	1.79	1.77	1.74	1.71	1.68	1.64	1.61	.100	20
2.35	2.28	2.20	2.12	2.08	2.04	1.99	1.95	1.90	1.84	.050	
2.77	2.68	2.57	2.46	2.41	2.35	2.29	2.22	2.16	2.09	.025	
3.37	3.23	3.09	2.94	2.86	2.78	2.69	2.61	2.52	2.42	.010	
3.85	3.68	3.50	3.32	3.22	3.12	3.02	2.92	2.81	2.69	.005	
1.92	1.87	1.83	1.78	1.75	1.72	1.69	1.66	1.62	1.59	.100	21
2.32	2.25	2.18	2.10	2.05	2.01	1.96	1.92	1.87	1.81	.050	
2.73	2.64	2.53	2.42	2.37	2.31	2.25	2.18	2.11	2.04	.025	
3.31	3.17	3.03	2.88	2.80	2.72	2.64	2.55	2.46	2.36	.010	
3.77	3.60	3.43	3.24	3.15	3.05	2.95	2.84	2.73	2.61	.005	

표 II.6 (계속)

분모의 자유도	분자의 자유도									
	α	1	2	3	4	5	6	7	8	9
22	.100	2.95	2.56	2.35	2.22	2.13	2.06	2.01	1.97	1.93
	.050	4.30	3.44	3.05	2.82	2.66	2.55	2.46	2.40	2.34
	.025	5.79	4.38	3.78	3.44	3.22	3.05	2.93	2.84	2.76
	.010	7.95	5.72	4.82	4.31	3.99	3.76	3.59	3.45	3.35
	.005	9.73	6.81	5.65	5.02	4.61	4.32	4.11	3.94	3.81
23	.100	2.94	2.55	2.34	2.21	2.11	2.05	1.99	1.95	1.92
	.050	4.28	3.42	3.03	2.80	2.64	2.53	2.44	2.37	2.32
	.025	5.75	4.35	3.75	3.41	3.18	3.02	2.90	2.81	2.73
	.010	7.88	5.66	4.76	4.26	3.94	3.71	3.54	3.41	3.30
	.005	9.63	6.73	5.58	4.95	4.54	4.26	4.05	3.88	3.75
24	.100	2.93	2.54	2.33	2.19	2.10	2.04	1.98	1.94	1.91
	.050	4.26	3.40	3.01	2.78	2.62	2.51	2.42	2.36	2.30
	.025	5.72	4.32	3.72	3.38	3.15	2.99	2.87	2.78	2.70
	.010	7.82	5.61	4.72	4.22	3.90	3.67	3.50	3.36	3.26
	.005	9.55	6.66	5.52	4.89	4.49	4.20	3.99	3.83	3.69
25	.100	2.92	2.53	2.32	2.18	2.09	2.02	1.97	1.93	1.89
	.050	4.24	3.39	2.99	2.76	2.60	2.49	2.40	2.34	2.28
	.025	5.69	4.29	3.69	3.35	3.13	2.97	2.85	2.75	2.68
	.010	7.77	5.57	4.68	4.18	3.85	3.63	3.46	3.32	3.22
	.005	9.48	6.60	5.46	4.84	4.43	4.15	3.94	3.78	3.64
26	.100	2.91	2.52	2.31	2.17	2.08	2.01	1.96	1.92	1.88
	.050	4.23	3.37	2.98	2.74	2.59	2.47	2.39	2.32	2.27
	.025	5.66	4.27	3.67	3.33	3.10	2.94	2.82	2.73	2.65
	.010	7.72	5.53	4.64	4.14	3.82	3.59	3.42	3.29	3.18
	.005	9.41	6.54	5.41	4.79	4.38	4.10	3.89	3.73	3.60
27	.100	2.90	2.51	2.30	2.17	2.07	2.00	1.95	1.91	1.87
	.050	4.21	3.35	2.96	2.73	2.57	2.46	2.37	2.31	2.25
	.025	5.63	4.24	3.65	3.31	3.08	2.92	2.80	2.71	2.63
	.010	7.68	5.49	4.60	4.11	3.78	3.56	3.39	3.26	3.15
	.005	9.34	6.49	5.36	4.74	4.34	4.06	3.85	3.69	3.56
28	.100	2.89	2.50	2.29	2.16	2.06	2.00	1.94	1.90	1.87
	.050	4.20	3.34	2.95	2.71	2.56	2.45	2.36	2.29	2.24
	.025	5.61	4.22	3.63	3.29	3.06	2.90	2.78	2.69	2.61
	.010	7.64	5.45	4.57	4.07	3.75	3.53	3.36	3.23	3.12
	.005	9.28	6.44	5.32	4.70	4.30	4.02	3.81	3.65	3.52

표 II.6 (계속)

10	12	15	20	24	30	40	60	120	∞	α	분모의 자유도
1.90	1.86	1.81	1.76	1.73	1.70	1.67	1.64	1.60	1.57	.100	22
2.30	2.23	2.15	2.07	2.03	1.98	1.94	1.89	1.84	1.78	.050	
2.70	2.60	2.50	2.39	2.33	2.27	2.21	2.14	2.08	2.00	.025	
3.26	3.12	2.98	2.83	2.75	2.67	2.58	2.50	2.40	2.31	.010	
3.70	3.54	3.36	3.18	3.08	2.98	2.88	2.77	2.66	2.55	.005	
1.89	1.84	1.80	1.74	1.72	1.69	1.66	1.62	1.59	1.55	.100	23
2.27	2.20	2.13	2.05	2.01	1.96	1.91	1.86	1.81	1.76	.050	
2.67	2.57	2.47	2.36	2.30	2.24	2.18	2.11	2.04	1.97	.025	
3.21	3.07	2.93	2.78	2.70	2.62	2.54	2.45	2.35	2.26	.010	
3.64	3.47	3.30	3.12	3.02	2.92	2.82	2.71	2.60	2.48	.005	
1.88	1.83	1.78	1.73	1.70	1.67	1.64	1.61	1.57	1.53	.100	24
2.25	2.18	2.11	2.03	1.98	1.94	1.89	1.84	1.79	1.73	.050	
2.64	2.54	2.44	2.33	2.27	2.21	2.15	2.08	2.01	1.94	.025	
3.17	3.03	2.89	2.74	2.66	2.58	2.49	2.40	2.31	2.21	.010	
3.59	3.42	3.25	3.06	2.97	2.87	2.77	2.66	2.55	2.43	.005	
1.87	1.82	1.77	1.72	1.69	1.66	1.63	1.59	1.56	1.52	.100	25
2.24	2.16	2.09	2.01	1.96	1.92	1.87	1.82	1.77	1.71	.050	
2.61	2.51	2.41	2.30	2.24	2.18	2.12	2.05	1.98	1.91	.025	
3.13	2.99	2.85	2.70	2.62	2.54	2.45	2.36	2.27	2.17	.010	
3.54	3.37	3.20	3.01	2.92	2.82	2.72	2.61	2.50	2.38	.005	
1.86	1.81	1.76	1.71	1.68	1.65	1.61	1.58	1.54	1.50	.100	26
2.22	2.15	2.07	1.99	1.95	1.90	1.85	1.80	1.75	1.69	.050	
2.59	2.49	2.39	2.28	2.22	2.16	2.09	2.03	1.95	1.88	.025	
3.09	2.96	2.81	2.66	2.58	2.50	2.42	2.33	2.23	2.13	.010	
3.49	3.33	3.15	2.97	2.87	2.77	2.67	2.56	2.45	2.33	.005	
1.85	1.80	1.75	1.70	1.67	1.64	1.60	1.57	1.53	1.49	.100	27
2.20	2.13	2.06	1.97	1.93	1.88	1.84	1.79	1.73	1.67	.050	
2.57	2.47	2.36	2.25	2.19	2.13	2.07	2.00	1.93	1.85	.025	
3.06	2.93	2.78	2.63	2.55	2.47	2.38	2.29	2.20	2.10	.010	
3.45	3.28	3.11	2.93	2.83	2.73	2.63	2.52	2.41	2.29	.005	
1.84	1.79	1.74	1.69	1.66	1.63	1.59	1.56	1.52	1.48	.100	28
2.19	2.12	2.04	1.96	1.91	1.87	1.82	1.77	1.71	1.65	.050	
2.55	2.45	2.34	2.23	2.17	2.11	2.05	1.98	1.91	1.83	.025	
3.03	2.90	2.75	2.60	2.52	2.44	2.35	2.26	2.17	2.06	.010	
3.41	3.25	3.07	2.89	2.79	2.69	2.59	2.48	2.37	2.25	.005	

표 II.6 (계속)

분모의 자유도	분자의 자유도									
	α	1	2	3	4	5	6	7	8	9
29	.100	2.89	2.50	2.28	2.15	2.06	1.99	1.93	1.89	1.86
	.050	4.18	3.33	2.93	2.70	2.55	2.43	2.35	2.28	2.22
	.025	5.59	4.20	3.61	3.27	3.04	2.88	2.76	2.67	2.59
	.010	7.60	5.42	4.54	4.04	3.73	3.50	3.33	3.20	3.09
	.005	9.23	6.40	5.28	4.66	4.26	3.98	3.77	3.61	3.48
30	.100	2.88	2.49	2.28	2.14	2.05	1.98	1.93	1.88	1.85
	.050	4.17	3.32	2.92	2.69	2.53	2.42	2.33	2.27	2.21
	.025	5.57	4.18	3.59	3.25	3.03	2.87	2.75	2.65	2.57
	.010	7.56	5.39	4.51	4.02	3.70	3.47	3.30	3.17	3.07
	.005	9.18	6.35	5.24	4.62	4.23	3.95	3.74	3.58	3.45
40	.100	2.84	2.44	2.23	2.09	2.00	1.93	1.87	1.83	1.79
	.050	4.08	3.23	2.84	2.61	2.45	2.34	2.25	2.18	2.12
	.025	5.42	4.05	3.46	3.13	2.90	2.74	2.62	2.53	2.45
	.010	7.31	5.18	4.31	3.83	3.51	3.29	3.12	2.99	2.89
	.005	8.83	6.07	4.98	4.37	3.99	3.71	3.51	3.35	3.22
60	.100	2.79	2.39	2.18	2.04	1.95	1.87	1.82	1.77	1.74
	.050	4.00	3.15	2.76	2.53	2.37	2.25	2.17	2.10	2.04
	.025	5.29	3.93	3.34	3.01	2.79	2.63	2.51	2.41	2.33
	.010	7.08	4.98	4.13	3.65	3.34	3.12	2.95	2.82	2.72
	.005	8.49	5.79	4.73	4.14	3.76	3.49	3.29	3.13	3.01
120	.100	2.75	2.35	2.13	1.99	1.90	1.82	1.77	1.72	1.68
	.050	3.92	3.07	2.68	2.45	2.29	2.18	2.09	2.02	1.96
	.025	5.15	3.80	3.23	2.89	2.67	2.52	2.39	2.30	2.22
	.010	6.85	4.79	3.95	3.48	3.17	2.96	2.79	2.66	2.56
	.005	8.18	5.54	4.50	3.92	3.55	3.28	3.09	2.93	2.81
∞	.100	2.71	2.30	2.08	1.94	1.85	1.77	1.72	1.67	1.63
	.050	3.84	3.00	2.60	2.37	2.21	2.10	2.01	1.94	1.88
	.025	5.02	3.69	3.12	2.79	2.57	2.41	2.29	2.19	2.11
	.010	6.63	4.61	3.78	3.32	3.02	2.80	2.64	2.51	2.41
	.005	7.88	5.30	4.28	3.72	3.35	3.09	2.90	2.74	2.62

표 II.6 (계속)

분자의 자유도											분모의 자유도
10	12	15	20	24	30	40	60	120	∞	α	
1.83	1.78	1.73	1.68	1.65	1.62	1.58	1.55	1.51	.47	.100	29
2.18	2.10	2.03	1.94	1.90	1.85	1.81	1.75	1.70	1.64	.050	
2.53	2.43	2.32	2.21	2.15	2.09	2.03	1.96	1.89	1.81	.025	
3.00	2.87	2.73	2.57	2.49	2.41	2.33	2.23	2.14	2.03	.010	
3.38	3.21	3.04	2.86	2.76	2.66	2.56	2.45	2.33	2.21	.005	
1.82	1.77	1.72	1.67	1.64	1.61	1.57	1.54	1.50	1.46	.100	30
2.16	2.09	2.01	1.93	1.89	1.84	1.79	1.74	1.68	1.62	.050	
2.51	2.41	2.31	2.20	2.14	2.07	2.01	1.94	1.87	1.79	.025	
2.98	2.84	2.70	2.55	2.47	2.39	2.30	2.21	2.11	2.01	.010	
3.34	3.18	3.01	2.82	2.73	2.63	2.52	2.42	2.30	2.18	.005	
1.76	1.71	1.66	1.61	1.57	1.54	1.51	1.47	1.42	1.38	.100	40
2.08	2.00	1.92	1.84	1.79	1.74	1.69	1.64	1.58	1.51	.050	
2.39	2.29	2.18	2.07	2.01	1.94	1.88	1.80	1.72	1.64	.025	
2.80	2.66	2.52	2.37	2.29	2.20	2.11	2.02	1.92	1.80	.010	
3.12	2.95	2.78	2.60	2.50	2.40	2.30	2.18	2.06	1.93	.005	
1.71	1.66	1.60	1.54	1.51	1.48	1.44	1.40	1.35	1.29	.100	60
1.99	1.92	1.84	1.75	1.70	1.65	1.59	1.53	1.47	1.39	.050	
2.27	2.17	2.06	1.94	1.88	1.82	1.74	1.67	1.58	1.48	.025	
2.63	2.50	2.35	2.20	2.12	2.03	1.94	1.84	1.73	1.60	.010	
2.90	2.74	2.57	2.39	2.29	2.19	2.08	1.96	1.83	1.69	.005	
1.65	1.60	1.55	1.48	1.45	1.41	1.37	1.32	1.26	1.19	.100	120
1.91	1.83	1.75	1.66	1.61	1.55	1.50	1.43	1.35	1.25	.050	
2.16	2.05	1.94	1.82	1.76	1.69	1.61	1.53	1.43	1.31	.025	
2.47	2.34	2.19	2.03	1.95	1.86	1.76	1.66	1.53	1.38	.010	
2.71	2.54	2.37	2.19	2.09	1.98	1.87	1.75	1.61	1.43	.005	
1.60	1.55	1.49	1.42	1.38	1.34	1.30	1.24	1.17	1.00	.100	∞
1.83	1.75	1.67	1.57	1.52	1.46	1.39	1.32	1.22	1.00	.050	
2.05	1.94	1.83	1.71	1.64	1.57	1.48	1.39	1.27	1.00	.025	
2.32	2.18	2.04	1.88	1.79	1.70	1.59	1.47	1.32	1.00	.010	
2.52	2.36	2.19	2.00	1.90	1.79	1.67	1.53	1.36	1.00	.005	

표 II.7 맨-휘트니 검정통계량 U의 분포표

$P(U \leqq u_0), \quad n_1 \leqq n_2$

$n_2 = 3$

u_0	n_1		
	1	2	3
0			.05
1	.25	.10	.10
2	.50	.20	.20
3		.40	.35
4		.60	.50
5			.65

$n_2 = 4$

u_0	n_1			
	1	2	3	4
0	.2000	.0667	.0286	.0143
1	.4000	.1333	.0571	.0286
2	.6000	.2667	.1143	.0571
3		.4000	.2000	.1000
4		.6000	.3143	.1714
5			.4296	.2429
6			.5714	.3429
7				.4429
8				.5571

표 II.7 (계속)

$n_2 = 5$

u_0	n_1				
	1	2	3	4	5
0	.1667	.0476	.0179	.0079	.0040
1	.3333	.0952	.0357	.0159	.0079
2	.5000	.1905	.0714	.0317	.0159
3		.2857	.1250	.0556	.0278
4		.4286	.1964	.0952	.0476
5		.5714	.2857	.1429	.0754
6			.3929	.2063	.1111
7			.5000	.2778	.1548
8				.3651	.2103
9				.4524	.2738
10				.5476	.3452
11					.4206
12					.5000

$n_2 = 6$

u_0	n_1					
	1	2	3	4	5	6
0	1.429	.0357	.0119	.0048	.0022	.0011
1	.2857	.714	.0238	.0095	.0043	.0022
2	.4286	.1429	.0476	.0190	.0087	.0043
3	.5714	.2143	.0833	.0333	.0152	.0076
4		.3214	.1310	.0571	.0260	.0130
5		.4286	.1905	.0857	.0411	.0206
6		.5714	.2738	.1286	.0628	.0325
7			.3571	.1762	.0887	.0465
8			.4524	.2381	.1234	.0660
9			.5476	.3048	.1645	.0898
10				.3810	.2143	.1201
11				.4571	.2684	.1548
12				.5429	.3312	.1970
13					.3961	.2424
14					.4654	.2944
15					.5346	.3496
16						.4091
17						.4686
18						.5314

표 II.7 (계속)

$n_2 = 7$

u_0	n_1						
	1	2	3	4	5	6	7
0	.1250	.0278	.0083	.0030	.0013	.0006	.0003
1	.2500	.0556	.0167	.0061	.0025	.0012	.0006
2	.3750	.1111	.0333	.0121	.0051	.0023	.0012
3	.5000	.1667	.0583	.0212	.0088	.0041	.0020
4		.2500	.0917	.0364	.0152	.0070	.0035
5		.3333	.1333	.0545	.0240	.0111	.0055
6		.4444	.1917	.0818	.0366	.0175	.0087
7		.5556	.2583	.1152	.0530	.0256	.0131
8			.3333	.1576	.0745	.0367	.0189
9			.4167	.2061	.1010	.0507	.0265
10			.5000	.2636	.1338	.0688	.0364
11				.3242	.1717	.0903	.0487
12				.3939	.2159	.1171	.0641
13				.4636	.2652	.1474	.0825
14				.5364	.3194	.1830	.1043
15					.3775	.2226	.1297
16					.4381	.2669	.1588
17					.5000	.3141	.1914
18						.3654	.2279
19						.4178	.2675
20						.4726	.3100
21						.5274	.3552
22							.4024
23							.4508
24							.5000

$n_2 = 8$

u_0	n_1							
	1	2	3	4	5	6	7	8
0	.1111	.0222	.0061	.0020	.0008	.0003	.0002	.0001
1	.2222	.0444	.0121	.0040	.0016	.0007	.0003	.0002
2	.3333	.0889	.0242	.0081	.0031	.0013	.0006	.0003
3	.4444	.1333	.0424	.0141	.0054	.0023	.0011	.0005
4	.5555	.2000	.0667	.0242	.0093	.0040	.0019	.0009
5		.2667	.0970	.0364	.0148	.0063	.0030	.0015
6		.3556	.1394	.0545	.0225	.0100	.0047	.0023
7		.4444	.1879	.0768	.0326	.0147	.0070	.0035
8		.5556	.2485	.1071	.0466	.0213	.0103	.0052
9			.3152	.1414	.0637	.0296	.0145	.0074
10			.3879	.1838	.0855	.0406	.0200	.0103
11			.4606	.2303	.1111	.0539	.0270	.0141
12			.5394	.2848	.1422	.0709	.0361	.0190
13				.3414	.1772	.0906	.0469	.0249
14				.4040	.2176	.1142	.0603	.0325
15				.4667	.2618	.1412	.0760	.0415
16				.5333	.3108	.1725	.0946	.0524
17					.3621	.2068	.1159	.0652
18					.4165	.2454	.1405	.0803
19					.4716	.2864	.1678	.0974
20					.5284	.3310	.1984	.1172
21						.3773	.2317	.1393
22						.4259	.2679	.1641
23						.4749	.3063	.1911
24						.5251	.3472	.2209
25							.3894	.2527
26							.4333	.2869
27							.4775	.3227
28							.5225	.3605
29								.3992
30								.4392
31								.4796
32								.5204

표 II.8 윌콕슨 부호순위 검정통계량 T의 임계값

N	단측검정의 유의수준			
	0.05	0.025	0.01	0.005
	양측검정의 유의수준			
	0.10	0.05	0.02	0.01
5	1	–	–	–
6	2	1	–	–
7	4	2	0	–
8	6	4	2	0
9	8	6	3	2
10	11	8	5	3
11	14	11	7	5
12	17	14	10	7
13	21	17	13	10
14	26	21	16	13
15	30	25	20	16
16	36	30	24	19
17	41	35	28	23
18	47	40	33	28
19	54	46	38	32
20	60	52	43	37
21	68	59	49	43
22	75	66	56	49
23	83	73	62	55
24	92	81	69	61
25	101	90	77	68
26	110	98	85	76
27	120	107	93	84
28	130	117	102	92
29	141	127	111	100
30	152	137	120	109
31	163	148	130	118
32	175	159	141	128
33	188	171	151	138
34	201	183	162	149
35	214	195	174	160
36	228	208	186	171
37	242	222	198	183
38	256	235	211	195
39	271	250	224	208
40	287	264	238	221

표 II.9 (a) 런 검정통계량 R의 분포표

$$P(R \leqq r_0),\ n_1 \leqq n_2$$

(n_1, n_2) \ r_0	2	3	4	5	6	7	8	9	10	11	12	13	14	15	16	17	18
(2, 3)	.200	.500	.900	1.000													
(2, 4)	.133	.400	.800	1.000													
(2, 5)	.095	.333	.714	1.000													
(2, 6)	.071	.286	.643	1.000													
(2, 7)	.056	.250	.583	1.000													
(2, 8)	.044	.222	.533	1.000													
(2, 9)	.036	.200	.491	1.000													
(2, 10)	.030	.182	.455	1.000													
(3, 3)	.100	.300	.700	.900	1.000												
(3, 4)	.057	.200	.543	.800	.971	1.000											
(3, 5)	.036	.143	.429	.714	.929	1.000											
(3, 6)	.024	.107	.345	.643	.881	1.000											
(3, 7)	.017	.083	.283	.583	.833	1.000											
(3, 8)	.012	.067	.236	.533	.788	1.000											
(3, 9)	.009	.055	.200	.491	.745	1.000											
(3, 10)	.007	.045	.171	.455	.706	1.000											
(4, 4)	.029	.114	.371	.629	.886	.971	1.000										
(4, 5)	.016	.071	.262	.500	.786	.929	.992	1.000									
(4, 6)	.010	.048	.190	.405	.690	.881	.976	1.000									
(4, 7)	.006	.033	.142	.333	.606	.833	.954	1.000									
(4, 8)	.004	.024	.109	.279	.533	.788	.929	1.000									
(4, 9)	.003	.018	.085	.236	.471	.745	.902	1.000									
(4, 10)	.002	.014	.068	.203	.419	.706	.874	1.000									
(5, 5)	.008	.040	.167	.357	.643	.833	.960	.992	1.000								
(5, 6)	.004	.024	.110	.262	.522	.738	.911	.976	.998	1.000							
(5, 7)	.003	.015	.076	.197	.424	.652	.854	.955	.992	1.000							
(5, 8)	.002	.010	.054	.152	.347	.576	.793	.929	.984	1.000							
(5, 9)	.001	.007	.039	.119	.287	.510	.734	.902	.972	1.000							
(5, 10)	.001	.005	.029	.095	.239	.455	.678	.874	.958	1.000							
(6, 6)	.002	.013	.067	.175	.392	.608	.825	.933	.987	.998	1.000						
(6, 7)	.001	.008	.043	.121	.296	.500	.733	.879	.966	.992	.999	1.000					
(6, 8)	.001	.005	.028	.086	.226	.413	.646	.821	.937	.984	.998	1.000					
(6, 9)	.000	.003	.019	.063	.175	.343	.566	.762	.902	.972	.994	1.000					
(6, 10)	.000	.002	.013	.047	.137	.288	.497	.706	.864	.958	.990	1.000					
(7, 7)	.001	.004	.025	.078	.209	.383	.617	.791	.922	.975	.996	.999	1.000				
(7, 8)	.000	.002	.015	.051	.149	.296	.514	.704	.867	.949	.988	.998	1.000	1.000			
(7, 9)	.000	.001	.010	.035	.108	.231	.427	.622	.806	.916	.975	.994	.999	1.000			
(7, 10)	.000	.001	.006	.024	.080	.182	.355	.549	.743	.879	.957	.990	.998	1.000			
(8, 8)	.000	.001	.009	.032	.100	.214	.405	.595	.786	.900	.968	.991	.999	1.000			
(8, 9)	.000	.001	.005	.020	.069	.157	.319	.500	.702	.843	.939	.980	.996	.999	1.000		
(8, 10)	.000	.000	.003	.013	.048	.117	.251	.419	.621	.782	.903	.964	.990	.998	1.000		
(9, 9)	.000	.000	.003	.012	.044	.109	.238	.399	.601	.762	.891	.956	.988	.997	1.000		
(9, 10)	.000	.000	.002	.008	.029	.077	.179	.319	.510	.681	.834	.923	.974	.992	.999	1.000	
(10,10)	.000	.000	.001	.004	.019	.051	.128	.242	.414	.586	.758	.872	.949	.981	.996	.999	1.000

표 II.9 (b) 런 검정통계량 R의 분포표($\alpha = 0.05$)

$$P(R \leqq r_L) + P(R \geqq r_U) \leqq \alpha$$

1. $P(R \leqq r_L) \leqq \dfrac{\alpha}{2}$

r_L

n_1 \ n_2	2	3	4	5	6	7	8	9	10	11	12	13	14	15	16	17	18	19	20
2											2	2	2	2	2	2	2	2	2
3					2	2	2	2	2	2	2	2	2	3	3	3	3	3	3
4				2	2	2	3	3	3	3	3	3	3	3	4	4	4	4	4
5			2	2	3	3	3	3	3	4	4	4	4	4	4	4	5	5	5
6		2	2	3	3	3	3	4	4	4	4	5	5	5	5	5	5	6	6
7		2	2	3	3	3	4	4	5	5	5	5	5	6	6	6	6	6	6
8		2	3	3	3	4	4	5	5	5	6	6	6	6	6	7	7	7	7
9		2	3	3	4	4	5	5	5	6	6	6	7	7	7	7	8	8	8
10		2	3	3	4	5	5	5	6	6	7	7	7	7	8	8	8	8	9
11		2	3	4	4	5	5	6	6	7	7	7	8	8	8	9	9	9	9
12	2	2	3	4	4	5	6	6	7	7	7	8	8	8	9	9	9	10	10
13	2	2	3	4	5	5	6	6	7	7	8	8	9	9	9	10	10	10	10
14	2	2	3	4	5	5	6	7	7	8	8	9	9	9	10	10	10	11	11
15	2	3	3	4	5	6	6	7	7	8	8	9	9	10	10	11	11	11	12
16	2	3	4	4	5	6	6	7	8	8	9	9	10	10	11	11	11	12	12
17	2	3	4	4	5	6	7	7	8	9	9	10	10	11	11	11	12	12	13
18	2	3	4	5	5	6	7	8	8	9	9	10	10	11	11	12	12	13	13
19	2	3	4	5	6	6	7	8	8	9	10	10	11	11	12	12	13	13	13
20	2	3	4	5	6	6	7	8	9	9	10	10	11	12	12	13	13	13	14

2. $P(R \geqq r_U) \leqq \dfrac{\alpha}{2}$

r_U

n_1 \ n_2	2	3	4	5	6	7	8	9	10	11	12	13	14	15	16	17	18	19	20
2																			
3																			
4				9	9														
5			9	10	10	11	11												
6			9	10	11	12	12	13	13	13	13								
7				11	12	13	13	14	14	14	14	15	15	15					
8				11	12	13	14	14	15	15	16	16	16	16	17	17	17	17	17
9					13	14	14	15	16	16	16	17	17	18	18	18	18	18	18
10					13	14	15	16	16	17	17	18	18	18	19	19	19	20	20
11					13	14	15	16	17	17	18	19	19	19	20	20	20	21	21
12					13	14	16	16	17	18	19	19	20	20	21	21	21	22	22
13						15	16	17	18	19	19	20	20	21	21	22	22	23	23
14						15	16	17	18	19	20	20	21	22	22	23	23	23	24
15						15	16	18	18	19	20	21	22	22	23	23	24	24	25
16							17	18	19	20	21	21	22	23	23	24	25	25	25
17							17	18	19	20	21	22	23	23	24	25	25	26	26
18							17	18	19	20	21	22	23	24	25	25	26	26	27
19							17	18	20	21	22	23	23	24	25	26	26	27	27
20							17	18	20	21	22	23	24	25	25	26	27	27	28

표 II.10 스피어맨 순위상관계수 검정통계량 R^*의 임계값

$$P(R \geqq r_0^*)$$

n	$\alpha = 0.05$	$\alpha = 0.025$	$\alpha = 0.01$	$\alpha = 0.005$
5	0.900	–	–	–
6	0.829	0.886	0.943	–
7	0.714	0.786	0.893	–
8	0.643	0.738	0.833	0.881
9	0.600	0.683	0.783	0.833
10	0.564	0.648	0.745	0.794
11	0.523	0.623	0.736	0.818
12	0.497	0.591	0.703	0.780
13	0.475	0.566	0.673	0.745
14	0.457	0.545	0.646	0.716
15	0.441	0.525	0.623	0.689
16	0.425	0.507	0.601	0.666
17	0.412	0.490	0.582	0.645
18	0.399	0.476	0.564	0.625
19	0.388	0.462	0.549	0.608
20	0.377	0.450	0.534	0.591
21	0.368	0.438	0.521	0.576
22	0.359	0.428	0.508	0.562
23	0.351	0.418	0.496	0.549
24	0.343	0.409	0.485	0.537
25	0.336	0.400	0.475	0.526
26	0.329	0.392	0.465	0.515
27	0.323	0.385	0.456	0.505
28	0.317	0.377	0.448	0.496
29	0.311	0.370	0.440	0.487
30	0.305	0.364	0.432	0.478

부록 III Review 연습문제(홀수) 정답

1장 연습문제

1. (1) 5, 5, 없음, 6.5, 2.55, 6

(2) 15, 15, 15, 5.2, 2.28, 7

(3) 2.2, 2, 2 또는 3, 0.7, 0.84, 2

(4) −1, −1.5, 없음, 18.4, 4.29, 12

3. $\bar{x}$=5.61, Me=5.7, Mo=없음

5. (1) $\bar{x}$=32.8

(2) s=11.62, s^2=135.07

(3) Q_1=24, Q_3=38, IQR=14

7. (1) $\bar{x}_A = 8.73$, $s_A^2 = 0.313$, $s_A = 0.560$

$\bar{x}_B = 18.17$, $s_B^2 = 0.944$, $s_B = 0.972$

(2) 0.0641, 0.0535

계량단위가 다르더라도 볼트 무게의 변동계수가 과즙농도의 변동계수보다 작으므로 B 회사의 볼트 무게의 산포가 A 회사의 과즙농도의 산포보다 더 작다고 할 수 있다.

9. (1) $\bar{x}$=77.7, Me=81.5, $\bar{x}_{0.1}$=79.09

(2) R=47, Q_1=70, Q_3=88, IQR=18, $s = 12.98$

11. (1)

```
4 | 8
5 | 0256
6 | 0347
7 | 0026688
8 | 00012223456668889
9 | 00111
```

(2) $Q_1=70$, $Q_2=81.5$, $Q_3=88$, $\text{IQR}=18$

$f_1=43$, $f_2=115$, $F_1=16$, $F_2=142$

13. 19 | 7

20 | 1 3 3 6 6 8 8 8

21 | 1 4 5

22 | 0 1 5

23 |

24 | 3

15. (1) 10 | 9 6 8 9 4 8

11 | 1 5 0 2 2 9

12 | 8 8 8 4 0 7 4

13 | 0

(2)

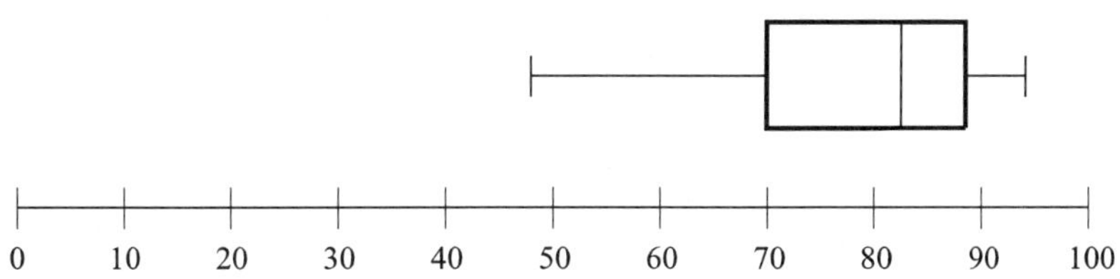

10 | 4

10 | 9 6 8 9 8

11 | 1 0 2 2

11 | 5 9

12 | 0 4 4

12 | 8 8 8 7

13 | 0

17. (1)

계급	중앙값	도수
1.495 ~ 2.715	2.105	14
2.715 ~ 3.935	3.325	17
3.935 ~ 5.155	4.545	12
5.155 ~ 6.375	5.765	2
6.375 ~ 7.595	6.985	1
7.595 ~ 8.815	8.205	2
8.815 ~ 10.035	9.425	2
합 계		50

(2)

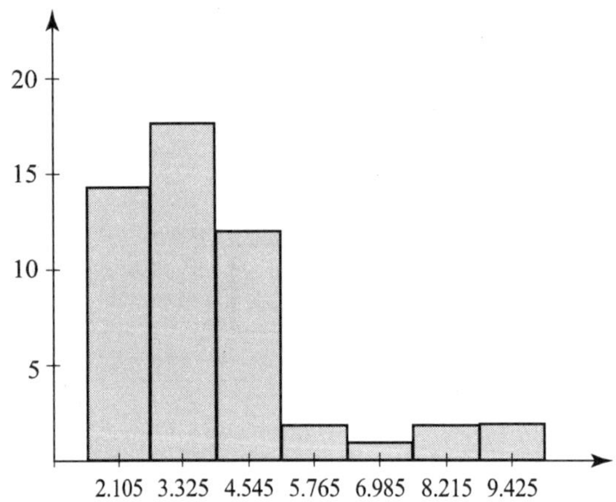

19. 기계 1: $Q_1=3$, $Q_2=4$, $Q_3=5$, IQR$=2$

$f_1=0$, $f_2=8$, $F_1=-3$, $F_2=11$, 인접값 1, 7

기계 2: $Q_1=4$, $Q_2=5$, $Q_3=6$, IQR$=2$

$f_1=1$, $f_2=9$, $F_1=-2$, $F_2=12$, 인접값 3, 8

기계 3: $Q_1=4$, $Q_2=5$, $Q_3=7$, IQR$=3$

$f_1=-0.5$, $f_2=11.5$, $F_1=-5$, $F_2=16$, 인접값 2, 9

2장 연습문제

1. (1) $S=\{$(검, 흰), (검, 검), (흰, 검), (흰, 흰)$\}$

   (2) {검, 검}, {흰, 흰}

3. 1,048,576

5. 60

7. (1) $S=\{1, 2, 3, 4, 5, 6\}$

   (2) ${}_6P_4=360$

   (3) ${}_6C_4=15$

9. (1) $A\cup B=\{1, 2, 3, 6, 7\}$

   (2) $A\cap B=\{1\}$

   (3) $A\cap C=\{1, 2\}$

   (4) $\overline{B}=\{2, 4, 5, 6, 8, 9\}$

   (5) $B\cup \overline{C}=\{1, 3, 5, 6, 7, 8, 9\}$

   (6) $\overline{(B\cap D)}=\{1, 2, 3, 4, 5, 6, 8, 9\}$

11. (1) $S=\{(1, 1), (1, 2), (1, 3), (1, 4), (1, 5), (1, 6),$
$(2, 1), (2, 2), (2, 3), (2, 4), (2, 5), (2, 6),$
$(3, 1), (3, 2), (3, 3), (3, 4), (3, 5), (3, 6),$
$(4, 1), (4, 2), (4, 3), (4, 4), (4, 5), (4, 6),$
$(5, 1), (5, 2), (5, 3), (5, 4), (5, 5), (5, 6),$
$(6, 1), (6, 2), (6, 3), (6, 4), (6, 5), (6, 6)\}$

    (2) $P(A)=7/12$

    (3) $P(B)=3/4$

13. (1) 0.5556

    (2) 0.4096

15. 13%

17. (1) $\frac{1}{3}$

(2) $\frac{4}{15}$

19. $P(B)=0.10$

21. $P(A\cup B)=0.6$

23. (1) $P(A\cap B)=0.08$

(2) $P(A|B)=0.2286$

$P(B|A)=0.32$

(3) $P(A\cup B)\neq P(A)+P(B)$

A와 B는 상호배반이 아니다.

(4) $P(A|B)\neq P(B|A)$

A와 B는 상호독립이 아니다.

25. 0.9999

27. A와 B 종속, B와 C 종속, A와 C 종속, A, B, C 종속

29. $P(B|C)=0.25$

3장 연습문제

1. $\mu=\frac{115}{24}$, $\sigma^2=\frac{2447}{576}$

3. $\mu=1.667$, $\sigma^2=1.36$

$f(x)$	x
0	$x < -1$
$\frac{1}{30}$	$-1 \leqq x < 0$
$\frac{1}{5}$	$0 \leqq x < 1$
$\frac{2}{5}$	$1 \leqq x < 2$
$\frac{7}{10}$	$2 \leqq x < 3$
1	$x \geqq 3$

5. (1) $k = \frac{1}{2}$

(2) $\mu = \frac{3}{2}$, $\sigma^2 = \frac{5}{12}$

(3) $$F(x) = \begin{cases} 0, & x < 0 \\ \frac{x^2}{4}, & 0 \leqq x < 1 \\ -\frac{1}{4} + \frac{1}{2}x, & 1 \leqq x < 2 \\ -\frac{1}{4}x^2 + \frac{3}{2}x - \frac{5}{4}, & 2 \leqq x < 3 \\ 1, & x \geqq 3 \end{cases}$$

7. 0.79

9. (1) $\mu_X = \alpha\sqrt{\frac{\pi}{2}}$ (2) $\sigma_X^2 = \frac{4-\pi}{2}\alpha^2$

11. (1) 0.616 (2) 0.195

13. (1) $k = \frac{1}{10}$ (2) $F(x) = 1 - e^{-\frac{x}{10}}$

15. $F(x) = \dfrac{x^2}{5}$ $\qquad 0 \leqq x < 1$

$= \dfrac{2x}{5} - \dfrac{1}{5}$ $\qquad 1 \leqq x < 2$

$= \dfrac{-x^2 + 8x - 6}{10}$ $\qquad 2 \leqq x < 4$

$= 0$ $\qquad$ 기타

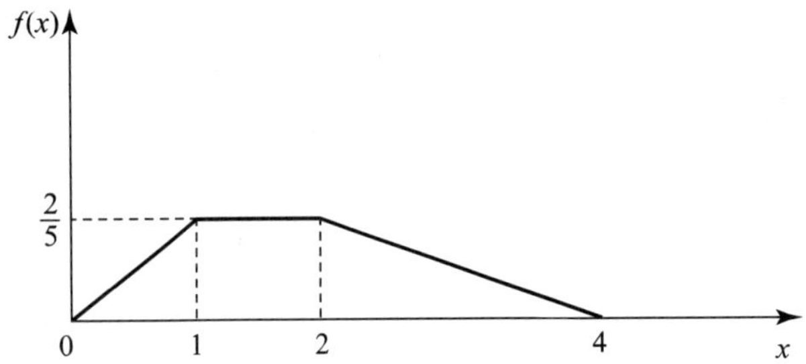

17. (1) $1 - 4e^{-1}$ (2) $10e^{-4}$ (3) $f(x) = \begin{cases} \dfrac{1}{2} x e^{-\frac{x}{2}}, & x \geqq 0 \\ 0, & \text{기타} \end{cases}$

19. $E(X) = \dfrac{3}{8}$

21. $E(X) = 50$

23. (1) $f(x) = \begin{cases} \dfrac{2x}{49}, & 0 \leqq x < 7 \\ 0, & \text{기타} \end{cases}$

(2) $\mu_X = \dfrac{14}{3}$, $\sigma_X^2 = \dfrac{49}{18}$

(3) $m_X = \dfrac{7}{\sqrt{2}}$

25. $\mu_T = \dfrac{1}{\lambda}$

27. (1) $k = -1$

(2) $\mu_X = \frac{25}{36}$, $\sigma_X^2 = \frac{215}{1296}$

(3) $\alpha = 0.234$

29. $\mu_X = 5$

$\sigma_X^2 = 3.41$

31. (1) $\frac{1}{\pi}$ (2) $\frac{7}{12}$ (3) $F(x) = \frac{1}{2} + \frac{1}{\pi} arctgx$

33. (1) $\sum_{x=0}^{\infty} p(x) = \sum_{x=0}^{\infty} \frac{e^{-\lambda}\lambda^x}{x!} = e^{-\lambda} \sum_{x=0}^{\infty} \frac{\lambda^x}{x!} = 1$

(2) $p(x) > p(x-1) \quad \Leftrightarrow \quad \frac{e^{-\lambda}\lambda^x}{x!} > \frac{e^{-\lambda}\lambda^{x-1}}{(x-1)!} \quad \Leftrightarrow \quad x < \lambda$

35. (1) $\sum_{x=0}^{\infty} f(x) = \sum_{x=0}^{\infty} (1-q)q^x = (1-q) \sum_{x=0}^{\infty} q^x = (1-q)\frac{1}{(1-q)} = 1$

(2) $E(X) = \frac{q}{(1-q)}$, $V(X) = \frac{q}{(1-q)^2}$

4장 연습문제

1. (1)

I	$p(P)$
10	0.3
12	0.4
14	0.2
16	0.1
ow	0

(2) $E(P) = 15{,}240$, $V(P) = 23{,}054{,}400$

3. (1)

X	$p(x)$	Y	$p(y)$
6	0.1	600	0.1
7	0.2	400	0.2
8	0.4	200	0.4
9	0.2	0	0.2
10	0.05	-200	0.05
11	0.05	-200	0.05
ow	0	ow	0

(2) $E(X)=8.05$, $V(X)=1.45$, $E(Y)=190$, $V(Y)=57900$

5. (1) $p(x, y)$

	$X=1$	$X=2$	$X=3$	$X=4$	$p_2(y)$
$Y=1$	0	$\frac{1}{12}$	$\frac{1}{12}$	$\frac{1}{12}$	$\frac{1}{4}$
$Y=2$	$\frac{1}{12}$	0	$\frac{1}{12}$	$\frac{1}{12}$	$\frac{1}{4}$
$Y=3$	$\frac{1}{12}$	$\frac{1}{12}$	0	$\frac{1}{12}$	$\frac{1}{4}$
$Y=4$	$\frac{1}{12}$	$\frac{1}{12}$	$\frac{1}{12}$	0	$\frac{1}{4}$
$p_1(x)$	$\frac{1}{4}$	$\frac{1}{4}$	$\frac{1}{4}$	$\frac{1}{4}$	

(2) $p_1(x)=\frac{1}{4}$, $p_2(y)=\frac{1}{4}$; $1 \leqq x \leqq 4$; $1 \leqq y \leqq 4$

(3) $x=y$이면 $p_1(x|y)=\dfrac{p(x, y)}{p_2(y)}=\dfrac{0}{\frac{1}{4}}=0$

$x \neq y$이면 $p_1(x|y)=\dfrac{p(x, y)}{p_2(y)}=\dfrac{\frac{1}{12}}{\frac{1}{4}}=\dfrac{1}{3}$

7. (1) $c=1$

(2) $\int_{-\infty}^{+\infty} f_1(x)dx=\int_0^1\left(x+\frac{1}{2}\right)dx=1$, $\int_{-\infty}^{+\infty} f_2(y)dy=\int_0^1\left(y+\frac{1}{2}\right)dy=1$

(3) $f_1(x\,|\,y) = \dfrac{x+1}{y+\dfrac{1}{2}}$

9. (1) $E(X) = \dfrac{5}{2}$ (2) $E(Y) = \dfrac{5}{2}$

11. (1) $E(3X) = \dfrac{9}{4}$

(2) $E(\alpha X + \beta Y) = \dfrac{3\alpha}{4} + \dfrac{2\beta}{3}$

13. 독립이 아니다.

15. $Cov(x,\ y) = 0$

17. (1) $Cov(X,\ Y) = 0.473$ (2) $\rho \approx 0.38$

19. (1) $Cov(X, Y) = 0$ (2) $\rho = 0$

21. (1) $f(y) = F'(y) = \begin{cases} \dfrac{1}{\lambda^k}\exp\left(-\dfrac{y}{\lambda^k}\right), & y \geqq 0 \\ 0, & \text{기타} \end{cases}$

(2) $f(w) = \begin{cases} \dfrac{w}{\sigma^2}\exp\left(-\dfrac{w^2}{2\sigma^2}\right), & w \geqq 0 \\ 0, & \text{기타} \end{cases}$

(3) $f(z) = \begin{cases} 1, & 0 \leqq z \leqq 1 \\ 0, & \text{기타} \end{cases}$

23. $f(y) = \begin{cases} \dfrac{y}{\sqrt{y^2-1}}\exp\left[-\exp\left(-\sqrt{y^2-1}\right)\right]\left[\exp\left(-\sqrt{y^2-1}\right)\right] + \\ \quad + \dfrac{y}{\sqrt{y^2-1}}\exp\left[-\exp\left(\sqrt{y^2-1}\right)\right]\left[\exp\left(\sqrt{y^2-1}\right)\right], & y \geqq 1 \\ 0, & y < 1 \end{cases}$

25. $f_U(u) = \dfrac{1}{24}$, $f_W(w) = \dfrac{1}{365}$

27. (1) $k=\frac{1}{\pi}$ (2) $f_Y(y)=\frac{1}{8\pi}\sqrt{16-y^2}$

29. $\rho=0$

31. $f_U(u)=\begin{cases}\int_{2-u}^{u}\frac{1}{16}dv=\frac{u-1}{8}, & 1<u<3\\ \int_{2-u}^{6-u}\frac{1}{16}dv=\frac{1}{4}, & 3\leqq u<5\\ \int_{u-8}^{6-u}\frac{1}{16}dv=\frac{7-u}{8}, & 5\leqq u\leqq 7\\ 0, & \text{기타}\end{cases}$

33. (1) $c=15$

(2) $f_X(x)=\begin{cases}\int_{x}^{1}f(x,\ y)dy=\int_{x}^{1}15x^2ydy & \\ \frac{15}{2}(x^2-x^4), & 0\leqq x\leqq 1\\ 0, & \text{기타}\end{cases}$

그리고 $\int_{-\infty}^{\infty}f_X(x)dx=\int_{0}^{1}\frac{15}{2}(x^2-x^4)dx=1$

(3) $f(x,\ y)\neq f_X(x)\cdot f_Y(y)$, x와 y는 서로 독립이 아니다.

35. (1) $Cov(X,\ Y)=\frac{5}{336}$

(2) $\rho=0.542$

(3) $E(XY^2)=\frac{15}{32}$

5장 연습문제

1. $P(X=x)=\binom{6}{x}\left(\frac{1}{2}\right)^x\left(1-\frac{1}{2}\right)^{6-x}$, $x=0,\ 1,\ 2,\ \cdots,\ 6$

3. $P(X=x)=\binom{10}{x}\left(\frac{1}{10}\right)^{x}\left(1-\frac{1}{10}\right)^{10-x}$, $x=0,\ 1,\ 2,\ \cdots,\ 10$을 사용하여

$$P(X=0)=\binom{10}{0}\left(\frac{1}{10}\right)^{0}\left(1-\frac{1}{10}\right)^{10}$$

$$P(X\leqq 1)=P[X=0]+P[X=1]=\binom{10}{0}\left(\frac{1}{10}\right)^{0}\left(1-\frac{1}{10}\right)^{10}+\binom{10}{1}\left(\frac{1}{10}\right)^{1}\left(1-\frac{1}{10}\right)^{9}$$

5. $P(X=x)=\binom{15}{x}(1-p)^{x}(p)^{15-x}$, $x=0,\ 1,\ 2,\ \cdots,\ 15$를 사용하여

$$P(X\geqq 10)=\sum_{x=10}^{15}\binom{15}{x}(1-p)^{x}(p)^{15-x}$$

7. $P(X=x)=\binom{5}{x}(0.8)^{x}(1-0.8)^{5-x}$, $x=0,\ 1,\ 2,\ \cdots\ 5$를 사용하여

(1) $P(X=0)=\binom{10}{0}(0.2)^{0}(1-0.2)^{10}$

(2) $P(X=5)=\binom{10}{5}(0.2)^{5}(1-0.2)^{5}$

(3) $P(X=10)=\binom{10}{10}(0.2)^{10}(1-0.2)^{0}$

9. (1) $\binom{20}{14}(1-0.2)^{14}(0.2)^{6}$

(2) $\sum_{x=10}^{20}\binom{20}{x}(1-0.2)^{x}(0.2)^{20-x}$

(3) $\sum_{x=0}^{16}\binom{20}{x}(1-0.2)^{x}(0.2)^{20-x}$

17. $\binom{10}{3}(0.4)^{3}(1-0.4)^{7}$

19. (1) $(1-0.2)^{2}(0.2)$ (2) $\binom{5-1}{3-1}(0.2)^{3}(1-0.2)^{5-3}$

21. $E(X)=\dfrac{6}{\frac{1}{6}}=36$, $V(X)=\dfrac{6\left(1-\frac{1}{6}\right)}{\left(\frac{1}{6}\right)^{2}}=180$

27. $P(X=x)=\dfrac{e^{-3}3^x}{x!},\ x=0,\ 1,\ 2,\ \cdots$를 사용하여

(1) $P(X=0)=e^{-3}$

(2) $P(X\geqq 3)=1-P(X=0)-P(X=1)-P(X=2)$

$$=1-e^{-3}-3e^{-3}-\frac{3^2e^{-3}}{2}=1-\frac{17e^{-3}}{2}$$

(3) $P(X\leqq 2)=P(X=0)+P(X=1)+P(X=2)$

$$=e^{-3}+3e^{-3}+\frac{3^2e^{-3}}{2}=\frac{17e^{-3}}{2}$$

29. $P(X=x)=\dfrac{e^{-3}3^x}{x!},\ x=0,\ 1,\ 2,\ \cdots$ 를 사용하여

(1) $P(X=0)=e^{-3}$

(2) $P(X\geqq 2)=1-P(X=0)-P(X=1)$

$$=1-e^{-3}-3e^{-3}=1-4e^{-3}$$

31. $\dfrac{\binom{6}{5}}{\binom{10}{5}}$

33. $P[X(t)=x]=\dfrac{e^{-10t}(10t)^x}{x!},\ x=0,\ 1,\ 2,\ \cdots$를 사용하여

(1) $P[X(t=1)=5]=\dfrac{e^{-10}(10)^5}{5!}$

(2) $P[X(t=1)\leqq 3]=P[X=0]+P[X=1]+P[X=2]+P[X=3]$

$$=e^{-10}+e^{-10}(10)+\frac{e^{-10}(10)^2}{2!}+\frac{e^{-10}(10)^3}{3!}=\frac{1366e^{-10}}{6}$$

(3) $P[X(t=2)=15]=\dfrac{e^{-20}(20)^{15}}{15!}$

(4) $P[X(t=0.5)=3]=\dfrac{e^{-5}(5)^3}{3!}$

35. $P(X=x)=\dfrac{e^{-0.1}(0.1)^x}{x!},\ x=0,\ 1,\ 2,\ \cdots$를 사용하여

(1) $P(X=0)=e^{-0.1}$

(2) $P(X \geqq 3) = 1 - P(X=0) - P(X=1) - P(X=2)$

$$= 1 - e^{-0.1} - e^{-0.1}(0.1) - \frac{e^{-0.1}(0.1)^2}{2!} = 1 - \frac{(2.21)e^{-0.1}}{2}$$

37. 수리소 방문 고객수는 평균이 $(5+25+10)=40$인 포아송 분포이다. 즉,

$P(X=x) = \dfrac{e^{-40}(40)^x}{x!}$, $x=0,\ 1,\ 2, \cdots$를 사용하여

(1) $E(X)=40$, $V(X)=40$

(2) $P(X \leqq 10) = \displaystyle\sum_{x=0}^{10} \frac{e^{-40}(40)^x}{x!}$

(3) $P(X \geqq 110) = \displaystyle\sum_{x=110}^{\infty} \frac{e^{-40}(40)^x}{x!} = 1 - \sum_{x=0}^{109} \frac{e^{-40}(40)^x}{x!}$

(4) 도착시간 간격분포 $f_T(t) = 40e^{-40t}$, $t \geqq 0$을 사용하여

$$P(T \leqq 1) = \int_0^1 40e^{-40t}dt = 1 - e^{-40}$$

6장 연습문제

1. $f_X(x) = 1$, $1 \leqq x \leqq 2$

(1) $P\left(\dfrac{3}{2} \leqq X \leqq \dfrac{7}{4}\right) = \displaystyle\int_{3/2}^{7/4} dx = \frac{7}{4} - \frac{3}{2} = \frac{1}{4}$

(2) $P(X \leqq x) = \begin{cases} 0, & x < 0 \\ \displaystyle\int_0^x dy = x, & 0 \leqq x < 1 \\ 1, & x \geqq 1 \end{cases}$

(3) 생략

(4) $E(X) = \displaystyle\int_1^2 x dx = \frac{2^2}{2} - \frac{1}{2} = \frac{3}{2}$

(4) $E(X^2) = \displaystyle\int_1^2 x^2 dx = \frac{2^3}{3} - \frac{1}{3} = \frac{7}{3}$이기 때문에

$$V(X) = E(X^2) - [E(X)]^2 = \frac{7}{3} - \left(\frac{3}{2}\right)^2 = \frac{1}{12}$$

3. $f_X(x) = \frac{1}{15}, \quad 0 \leqq x \leqq 15$

(1) $P(5 \leqq X \leqq 10) = \int_5^{10} \frac{1}{15} dx = \frac{1}{15}(10-5) = \frac{1}{3}$

(2) $P(X \leqq x) = \begin{cases} 0, & x < 0 \\ \int_0^x \frac{1}{15} dy = \frac{x}{15}, & 0 \leqq x < 15 \\ 1, & x \geqq 15 \end{cases}$

(3) $E(X) = \int_0^{15} x \frac{1}{15} dx = \frac{1}{15}\left(\frac{15^2}{2} - 0\right) = \frac{15}{2}$

(4) $E(X^2) = \int_0^{15} x^2 \frac{1}{15} dx = \frac{1}{15}\left(\frac{15^3}{3} - 0\right) = \frac{15^2}{3} = 75$이기 때문에

$V(X) = E(X^2) - [E(X)]^2 = 75 - \left(\frac{15}{2}\right)^2 = \frac{75}{4}$

5. $f_X(x) = \frac{1}{20}, \quad 0 \leqq x \leqq 20$

(1) $P(0 \leqq X \leqq 10) = \int_0^{10} \frac{1}{20} dx = \frac{1}{20}(10-0) = \frac{1}{2}$

(2) $P(5 \leqq X \leqq 15) = \int_5^{15} \frac{1}{20} dx = \frac{1}{20}(15-5) = \frac{1}{2}$

(3) $E(X) = \int_0^{20} x \frac{1}{20} dx = \frac{1}{20}\left(\frac{20^2}{2} - 0\right) = 10$

$E(X^2) = \int_0^{20} x^2 \frac{1}{20} dx = \frac{1}{20}\left(\frac{20^3}{3} - 0\right) = \frac{20^2}{3} = \frac{400}{3}$이기 때문에

$V(X) = E(X^2) - [E(X)]^2 = \frac{400}{3} - (10)^2 = \frac{100}{3}$

7. $f_X(x) = 2e^{-2x}, \quad x \geqq 0$

(1) $P(X \leqq 1) = \int_0^1 2e^{-2x} dx = 1 - e^{-2}$

(2) $P(1 \leqq X \leqq 2) = \int_1^2 2e^{-2x} dx = e^{-2} - e^{-4}$

(3) $P(X \leqq x) = \int_0^x 2e^{-2y} dy = 1 - e^{-2x} = 0.05$를 풀면 $x = 0.025$

9. $f_X(x) = 7e^{-7x},\quad x \geqq 0$(단위: 시간)을 사용하여

(1) $P\left(X \geqq \frac{1}{2}\right) = \int_{1/2}^{\infty} 7e^{-7x}dx = e^{-7/2}$

(2) $P\left(X \geqq \frac{1}{6} + \frac{1}{2} / X \geqq \frac{1}{6}\right) = P\left(X \leqq \frac{1}{2}\right) = \int_{1/2}^{\infty} 7e^{-7x}dx = e^{-7/2}$

11. $f_X(x) = 12e^{-12x},\quad x \geqq 0$(단위: 시간)을 사용하여

$P\left(X \leqq \frac{1}{6}\right) = \int_{0}^{1/6} 12e^{-12x}dx = 1 - e^{-2}$

13. $f_X(x) = 2e^{-2x},\quad x \geqq 0$(단위: 시간)을 사용하여

(1) $P(X \geqq 2) = \int_{2}^{\infty} 2e^{-2x}dx = e^{-4}$

(2) $P\left(X \leqq 2 + \frac{1}{2} / X \geqq 2\right) = P\left(X \leqq \frac{1}{2}\right) = \int_{0}^{1/2} 2e^{-2x}dx = 1 - e^{-1}$

15. $f_X(x) = \frac{1}{\theta}e^{-\frac{1}{\theta}x},\quad x \geqq 0$을 사용하여

(1) $P(X \geqq \theta) = \int_{\theta}^{\infty} \frac{1}{\theta}e^{-\frac{1}{\theta}x}dx = e^{-1}$

(2) $P(X \geqq 2\theta) = \int_{2\theta}^{\infty} \frac{1}{\theta}e^{-\frac{1}{\theta}x}dx = e^{-2}$

(3) $P(X \geqq 3\theta) = \int_{3\theta}^{\infty} \frac{1}{\theta}e^{-\frac{1}{\theta}x}dx = e^{-3}$

17. 4번째 문제가 발생할 때까지의 시간 간격은 아래의 감마분포에 따른다.

$$f_T(t) = \frac{\left(\frac{t}{30}\right)^3}{\Gamma(4)} \frac{1}{30} e^{-\frac{t}{30}},\quad t \geqq 0$$

(1) $E(T) = (4)(30) = 120$일

(2) $P(T \geqq 120) = \int_{120}^{\infty} \frac{\left(\frac{t}{30}\right)^3}{\Gamma(4)} \frac{1}{30} e^{-\frac{t}{30}} dt$

19. $f_X(x) = 6e^{-6x}$, $x \geqq 0$(단위: 시간)을 사용하여

(1) $P\left(X \leqq \frac{1}{6}\right) = \int_0^{1/6} 6e^{-6x} dx = 1 - e^{-1}$

(2) $P\left(X \leqq \frac{1}{12} + \frac{1}{6} \;/\; X \geqq \frac{1}{12}\right) = P\left(X \leqq \frac{1}{6}\right) = \int_0^{1/6} 6e^{-6x} dx = 1 - e^{-1}$

21. 도착시간 간격은 아래의 지수분포에 따른다.

$$f_X(x) = 5e^{-5x}, \quad x \geqq 0(\text{단위: 시간})$$

(1) $P\left(X \leqq \frac{1}{4}\right) = \int_0^{1/4} 5e^{-5x} dx = 1 - e^{-\frac{5}{4}}$

(2) $P\left(X \leqq \frac{1}{12} + \frac{1}{6} / X \geqq \frac{1}{12}\right) = P\left(X \leqq \frac{1}{6}\right) = \int_0^{1/6} 5e^{-5x} dx = 1 - e^{-\frac{5}{6}}$

(3) $E(X) = \frac{1}{5}$시간, $V(X) = \frac{1}{5^2} = \frac{1}{25}$시간

23. $P(W \geqq w) = P(Min(X, Y) \geqq w) = P(X \geqq w, \; Y \geqq w)$

$$= P(X \geqq w) P(Y \geqq w)$$

$$= e^{-\lambda w} e^{-\mu w} = e^{-(\lambda + \mu) w}$$

$$f_W(w) = -\frac{d}{dw} P(W \geqq w) = (\lambda + \mu) e^{-(\lambda + \mu) w}, \quad w \geqq 0$$

25. $n = 2$ 그리고 $\lambda = 2$인 감마분포이므로

$$E(X) = \frac{n}{\lambda} = \frac{2}{2} = 1$$

$$V(X) = \frac{n}{\lambda^2} = \frac{2}{2^2} = \frac{1}{2}$$

27. $n = 10$ 그리고 $\lambda = \frac{1}{3}$인 감마분포이므로

$$E(T) = \frac{n}{\lambda} = \frac{10}{\frac{1}{3}} = 30\text{시간}$$

$$V(T) = \frac{n}{\lambda^2} = \frac{10}{\left(\frac{1}{3}\right)^2} = 90\text{시간}$$

29. $\alpha=4$ 그리고 $\lambda=2$인 와이블분포의 확률밀도함수는 $f_X(x)=8x^3e^{-2x^4}$, $x \geqq 0$

$$P(X \geqq 5)=\int_5^{\infty} 8x^3e^{-2x^4}dx$$

31. $\alpha=2$ 그리고 $\lambda=\frac{1}{5000}$인 와이블분포의 확률밀도함수는

$$f_X(x)=\frac{2}{5000}xe^{-\frac{x^2}{5000}},\quad x \geqq 0$$

(1) $E(X)=\lambda^{-\frac{1}{\alpha}}\Gamma\left(\frac{1}{\alpha}+1\right)=\left(\frac{1}{5000}\right)^{-\frac{1}{2}}\Gamma\left(\frac{1}{2}+1\right)=\sqrt{5000}\,\Gamma\left(\frac{3}{2}\right)$

(2) $P(X \geqq 6000)=\int_{6000}^{\infty}\frac{x}{2500}e^{-\frac{x^2}{5000}}dx$

7장 연습문제

1. (1) 0.0162 (2) 0.7823 (3) 0.1131 (4) 0.0322
   (5) 0.5802
   (6) 0.4070
   (7) 0.7486

3. (1) 0.6915
   (2) 0.3413
   (3) 0.9104

5. (1) 0.9660
   (2) $x \approx 0.6788$

7. (1) 0.0082
   (2) 0.8850
   (3) 0.7105
   (4) 0.4301
   (5) 0.1120

9.

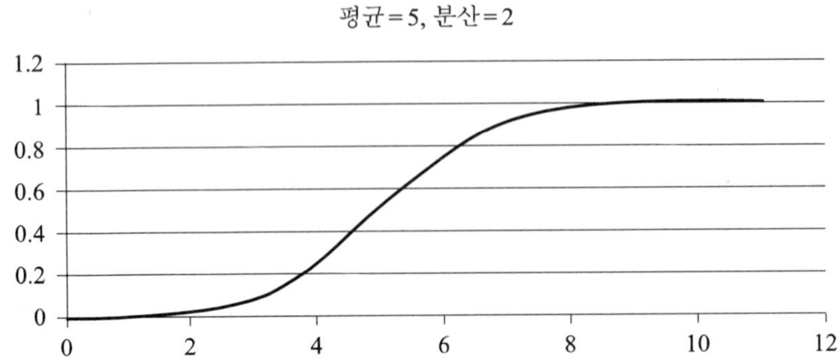

11. 0.9999998094

13. (1) 0.9495

(2) 0.9750

(3) 0.9973

15. $X \sim N(-5,\ 16)$

17. $x = 11.0625$

19. 0.3413

21. 확률변수는 $X_1 \sim N(25,\ 0.05^2)$, $X_2 \sim N(25.25,\ 0.06^2)$ 같이 정규 분포를 따른다.

(1) $P(Y \leqq 0) = 0.000685$

(2) $P(0.05 < Y < 0.1) = 0.0222$

23. (1) $P(X+Y+Z < 10) = 0.7268$

(2) $P(X-Y-Z < -2) = 0.7268$

(3) $P(|X+2Y-Z| < 2) = 0.2979$

25. $c = 2.13852$

27. $P(X \leqq 20) \approx P\left(Z \leqq \dfrac{20.5-25}{\sqrt{23.75}}\right) = 0.1788$

29. $Y \sim N(109,\ 108)$

31. (1) $P(X \leqq 8) \approx P\left(Z \leqq \dfrac{8-12\times0.6}{\sqrt{12\times0.6\times0.4}}\right)=0.6808$

(2) $P(2 \leqq X \leqq 9) \approx P\left(\dfrac{2-15\times0.4}{\sqrt{15\times0.4\times0.6}} \leqq Z \leqq \dfrac{9-15\times0.4}{\sqrt{15\times0.4\times0.6}}\right)$

$= 0.9255$

(3) $P(X \geqq 10) \approx P\left(Z \geqq \dfrac{10-20\times0.3}{\sqrt{20\times0.3\times0.7}}\right)=0.0256$

(4) $P(X > 3) \approx P\left(X > \dfrac{3-8}{\sqrt{8}}\right)=0.9977$

(5) $P(X \leqq 5) \approx P\left(X \leqq \dfrac{5-6}{\sqrt{6}}\right)=0.3409$

33. (1) $\mu_w = 16.6,\ \sigma_w^2 = 6.5621$

(2) $P[\ln(20000) < \ln(W) < \ln(600000)] = 0.094$

8장 연습문제

1. (1) 25.2914
   (2) 0.0054, 0.0738
   (3) 25.12, 25.47
   (4) 0.35
   (5) 25.29
   (6) 0.291759

3. (1) $P(V > 26.119) = 0.0250$
   (2) $P(13.848 < V < 36.415) = 0.9000$
   (3) $P(V \leqq 27.448) = 0.9747$
   (4) $P(V \leqq 0.872) = 0.009997$

5. (1) $P(20 < V + W < 31) = 0.4476$
   (2) $P(V + W + Y > 40) = 0.2211$

(3) $E(V+W+Y)=34$

(4) $V(V+W+Y)=68$

7. (1) $P(-0.3 < t_{(10)} < 2.2)=0.5886$

(2) $P(-1.64 < t_{(31)} < 1.64)=0.8889$

9. (1) $F_{0.1,\ 9,\ 10}=2.35$

(2) $F_{0.05,\ 20,\ 15}=2.33$

(3) $F_{0.95,\ 10,\ 15}=\dfrac{1}{F_{0.05,15,10}}=\dfrac{1}{2.85}=0.351$

11. $P(99.5 \leqq \overline{X} \leqq 100.8)=0.7865$

13. $P(T < 1.052)=0.8500$

15. $P(\overline{X} < 305)=0.999996$

17. $P(|\overline{X}-\mu|)=0$

9장 연습문제

3. (1) 추정량 $\dfrac{X}{n}$의 기댓값이 모비율 p와 동일하므로 $\dfrac{X}{n}$는 p의 불편추정량이다.

(2) $E\left[\dfrac{X+1}{n+2}\right]=\dfrac{np+1}{n+2}\neq p$이므로 $\dfrac{X+1}{n+2}$는 p의 불편추정량이 아니다.

7. (26.93, 32.08)

9. (0.189, 0.251)

11. (1) 4배 (2) 16배

13. 오차한계=0.33

15. (5.16, 6.84)

19. (1.651, 2.55)

21. (1) (8.38, 78.4)
    (2) (1.324, 88.5)x
    (3) LCD의 밝기는 정규분포를 따른다.

10장 연습문제

1. (1) 귀무가설: 오염방지시설의 효과가 없다.
   대립가설: 오염방지시설의 효과가 있다.
   (2) 제1종 오류: 오염방지시설의 효과가 있음에도 불구하고 없다고 판정하는 경우
   제2종 오류: 오염방지시설의 효과가 없음에도 불구하고 있다고 판정하는 경우

5 (1) 0.009
  (2) α는 최대허용확률이기 때문에 그 값은 같다.

7. (1) $H_1 : \mu \neq 1250$
   (2) $H_1 : \mu < 1250$

9. $H_0 : \mu = 1000$, $H_1 : \mu > 1000$, 유의수준 5%에서 H_0를 기각

11. $H_0 : \mu = 14$, $H_1 : \mu > 14 n = 5$, 유의수준 1%하에서 귀무가설을 기각

13. $H_0 : \mu_1 - \mu_2 = \delta = 8$, $H_1 : \mu_1 - \mu_2 > 8$
    유의수준 1%에서 H_0를 기각한다.

15. $H_0 : \mu_1 - \mu_2 = 0$, $H_1 : \mu_1 - \mu_2 \neq 0$
    유의수준 1%하에서 H_0를 기각할 수 없다.

17. $H_0 : \mu_D = 0$, $H_1 : \mu_D < 0$, H_0를 기각한다.

19. (1) $H_0 : (p_1 - p_2) = 0$, $H_0 : (p_1 - p_2) \neq 0$, 유의수준 5%하에서 H_0을 채택

(2) 양측검정에서 p값=0.3409

11장 연습문제

1. (1) 산점도

(2) 65.79

3. (1)

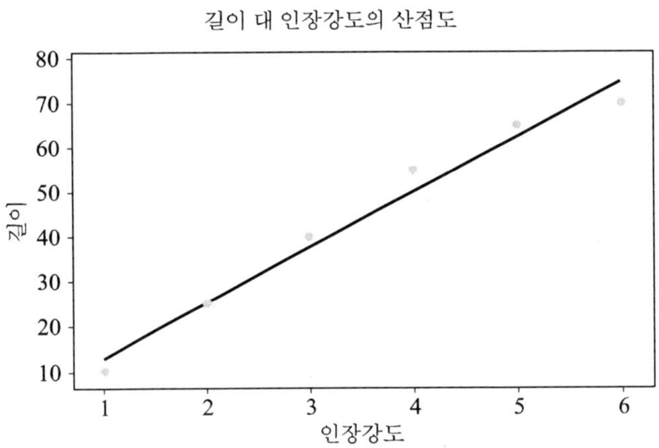

(2) 44.17

(3) [9.7003, 15.1569]

(4) (31.84, 56.50)

5. (1) $\widehat{\text{검사차량}} = 11.1 + 1.18$근무기간

(2) 약 21대

(3) 1. 귀무가설: $\beta = 1.2$

대립가설: $\beta < 1.2$

2. 유의수준: $\alpha = 0.05$에서 귀무가설은 기각되지 않는다.

7. (1) 4.5933
   (2) 7차 연도의 수익은 1차 연도부터 6차 연도까지의 패턴을 유지한다고 가정하여서 계산되었다. 그러나 7차 연도에서 이러한 패턴이 유지될지는 알 수 없으므로 (1)에서 추정한 값은 발생 가능한 값보다 훨씬 클지 작을지 알 수 없다.

9. (1) $\beta_1 = 0$, $\beta_1 \neq 0$, 유의수준 $\alpha = 0.05$에서 귀무가설은 기각된다. 그러므로 구리의 함량은 경도를 예측하기 위한 변수로 적절하다.
   (2) $\beta_2 = 0$, $\beta_2 \neq 0$, 유의수준 $\alpha = 0.05$에서 귀무가설은 기각된다. 그러므로 annealing 온도는 경도를 예측하기 위한 변수로 적절하다.

11. (1) R－제곱＝94.1%
   (2) 4.386

13. (1) $\widehat{\text{끊어진 시간}} = 0.8 + 0.849\text{저항}$
   (2) $\beta = 0$, $\beta \neq 0$, 유의수준 $\alpha = 0.05$에서 귀무가설은 기각된다. 그러므로 저항은 유의한 설명변수가 된다.

15. (1) $\widehat{\text{투과지수}} = 3.68 + 2.94\text{탄소량}$
   (2) 탄소량을 1% 증가시킴에 따라 증가되는 투과지수의 변화량
   (3) 유의수준 1%에서 충분히 유의하다.

17. (1) $\widehat{\text{수명시간}} = 694 + 5.59\text{전구물질}$
   (2) 778.334시간
   (3) (776.131, 780.537)

19. (1) $\widehat{No_{of_{Seat}}} = 9.47 + 0.0395\text{시간}$
   (2) $\beta = 0$, $\beta \neq 0$, 유의수준 $\alpha = 0.1$에서 귀무가설은 기각된다. 그러므로 남은 좌석의 숫자를 예측하기 위하여 금요일 오후 4시까지 남은 시간은 적절한 변수가 된다.
   (3) 귀무가설은 기각되지 못한다. 그러므로 남은 좌석의 숫자를 예측하기 위하여 금요일 오후 4시까지 남은 시간은 적절한 변수가 되지 못한다.
   (4) R－제곱＝39.7%

12장 연습문제

1. H_0: $n=5$, $p=0.1$인 이항분포

$$\chi^2 = \sum_{i=1}^{k} \frac{(o_i - e_i)^2}{e_i} = 34.843 > \chi^2_{(0.01,2)} = 9.210$$ 이므로 귀무가설 기각

3. H_0: $\lambda = 2$인 포아송 분포

$$\chi^2 = \sum_{i=1}^{k} \frac{(o_i - e_i)^2}{e_i} = 9.7302 > \chi^2_{(0.05,2)} = 5.99$$ 이므로 귀무가설 기각

5. 귀무가설: 주어진 자료가 정규분포로부터 추출한 확률표본이다.
   대립가설: 주어진 자료가 정규분포로부터 추출한 확률표본이 아니다.

$$\chi^2 = \sum_{i=1}^{k} \frac{(o_i - e_i)^2}{e_i} = 4.95 < \chi^2_{(0.05,5-1-2)} = 5.99$$ 이므로 귀무가설 채택

7. H_0: 장애가 그들의 작업수행능력에 영향을 미치지 않는다.
   (장애의 종류에 관계없이 작업수행능력은 일정하다.)
   H_1: 장애가 그들의 작업수행능력에 영향을 미친다.
   Pearson 카이-제곱=3.248 $< \chi^2_{(0.05,4)} = 9.49$이므로 H_0 채택
   장애가 그들의 작업수행능력에 영향을 미치지 않는다.

9. H_0: 이 상품에 대한 고객들의 반응이 4개의 지역에 대하여 서로 동일하다.
   H_1: 이 상품에 대한 고객들의 반응이 4개의 지역에 대하여 서로 동일하지 않다.
   Pearson 카이-제곱 = 31.605 $> \chi^2_{(0.01,3)} = 11.345$이므로 H_0 기각
   이 상품에 대한 고객들의 반응이 4개의 지역에 대하여 서로 동일하지 않다.

11. 귀무가설: $\tilde{\mu} = 2.15$
    대립가설: $\tilde{\mu} \neq 2.15$
    p값(유의확률) 0.0118이 0.05보다 작으므로 귀무가설 $\tilde{\mu} = 2.15$ 기각
    $\tilde{\mu} \neq 2.15$, 마찰계수는 2.15와 같지 않다.

13. 귀무가설: $\tilde{\mu} = 2.15$

대립가설: $\tilde{\mu} \neq 2.15$

p값(유의확률) 0.0216이 0.05보다 작으므로 귀무가설 $\tilde{\mu}= 5.99$ 기각

$\tilde{\mu}< 5.99$, 즉 점화시간은 5.99보다 작다.

15. 귀무가설: 두 표본은 같은 모집단으로부터 추출되었다.
대립가설: 두 표본은 같은 모집단으로부터 추출되지 않았다.
귀무가설 채택, 두 표본은 같은 모집단으로부터 추출되었다.

17. 귀무가설: 3개의 공장 작업자들의 결근 수가 동일하다.
대립가설: 3개의 공장 작업자들의 결근 수가 동일하지 않다.
$H= 4.3$, $H< \chi^2_{(0.05,\ 2)} = 5.991$ 이므로 귀무가설 채택
그러므로 3개의 공장 작업자들의 결근 수가 동일하다.

19. 귀무가설: 한 기계에서 발생되는 불량품의 숫자는 랜덤이다.
대립가설: 한 기계에서 발생되는 불량품의 숫자는 랜덤이 아니다.
귀무가설 채택(p값=0.329)
그러므로, 한 기계에서 발생되는 불량품의 숫자는 랜덤이다.

21. 귀무가설: 실리콘 혼합물의 끓는점들은 평균 $\mu=160$도, 표준편차 $\sigma=10$도를 갖는 정규분포를 한다.
대립가설: 실리콘 혼합물의 끓는점들은 평균 $\mu=160$도, 표준편차 $\sigma=10$도를 갖는 정규분포를 하지 않는다.
귀무가설 채택

찾아보기

F 분포 269
Gauss 분포 223
H 검정 424
n-stage Erlang 분포 206
R&R 355
Rayleigh 분포 214
t 분포 267, 293
U 검정 421
$\alpha+\beta x_0$의 신뢰한계 380

ㄱ

가법법칙 60
가설 325
가설검정 283
가우스 마르코프(Gauss-Markov)정리 376
감마분포 204, 205
감마함수 205
강건설계 313
검정 325
검정력 330
검정력 함수 330
검정통계량 326, 336
결정계수 396
결합분포함수 123
결합확률분포 119, 121
경계값 268
경험적 확률(empirical probability) 58
계급 23
계급의 수 24
계급의 폭 25
계단함수 87
계량경제학 5
계승 54
곱사상 49
곱의 법칙 53
공리적 확률 59
공분산 131
교차표 410
구간추정 284
귀무가설 326
극단 이상값 34
근원사상 49
기각역 330
기술척도 9
기술통계학(descriptive statistics) 4
기하분포 158, 159, 163

ㄴ

나무그림 52
누적도수 25
누적분포함수 86, 121
누적분포함수의 여집합 함수 200
누적상대도수 25

ㄷ

단순가설 332
단순사상 49
단순회귀모형 367
단일 모비율 351
단측가설 332
대립가설 326
대수정규분포 244
대응비교 302, 303, 348
대표본 294, 338

도수 23
도수분포표 23
독립성 412
동등사상 82
동질성 414

ㄹ

랜덤시행 147
랜덤표본(random sample) 6
런(run) 427

ㅁ

맨-휘트니(Mann-Whitney) 검정 421
명목 데이터 7
모분산 6, 15, 256
모비율 306
모비율 차 351
모수(population parameter) 6, 256
모수적(parametric) 방법 283
모집단(population) 4, 5, 255
모평균(population mean) 6, 9, 15, 256
무기억 정리 163, 200
무한모집단(infinite population) 5
미래의 관측값 y에 대한 예측의 한계 381

ㅂ

반응표면분석 383
백분위수 19, 20
범위 21, 262
범위공간 112
범주형 데이터 7
베르누이 분포 147, 148
베르누이 시행 147
베이즈 정리 67, 69, 70
베타분포 210
베타함수 210
변동계수 18
변수변환 112
보통 이상값 34
복원추출 55
복합가설(composite hypothesis) 331
부분적분 197
부호검정 417
분할 67
분할표 410
불편성 287
불편추정량 287
비모수적(non-parametric) 방법 283
비복원추출 55

ㅅ

사분위범위 21, 34
사분위수 19
사상(event) 49
사전확률 69
사후확률 69
산술평균 9
산포도 14
산포의 측도 9
상관계수 131
상관성 390
상대도수 25
상대적 위치측도 19
상대적효율성 289
상자그림 32
상호 의존의 강도 131
생물통계학 5
생산자 위험 334
서로 독립 65
선형결합 132
선형함수 116
센서스 283
소비자 위험 334
수염 33
순서 데이터 7
순열 54
순위 통계량 262

순위합검정 420
스튜던트 t 분포 283
승법법칙 64
시행 47
식스시그마 355
신뢰수준 284
심리통계학 5

ㅇ

아래쪽 내부 울타리 34
아래쪽 외부 울타리 34
앤더슨-달링(Anderson-Darling) 검정 432
양적 데이터(quantitative data) 6, 7
양측가설 332
여사상 49
연속성 수정 242
연속일양분포 191
연속표본공간 48
연속형 데이터 7
연속형 분포 89
오차제곱합 370
오차한계 310
우연성 검정 426
위쪽 내부 울타리 34
위쪽 외부 울타리 34
위치의 측도 9
윌콕슨(Wilcoxon) 검정 421
유의수준 328
유의확률 334
유의확률 p값 338
유한모집단(finite population) 5
유효 288
유효성(efficiency) 288
이변량 결합확률밀도함수 120
이변량 확률분포 120
이산표본공간 48
이산형 데이터 7
이산형 분포 84
이상값 10, 33
이항분포 150, 241
이항정리 151
인접값(adjacent value) 34
일치성 286
일치추정량 286
임계값 328

ㅈ

잔차 370
잔차도 388
잔차제곱합 370, 371
적률생성함수 198
적률추정법 286
적합도 검정 407
적합성 점검 388
전수조사 5
전확률공식 68
절사평균 12
점추정 283
정규근사분포 241
정규방정식 375, 376
정규분포 223
정규분포의 밀도함수 223
정규확률변수의 선형결합 234
제1사분위수(Q_1) 33
제1종 오류 326
제2종 오류 326
제3사분위수(Q_3) 33
제곱합의 분해 396
조건부 기댓값 128
조건부 확률 63
조건부 확률분포 126
조합(combination) 55
주변분포 120, 124
주변확률분포 124
줄기-잎 그림 30
중심극한정리 239, 240
중심위치의 측도 9
중앙값(median) 9, 10, 11, 262

중위수 286
중회귀모형 383
지수분포 195
질적 데이터(qualitative data) 6, 7

ㅊ

채택역 330
초기하분포 171
최빈값 9, 13, 286
최소분산불편추정량 289
최소제곱법 369
최소제곱추정량 369, 370
최우추정법 286
추정 283, 325
추정값 286
추정량 286
추정회귀직선 370
추측통계학(inferential statistics) 4
측정단위 7
측정형 데이터 7

ㅋ

카이제곱분포 208, 264, 265
콜모고로프-스미로노프(Kolmogorov-smirnov) 검정 431
크라머-라오 부등식 290
크루스칼-월리스(Kruskal-Wallis) 검정 424

ㅌ

통계량(statistic) 6, 259
통계적 추론 255, 283
통계학(statistics) 3

ㅍ

팩토리얼 적률생성함수 148
편의 287
평균 9
표본(sample) 4, 257
표본공간 47
표본분산 6, 15, 261
표본분산의 분포 274
표본비율 306
표본상관계수 391, 392
표본오차 284
표본조사 5
표본평균 6, 9, 10, 15, 260
표본평균분포 272
표본표준편차 261
표준오차(SE) 288
표준정규분포 229
표준편차 15, 288

ㅎ

합사상 49
확률밀도함수 91
확률변수 81
확률변수의 기댓값 96
확률변수의 독립 130
확률실험 47
확률의 고전적 정의 57
확률질량함수 147
확률표본 6
회귀계수들의 신뢰구간 378
회귀모형 377
회귀직선 367
히스토그램 28

저자 약력

정 원 한양대학교 산업공학과 졸업
미국 웨인주립대학교 산업공학과 석·박사
(현)대구대학교 산업시스템공학과 교수

정영배 한양대학교 산업공학과 졸업
한양대학교 산업공학과 석·박사
(현)인천대학교 산업경영공학과 교수

이한교 한양대학교 산업공학과 졸업
미국 플로리다대학교 산업공학과 석·박사
(현)한남대학교 산업경영공학과 교수

강창욱 한양대학교 산업공학과 졸업
미국 미네소타대학교 통계학과 석·박사
(현)한양대학교 산업경영공학과 교수

박동준 한양대학교 산업공학과 졸업
미국 아리조나주립대학교 산업공학석사·응용통계학박사
(현)부경대학교 수리과학부 교수

이도경 한양대학교 산업공학과 졸업
한양대학교 산업공학과 석·박사
(현)금오공과대학교 신소재시스템공학부 교수

신완선 한양대학교 산업공학과 졸업
미국 오클라호마대학교 산업공학과 석·박사
(현)성균관대학교 시스템경영공학과 교수

확률과 통계

2009년 2월 27일 1판 1쇄 펴냄 | 2022년 2월 1일 1판 8쇄 펴냄
지은이 정 원 · 정영배 · 이한교 · 강창욱 · 박동준 · 이도경 · 신완선
펴낸이 류원식 | **펴낸곳 교문사**

편집팀장 김경수

주소 (10881) 경기도 파주시 문발로 116(문발동 536-2)
전화 031-955-6111~4 | **팩스** 031-955-0955
등록 1968. 10. 28. 제406-2006-000035호
홈페이지 www.gyomoon.com | **E-mail** genie@gyomoon.com
ISBN 978-89-92592-93-2 (93580) | **값** 24,000원

* 잘못된 책은 바꿔 드립니다.
* 저자와의 협의 하에 인지를 생략합니다.
* 불법복사는 지적재산을 훔치는 범죄행위입니다.